高等院校数字化建设精品教材

# 大学物理实验

## （基础篇）

**主　编**　张　昱　秦平力

**副主编**　余雪里　李端勇　马　良

北京大学出版社
PEKING UNIVERSITY PRESS

# 内 容 简 介

本书按照教育部编制的《理工科类大学物理实验课程教学基本要求》，根据高等工科院校大学物理实验教学的特点与任务，采取由浅入深、循序渐进的方式编排实验内容，力求做到实验原理简明扼要，实验公式推导完整，实验方法清晰合理，数据处理科学规范.

本书作为基础篇，是与《大学物理实验（提高篇）》融为一体的姐妹篇. 本书系统地介绍了"大学物理实验"课程的任务与基本要求，较为全面地阐述了测量误差、不确定度、数据处理的基础知识，以及大学物理实验中的常用仪器、测量方法和相关知识.

本书各章节的内容既相对独立，又相互配合，可作为高等工科院校、高等职业学校和高等专科学校理工科各专业的"大学物理实验"课程的教材.

**图书在版编目(CIP)数据**

大学物理实验. 基础篇/张昱，秦平力主编. —北京：北京大学出版社，2022.2
ISBN 978-7-301-32864-4

Ⅰ. ① 大… Ⅱ. ① 张… ② 秦… Ⅲ. ① 物理学—实验—高等学校—教材 Ⅳ. ① O4-33

中国版本图书馆 CIP 数据核字(2022)第 024825 号

| | |
|---|---|
| 书　　　　名 | 大学物理实验（基础篇） |
| | DAXUE WULI SHIYAN (JICHUPIAN) |
| 著作责任者 | 张　昱　秦平力　主编 |
| 责 任 编 辑 | 班文静 |
| 标 准 书 号 | ISBN 978-7-301-32864-4 |
| 出 版 发 行 | 北京大学出版社 |
| 地　　　址 | 北京市海淀区成府路 205 号　100871 |
| 网　　　址 | http://www.pup.cn |
| 电 子 信 箱 | zpup@pup.cn |
| 新 浪 微 博 | @北京大学出版社 |
| 电　　　话 | 邮购部 010-62752015　发行部 010-62750672　编辑部 010-62754271 |
| 印 刷 者 | 湖南省众鑫印务有限公司 |
| 经 销 者 | 新华书店 |
| | 787 毫米×1092 毫米　16 开本　21.25 印张　530 千字 |
| | 2022 年 2 月第 1 版　2023 年 6 月第 2 次印刷 |
| 定　　　价 | 64.00 元 |

# 前　　言

党的二十大以来,高校课程教材建设的关键在于思想政治教育一体化.要达成新时代的全面建成社会主义现代化强国,与大学里能否培养出政治思想过硬的高精尖人才息息相关.国无德不兴,人无德不立.立德树人是教育的根本任务,是高校的立身之本,也是每一位高校教师必须承担的时代责任.

"大学物理实验"是理工科学生进入大学后较早学习到的一门系统而全面的实验课程,是学生实验技能训练的开端.进入 21 世纪以来,随着教学改革的不断深入,"大学物理实验"课程在实验技术、实验内容等方面都在不断地更新变化.为了提高学生的科学素质,培养学生的创新能力,大学物理实验教学既要让学生得到基本的实验技能训练,又要让学生在综合能力方面得到提高.这就要求大学物理实验的教学内容必须兼顾基础、综合、近代物理和工程技术等方面.

本书按照教育部编制的《理工科类大学物理实验课程教学基本要求》,根据高等工科院校大学物理实验教学的特点与任务,采取由浅入深、循序渐进的方式编排实验内容,力求做到实验原理简明扼要,实验公式推导完整,实验方法清晰合理,数据处理科学规范.

本书系统地介绍了"大学物理实验"课程的任务与基本要求,较为全面地阐述了测量误差、不确定度、数据处理的基础知识,以及大学物理实验中的常用仪器、测量方法和相关知识.在介绍不确定度理论时,本书从大学物理实验教学出发,由详到简,便于学生学习和具体应用.本书按不同的层次编入了较多综合应用力、热、电、光等领域的物理实验方法和技术的实验,有助于学生进一步深入理解物理实验的设计思想和实验方法,培养学生的创新思维和理论与实践相结合的能力.本书各章节的内容既相对独立,又相互配合,可作为高等工科院校、高等职业学校和高等专科学校理工科各专业的"大学物理实验"课程的教材.

本书由张昱、秦平力担任主编,余雪里、李端勇、马良担任副主编.本书各章节由张昱、余雪里、秦平力、李端勇、吴锋、何菊明、熊伦、刘阳、周帼红、祝丹、马良、刘培娇、岑敏锐、罗晔、黄淑芳、汤朝红、刘敏敏、俎凤霞、魏巧、黄河、吴涛等负责编写.

实验教学是一项集体性的工作,实验教材是所有从事实验教学的教师和实验技术人员共同劳动的成果.编者对为本书内容积淀做出贡献的教师表示感谢,对为实验教材出版付出努力和提出宝贵建议的人士表示感谢.感谢武汉工程大学教务处、教材科及北京大学出版社的大力支持.沈辉提供了本书教学资源的架构设计方案,苏梓涵、刘佳琦提供了版式和装帧设计方案,熊诗哲审查并剪辑了全书的教学资源.同时,一些兄弟院校的实验教材和仪器厂商的仪器说明书也为本书的编写提供了很好的借鉴.借此机会,一并表示衷心的感谢.

由于编者水平所限,书中不足之处在所难免,恳请读者批评指正.

编　者

# 目　　录

# 绪　　论

绪论

## 一、物理实验的地位和作用

物理学是认识物质世界本质属性、研究物质运动基本规律的自然科学.作为自然科学的带头学科,物理学已经渗透到一切自然学科和技术学科.物理学为现代科学技术文明奠定了决定性的基石,无论是工业、农业、国防或医学,还是一般技术或高新技术,都能找到物理学的"影子".科学技术是生产力,作为基础科学的物理学尤为如此.纵观整个近代文明史,物理学的每一次重大突破都对社会生产力的发展起着决定性的作用.热力学的创立与应用,促进了以蒸汽机为代表的第一次工业革命;电磁学的发展与完善,产生了以电气化为特征的第二次工业革命;20世纪以来,物理学的一系列重大进展和突破已把社会带入了计算机、激光、太空、核能、生物工程等高新技术的时代.由于物理学在过去、现在和将来的社会经济和科学技术的发展中起着相当重要的作用,因此掌握物理学的基本知识就成了各类专业科技人才必备的条件之一.

作为基础科学的物理学,其本质上是一门实验科学.物理概念的建立和物理规律的发现都以严格的实验事实为基础,并且不断受到实验的检验.在科学技术高度发展的今天,科学实验的重要性更加突出了.在实验中,借助各种仪器,人们可以突破感观的限制,大大扩展对自然科学现象的观察范围,增加观察和测量的精确程度,实现自然界中难以存在的或虽然存在但是难以直接观测的环境和条件(如极高温度、极低温度,极大压强、极小压强等).在实验中,人们还可以按照需要,设计一定的环境和方法,尽可能地消除其他各种因素的影响,突出观测某两个因素之间的相互关系,并可在相同条件下进行多次重复实验,以保证测量结果的准确性.物理实验是整个实验科学的重要组成部分,物理实验方法具有一定的普遍性.今后,在探索和开拓新的科技领域的过程中,物理实验仍然是一个有力的工具."大学物理实验"是和"大学物理"并行开设的一门课程,学习"大学物理实验"是理工科学生进行科学基础训练的重要实践环节,可以说"大学物理实验"课程是学生学习或从事科学实验的起步阶段.大学物理实验教学的目的是通过讲授基本的实验知识,在实验方法、实验技能和实验数据处理等方面对学生进行系统、严格的训练,从而培养学生严肃认真的科学态度和实事求是的科学精神,提高学生的科学素养.

## 二、物理实验的基本环节

不同的物理实验有不同的实验理论、实验方法和实验技能.为了学好"大学物理实验",必须注意以下三个基本环节.

### 1. 实验预习

预习是实验的准备阶段.只有认真做好预习,才能在有限的实验时间内主动、积极地进行实验.在实验课前要仔细阅读实验教材或有关资料,写出预习报告.预习报告包括以下内容:

(1) 实验名称.

（2）实验目的：扼要说明实验所要解决的中心问题.

（3）实验仪器：说明实验所用仪器的型号、规格和量程.

（4）实验原理：简要阐述实验所依据的物理定律或主要公式；在电学和光学实验中，还分别要求画出电路原理图和光路原理图.

（5）实验方法：根据实验目的拟订测量计划、实验步骤或操作程序.

（6）数据表格：设计好数据记录表格，以便实验时填写.

2. 实验操作

进入实验室后应遵守实验室规则，井井有条地布置仪器，安全操作，细心观察实验现象，认真钻研和探索实验中的问题. 在实验操作中遇到问题时，应冷静地进行分析和处理. 当仪器发生故障时，应在教师的指导下学习排除故障的方法. 总之，要把重点放在对实验能力的训练上，而不是仅仅测出几个实验数据. 对实验数据要严肃对待，用钢笔或圆珠笔记录原始数据. 如果记错了，应在错误数据上轻轻画一条线，然后在旁边写上正确数据（错误多的需要重新记录），使正、误数据都能清晰可辨，以供在分析测量结果和误差时参考；不要先将实验数据草记在另外的纸上，然后再誊写在数据记录表格里，这样容易出错，而且也不是"原始记录"了. 在实验时要注意纠正不良习惯，从一开始就培养良好的科学作风. 实验结束时，将实验数据交教师审阅签字，整理还原仪器后方可离开实验室.

3. 实验报告

实验报告是对实验的全面总结. 撰写实验报告时，要求文字通顺，字迹端正，图表规整，运算清晰，结果正确，讨论深刻. 实验报告一般包括以下内容：

（1）实验名称.

（2）实验目的.

（3）实验原理：简要叙述有关物理内容（包括电路原理图、光路原理图或实验装置示意图），以及测量中依据的主要公式，公式中各量的物理含义及单位，公式成立应满足的实验条件等.

（4）实验方法：根据实际的实验过程写明关键步骤和注意要点.

（5）数据记录表格与数据处理：实验记录中应有仪器型号、规格及完整的实验数据，对实验数据进行处理并进行误差分析.

（6）实验结果.

（7）小结、讨论或者回答思考题.

## 三、物理实验室规则

（1）携带预习报告，经教师检查同意后方可进行实验.

（2）遵守实验纪律，不得迟到早退，不得下位、串组，必须保持实验室的安静和整洁.

（3）使用电源时，务必经教师检查线路并确认无误后才能接通电源.

（4）进入实验室后不能擅自搬弄仪器；实验中严格按照仪器说明书进行操作，如有损坏，照章赔偿；公用工具用完后应立即归还原处.

（5）做完实验后，学生应将仪器整理还原，将桌面和凳子收拾整齐，经教师审查测量数据和仪器还原情况并签字后，方能离开实验室.

（6）原始实验数据记录一式两份，其中一份交给教师存档.

（7）实验报告应在做完实验后的一周内交给实验室.

# 第一章 误差理论和数据处理的基础知识

在实验测量中,由于实验方法和实验仪器的不完善、周围环境的影响,以及受人们认识能力所限等,测量所得的数据和被测量量的真值之间不可避免地存在着差异,这在数值上表现为误差.随着科学技术的日益发展和人们认识水平的不断提高,虽然可将误差控制得越来越小,但是终究不能完全消除它,因此必须对测量过程和科学实验中始终存在着的误差进行研究.研究误差的意义主要有以下几个方面:

(1) 正确认识误差的性质,分析误差产生的原因,以减小或消除误差.

(2) 正确测量和处理实验数据,合理计算所得结果,以便在一定实验条件下得到更接近真值的数据.

(3) 正确组织实验过程,合理设计仪器或选用仪器,采用适当的测量方法,以便在最经济的条件下,得到理想的结果.

本章主要讨论测量、误差、数据记录和数据处理等内容.

## 第一节 测量与误差

测量与误差

当今误差理论已发展成为一门专门的学科,要深入地讨论误差需要有丰富的实践经验和足够的数学知识.这里仅介绍测量与误差的基本知识.

### 一、测量

为了对物理现象做定量描述,在物理实验中必须进行物理量的测量.测量就是把被测物理量和选为标准的(取作单位的)同类量(标准量)进行比较,定出它是标准量的多少倍.例如,测量一本书的长度,将书的长度与米尺进行比较,书的长度为米尺的 18.85%,则书的长度为 18.85 cm 或 0.188 5 m.测量结果的数值大小和选择的单位有密切关系.同样一个量,测量时选择的单位越小,测量结果的数值就越大,因此任意测量结果都必须标明单位.

测量分为直接测量和间接测量两种.凡是使用量具、量仪等标准量具经过比较可直接测得结果的测量称为直接测量.例如,长度、时间、质量、温度等量可分别用米尺、秒表、天平、温度计等直接测量.凡是不能直接测得结果,而必须先直接测量与它有关的一些量,然后利用相关公式才能求得结果的测量就称为间接测量.例如,要测量一均匀立方体物质的密度,必须先直接测量立方体的边长 $a$ 和质量 $m$,然后利用公式 $\rho = \dfrac{m}{V} = \dfrac{m}{a^3}$ 计算密度 $\rho$.物理实验中的测量多为间接测量.

## 二、测量误差

在一定条件下,任意物理量的大小都是客观存在的,都有一个实实在在的、不以人的意志为转移的客观量值,这个客观量值称为真值. 在测量过程中,人们总是希望准确地测得待测量的真值. 任意测量总是依据一定的理论和方法、使用一定的仪器、在一定的环境中、由一定的实验人员进行的,由于实验理论的近似性、实验仪器的灵敏度、实验环境的不稳定性和实验人员分辨能力的局限性,以及实验技能与判断能力的影响等,因此测量值与待测量的真值不可能完全相同. 也就是说,测量值与真值之间总存在着差异,我们把这个差异称为测量误差(简称为误差). 误差的大小反映了测量结果的准确程度. 误差可用绝对误差来表示,也可用相对误差来表示,还可用百分误差来表示. 绝对误差、相对误差和百分误差的计算公式分别为

$$绝对误差 = 测量值 - 真值, \qquad (1-1-1)$$

$$相对误差 = \frac{绝对误差}{真值} \times 100\%, \qquad (1-1-2)$$

$$百分误差 = \frac{测量最佳值 - 公认值}{公认值} \times 100\%. \qquad (1-1-3)$$

实践证明,误差存在于一切科学实验和测量过程之中,因此分析测量中可能产生的各种误差,尽可能消除其影响,并对最后结果中未能消除的误差做出估计,就是物理实验和许多其他科学实验中不可缺少的工作之一.

误差按其产生的原因与性质可分为系统误差、随机误差和粗大误差三大类.

### 1. 系统误差

在同一实验条件下进行多次测量时,绝对值和符号保持不变的误差,或在实验条件改变时,按一定规律变化的误差称为系统误差. 所谓按一定规律变化,是指系统误差可以归结为某一个或某几个因素的函数,这种函数一般可用解析公式或曲线图来表示. 系统误差主要来自以下几个方面:

(1) 仪器误差:由于仪器本身的缺陷或没有按要求使用而引起的误差. 例如,仪器零点未调准、仪表刻度不准等.

(2) 理论(方法)误差:由于测量所依据的理论公式的近似或测量方法本身的局限性,或实验条件不能达到理论公式所规定的要求而引起的误差. 例如,用单摆测重力加速度时使用近似的理论公式,用天平称量物体的质量时未考虑空气的影响等.

(3) 环境误差:由于外部环境,如温度、湿度、光照、实验室洁净程度等,与仪器所要求的环境条件不一致而产生的误差.

(4) 个人误差:由于实验人员本身的生理或心理特点而产生的误差. 例如,在使用刻度式仪表时,有人习惯于偏向一方读数等.

虽然产生系统误差的原因不同,但是都有共同的特点,即系统误差的出现是有规律的. 有些系统误差是定值,如游标卡尺的零点未调准,则测量值的误差为游标卡尺的零点读数;有些系统误差是积累性的,如用受热膨胀的钢制米尺进行测量时,其指示值就小于真实长度,且误差随待测长度成比例增加;有些系统误差是周期性变化的,如仪器的转动中心与刻度盘的几何中心不重合所造成的偏心差就是一种周期性变化的系统误差;还有一些系统误差是按某种特定规律变化的.

系统误差总是使测量结果偏向一边,或偏大,或偏小.因此,采用多次测量的方法对减小这种误差的意义不大.只能针对具体问题做具体分析,对每次测量找出产生系统误差的原因,采取一定的方法去消除它的影响或对测量结果进行修正.

2. 随机误差

随机误差是在对同一被测量进行多次测量的过程中,绝对值与符号以不可预知的方式变化的误差(不考虑系统误差).这种误差是由实验中各种因素的微小变动而引起的.例如,实验装置和测量仪器在各次调整操作上的变动性、测量仪器示值的变动性,以及观测者在判断和估计读数上的变动性 …… 这些因素的共同影响就使测量值围绕着测量结果的平均值发生有涨有落的变化,这种变化量就是各次测量的随机误差.随机误差的出现,就某一测量值来说是没有规律的,其绝对值和符号都是不能预知的.通常情况下,正随机误差和负随机误差出现的次数大体相等,绝对值较小的误差出现的次数较多,绝对值较大的误差在没有错误的情况下不出现.这一规律在测量次数增多时表现得更加明显,它是正态分布的一种最典型的分布规律.

对测量中的随机误差应该如何处理呢? 根据随机误差的分布特性,我们知道:① 在多次测量时,正、负随机误差常可以大致抵消,因而用多次测量值的平均值表示测量结果可以减小随机误差的影响;② 测量值的分散程度直接体现随机误差的大小,即测量值越分散,测量的随机误差就越大,因此必须对测量的随机误差做出估计才能表现出测量结果的集中程度.对随机误差进行估计的方法有很多种,在科学实验中,常用标准偏差来估计测量的随机误差.

(1) 残差、偏差和误差.设 $x_0$ 为被测量的真值,$m\left(m = \lim\limits_{n\to\infty}\left[\left(\sum\limits_{i=1}^{n} x_i\right)/n\right]\right)$ 为总体平均值,$\bar{x}$ 为有限次测量值的平均值,$x_i$ 为单次测量值.

残差为单次测量值 $x_i$ 与有限次测量值的平均值 $\bar{x}$ 之差,即

$$\Delta x_i = x_i - \bar{x}. \tag{1-1-4}$$

偏差为单次测量值 $x_i$ 与总体平均值 $m$ 之差,即

$$\Delta x_{mi} = x_i - m. \tag{1-1-5}$$

误差为单次测量值 $x_i$ 与被测量的真值 $x_0$ 之差,即

$$\Delta x_{0i} = x_i - x_0. \tag{1-1-6}$$

由于残差和误差有正有负,有大有小,因此常用方均根法对它们进行统计,得到的结果分别称为标准偏差和标准误差.应当注意,仅当系统误差为零时,偏差才等于误差.

(2) $\sigma$,$S_x$ 和 $S_{\bar{x}}$.当不考虑系统误差时,总体标准偏差 $\sigma$ 称为标准误差.$\sigma$ 不是测量值中任意一个具体测量值的随机误差,$\sigma$ 的大小只说明在一定条件下等精度测量值的随机误差的概率分布情况,即在该条件下,任意单次测量值的随机误差一般都不等于 $\sigma$,但却认为这一系列测量中所有测量值都服从同一个总体标准偏差 $\sigma$ 的概率分布.在不同条件下对同一被测量进行两个系列的等精度测量,其总体标准偏差 $\sigma$ 也不相同.总体标准偏差 $\sigma$ 定义为

$$\sigma = \lim_{n\to\infty} \sqrt{\frac{\sum\limits_{i=1}^{n} (x_i - m)^2}{n}}. \tag{1-1-7}$$

由于实验中不可能存在测量次数 $n \to \infty$ 的情况,故总体平均值 $m$ 是一个理想值,因此 $\sigma$ 是一个理论值,与 $\sigma$ 相应的置信概率 68.3% 也是一个理论值.

在有限次测量时,单次测量值的标准偏差 $S_x$(实际实验中测量次数总是有限的,因此实际应用的是有限次测量值的标准偏差公式,即贝塞尔(Bessel)公式)定义为

$$S_x = \sqrt{\frac{\sum\limits_{i=1}^{n}(x_i - \overline{x})^2}{n-1}}. \tag{1-1-8}$$

$S_x$ 是从有限次测量中计算出来的对于总体标准偏差 $\sigma$ 的最佳估计值,称为实验标准偏差,有时也写作 $\sigma_x$,其相应的置信概率接近于 68.3%,但不等于 68.3%.

如果在相同条件下对同一被测量进行多组重复的系列测量,每一系列测量都有一个平均值. 由于随机误差的存在,两个测量列的平均值不同,它们围绕着被测量的真值(设系统误差为零)有一定的分散.此分散说明了平均值的不可靠性,平均值的标准偏差 $S_{\overline{x}}$(或写作 $\sigma_{\overline{x}}$)是表征同一被测量的各个测量列的平均值分散性的参数,可作为平均值不可靠性的评定标准. $S_{\overline{x}}$ 又称为平均值的实验标准偏差,其定义为

$$S_{\overline{x}} = \sqrt{\frac{\sum\limits_{i=1}^{n}(x_i - \overline{x})^2}{n(n-1)}} = \frac{S_x}{\sqrt{n}}. \tag{1-1-9}$$

由于平均值已经对单次测量的随机误差有一定的抵消,因而平均值就更接近于真值,它们的随机误差分布的离散性就会小得多,因此平均值的标准偏差要比单次测量值的标准偏差小得多. 从理论上讲,平均值的误差 $(\overline{x} - x_0)$ 落在 $\pm \frac{\sigma}{\sqrt{n}}$ 之间的概率为 68.3%,而落在 $\pm S_{\overline{x}}$ 之间的概率接近于 68.3%,但不等于68.3%. 在实际中,常用平均值的标准偏差作为平均值标准误差的估计值.

### 3. 粗大误差

粗大误差是指由于实验人员粗枝大叶而产生的误差,又称为寄生误差. 此误差值较大,导致测量结果明显不合理,如测量时对错了标志、读错或记错了数、使用有缺陷的仪器而引起的过失误差等.

不确定度

## 第二节 不确定度的基本概念

### 一、表征测量结果质量的指标

#### 1. 精密度、准确度和精确度

精密度、准确度和精确度都是用来评价测量结果好坏的,但三者的意义不同,使用时应加以区别.

测量的精密度高,是指测量结果比较集中,随机误差较小,但系统误差的大小不明确.

测量的准确度高,是指测量结果的平均值偏离真值较少,测量结果的系统误差较小,但数据分散的情况(随机误差的大小)不明确.

测量的精确度高,是指测量结果大多集中在真值附近,即测量的系统误差和随机误差都比较小. 精确度是对测量的系统误差与随机误差的综合评定.

现以打靶时弹着点的分布情况为例,说明三者的意义.如图1-2-1所示,图(a)表示射击的精密度高但准确度较低,图(b)表示射击的准确度高但精密度较低,图(c)表示射击的精密度和准确度均较高,即精确度高.

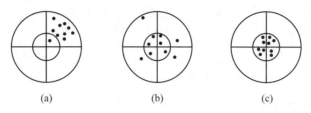

(a)                      (b)                      (c)

图1-2-1　弹着点分布图

影响测量结果精度的主要因素有时是随机误差,有时是系统误差.一般情况下,测量的误差是随机误差和系统误差的总和.

### 2.不确定度

误差是一个理想概念,只有获得了真值,才可以计算误差,可以说误差是确定的、是可正可负的.由于真值一般不能获得,因此误差实际上是未知的.不能用未知的量去衡量测量结果的可靠程度.

既然测量结果中不可避免地出现误差,误差又无法按照其定义式精确求出,那么现实中对测量结果可靠程度评价的可行办法就只能是根据测量数据和测量条件进行推算(包括统计推算和其他推算),从而求得误差的估计值,即给出待测物理量的真值可能存在的范围的估计,测量结果表示为

$$x = (\bar{x} \pm \Delta x) \text{单位} \quad (\text{置信概率 } p = \cdots),$$

式中 $x$ 表示待测物理量;$\bar{x}$ 表示该物理量测量值的平均值,它可以是间接测量的平均值,也可以是单次测量的测量值;$\Delta x$ 表示该物理量测量值的不确定程度,也就是对测量误差可能值的测度,称为不确定度,它的大小可以计算.不确定度是指由于误差的存在而对待测物理量不能肯定的程度,是表征待测物理量的真值所处范围的评定.$\bar{x} \pm \Delta x$ 表示待测物理量的真值在 $(\bar{x} - \Delta x, \bar{x} + \Delta x)$ 之外的可能性(或概率)很小,真值以概率 $p$ 落在 $(\bar{x} - \Delta x, \bar{x} + \Delta x)$ 之中,这个概率称为置信概率,而区间 $(\bar{x} - \Delta x, \bar{x} + \Delta x)$ 称为置信区间.不确定度不排除误差的概念,不确定度越小,标志着误差的可能值越小,测量的可信程度越高;不确定度越大,标志着误差的可能值越大,测量的可信程度越低.

## 二、测量不确定度的分类及合成方法

测量不确定度是一个更为科学的术语,它从根本上改变了以往将测量误差分为随机误差、系统误差和粗大误差的分类方法.不确定度可根据评定方法分为 A 类评定不确定度和 B 类评定不确定度,简称为 A 类不确定度和 B 类不确定度,或称为 A 类分量和 B 类分量.A 类不确定度(用 $\Delta_A$ 表示)可以用统计方法进行计算,B 类不确定度(用 $\Delta_B$ 表示)可以用其他方法进行估算(称为非统计不确定度).两类不确定度用方和根合成:

$$\Delta = \sqrt{\Delta_A^2 + \Delta_B^2}. \tag{1-2-1}$$

合成不确定度 $\Delta$ 并非简单地由 $\Delta_A$ 和 $\Delta_B$ 线性合成或简单相加,而是服从"方和根合成".这是由

于决定合成不确定度的两种误差——随机误差和系统误差是两个相互独立的随机变量,其取值都具有随机性,因而它们之间具有相互抵偿性.

一般来说,$\Delta_A$ 和 $\Delta_B$ 可能不是单项,而是包含多项. 也就是说,一个测量结果中可能同时存在多项随机误差和多项系统误差的影响. 若这些误差因素的来源不同而互不相关,则合成不确定度的一般表达式为

$$\Delta = \sqrt{\sum_{i=1}^{n} \Delta_{A_i}^2 + \sum_{j=1}^{m} \Delta_{B_j}^2}. \qquad (1-2-2)$$

### 三、不确定度与误差

不确定度与误差是误差理论中的两个重要概念,它们都是评价测量结果质量高低的重要指标,都可作为测量结果的精确度评定参数,但是它们又有明显的区别,因此必须正确认识和区分,以防混淆和误用.

从定义上讲,误差是测量值与真值之差,它以真值或约定真值为中心,而不确定度是以被测量的估计值为中心,因此误差是一个理想概念,一般不能准确知道,难以定量,而不确定度是反映人们对测量认识不足的程度,是可以定量评定的.

在分类上,误差按自身特征和性质分为系统误差、随机误差和粗大误差,并可采取不同的措施来减小或消除各类误差对测量的影响. 由于各类误差之间并不存在绝对界限,因此在分类判别和误差计算时不易掌握. 不确定度不按性质分类,而是按评定方法分为 A 类不确定度和 B 类不确定度,两类评定方法不分优劣,可按实际情况加以选用.

不确定度与误差既有区别又有联系. 误差是不确定度的基础,用不确定度代替误差表示测量结果,易于理解,便于评定,具有合理性和实用性. 但不确定度的内容不能包括,更不能取代误差理论的所有内容,如传统的误差分析与数据处理等均不能被取代. 客观地说,不确定度是对经典误差理论的一个补充,是现代误差理论的内容之一,但它还有待进一步的研究、发展与完善.

有效数字

## 第三节　有　效　数　字

### 一、有效数字

1. 有效数字的定义

实验的具体目的之一是获得真实的数据,即真实地表示实验对象的数量大小. 有效数字就是一种合理的表示方法.

在表示测量结果的有效数字中,既包含了准确的可靠数字,又包含了具有一定误差的可疑数字. 例如,用分度值为 1 mm 的直尺测量一物体的长度时,若该物体比 74 mm 长大约半个刻度,则测量结果可记为 74.5 mm,其中"7"和"4"是准确读得的,为可靠数字,而"5"是估读的,为可疑数字. 我们把测量结果中的可靠数字和可疑数字统称为有效数字. 例如,74.5 mm 为三位有效数字.

2. 关于有效数字的几点说明

(1) 在非零数字之间或之后的"0"都是有效数字. 例如,在长度测量中,如果物体的末端恰

好与 74 mm 刻度线重合,这时测量结果就应记为 74.0 mm,而不能记为 74 mm;尽管从数字概念上来看,74.0 和 74 一样大,小数点后的"0"似乎没有保留的价值,但是从测量和误差的角度来看,74.0 为三位有效数字,其中"4"是可靠数字,而 74 为两位有效数字,其中"4"是可疑数字,两者反映的测量精度不同.

(2) 单位换算不会改变有效数字的位数,即在第一位非零数字之前的"0"不是有效数字. 例如,把 74.0 mm 换算成 0.074 0 m,它仍为三位有效数字.

(3) 有效数字的科学记数法. 为了方便地表示测量结果,特别是在书写较大或较小的数字时,通常将其写成"$\times 10^{\pm n}$"的标准形式(式中 $n$ 为正整数). 这种表示方法称为有效数字的科学记数法. 用科学记数法时,通常在小数点前只写一位非零数字. 例如,将 74.0 mm 换算成以微米为单位时,不能写成 74 000 $\mu m$,因为有效数字的位数发生了变化,歪曲了原来的测量精度. 为了解决数值太大与有效数字位数不多之间的矛盾,应将此测量结果表示为 $7.40 \times 10^4$ $\mu m$.

(4) 无理数的取位. 在运算中,对 $\pi, \sqrt{2}, \sqrt{3}$ 等无理数,若使用计算器计算,则直接按计算器上相应数的按键取用,以尽量避免因计算而引入的误差;若计算器上无相应数的按键,则应按比同一公式中有效数字位数最少的数多一位取用.

## 二、数值的舍入修约规则

测量结果数值的舍入,首先要确定需保留的有效数字的位数,后面多余的数予以舍入修约. 舍入修约的规则一般为"四舍六入五凑偶":若多余的数小于 500…,则把多余的数全部舍去;若多余的数大于 500…,则向需要保留的有效数字的最后一位进 1;若多余的数的第一个数是 5,且 5 后的数均为 0,则把需要保留的有效数字的最后一位凑成偶数(若 5 之前是偶数,则把多余的数全部舍去,保持这个偶数;若 5 之前是奇数,则向需要保留的有效数字的最后一位进 1,将这个奇数凑成偶数). 例如,将下列数据保留四位有效数字,舍入后的数据如下:

3.141 59 → 3.142,说明:多余的数为 59,大于 50,则向前一位进 1;

2.717 29 → 2.717,说明:多余的数为 29,小于 50,则将 29 舍去;

4.512 50 → 4.512,说明:多余的数为 50,前面需保留的数为偶数 2,则不进位,并将 50 舍去;

3.215 50 → 3.216,说明:多余的数为 50,前面需保留的数为奇数 5,则向前一位进 1,将前一位凑成偶数 6;

6.378 501 → 6.379,说明:多余的数为 501,大于 500,则向前一位进 1;

7.691 499 → 7.691,说明:多余的数为 499,小于 500,则将 499 舍去.

实验结果中表示的平均值部分采用上述舍入修约规则,而对实验结果进行评估的部分(不确定度),将依据不确定度的规范做出约定.

## 三、有效数字的计算规则

在进行数字运算时,参与运算的量可能很多,各量数值的大小和有效数字的位数也不一样,而且在运算过程中,结果的位数会越来越多. 使用计算器时也会遇到中间结果的取位问题,以及如何更简洁地计算的问题.

1. 加、减法运算规则

有效数字相加或相减,如

$$
\begin{array}{r}
217.4\underline{6} \\
31.\underline{2} \\
+ \quad 5.71\underline{4} \\
\hline
254.3\underline{74}
\end{array}
\qquad
\begin{array}{r}
57\underline{6} \\
- \quad 61.7\underline{2} \\
\hline
514.\underline{28}
\end{array}
$$

其中每个有效数字的最后一位是可疑数字,其下方用一横线标明.因为可疑数字和可靠数字相加(或相减),其结果为可疑数字,并且可疑数字最后取一位,所以上述运算的结果应分别记为 254.4 和 514.由此可得出结论:在加、减法运算中,计算结果的最后一位和参与运算的各数中尾数位最高的(绝对误差最大的)取齐.这样,上两例的计算也可写作

$$
\begin{array}{r}
217.4\underline{6} \\
31.\underline{2} \\
+ \quad 5.7\underline{1} \\
\hline
254.3\underline{7}
\end{array}
\qquad
\begin{array}{r}
57\underline{6} \\
- \quad 61.\underline{7} \\
\hline
514.\underline{3}
\end{array}
$$

最后结果仍为 254.4 和 514.

2. 乘、除法运算规则

在有效数字的乘、除法运算中,积或商的有效数字位数和参与运算的各数中有效数字位数最少的数的有效数字位数相同.例如,$1.634 \times 15.6 = 25.490\ 4 \approx 25.5$,即四位有效数字与三位有效数字相乘,其积应为三位有效数字.两个有效数字相乘(除)时,若其中一个有效数字位数过多,则结果可比位数少的那个有效数字多保留一位有效数字,而其余的位数舍去.例如,$34.544 \times 17.4 = 601.065\ 6 \approx 601.1.$ 在乘除混合运算中,依照上述方法取有效数字,例如,

$$
\frac{1.185\ 4 \times 1.092\ 8 \times 66.0}{40.003 \times 10.002 \times 0.502} \approx 4.26 \times 10^{-1}.
$$

3. 乘方、开方运算规则

乘方、开方的有效数字位数与其底的有效数字位数相同.

4. 函数运算规则

对某一函数进行运算时,可以先用微分法求出该函数的误差传递公式(见第五节),然后再将直接测量值的不确定度代入误差传递公式来确定函数的有效数字位数.若直接测量值没有标明不确定度,则在直接测量值的最后一位数上取 1 作为不确定度再代入误差传递公式.

必须指出,测量结果的有效数字位数仅取决于测量,而不取决于运算过程.因此,在计算时,尤其是使用计算器计算时,不要随意扩大或减少有效数字位数,更不要认为计算结果的位数越多越好.

### 一、测量值的最佳值 —— 平均值

理论表明,当系统误差为零时,无限多次测量的总体平均值无限接近于真值. 在实际测量中,测量次数总是有限的,只要测量次数足够多,平均值就是真值的最好近似,是多次测量时测量值的最佳值. 因此,常用平均值来近似代替真值作为测量结果.

### 二、直接测量结果不确定度的估算

不确定度的评定方法比较复杂,其表示形式和合成方法也不是只有一个类型,而且还在不断研究和发展中. 在大学物理实验中,采用简化的、具有一定近似性的估算方法(符合国家技术规范),测量结果的表示采用总不确定度 $\Delta$. 总不确定度(简称为不确定度)用于测量结果的报告,也称为报告不确定度. 对于某个被测量 $x$ 的直接测量,其结果表达式 $x = \bar{x} \pm \Delta$ 表示真值以一定的概率落在区间 $(\bar{x} - \Delta, \bar{x} + \Delta)$ 内. 如前所述,不确定度有 A,B 两类,采用方和根合成,即当 A 类不确定度 $\Delta_A$ 和 B 类不确定度 $\Delta_B$ 已知时,可按式(1-2-1)或式(1-2-2)求出不确定度 $\Delta$.

1. A 类不确定度 $\Delta_A$ 的估算

在一般情况下,对于多次重复的直接测量,A 类不确定度 $\Delta_A$ 可由标准偏差 $S_x$ 乘以因子 $\dfrac{t_p}{\sqrt{n}}$ 求得,即

$$\Delta_A = S_x \frac{t_p}{\sqrt{n}} = t_p S_{\bar{x}} = t_p \sqrt{\frac{\sum\limits_{i=1}^{n}(x_i - \bar{x})^2}{n(n-1)}}, \tag{1-4-1}$$

式中 $t_p$ 与置信概率 $p$ 和测量次数 $n$ 有关,其值一般可通过查表 1-4-1 得出. 在实验测量次数大于 5 次、小于 10 次的情况下,可将式(1-4-1)进一步简化,取 $t_p \approx \sqrt{n}$,故有

$$\Delta_A = S_x \frac{t_p}{\sqrt{n}} \approx S_x \frac{\sqrt{n}}{\sqrt{n}} = S_x = \sqrt{\frac{\sum\limits_{i=1}^{n}(x_i - \bar{x})^2}{n-1}}. \tag{1-4-2}$$

式(1-4-2)是在限定条件下对 A 类不确定度进行的简化处理,不具有普遍性.

表 1-4-1　计算 A 类不确定度的 $t_p$ 值表($p = 0.95$)

| 测量次数 $n$ | 2 | 3 | 4 | 5 | 6 | 7 | 8 | 9 | 10 | 15 | 20 | $\infty$ |
|---|---|---|---|---|---|---|---|---|---|---|---|---|
| $t_p$ | 12.70 | 4.30 | 3.18 | 2.78 | 2.57 | 2.45 | 2.36 | 2.31 | 2.26 | 2.14 | 2.09 | 1.96 |
| $\dfrac{t_p}{\sqrt{n}}$ | 8.98 | 2.48 | 1.59 | 1.24 | 1.05 | 0.93 | 0.83 | 0.77 | 0.71 | 0.55 | 0.47 | $\dfrac{1.96}{\sqrt{n}}$ |
| $\dfrac{t_p}{\sqrt{n}}$ 的近似值 | 9.0 | 2.5 | 1.6 | 1.2 | 1 | | | | | $\dfrac{2}{\sqrt{n}}$ | | |

理论表明,当 $5 < n \leqslant 9$ 时,相应的置信概率为 $0.942 \sim 0.988$. 式(1-4-2)是在以后的实

验中,计算 A 类不确定度 $\Delta_A$ 的公式.但必须注意,式(1-4-2)的应用是有条件的,那就是测量次数 $n$ 必须满足 $5 < n \leqslant 9$.

**2. B 类不确定度 $\Delta_B$ 的估算**

B 类评定不用统计分析法,而是基于其他方法估计概率或分布假设来评定标准偏差. B 类评定在不确定度评定中占有重要地位.因为有的不确定度无法用统计方法来评定,或者虽可用统计方法,但不经济可行,所以在实际工作中,采用 B 类评定方法居多.

采用 B 类评定方法,需要先根据实际情况对测量值进行分布假设,可将其假设为正态分布,也可将其假设为其他分布.由于假设的分布总是实际分布的一种估计,因此得出的标准偏差称为近似标准偏差或折合标准偏差.不同的分布有不同的置信概率 $p$、置信因子 $k_p$ 和置信系数因子 $C$,测量值的 B 类不确定度可表示为

$$\Delta_B = k_p \frac{\Delta_{仪}}{C},$$

式中 $\Delta_{仪}$ 为仪器误差限.在大学物理实验中采用简化的方法来处理 B 类不确定度,即本着不确定度取偏大值的原则,B 类不确定度 $\Delta_B$ 可近似取为

$$\Delta_B \approx \frac{\Delta_{仪}}{\sqrt{3}}. \tag{1-4-3}$$

因此,不确定度 $\Delta$ 为

$$\Delta = \sqrt{\Delta_A^2 + \Delta_B^2} = \sqrt{\left(\frac{t_p}{\sqrt{n}}\right)^2 S_x^2 + \left(\frac{\Delta_{仪}}{\sqrt{3}}\right)^2}. \tag{1-4-4}$$

当测量次数 $n$ 满足 $5 < n \leqslant 9$ 时,式(1-4-4)可简化为

$$\Delta = \sqrt{S_x^2 + \left(\frac{\Delta_{仪}}{\sqrt{3}}\right)^2}. \tag{1-4-5}$$

在大学物理实验中,仪器误差限 $\Delta_{仪}$ 一般简单地取计量器具的示值误差限或基本误差限,通常可在仪器说明书或某些技术标准中查到.例如,分度值为 0.02 mm 的游标卡尺,$\Delta_{仪} = 0.02$ mm.如无资料可查,可近似取仪器最小读数的一半,或者由实验室结合具体情况给出 $\Delta_{仪}$ 的近似约定值.

电表的基本误差限为

$$\Delta_{仪} = \frac{K}{100} \times 量程, \tag{1-4-6}$$

式中 $K$ 为按国家标准规定的准确度等级.例如,对于量程为 100 mA 的 0.5 级电表,其基本误差限为

$$\Delta_{仪} = \frac{0.5}{100} \times 100 \text{ mA} = 0.5 \text{ mA}.$$

对于旋转式电阻箱的基本误差限,我们约定

$$\Delta_{仪} = \frac{K}{100} \times R + nR_b, \tag{1-4-7}$$

式中 $K,R,n$ 分别为旋转式电阻箱的准确度等级、取用的电阻值、所用的旋钮个数;$R_b$ 为常量,对于 0.1 级旋转式电阻箱,$R_b = 0.001$ Ω.

在大多数情况下,把 $\Delta_{仪}$ 近似当作 $\Delta_B$.许多仪器误差的成因分析和各分量限值的计算相当

复杂,大多超出了本课程的要求范围,有兴趣的读者可查阅不确定度的相关书籍.

### 3. 单次测量的不确定度

在具体的实验中,有的物理量只需测量一次. 对于单次测量,其不确定度只能进行特殊的简化处理,一般不考虑 A 类不确定度,所以 $\Delta \approx \Delta_B$. 对于 $\Delta_B$ 的估算,一般有以下两种方法:

(1) 在大多数情况下,取 $\Delta_B = \dfrac{\Delta_{仪}}{\sqrt{3}}$.

(2) 根据实验的实际情况估计一个误差限作为 $\Delta_B$. 例如,用钢卷尺测量较长的距离时,不可能保证尺子拉平拉直,因此可依实际情况取 $\Delta_B$ 为 5 mm 或 10 mm,甚至更大. 总之,误差限的大小要结合实际情况,综合考虑测量人员的技术、测量条件,以及仪器误差限等各方面的因素.

## 三、相对不确定度

相对不确定度 $E$ 等于不确定度 $\Delta$ 与测量量的平均值 $\bar{x}$ 之比,即

$$E = \frac{\Delta}{\bar{x}} \times 100\%. \tag{1-4-8}$$

## 四、直接测量结果的表示方法

没有标明不确定度的测量结果是没有科学价值的. 一个测量结果完整、正确的表示应为

$$\begin{cases} x = \bar{x} \pm \Delta, \\ E = \dfrac{\Delta}{\bar{x}} \times 100\%, \end{cases} \tag{1-4-9}$$

式中 $\bar{x}$ 可以是单次测量值,也可以是多次测量值的平均值;$\Delta$ 为不确定度,由式(1-4-5)计算得到. 如果是单次测量,不确定度可以是仪器误差限或估计误差限;如果是多次测量,不确定度是合成不确定度.

在测量结果的表示中,有以下两点需要注意:

(1) 不确定度的取位. 有效数字的末位是估读数字,存在不确定性. 根据国家计量技术规范《测量不确定度评定与表示》(JJF 1059.1—2012) 的规定,测量结果的不确定度数值的有效数字通常只取一位或两位. 对于要求不高的实验,不确定度取一位;对于要求较高的实验,不确定度常取两位;当修约前不确定度的首位数值大于等于 3 时,不确定度可取一位或两位;当修约前不确定度的首位数值为 1 或 2 时,不确定度取两位;在计算测量结果不确定度的过程中,中间结果的有效数字位数可保留多位.

在大学物理实验中,对测量结果的不确定度约定取一位有效数字;相对不确定度约定取两位有效数字. 由于不确定度实际上是一定概率下的置信区间,因此为了保证概率不变小,不确定度的舍入修约规则采取"只进不舍"的原则.

(2) 测量结果的取位. 测量结果的平均值的有效数字的最后一位应与不确定度的最后一位取齐,即在测量平均值、不确定度统一了单位及指数(幂次)的情况下,平均值的有效数字的最后一位应与不确定度的最后一位取齐(在同一数量级上). 例如,根据长度和直径的测量值用计算器算出圆柱体的体积平均值为 $\bar{V} = 6\,158.320\,1$ mm³,若体积的不确定度 $\Delta_V = 4$ mm³ 在 $10^0$ 数量级上,而体积平均值 $\bar{V}$ 的第四位数字"8"在 $10^0$ 数量级上,因此保留后面的四位数字"3201"就没有意义了,所以圆柱体体积的测量结果表示为 $V = (6.158 \pm 0.004) \times 10^3$ mm³. 又

如，$V = (229.1 \pm 0.4)$ cm³ 中 229.1 cm³ 的末位"1"刚好与不确定度 0.4 cm³ 的"4"对齐，如果写成 $V = (229.11 \pm 0.4)$ cm³，就是错误的表示方法.

在科学实验或实际生产中，特别是在工程技术上，有时不要求或不可能明确标明测量结果的不确定度，这时常用有效数字粗略表示出不确定度，即测量值的有效数字的最后一位表示不确定度的所在位. 因此，测量记录时要特别注意有效数字的位数，不能随意增减.

## 第五节　间接测量结果与不确定度的估算

在实际测量中，许多被测量不能进行直接测量，或者直接测量难以保证测量精度，因而需要采用间接测量. 例如，线纹尺、电压表、电流表、分光光度计、气相色谱仪的校准、检定，都采用了间接测量法.

### 一、间接测量量的最佳值

设间接测量量 $g$ 是由直接测量量 $x, y, z$ 通过函数关系 $g = f(x, y, z)$ 计算得到的，$x, y, z$ 是彼此独立的直接测量量，则

$$\overline{g} = f(\overline{x}, \overline{y}, \overline{z}) \tag{1-5-1}$$

为间接测量量 $g$ 的最佳值.

### 二、误差传递公式

设各直接测量量的误差分别为 $\Delta x, \Delta y, \Delta z$，间接测量量的误差为 $\Delta g$，函数 $g = f(x, y, z)$ 的全微分为

$$dg = \frac{\partial f}{\partial x}dx + \frac{\partial f}{\partial y}dy + \frac{\partial f}{\partial z}dz. \tag{1-5-2}$$

由于各直接测量量的误差 $\Delta x, \Delta y, \Delta z$ 都是微小量，可用来近似代替各微分量 $dx, dy, dz$，因此式（1-5-2）可近似写作

$$\Delta g = \frac{\partial f}{\partial x}\Delta x + \frac{\partial f}{\partial y}\Delta y + \frac{\partial f}{\partial z}\Delta z; \tag{1-5-3}$$

式（1-5-3）即为误差的一般传递公式，式中 $\frac{\partial f}{\partial x}, \frac{\partial f}{\partial y}, \frac{\partial f}{\partial z}$ 称为各直接测量量的误差传递系数. 由于各误差项的符号并不明确，通常考虑最不利的情况，将式（1-5-3）右端的各项取绝对值后再相加，即

$$\Delta g = \left|\frac{\partial f}{\partial x}\Delta x\right| + \left|\frac{\partial f}{\partial y}\Delta y\right| + \left|\frac{\partial f}{\partial z}\Delta z\right|, \tag{1-5-4}$$

式（1-5-4）称为最大误差传递公式. 因此，相对误差传递公式为

$$E_g = \frac{\Delta g}{g} = \left|\frac{\partial f}{\partial x}\frac{\Delta x}{g}\right| + \left|\frac{\partial f}{\partial y}\frac{\Delta y}{g}\right| + \left|\frac{\partial f}{\partial z}\frac{\Delta z}{g}\right|. \tag{1-5-5}$$

对于积商形式的函数，有时需把函数 $g = f(x, y, z)$ 取对数后再求全微分：

$$\ln g = \ln f(x, y, z), \tag{1-5-6}$$

$$\frac{dg}{g} = \left|\frac{\partial \ln f}{\partial x}dx\right| + \left|\frac{\partial \ln f}{\partial y}dy\right| + \left|\frac{\partial \ln f}{\partial z}dz\right|, \tag{1-5-7}$$

故可将相对误差传递公式写为

$$E_g = \frac{\Delta g}{g} = \left| \frac{\partial \ln f}{\partial x} \Delta x \right| + \left| \frac{\partial \ln f}{\partial y} \Delta y \right| + \left| \frac{\partial \ln f}{\partial z} \Delta z \right|. \tag{1-5-8}$$

### 三、不确定度传递公式

考虑到不确定度合成的统计性质,在大学物理实验中,一般采用方和根合成间接测量量的不确定度:

$$\Delta_g = \sqrt{\left(\frac{\partial f}{\partial x}\right)^2 \Delta_x^2 + \left(\frac{\partial f}{\partial y}\right)^2 \Delta_y^2 + \left(\frac{\partial f}{\partial z}\right)^2 \Delta_z^2}, \tag{1-5-9}$$

$$\frac{\Delta_g}{g} = \sqrt{\left(\frac{\partial \ln f}{\partial x}\right)^2 \Delta_x^2 + \left(\frac{\partial \ln f}{\partial y}\right)^2 \Delta_y^2 + \left(\frac{\partial \ln f}{\partial z}\right)^2 \Delta_z^2}, \tag{1-5-10}$$

这就是间接测量量的不确定度传递公式,式中 $\Delta_i = \sqrt{S_i^2 + \frac{\Delta_{仪i}^2}{3}}$ $(i = x, y, z)$ 为任意直接测量量的不确定度, $\Delta_g$ 为间接测量量 $g$ 的不确定度. 式(1-5-9)适用于和差形式的函数,式(1-5-10)适用于积商形式的函数.

一些常用函数的不确定度传递公式如表 1-5-1 所示.

表 1-5-1　一些常用函数的不确定度传递公式

| 函数表达式 | 不确定度传递公式 |
|---|---|
| $g = x \pm y$ | $\Delta_g = \sqrt{\Delta_x^2 + \Delta_y^2}$ |
| $g = xy$ 或 $g = \dfrac{x}{y}$ | $\dfrac{\Delta_g}{g} = \sqrt{\left(\dfrac{\Delta_x}{x}\right)^2 + \left(\dfrac{\Delta_y}{y}\right)^2}$ |
| $g = kx$ | $\Delta_g = k\Delta_x$ |
| $g = x^{\frac{1}{k}}$ | $\dfrac{\Delta_g}{g} = \dfrac{1}{k} \dfrac{\Delta_x}{x}$ |
| $g = \dfrac{x^k y^m}{z^n}$ | $\dfrac{\Delta_g}{g} = \sqrt{\left(k\dfrac{\Delta_x}{x}\right)^2 + \left(m\dfrac{\Delta_y}{y}\right)^2 + \left(n\dfrac{\Delta_z}{z}\right)^2}$ |
| $g = \sin x$ | $\Delta_g = \lvert \cos \overline{x} \rvert \Delta_x$ |
| $g = \ln x$ | $\Delta_g = \dfrac{\Delta_x}{\overline{x}}$ |

在应用不确定度传递公式估算间接测量量的不确定度时应注意以下两个方面:

(1) 如果函数形式是若干个直接测量量相加减,则先计算间接测量量的不确定度比较方便. 如果函数形式是若干个直接测量量相乘除或连乘除,则先计算间接测量量的相对不确定度比较方便,然后再通过 $\Delta_g = \dfrac{\Delta_g}{g} \times \overline{g}$ 求出不确定度.

(2) 如果间接测量量的某几个直接测量量是单次测量,则直接用单次测量的结果及不确定度代入不确定度传递公式.

### 四、间接测量结果的表示方法

间接测量结果的完整表示方法与直接测量类似,可以写成以下形式:

$$\begin{cases} g = \overline{g} \pm \Delta_g, \\ E_g = \dfrac{\Delta_g}{\overline{g}} \times 100\%, \end{cases} \qquad (1-5-11)$$

式中 $\overline{g}$ 为间接测量量的最佳值,由式(1-5-1)求得.

**例 1-5-1** 直接测量某一圆柱体的直径 $D$ 和高度 $h$,由函数关系 $V = \dfrac{\pi D^2 h}{4}$ 计算该圆柱体的体积. 用分度值为 $0.01\ \text{mm}$ 的螺旋测微器重复测量 6 次该圆柱体的直径 $D$ 和高度 $h$,测得的数据见表 1-5-2.求体积 $V$ 的测量结果.

表 1-5-2 使用螺旋测微器测量圆柱体直径和高度的数据记录表

| 测量次数 $i$ | 1 | 2 | 3 | 4 | 5 | 6 |
|---|---|---|---|---|---|---|
| $D_i/\text{mm}$ | 10.077 | 10.082 | 10.091 | 10.064 | 10.085 | 10.080 |
| $h_i/\text{mm}$ | 10.107 | 10.113 | 10.115 | 10.108 | 10.112 | 10.115 |

**解** 计算直径 $D$ 和高度 $h$ 的测量平均值,可得

$$\overline{D} = \frac{\sum\limits_{i=1}^{6} D_i}{6} = \frac{10.077 + 10.082 + 10.091 + 10.064 + 10.085 + 10.080}{6}\ \text{mm}$$

$$\approx 10.079\ 8\ \text{mm} \approx 10.080\ \text{mm},$$

$$\overline{h} = \frac{\sum\limits_{i=1}^{6} h_i}{6} = \frac{10.107 + 10.113 + 10.115 + 10.108 + 10.112 + 10.115}{6}\ \text{mm}$$

$$\approx 10.111\ 7\ \text{mm} \approx 10.112\ \text{mm}.$$

已知螺旋测微器的分度值为 $0.01\ \text{mm}$,则其仪器误差限为 $\Delta_{仪} = 0.005\ \text{mm}$,$\Delta_B = \dfrac{\Delta_{仪}}{\sqrt{3}}$.

根据式(1-4-2)计算测量直径 $D$ 和高度 $h$ 的 A 类不确定度,求残差,所得数据见表 1-5-3.

表 1-5-3 残差计算的数据记录表

| 测量次数 $i$ | 1 | 2 | 3 | 4 | 5 | 6 |
|---|---|---|---|---|---|---|
| $\Delta D_i/\text{mm}$ | $-0.003$ | 0.002 | 0.011 | $-0.016$ | 0.005 | 0 |
| $\Delta h_i/\text{mm}$ | $-0.005$ | 0.001 | 0.003 | $-0.004$ | 0 | 0.003 |

将表 1-5-3 中的数据代入式(1-4-2),可得

$$\Delta_{DA} = \sqrt{\frac{\sum\limits_{i=1}^{6} (\Delta D_i)^2}{6-1}} = \sqrt{\frac{(-0.003)^2 + 0.002^2 + 0.011^2 + (-0.016)^2 + 0.005^2 + 0^2}{5}}\ \text{mm}$$

$$\approx 0.009\ 1\ \text{mm},$$

$$\Delta_{hA} = \sqrt{\frac{\sum_{i=1}^{6} (\Delta h_i)^2}{6-1}} = \sqrt{\frac{(-0.005)^2 + 0.001^2 + 0.003^2 + (-0.004)^2 + 0^2 + 0.003^2}{5}} \text{ mm}$$

$$\approx 0.003\ 5 \text{ mm}.$$

测量直径 $D$ 的不确定度为

$$\Delta_D = \sqrt{\Delta_{DA}^2 + \Delta_B^2} = \sqrt{0.009\ 1^2 + \frac{0.005^2}{3}} \text{ mm} \approx 0.009\ 6 \text{ mm} \approx 0.01 \text{ mm}.$$

**注** 根据不确定度进位原则(只进不舍)和取位约定(保留一位有效数字),0.009 6 mm 写成 0.01 mm.

测量高度 $h$ 的不确定度为

$$\Delta_h = \sqrt{\Delta_{hA}^2 + \Delta_B^2} = \sqrt{0.003\ 5^2 + \frac{0.005^2}{3}} \text{ mm} \approx 0.004\ 5 \text{ mm} \approx 0.005 \text{ mm}.$$

$D$ 和 $h$ 的测量结果分别表示为

$$\begin{cases} D = \overline{D} \pm \Delta_D = (10.08 \pm 0.01) \text{mm}, \\ E_D = \dfrac{\Delta_D}{\overline{D}} \times 100\% = \dfrac{0.01}{10.08} \times 100\% \approx 0.10\%; \end{cases}$$

$$\begin{cases} h = \overline{h} \pm \Delta_h = (10.112 \pm 0.005) \text{mm}, \\ E_h = \dfrac{\Delta_h}{\overline{h}} \times 100\% = \dfrac{0.005}{10.112} \times 100\% \approx 0.050\%. \end{cases}$$

将直接测量量的平均值代入圆柱体的体积公式,可得圆柱体体积的最佳值为

$$\overline{V} = \frac{\pi \overline{D}^2 \overline{h}}{4} \approx \frac{1}{4} \times 3.141\ 6 \times 10.08^2 \times 10.112 \text{ mm}^3 \approx 807.0 \text{ mm}^3.$$

测量圆柱体体积的不确定度为

$$\Delta_V = \sqrt{\left(\frac{\partial V}{\partial D}\right)^2 \Delta_D^2 + \left(\frac{\partial V}{\partial h}\right)^2 \Delta_h^2},$$

式中

$$\frac{\partial V}{\partial D} = \frac{\pi}{2} \overline{D} \overline{h} \approx \frac{3.141\ 6}{2} \times 10.08 \times 10.112 \text{ mm}^2 \approx 160.11 \text{ mm}^2 \approx 160.1 \text{ mm}^2,$$

$$\frac{\partial V}{\partial h} = \frac{\pi}{4} \overline{D}^2 \approx \frac{3.141\ 6}{4} \times 10.08^2 \text{ mm}^2 \approx 79.802 \text{ mm}^2 \approx 79.80 \text{ mm}^2,$$

故

$$\Delta_V = \sqrt{(160.1 \times 0.01)^2 + (79.80 \times 0.005)^2} \text{ mm}^3 \approx 2 \text{ mm}^3.$$

圆柱体体积的测量结果表示为

$$\begin{cases} V = \overline{V} \pm \Delta_V = (807 \pm 2) \text{ mm}^3, \\ E_V = \dfrac{\Delta_V}{\overline{V}} \times 100\% = \dfrac{2}{807} \times 100\% \approx 0.25\%. \end{cases}$$

**注** 不确定度的最后一位数量级为 $10^0$,即个位,所以最佳值的最后一位取齐到个位.

**例 1-5-2** 已知金属圆环的内径为 $D_1 = (2.880 \pm 0.004)$cm,外径为 $D_2 = (3.600 \pm 0.004)$cm,高度为 $h = (2.575 \pm 0.004)$cm,求圆环的体积 $V$.

**解** 由测量结果的表示可知,

$$\overline{D}_1 = 2.880 \text{ cm}, \quad \Delta_{D_1} = 0.004 \text{ cm};$$

$$\overline{D}_2 = 3.600 \text{ cm}, \quad \Delta_{D_2} = 0.004 \text{ cm};$$

$$\overline{h} = 2.575 \text{ cm}, \quad \Delta_h = 0.004 \text{ cm}.$$

将直接测量量的平均值代入圆环的体积公式,可得圆环体积的最佳值为

$$\overline{V} = \frac{\pi}{4}(\overline{D}_2^2 - \overline{D}_1^2)\overline{h} = \frac{3.141\,6}{4} \times (3.600^2 - 2.880^2) \times 2.575 \text{ cm}^3 \approx 9.436 \text{ cm}^3.$$

由式(1-5-10)可知,测量圆环体积的相对不确定度为

$$\frac{\Delta_V}{\overline{V}} = \sqrt{\left(\frac{\partial \ln V}{\partial D_2}\right)^2 \Delta_{D_2}^2 + \left(\frac{\partial \ln V}{\partial D_1}\right)\Delta_{D_1}^2 + \left(\frac{\partial \ln V}{\partial h}\right)\Delta_h^2},$$

式中

$$\frac{\partial \ln V}{\partial D_2} = \frac{2D_2}{D_2^2 - D_1^2}, \quad \frac{\partial \ln V}{\partial D_1} = -\frac{2D_1}{D_2^2 - D_1^2}, \quad \frac{\partial \ln V}{\partial h} = \frac{1}{h},$$

所以

$$\left(\frac{\Delta_V}{\overline{V}}\right)^2 = \left[\frac{2\overline{D}_2 \Delta_{D_2}}{\overline{D}_2^2 - \overline{D}_1^2}\right]^2 + \left[-\frac{2\overline{D}_1 \Delta_{D_1}}{\overline{D}_2^2 - \overline{D}_1^2}\right]^2 + \left(\frac{\Delta_h}{\overline{h}}\right)^2$$

$$= \left(\frac{2 \times 3.600 \times 0.004}{3.600^2 - 2.880^2}\right)^2 + \left(-\frac{2 \times 2.880 \times 0.004}{3.600^2 - 2.880^2}\right)^2 + \left(\frac{0.004}{2.575}\right)^2$$

$$\approx 6.5 \times 10^{-5}.$$

因此,

$$E_V = \frac{\Delta_V}{\overline{V}} \times 100\% = \sqrt{6.5 \times 10^{-5}} \times 100\% \approx 0.81\%,$$

$$\Delta_V = \overline{V} \times E_V = 9.436 \times 0.81\% \text{ cm}^3 \approx 0.08 \text{ cm}^3.$$

圆环体积的测量结果为

$$\begin{cases} V = (9.44 \pm 0.08) \text{ cm}^3, \\ E_V = 0.81\%. \end{cases}$$

由于有效数字的最后一位是不确定度所在位,因此有效数字在一定程度上反映了测量值的不确定度(或误差限值).测量值的有效数字位数越多,测量的相对不确定度越小;测量值的有效数字位数越少,测量的相对不确定度越大.一般来说,两位有效数字对应于 $10^{-1} \sim 10^{-2}$ 的相对不确定度,三位有效数字对应于 $10^{-2} \sim 10^{-3}$ 的相对不确定度,以此类推.可见,有效数字可以粗略地反映测量结果的不确定度.总之,有效数字与不确定度是密切相关的.

## 第六节　数据处理的常用方法

由实验测得的一系列数据往往是零乱且带有误差的,因此必须经过科学的分析和处理,才能找到物理量之间的变化关系及其服从的物理规律.常用的数据处理方法有列表法、作图法、图解法、逐差法、最小二乘法等.

## 一、列表法

### 1. 列表的作用

在记录和处理数据时常常将数据列成表格,数据列表可以简单明确地表示出有关物理量之间的对应关系,便于随时检查测量结果是否合理,以及及时发现问题和分析问题,有助于找出有关物理量之间的规律,求出经验公式等.

数据列表还可以提高处理数据的效率,减少和避免错误. 根据需要,把计算的某些中间结果列成表格,可以随时从对比中发现运算是否有误,还可以随时进行有效数字的简化,避免不必要的重复计算,有利于计算和分析不确定度. 数据列表还便于在必要时查对数据.

### 2. 列表的要求

(1) 简单明了,便于看出有关物理量之间的关系,便于处理数据.

(2) 必须交代清楚表中各符号所代表的物理量,并写明单位. 如果各物理量的单位相同,就将单位写在标题栏中.

(3) 表中的数据要正确地反映测量结果的有效数字.

(4) 必要时可在表格下方添加注释,以对表格中的内容加以说明.

## 二、作图法

作图法是利用物理量之间的变化规律,找出对应的函数关系,以便求出经验公式的最常用的方法之一.

### 1. 作图法的作用和优点

(1) 作图法可把一系列数据之间的关系用图线直观地表示出来.

(2) 如果图线是依据许多数据描出的平滑曲线,则作图法有多次测量取平均值的作用.

(3) 实验人员能简便地从图线中求出实验需要的某些结果. 例如,若图线为直线 $y = a + bx$,则可由图线的斜率求出 $b$ 的值,由图线的截距求出 $a$ 的值.

(4) 用作图法可以作出仪器的校准曲线.

(5) 在图线上可以读出没有观测的某点所对应的 $x$ 和 $y$ 的值(内插法);在一定条件下,也可以从图线的延伸部分读到测量数据以外的点(外推法).

(6) 图线可以帮助实验人员发现实验数据中的个别错误数据,并可以通过图线对系统误差进行分析.

### 2. 作图的方法和规则

(1) 作图一定要用坐标纸. 确定了作图的参量以后,需根据具体情况决定选用直角坐标纸、对数坐标纸或者极坐标纸.

(2) 坐标纸的大小和坐标轴的比例应根据测得数据的有效数字和结果来定. 原则上数据中的可靠数字在图中应为可靠的,数据中的可疑数字在图中应为估计的,即图纸中的一小格对应数据中可靠数字的最后一位(常常适当放大些),使图上实际可能读出的有效数字位数和测量值的有效数字位数相当. 当然,图纸也不必过分放大. 要适当地选取 $x$ 轴和 $y$ 轴的比例,以及坐标的起点,使图线比较对称地充满整个图纸,不要缩在一边或一角.除特殊需要外,坐标的起点一般可以不取为零点.

(3) 作图需标明坐标轴与图的名称.画出坐标轴的方向,并标明其所代表的物理量及单位.在轴上每隔一定间距标明该物理量的数值;在图纸的明显位置写明图的名称(包括需说明的条件等).

(4) 作图方法.用记号"•"在图上细心地标出实验数据点.当一张图上要画几条曲线时,每条曲线上的点应用不同的记号(如"♯""△"等)标出,然后把这些点根据不同的情况连成直线或光滑的曲线(校准曲线除外).特别要注意,连线时不一定要通过所有的实验数据点,应尽可能地接近大多数的实验数据点,并使实验数据点大致均匀地分布在直线或曲线的两侧.个别偏离过大的实验数据点应该舍去并重新测量校对.

### 三、图解法

图解法是根据已作好的图线,利用解析方法得到图线所对应的函数关系(经验方程)的方法.

#### 1.直线图解的步骤

(1) 在直线两端内侧取两点 $A(x_1,y_1)$ 和 $B(x_2,y_2)$,所取的两点不一定是实验数据点,但最好使其坐标为整数,并用与实验数据点不同的符号表示出来.注意,为了减小计算斜率的误差,$A$ 点与 $B$ 点不要相距太近.

(2) 求直线的斜率和截距.设经验公式为 $y=a+bx$,其斜率可由 $A$ 点与 $B$ 点的坐标求得,即

$$b=\frac{y_2-y_1}{x_2-x_1}.$$

至于截距 $a$,可在直线上任取另一点 $C(x_3,y_3)$,将其坐标代入 $y=a+bx$,并利用上式求得,即

$$a=y_3-bx_3.$$

**例 1-6-1** 伏安法测电阻的数据如表 1-6-1 所示,试求电阻 $R_x$ 的值.

表 1-6-1 伏安法测电阻的数据记录表

| 测量次数 | 1 | 2 | 3 | 4 | 5 | 6 |
|---|---|---|---|---|---|---|
| 电压 $U$/V | 0.00 | 1.00 | 2.49 | 4.01 | 5.40 | 6.71 |
| 电流 $I$/$(10^{-3}$ A) | 0.00 | 0.51 | 1.20 | 1.91 | 2.51 | 3.22 |

**解** (1) 选取比例.取一张毫米分格的直角坐标纸,根据原始数据的有效数字位数及图线的对称性,考虑所作图线大致占据的范围和应取的比例大小.按所给数据,若 $U$ 和 $I$ 的比例均取1:1,则 $U$ 共需7 cm,而 $I$ 需4 cm,这样作出的图线是狭长的.若 $U$ 的比例取1:1,而 $I$ 的比例取2:1,则作出的图线既不损失有效数字,又比较匀称.

(2) 确定横轴、纵轴名称,以整数进行标度并注明单位,然后将实验数据点逐点标在图纸上,如图 1-6-1 所示.

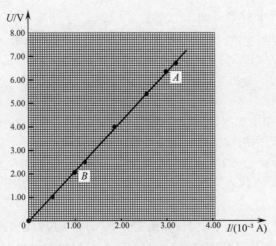

图 1-6-1  电阻的伏安特性曲线

(3) 通过实验数据点画出函数曲线,本例中为直线,应使实验数据点均匀地分布在直线两侧.

(4) 根据两点求斜率的方法求 $R_x$. 在直线上选取便于读数的 $A,B$ 两点(一般不要取实验数据点),并标出其坐标,特别注意这两点应保持合适的间距,以便使 $U_A-U_B$ 和 $I_A-I_B$ 都能保持原来的有效数字位数,从而使最后计算出的 $R_x$ 保持应有的有效数字位数. 例如

$$R_x = \frac{U_A-U_B}{I_A-I_B} = \frac{6.20-2.10}{(3.00-1.00)\times 10^{-3}} \ \Omega = 2.05\times 10^3 \ \Omega.$$

(5) 最后,标出图线的名称和作图者的姓名等. 本例的图线可标为电阻的伏安特性曲线.

### 2. 曲线改直

在许多实际问题中,物理量之间的关系并不是线性的,但只要通过适当的变换,就可以把它转化成线性的,这就是曲线改直. 例如:

(1) 函数 $y=ax^b$(式中 $a,b$ 为常量)两端取常用对数,可得 $\lg y = b\lg x + \lg a$,把 $\lg x$ 当作自变量,$\lg y$ 当作因变量作图,可得一直线.

(2) 函数 $y=ae^{-bx}$(式中 $a,b$ 为常量)两端取自然对数,可得 $\ln y = \ln a - bx$,把 $x$ 当作自变量,$\ln y$ 当作因变量作图,可得一直线.

除此之外,还有许多其他的函数形式,如 $pV=C$(式中 $C$ 为常量),$y^2=2px$(式中 $p$ 为常量),$s=v_0 t + \frac{1}{2}at^2$(式中 $v_0,a$ 为常量)等经过适当变换,均可得到相应的线性关系,这对作图并根据所作直线计算某些参量带来了很大的方便.

## 四、逐差法

逐差法是数据处理中的一种常用方法.

### 1. 逐差法的使用条件

(1) 函数具有 $y=a+bx$ 的线性关系或 $y$ 为 $x$ 的多项式形式.

(2) 自变量 $x$ 是等间距变化的.

### 2. 用逐差法求物理量的数值

凡是自变量做等间距变化时因变量也做等间距变化的线性函数,都可以采用逐差法求出因变量平均值的变化值.用逐差法处理数据时,可按以下步骤进行:

(1)在测量过程中,一般可先计算因变量 $y$ 的逐项差,用来检验线性变化的优劣,以便及时发现问题.

(2)按自变量等间距增加测量偶数对数据$(x_j,y_j)$(式中 $j=1,2,\cdots,2n$)后,将数据对半分成前后两组,然后按前后两组数据的对应序号求出 $n$ 个差值 $y_{n+i}-y_i (i=1,2,\cdots,n)$.

(3)求 $n$ 个差值 $y_{n+i}-y_i$ 的平均值与不确定度.必要时也可求出线性方程的斜率 $b$ 及截距 $a$(求截距 $a$ 时,可将斜率 $b$ 代入方程 $y_j=a_j+bx_j$,得 $2n$ 个 $a_j$ 后取平均值).

**例 1-6-2**　在光杠杆法测弹性模量实验中,钢丝在拉力作用下,用光杠杆及望远镜尺组系统测得的钢丝伸长量数据如表 1-6-2 所示,试计算钢丝受力为 1 N 时,在望远镜中测得的伸长量.

表 1-6-2　钢丝弹性模量实验的数据记录表

| 项目序号 $j$ | 载荷 $F$ /(9.80 N) | 伸长量 $L$ /($10^{-3}$ m) | $L(=L_{j+1}-L_j)$ /($10^{-3}$ m) | $L'(=L_{j+4}-L_j)$ /($10^{-3}$ m) |
|---|---|---|---|---|
| 1 | 0.00 | 0.0 | 3.8 | 15.9 |
| 2 | 1.00 | 3.8 | 4.1 | 16.0 |
| 3 | 2.00 | 7.9 | 3.9 | 16.1 |
| 4 | 3.00 | 11.8 | 4.1 | 15.9 |
| 5 | 4.00 | 15.9 | 3.9 | — |
| 6 | 5.00 | 19.8 | 4.2 | — |
| 7 | 6.00 | 24.0 | 3.7 | — |
| 8 | 7.00 | 27.7 | — | — |
| 平均值 | | | 3.96 | 16.0 |

**解**　已知钢丝的伸长量与拉力成正比,实验是用每次增加 9.80 N 的载荷来改变钢丝的受力状态,保证了拉力等间距变化,可以用逐差法处理数据.

表 1-6-2 中的第四列 $L=L_{j+1}-L_j$ 是每次增加 9.80 N 的载荷时钢丝的伸长量,其平均值为

$$\overline{L}=\overline{L_{j+1}-L_j}=\frac{1}{7}\left[(L_2-L_1)+(L_3-L_2)+\cdots+(L_8-L_7)\right]=\frac{1}{7}(L_8-L_1)$$

$$\approx 3.96\times 10^{-3}\ \text{m}.$$

可见,中间项的测量数据全部相消,只剩下首尾两个数据,显然用这种方法处理数据是不合理的.比较合理的方法是采用逐差法,它可以利用所有的测量数据.表 1-6-2 中的第五列给出了每增加 $4\times 9.80$ N 的载荷时钢丝的伸长量,其平均值为

$$\overline{L'}=\overline{L_{j+4}-L_j}=\frac{1}{4}\left[(L_5-L_1)+(L_6-L_2)+(L_7-L_3)+(L_8-L_4)\right]\approx 16.0\times 10^{-3}\ \text{m}.$$

不考虑 B 类不确定度，$L'$ 的不确定度为

$$\Delta = \Delta_A = S_{L'} = \sqrt{\frac{(-0.1)^2 + 0^2 + 0.1^2 + (-0.1)^2}{4-1}} \times 10^{-3} \text{ m} = 0.1 \times 10^{-3} \text{ m}.$$

当钢丝受力为 1 N 时，其伸长量的平均值为

$$\overline{\Delta L} \approx \frac{\overline{L'}}{4 \times 9.80} \approx 4.08 \times 10^{-4} \text{ m},$$

其不确定度为

$$\Delta_{\Delta L} = S_{\Delta L} = \frac{S_{L'}}{4 \times 9.80} \approx 0.03 \times 10^{-4} \text{ m}.$$

最后可得实验结果的完整表示为

$$\begin{cases} \Delta L = (4.08 \pm 0.03) \times 10^{-4} \text{ m}, \\ E_{\Delta L} = \dfrac{\Delta_{\Delta L}}{\Delta L} \times 100\% = \dfrac{0.03}{4.08} \times 100\% \approx 0.74\%. \end{cases}$$

### 五、最小二乘法

最小二乘法是以误差理论为依据的较为严格且被广泛应用的数据处理方法，涉及许多概率统计知识，这里只做简单介绍.

最小二乘法的原理表述如下：若能根据实验的测量值找出最佳的对应函数，那么函数值和各测量值的偏差的平方和应为最小，即

$$\sum_{i=1}^{n} \Delta_i^2 = \min.$$

#### 1. 用最小二乘法确定一组等精度测量的最佳值

设对某物理量做多次等精度测量，测量结果为 $x_1, x_2, \cdots, x_n$，若 $m$ 为测量结果的最佳值，根据最小二乘法原理，最佳值与各测量结果的偏差的平方和为最小，即

$$Q = \sum_{i=1}^{n} \Delta_i^2 = (x_1 - m)^2 + (x_2 - m)^2 + \cdots + (x_n - m)^2 = \min.$$

又 $Q = \min$ 的条件为

$$\frac{\mathrm{d}Q}{\mathrm{d}m} = 0, \quad \frac{\mathrm{d}^2 Q}{\mathrm{d}m^2} > 0,$$

由 $\dfrac{\mathrm{d}Q}{\mathrm{d}m} = 0$，可得

$$-2(x_1 - m) - 2(x_2 - m) - \cdots - 2(x_n - m) = 0, \quad m = \frac{1}{n}\sum_{i=1}^{n} x_i = \overline{x}.$$

因为 $\dfrac{\mathrm{d}^2 Q}{\mathrm{d}m^2} = 2n > 0$，所以当 $m = \dfrac{1}{n}\sum_{i=1}^{n} x_i = \overline{x}$ 时，$Q$ 取最小值.

平均值是一系列等精度测量的最佳值. 因此，我们在多次直接测量中以平均值来代表测量结果.

#### 2. 用最小二乘法求经验公式

应用最小二乘法原理，依据实验数据求出经验方程的过程称为方程的回归分析或曲线的

拟合.方程回归分析的第一步是设定函数方程,函数方程的设定一般要根据理论来推断或者从实验数据的变化趋势来推测;第二步是确定所设函数方程的未知常数;第三步是求相关系数以判断所设函数方程的合理性.

回归分析就是应用最小二乘法对大量实验数据进行处理,从而得出较为符合物理量之间客观规律的数学表达式.其计算过程一般都比较烦琐,如计算量太大,可用计算机进行处理.下面仅就实验中经常遇到的直线拟合问题进行讨论.

设物理量 $x$ 和 $y$ 之间是线性关系,即

$$y = a + bx,$$

式中 $x$ 为自变量,$y$ 为因变量,$a$ 和 $b$ 为两个待定常数.

(1) 常数 $a$ 和 $b$ 的确定.对物理量 $x$ 和 $y$ 测量 $n$ 次,测定方程有 $n$ 个:

$$y_i = a + bx_i \quad (i = 1, 2, \cdots, n). \tag{1-6-1}$$

在常数 $a,b$ 确定后,如果第 $i$ 次测量没有误差,则把测量值 $(x_i, y_i)$ 代入方程(1-6-1)时,方程两端应相等.但实际上,测量总有误差.为简化问题,我们假定在 $x$ 和 $y$ 的直接测量量中只有 $y$ 存在明显的随机误差,$x$ 的误差小到可以忽略,即将测量误差都归结为 $y$ 的测量偏差,用 $\Delta_i$ 表示.于是,测量得到的 $y_i$ 与按 $a + bx_i$ 计算出的值之间的偏差为

$$y_i - (a + bx_i) = \Delta_i \quad (i = 1, 2, \cdots, n). \tag{1-6-2}$$

式(1-6-2)称为误差方程组.

根据最小二乘法原理可知,当 $\sum\limits_{i=1}^{n} \Delta_i^2$ 取最小值时,解出的常数 $a,b$ 为最佳值.要使

$$\sum_{i=1}^{n} \Delta_i^2 = \sum_{i=1}^{n} \left[ y_i - (a + bx_i) \right]^2 = \min,$$

则必须满足下列条件:

$$\frac{\partial \left( \sum\limits_{i=1}^{n} \Delta_i^2 \right)}{\partial a} = 0, \quad \frac{\partial \left( \sum\limits_{i=1}^{n} \Delta_i^2 \right)}{\partial b} = 0.$$

由此可得

$$\frac{\partial \left( \sum\limits_{i=1}^{n} \Delta_i^2 \right)}{\partial a} = \sum_{i=1}^{n} \left[ -2(y_i - a - bx_i) \right] = 0,$$

即

$$\sum_{i=1}^{n} y_i - na - b \sum_{i=1}^{n} x_i = 0; \tag{1-6-3}$$

$$\frac{\partial \left( \sum\limits_{i=1}^{n} \Delta_i^2 \right)}{\partial b} = \sum_{i=1}^{n} (-2x_i y_i + 2ax_i + 2bx_i^2) = 0,$$

即

$$\sum_{i=1}^{n} x_i y_i - a \sum_{i=1}^{n} x_i - b \sum_{i=1}^{n} x_i^2 = 0. \tag{1-6-4}$$

式(1-6-3)和式(1-6-4)称为正则方程.求解正则方程,可以得到线性回归方程的两个待定常数 $a$ 和 $b$ 分别为

$$a = \frac{\left(\sum\limits_{i=1}^{n} y_i\right)\left(\sum\limits_{i=1}^{n} x_i^2\right) - \sum\limits_{i=1}^{n}(x_i y_i)\left(\sum\limits_{i=1}^{n} x_i\right)}{n\sum\limits_{i=1}^{n} x_i^2 - \left(\sum\limits_{i=1}^{n} x_i\right)^2}, \qquad (1-6-5)$$

$$b = \frac{n\sum\limits_{i=1}^{n}(x_i y_i) - \left(\sum\limits_{i=1}^{n} x_i\right)\left(\sum\limits_{i=1}^{n} y_i\right)}{n\sum\limits_{i=1}^{n} x_i^2 - \left(\sum\limits_{i=1}^{n} x_i\right)^2}. \qquad (1-6-6)$$

如前所述,在假定只有 $y$ 存在明显的随机误差的情况下,根据标准偏差的定义及严格的数学推导可以证明测量值的标准偏差为

$$S_y = \sqrt{\frac{\sum\limits_{i=1}^{n} \Delta_i^2}{n-2}} = \sqrt{\frac{\sum\limits_{i=1}^{n}(y_i - a - bx_i)^2}{n-2}}.$$

$a$ 和 $b$ 的标准偏差可根据式(1-6-5)和式(1-6-6),并应用误差传递公式求出:

$$S_a = \sqrt{\sum_{i=1}^{n}\left(\frac{\partial a}{\partial y_i}\right)^2 S_y^2} = \sqrt{\frac{\sum\limits_{i=1}^{n} x_i^2}{n\sum\limits_{i=1}^{n} x_i^2 - \left(\sum\limits_{i=1}^{n} x_i\right)^2} S_y^2},$$

$$S_b = \sqrt{\sum_{i=1}^{n}\left(\frac{\partial b}{\partial y_i}\right)^2 S_y^2} = \sqrt{\frac{n}{n\sum\limits_{i=1}^{n} x_i^2 - \left(\sum\limits_{i=1}^{n} x_i\right)^2} S_y^2}.$$

(2) 相关系数的计算. 对任意一组测量值 $(x_i, y_i)$,不管 $x$ 与 $y$ 之间是否为线性关系,将其代入式(1-6-5)和式(1-6-6)都可以求出 $a$ 和 $b$,因此还要计算相关系数,以判别线性回归是否合理.

相关系数是反映所有的实验数据点和设定的回归方程是否相适合的量,一般以 $r$ 表示,$-1 < r < 1$. 当 $|r|$ 接近 $1$ 时,实验数据点靠近拟合曲线,说明设定的回归方程合理;当 $|r|$ 接近 $0$ 时,实验数据点不分布在拟合曲线附近,而是杂乱无章地分散开,说明设定的回归方程不合理,必须改用其他函数方程重新进行回归分析.

线性回归相关系数的计算公式为

$$r(x_i, y_i) = \frac{n\sum\limits_{i=1}^{n}(x_i y_i) - \left(\sum\limits_{i=1}^{n} x_i\right)\left(\sum\limits_{i=1}^{n} y_i\right)}{\sqrt{\left[n\sum\limits_{i=1}^{n} x_i^2 - \left(\sum\limits_{i=1}^{n} x_i\right)^2\right]\left[n\sum\limits_{i=1}^{n} y_i^2 - \left(\sum\limits_{i=1}^{n} y_i\right)^2\right]}}. \qquad (1-6-7)$$

例 1-6-3　温度 $t$ 变化时,测得某铜线圈的电阻 $R_t$ 如表 1-6-3 所示. 试按公式 $R_t = R_0(1 + \alpha t)$ 求在 $0\ ℃$ 时,该铜线圈的电阻 $R_0$ 及电阻温度系数 $\alpha$.

表 1-6-3　某铜线圈的电阻随温度变化的数据记录表

| 测量次数 $i$ | 1 | 2 | 3 | 4 | 5 | 6 | 7 | 8 | 9 | 10 |
|---|---|---|---|---|---|---|---|---|---|---|
| $t/℃$ | 22.0 | 95.0 | 90.0 | 85.0 | 80.0 | 75.0 | 70.0 | 65.0 | 60.0 | 55.0 |
| $R_t/\Omega$ | 0.497 6 | 0.634 8 | 0.627 2 | 0.614 4 | 0.605 4 | 0.592 5 | 0.585 1 | 0.575 3 | 0.566 5 | 0.555 1 |

　　**解**　将 $R_t = R_0(1+\alpha t)$ 改写为 $R_t = R_0 + \alpha R_0 t$，令 $y_i = R_t$，$x_i = t$，$a = R_0$，$b = \alpha R_0$，由表 1-6-3 中的数据可得如表 1-6-4 所示的相关数据.

表 1-6-4　由表 1-6-3 所得数据

| 测量次数 $i$ | $x_i$ | $x_i^2$ | $y_i$ | $y_i^2$ | $x_i y_i$ | $\Delta_i$ | $\Delta_i^2$ |
|---|---|---|---|---|---|---|---|
| 1 | 22.0 | 484 | 0.497 6 | 0.247 6 | 10.947 | 0.002 8 | $7.84 \times 10^{-6}$ |
| 2 | 95.0 | 9 025 | 0.634 8 | 0.403 0 | 60.306 | 0.001 4 | $1.96 \times 10^{-6}$ |
| 3 | 90.0 | 8 100 | 0.627 2 | 0.393 4 | 56.448 | 0.003 3 | $1.09 \times 10^{-5}$ |
| 4 | 85.0 | 7 225 | 0.614 4 | 0.377 5 | 52.224 | 0 | 0 |
| 5 | 80.0 | 6 400 | 0.605 4 | 0.366 5 | 48.432 | 0.000 5 | $2.5 \times 10^{-7}$ |
| 6 | 75.0 | 5 625 | 0.592 5 | 0.351 1 | 44.438 | $-0.002$ 9 | $8.41 \times 10^{-6}$ |
| 7 | 70.0 | 4 900 | 0.585 1 | 0.342 3 | 40.957 | $-0.000$ 8 | $6.4 \times 10^{-7}$ |
| 8 | 65.0 | 4 225 | 0.575 3 | 0.331 0 | 37.395 | $-0.001$ 1 | $1.21 \times 10^{-6}$ |
| 9 | 60.0 | 3 600 | 0.566 5 | 0.320 9 | 33.990 | $-0.000$ 4 | $1.6 \times 10^{-7}$ |
| 10 | 55.0 | 3 025 | 0.555 1 | 0.308 1 | 30.531 | $-0.002$ 3 | $5.29 \times 10^{-6}$ |
| 求和 | 697.0 | 52 609 | 5.853 9 | 3.441 4 | 415.668 | | $3.67 \times 10^{-5}$ |

　　根据表 1-6-4 及式(1-6-7)可求出相关系数为

$$r(x_i, y_i) = \frac{n\sum_{i=1}^{n}(x_i y_i) - \left(\sum_{i=1}^{n} x_i\right)\left(\sum_{i=1}^{n} y_i\right)}{\sqrt{\left[n\sum_{i=1}^{n} x_i^2 - \left(\sum_{i=1}^{n} x_i\right)^2\right]\left[n\sum_{i=1}^{n} y_i^2 - \left(\sum_{i=1}^{n} y_i\right)^2\right]}}$$

$$= \frac{10 \times 415.668 - 697.0 \times 5.853\ 9}{\sqrt{(10 \times 52\ 609 - 697.0^2)(10 \times 3.441\ 4 - 5.853\ 9^2)}} \approx 0.998.$$

$|r| \to 1$，即 $R_t$ 与 $t$ 线性相关，公式 $R_t = R_0(1+\alpha t)$ 成立.

　　根据表 1-6-4、式(1-6-5)及式(1-6-6)可得

$$R_0 = a = \frac{\left(\sum_{i=1}^{n} y_i\right)\left(\sum_{i=1}^{n} x_i^2\right) - \sum_{i=1}^{n}(x_i y_i)\left(\sum_{i=1}^{n} x_i\right)}{n\sum_{i=1}^{n} x_i^2 - \left(\sum_{i=1}^{n} x_i\right)^2}$$

$$= \frac{5.853\ 9 \times 52\ 609 - 415.668 \times 697.0}{10 \times 52\ 609 - 697.0^2}\ \Omega \approx 0.453\ 0\ \Omega,$$

$$\alpha R_0 = b = \frac{n\sum\limits_{i=1}^{n}(x_i y_i) - \left(\sum\limits_{i=1}^{n} x_i\right)\left(\sum\limits_{i=1}^{n} y_i\right)}{n\sum\limits_{i=1}^{n} x_i^2 - \left(\sum\limits_{i=1}^{n} x_i\right)^2}$$

$$= \frac{10 \times 415.668 - 697.0 \times 5.8539}{10 \times 52\,609 - 697.0^2}\ \Omega/\text{℃} \approx 1.899 \times 10^{-3}\ \Omega/\text{℃},$$

$$\alpha = \frac{\alpha R_0}{R_0} = \frac{1.899 \times 10^{-3}}{0.4530}\ \text{℃}^{-1} \approx 4.192 \times 10^{-3}\ \text{℃}^{-1}.$$

因此,

$$R_t = 0.4530(1 + 0.004\,192t)\,\Omega.$$

测量值的标准偏差为

$$S_{R_t} = S_y = \sqrt{\frac{\sum\limits_{i=1}^{n}\Delta_i^2}{n-2}} = \sqrt{\frac{3.67 \times 10^{-5}}{10-2}} \approx 2.142 \times 10^{-3},$$

$R_0$ 和 $\alpha R_0$ 的标准偏差分别为

$$S_{R_0} = S_a = \sqrt{\frac{S_{R_t}^2 \sum\limits_{i=1}^{n} x_i^2}{n\sum\limits_{i=1}^{n} x_i^2 - \left(\sum\limits_{i=1}^{n} x_i\right)^2}}$$

$$\approx \sqrt{\frac{4.6 \times 10^{-6} \times 52\,609}{10 \times 52\,609 - 697.0^2}} \approx 2.45 \times 10^{-3},$$

$$S_{\alpha R_0} = S_b = \sqrt{\frac{S_{R_t}^2 n}{n\sum\limits_{i=1}^{n} x_i^2 - \left(\sum\limits_{i=1}^{n} x_i\right)^2}}$$

$$= \sqrt{\frac{4.6 \times 10^{-6} \times 10}{10 \times 52\,609 - 697.0^2}} \approx 3.38 \times 10^{-5}.$$

用最小二乘法处理数据,所得结果比用作图法更为客观准确.

### 第七节　常用仪器的仪器误差

仪器误差是指在正确使用仪器的条件下,仪器的示值与被测量的实际值之间可能产生的最大误差.仪器误差可以从有关的标准或仪器说明书中查找.对于游标卡尺、螺旋测微器等一般分度仪表常用示值误差来表示仪器误差,而电工仪表常用基本误差允许极限来表示仪器误差.

一、钢卷尺

符合国家轻工行业标准《钢卷尺》(QB/T 2443—2011)规定的钢卷尺,对于标称长度和任意两个非连续刻度之间的首次鉴定的尺带示值误差应符合以下规定：

$$\Delta = \pm(0.1 + 0.1l)\,\text{mm} \quad (\text{I 级}),$$
$$\Delta = \pm(0.3 + 0.2l)\,\text{mm} \quad (\text{II 级}).$$

**注** $\Delta$ 表示示值误差，$l$ 为四舍五入后的整数米（被测长度小于 1 米时为 1）.

## 二、游标卡尺

符合国标《游标、带表和数显卡尺》(GB/T 21389—2008) 规定的游标卡尺，其示值误差如表 1-7-1 所示.

表 1-7-1　游标卡尺的示值误差表　　　　　　　　　　单位：mm

| 测量范围 | 游标分度值 | | |
|---|---|---|---|
| | 0.01, 0.02 | 0.05 | 0.10 |
| | 示值误差 | | |
| $0 \sim 70$ | ±0.02 | ±0.05 | |
| $70 \sim 200$ | ±0.03 | ±0.05 | |
| $200 \sim 300$ | ±0.04 | ±0.06 | +0.10 |
| $300 \sim 500$ | ±0.05 | ±0.07 | |
| $500 \sim 1\,000$ | ±0.07 | ±0.10 | ±0.15 |

## 三、外径螺旋测微器

符合国标《外径千分尺》(GB/T 1216—2018) 规定的分度值为 0.001 mm 的外径螺旋测微器，其示值误差如表 1-7-2 所示.

表 1-7-2　螺旋测微器的示值误差表　　　　　　　　　　单位：mm

| 测量范围 | 示值误差 |
|---|---|
| $0 \sim 25$ | ±0.004 |
| $25 \sim 50, 50 \sim 75, 75 \sim 100$ | ±0.005 |
| $100 \sim 125, 125 \sim 150$ | ±0.006 |
| $150 \sim 175, 175 \sim 200$ | ±0.007 |
| $200 \sim 225, 225 \sim 250$ | ±0.008 |
| $250 \sim 275, 275 \sim 300$ | ±0.009 |
| $300 \sim 325, 325 \sim 350$ | ±0.010 |

## 四、天平

实验室使用的 TG-628A 型天平属于 II 级天平. 天平的仪器误差来源于不等臂偏差、示值变动性误差、标尺分度误差、游码质量误差和砝码质量误差. 根据国家计量检定规程《机械天平检定规程》(JJG 98—2019) 的规定，II 级天平的仪器误差与载荷质量 $m$ 有关. 设 $e$ 为检定标尺的分度值，则天平的仪器误差可按表 1-7-3 考虑.

表 1-7-3　Ⅱ级天平的仪器误差表

| 载荷质量 $m$ | 仪器误差 |
|:---:|:---:|
| $0 \leqslant m \leqslant 5 \times 10^3 e$ | $\pm e$ |
| $5 \times 10^3 e < m \leqslant 2 \times 10^4 e$ | $\pm 2e$ |
| $2 \times 10^4 e < m \leqslant 1 \times 10^5 e$ | $\pm 3e$ |

## 五、电流表、电压表

符合国标《直接作用模拟指示电测量仪表及其附件　第 2 部分:电流表和电压表的特殊要求》(GB/T 7676.2—2017) 规定的电流(压) 表,其基本误差允许极限的计算公式为

$$\Delta_X = \frac{\pm CX_N}{100},$$

式中 $C$ 为用百分数表示的等级指数;$X_N$ 为基准值,此值可能是测量范围的上限、量程或者其他明确规定的量值.

电流表和电压表按表 1-7-4 所示等级指数表示的准确度等级进行分级.

表 1-7-4　电流表和电压表的准确度分级表

| 标准 | 等级指数 |
|:---:|:---:|
| GB/T 7676.2—2017 | $0.05, 0.1, 0.2, 0.3, 0.5, 1, 1.5, 2, 2.5, 3, 5$ |

## 六、直流电桥

(1) 根据国家计量检定规程《直流电桥检定规程》(JJG 125—2004) 规定的直流电桥,其基本误差允许极限的计算可分为以下两种:

① 步进盘电桥和准确度等级 $a \leqslant 0.1$ 级具有滑线盘的电桥的基本误差允许极限计算公式为

$$\Delta_R = \pm k \left( \frac{aR}{100} + bR_0 \right),$$

式中 $k$ 为比例系数(电桥比例臂比值),$R$ 为比较臂示值,$R_0$ 为比较臂最小步进值或滑线盘分度值,$b$ 为系数(见表 1-7-5).

表 1-7-5　准确度等级 $a$ 与系数 $b$ 的对应关系

| $a \leqslant 0.02$ | $a \leqslant 0.05$ | $a \leqslant 0.1$(有滑线盘) |
|:---:|:---:|:---:|
| $b = 0.3$ | $b = 0.2$ | $b = 1$ |

② $a \geqslant 0.2$ 级具有滑线盘的电桥的基本误差允许极限计算公式为

$$\Delta_R = \pm \frac{aR_{max}}{100},$$

式中 $R_{max}$ 为滑线盘电桥的满刻度值.

对于 QJ23 型直流电桥,$\Delta_R = \pm k \left( \frac{0.2R}{100} + 0.2 \right)$;对于 QJ42 型直流双臂电桥,$\Delta_R = \pm \frac{2R_{max}}{100}$,式中 $R_{max}$ 为相应倍率下电桥读数的满刻度值.

(2) 符合国标《测量电阻用直流电桥》(GB/T 3930—2008) 规定的直流电桥,其基本误差允许极限的计算公式为

$$\Delta_R = \pm \frac{C}{100}\left(\frac{R_N}{10} + R\right),$$

式中 $C$ 为用百分数表示的等级指数,$R_N$ 为基准值(该量程内最大的 10 的整数幂),$R$ 为标度盘示值. QJ49a 型直流电阻电桥的基本误差允许极限计算公式如表 1-7-6 所示.

表 1-7-6　QJ49a 型直流电阻电桥的基本误差允许极限计算公式　　　　　单位:Ω

| 量程倍率 | 有效量程 | 基准值 | 等级指数 | 基本误差允许极限 |
|---|---|---|---|---|
| $\times 10^{-3}$ | $1 \sim 11.110$ | $10$ | $0.1$ | $\Delta_R = \pm \frac{0.1}{100}\left(\frac{10}{10} + R\right)$ |
| $\times 10^{-2}$ | $10 \sim 111.110$ | $10^2$ | $0.1$ | $\Delta_R = \pm \frac{0.1}{100}\left(\frac{10^2}{10} + R\right)$ |
| $\times 10^{-1}$ | $100 \sim 1\,111.10$ | $10^3$ | $0.05$ | $\Delta_R = \pm \frac{0.05}{100}\left(\frac{10^3}{10} + R\right)$ |
| $\times 1$ | $1\,000 \sim 11\,111.0$ | $10^4$ | $0.05$ | $\Delta_R = \pm \frac{0.05}{100}\left(\frac{10^4}{10} + R\right)$ |
| $\times 10$ | $10\,000 \sim 111\,110$ | $10^5$ | $0.05$ | $\Delta_R = \pm \frac{0.05}{100}\left(\frac{10^5}{10} + R\right)$ |
| $\times 10^2$ | $100\,000 \sim 1\,111\,100$ | $10^6$ | $0.1$ | $\Delta_R = \pm \frac{0.1}{100}\left(\frac{10^6}{10} + R\right)$ |

## 七、直流电势差计

(1) 符合部标《直流电位差计》(JB 1390—74) 规定的直流电势差计,其基本误差允许极限的计算公式为

$$\Delta_{U_x} = \pm \left(\frac{aU_x}{100} + b\Delta U\right),$$

式中 $a$ 为准确度等级,$U_x$ 为测量盘示值,$\Delta U$ 为最小测量盘步进值或滑线盘最小分度值,$b$ 为系数(对于实验室型电势差计,如 UJ25 型直流电势差计,$b = 0.5$;对于携带式电势差计,如 UJ36 型携带式直流电势差计,$b = 1$). UJ36 型携带式直流电势差计的基本误差允许极限计算公式如表 1-7-7 所示.

表 1-7-7　UJ36 型携带式直流电势差计的基本误差允许极限计算公式

| 量程倍率 | 测量范围 /mV | 最小分度值 /μV | 准确度等级 | 基本误差允许极限 /mV |
|---|---|---|---|---|
| $\times 1$ | $0 \sim 120$ | $50$ | $0.1$ | $\Delta_U = \pm \left(\frac{0.1U_x}{100} + 0.05\right)$ |
| $\times 0.2$ | $0 \sim 24$ | $10$ | $0.1$ | $\Delta_U = \pm \left(\frac{0.1U_x}{100} + 0.01\right)$ |

(2) 符合国标《直流电位差计》(GB/T 3927—2008) 规定的电势差计,其基本误差允许极限的计算公式为

$$\Delta_U = \pm \frac{C}{100} \left( \frac{U_N}{10} + U \right),$$

式中 $C$ 为用百分数表示的等级指数,$U_N$ 为基准值(该量程中最大的 10 的整数幂),$U$ 为标度盘示值. UJ33a 型直流电势差计的基本误差允许极限计算公式如表 1-7-8 所示.

表 1-7-8　UJ33a 型直流电势差计的基本误差允许极限计算公式

| 量程倍率 | 有效量程 | 等级指数 | 基准值 /V | 基本误差允许极限 /V |
|---|---|---|---|---|
| ×5 | $0 \sim 1.055\,5$ V | 0.05 | 1 | $\Delta_U = \pm \dfrac{0.05}{100} \left( \dfrac{1}{10} + U \right)$ |
| ×1 | $0 \sim 211.1$ mV | 0.05 | 0.1 | $\Delta_U = \pm \dfrac{0.05}{100} \left( \dfrac{0.1}{10} + U \right)$ |
| ×0.1 | $0 \sim 21.11$ mV | 0.05 | 0.01 | $\Delta_U = \pm \dfrac{0.05}{100} \left( \dfrac{0.01}{10} + U \right)$ |

## 八、直流电阻箱

(1) 符合国家计量检定规程《直流电阻箱检定规程》(JJG 982—2003) 规定的电阻箱,其基本误差允许极限计算公式如表 1-7-9 所示.

表 1-7-9　电阻箱的基本误差允许极限计算公式

| 准确度等级 | 基本误差允许极限 /Ω |
|---|---|
| 0.02 | $\Delta_R = \pm \dfrac{0.02R + 0.1m}{100}$ |
| 0.05 | $\Delta_R = \pm \dfrac{0.05R + 0.1m}{100}$ |
| 0.1 | $\Delta_R = \pm \dfrac{0.1R + 0.2m}{100}$ |
| 0.2 | $\Delta_R = \pm \dfrac{0.2R + 0.5m}{100}$ |
| 0.5 | $\Delta_R = \pm \dfrac{0.5R + m}{100}$ |

注意:$m$ 为示值不为零的十进盘个数,$R$ 为电阻箱的示值.

(2) 符合部标《测量用直流电阻箱技术条件》(JB 1393—74) 规定的电阻箱,其基本误差允许极限的计算公式为

$$\Delta_R = \pm \left( \frac{aR}{100} + b \right),$$

式中 $a$ 为准确度等级,$R$ 为电阻箱接入的电阻值,$b$ 为系数(当 $a \leqslant 0.05$ 级时,$b = 0.002$ Ω;当 $a \geqslant 0.1$ 级时,$b = 0.005$ Ω).

(3) 符合机械行业标准《实验室直流电阻器》(JB/T 8225—1999) 规定的电阻箱,其基本误

差允许极限的计算公式为

$$\Delta_R = \pm \frac{\sum_i C_i R_i}{100},$$

式中 $C_i$ 为第 $i$ 挡用百分数表示的等级指数，$R_i$ 为第 $i$ 挡的示值. 按机械行业标准《实验室直流电阻器》(JB/T 8225—1999) 生产的 ZX21 型电阻箱的规格如表 1-7-10 所示.

表 1-7-10　ZX21 型电阻箱的规格

| 步进值 /Ω | | ×0.1 | ×1 | ×10 | ×100 | ×1 000 | ×10 000 |
|---|---|---|---|---|---|---|---|
| 等级指数 | % | 5 | 0.5 | 0.2 | 0.1 | 0.1 | 0.1 |
| | $\times 10^{-6}$ | 50 000 | 5 000 | 2 000 | 1 000 | 1 000 | 1 000 |
| | 科学记数法 | $5 \times 10^{-4}$ | $5 \times 10^{-3}$ | $2 \times 10^{-3}$ | $1 \times 10^{-3}$ | $1 \times 10^{-3}$ | $1 \times 10^{-3}$ |

若电阻箱各旋钮取值为 87 654.3 Ω，则其示值的基本误差允许极限为

$$\Delta_R = \pm(80\ 000 \times 0.1\% + 7\ 000 \times 0.1\% + 600 \times 0.1\%$$
$$+ 50 \times 0.2\% + 4 \times 0.5\% + 0.3 \times 5\%)\ \Omega$$
$$= \pm(80 + 7 + 0.6 + 0.1 + 0.02 + 0.015)\ \Omega$$
$$= \pm 87.735\ \Omega \approx \pm 90\ \Omega = \pm 9 \times 10\ \Omega.$$

## 练 习 题

1. 指出下列量的有效数字的位数：

(1) $l = 0.001$ cm；

(2) $t = 1.000\ 1$ s；

(3) $E = 2.7 \times 10^{23}$ J；

(4) $g = 980.123\ 06$ cm/s$^2$；

(5) $\lambda = 3\ 392.231\ 40$ nm.

2. 根据不确定度和有效数字的概念，改正下列测量结果的表达式：

(1) $d = 10.435 \pm 0.01$ cm；

(2) $t = 8.50 \pm 0.45$ s；

(3) $L = 12$ km $\pm 100$ m；

(4) $R = 12\ 345.6 \pm 4 \times 10$ Ω；

(5) $I = 5.354 \times 10^4 \pm 0.045 \times 10^3$ mA；

(6) $L = 10.0 \pm 0.095$ mm.

3. 单位变换：

(1) 将 $m = (1.750 \pm 0.001)$kg 分别以 g，mg，t 为单位；

(2) 将 $h = (8.45 \pm 0.02)$cm 分别以 $\mu$m，mm，km 为单位.

4. 写出下列运算的结果:

(1) $1.732 \times 1.74$;

(2) $(38.4 + 4.256) \div 2.0$;

(3) $(17.34 - 17.13) \times 14.28$.

5. 若 $\bar{x}, \bar{y}, \Delta_x$ 和 $\Delta_y$ 均为已知,$K$ 为常量,试计算 $Q = \dfrac{K}{2}(x^2 + y^2)$ 的不确定度.

6. 一单摆的摆球直径为 $d = 2.600 \text{ cm}$,摆长为 $L = L_1 - \dfrac{d}{2}$,实验测得不同摆长下摆球摆动 50 个周期所需的时间 $t$ 如题 6 表所示. 用图解法求重力加速度.

题 6 表　单摆实验的数据记录表

| 测量次数 $i$ | 1 | 2 | 3 | 4 | 5 | 6 |
|---|---|---|---|---|---|---|
| $L_1/\text{cm}$ | 48.70 | 58.70 | 68.70 | 78.70 | 88.70 | 98.70 |
| $t/\text{s}$ | 70.90 | 77.81 | 84.02 | 89.74 | 95.13 | 100.44 |

7. 用精密天平称一物体的质量,共称 6 次,数据如下:3.612 7 g,3.612 2 g,3.612 1 g,3.612 0 g,3.612 5 g,3.612 4 g. 仪器误差限取为 0.1 mg,试写出物体质量测量结果的完整表达式.

# 第二章 物理实验的基本操作和常用仪器

物理实验的基本调整技术和操作规则

本节将介绍一些最基本的,且具有一定普遍意义的实验调整技术,以及电学实验、光学实验的基本操作规则.掌握这些基本技能是完成实验的重要保证.在做有关实验前,应认真阅读这些内容,以便养成严谨的科学作风和良好的实验习惯.

## 一、水平、铅直调整

在实验测量中,借助垂球或气泡水准器可将某些仪器或仪器的某部分调整到水平或铅直状态,如平台的水平或支柱的铅直等.绝大部分需要调整水平或铅直状态的实验仪器,其底座上都装有三个调节螺钉,三个调节螺钉的连线一般成等边三角形.

用垂球调整仪器的铅直状态时,只要调节下悬的垂球尖端与立柱底座的尖头相互对准即可.用气泡水准器调整仪器的水平状态时,要使气泡居中.

## 二、零位调整

为了消除零点误差,在实验测量前应先将仪器调整到零位.对于具有零位校准器的仪器,如指针式电表等,应在测量前调节零位校准器,将仪器调整到零位;对于没有零位校准器或经常调零不方便的仪器,如螺旋测微器等,应在测量前先记下初始读数,将其作为零点修正值,以便修正测量结果.

## 三、电学实验接线规则

(1)接线前要合理安排仪器,根据布线合理、操作方便、实验安全的原则布置仪器.参照电路图,将需要经常操作的仪器放在近处,将需要读数的仪表放在眼前.

(2)在理解电路原理的基础上,按回路接线法接线和查线.根据电路图从电源正极开始,经过一个回路回到电源负极,再从已接好的回路中某段分压的高电势点出发接下一个回路,然后回到低电势点.就这样一个回路接着一个回路地接线,检查线路时也按回路查线.这是电学实验接线和查线的基本方法.接线时要注意走线美观整齐,避免不必要的交叉.

(3)线路接好后,先不要接通电源,要仔细检查有无错误或遗漏,各电路器件是否放在安全位置(如电源输出是否在使电路中电流最小或电压最低的位置,开关是否断开,电阻箱是否调到预计的电阻值,电表量程是否合适,接头是否牢靠等).检查线路和预置安全位置后,应请教师复查,确认无误后,才能接通电源. 必须自觉养成在通电之前仔细按回路检查线路的习惯,力求安全、准确.

(4) 接通电源时应做瞬态试验. 先试通电源,及时统观各指示仪表的反应. 根据仪表示值等现象判断线路有无异常. 若出现异常,应立即断电进行检查;若情况正常,则可以正式开始实验.

(5) 注意安全,严防电源短路. 在通电情况下,不得改接线路. 实验完毕拆线时,首先应将接在电源上的导线拆掉. 实验过程中若发生故障,必须首先切断电源.

(6) 实验完成后,经教师检查实验数据后再拆线,然后将所有器具整理好放回原来位置并清理周围环境后,才能离开实验室.

## 四、光学仪器操作规则

光学实验是物理实验的一个重要部分. 这里先介绍光学实验中经常用到的知识和调节技术.

### 1. 光学元件和仪器的维护

透镜、棱镜等光学元件,大多是用光学玻璃制成的,其光学表面都经过仔细地研磨和抛光,有些还镀有一层或多层薄膜. 这些元件或材料的光学性能(如折射率、反射率、透射率等)都有一定的指标或要求,若使用或维护不当,就会降低其光学性能,甚至损坏报废. 造成损坏的常见原因有摔坏、磨损、污损、发霉、腐蚀等. 安全使用光学元件和仪器必须遵守以下规则:

(1) 必须在了解仪器的使用方法后方可使用.

(2) 轻拿轻放,勿使光学元件或仪器受到冲击或震动,特别要防止摔落. 不使用的光学元件应及时装入专用盒内.

(3) 切忌用手触摸光学元件的光学表面. 手持光学元件时,只能接触其磨砂面,如透镜的边缘、棱镜的上下底面等,如图 2 - 1 - 1 所示.

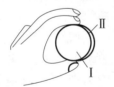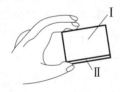

Ⅰ— 光学表面;Ⅱ— 磨砂面

**图 2 - 1 - 1 手持光学元件的方式**

(4) 光学表面上若有灰尘,需用实验室专备的干燥脱脂棉轻轻拭去.

(5) 光学表面上若有轻微的污痕或指印,需用清洁的镜头纸轻轻拂去,但不要加压擦拭,更不允许用手帕、普通纸片、衣服等擦拭;光学表面上若有较严重的污痕或指印,应由实验室人员用丙酮或酒精清洗. 所有镀膜面均不能触碰或擦拭.

(6) 防止唾液或其他溶液溅落在光学表面上.

(7) 在调整光学仪器时,要耐心细致,一边观察,一边调整,动作要轻、慢,严禁盲目操作及粗鲁操作.

(8) 仪器使用完毕后应放回箱(盒)内或加罩,防止灰尘污染.

2. 消视差

在光学实验中,经常要测量像的位置和大小.经验告诉我们,要测准物体的大小,必须将量度标尺与被测物体紧贴在一起.如果标尺远离被测物体,那么读数将随眼睛位置的不同而有所改变,难以测准,如图 2-1-2 所示.在光学实验中,被测物体往往是一个看得见摸不着的像,怎样才能确定标尺和被测物体是紧贴在一起的呢?利用视差现象可以帮助我们解决这个问题.为了认识视差现象,读者可做一简单实验:双手各伸出一只手指,并使一指在前、一指在后,相隔一定距离,且两指互相平行.用一只眼睛观察,当左右(或上下)移动眼睛时(眼睛移动方向应与被观察手指垂直

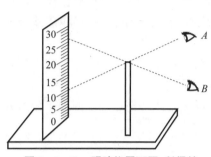

图 2-1-2　眼睛位置不同,所得的观测结果也不同

(或平行)),就会发现两指之间有相对移动,这种现象称为视差.而且还会看到,离眼睛近的手指,其移动方向与眼睛移动方向相反;离眼睛远的手指,其移动方向则与眼睛移动方向相同.若将两指紧贴在一起,则无上述现象,即无视差.利用视差现象可判断被测物体与标尺是否紧贴.若被测物体和标尺之间有视差,说明它们没有紧贴在一起,则应该稍稍调节像(被测物体)或标尺的位置,并同时微微移动眼睛观察,直到它们之间无视差后方可进行测量.这一调节步骤常称为消视差.

在光学实验中,消视差常常是测量前必不可少的操作步骤.

3. 共轴调节

在光学实验中,经常要用一个或多个透镜成像.为了获得质量好的像,必须使各个透镜的主光轴重合(共轴),并使物体位于透镜的主光轴附近.此外,透镜成像公式中的物距、像距等都是沿主光轴进行计算的.为了测量准确,必须使透镜的主光轴与带有刻度的导轨平行.为达到上述要求所进行的调节统称为共轴调节.共轴调节的方法如下:

(1) 粗调.将光源、物体和透镜靠拢,调节它们的取向和位置,用眼睛观察,使它们的中心处在一条和导轨平行的直线上,使透镜的主光轴与导轨平行,并且使物体(或物屏)和成像平面(或像屏)与导轨垂直.这一步骤因单凭眼睛判断,调节效果与实验者的经验有关,故称为粗调.

(2) 细调.这一步骤要靠其他仪器或成像规律来判断和调节.不同的装置有不同的调节方法.下面介绍物体与单个凸透镜共轴的调节方法.使物体与单个凸透镜共轴实际上是指将物体上的某一点调到凸透镜的主光轴上.要解决这一问题,首先要知道如何判断物体上的点是否在凸透镜的主光轴上.这可根据凸透镜成像规律来判断.如图 2-1-3 所示,当物体($A,B$ 为物体上的两点)与像屏之间的距离 $b$ 大于 $4f$($f$ 为凸透镜焦距)时,将凸透镜沿主光轴移到 $O_1$ 或 $O_2$ 位置,都能在像屏上成像,一次成大像 $A_1B_1$,一次成小像 $A_2B_2$.物点 $A$ 位于主光轴上,其两次的像点 $A_1$ 和 $A_2$ 都在主光轴上,而且重合;物点 $B$ 不在主光轴上,其两次的像点 $B_1$ 和 $B_2$ 一定都不在主光轴上,而且不重合,但是小像点 $B_2$ 总是比大像点 $B_1$ 更接近主光轴.据此可知,若要将物点 $B$ 调到凸透镜的主光轴上,只需记住像屏上小像点 $B_2$ 的位置(像屏上贴有坐标纸,供记录位置时参照),然后在凸透镜成大像的位置点,反复看 $B_1$ 点与 $B_2$ 点的差距,上下、左右调节凸透镜的位置,使 $B_1$ 点向 $B_2$ 点靠拢即可.这样反复调节几次,直到 $B_1$ 点与 $B_2$ 点重合,即说明物点 $B$ 已调到凸透镜的主光轴上了.

若要调节多个凸透镜共轴,则应先将物点 $B$ 调到一个凸透镜的主光轴上,然后同样根据主光轴上物点的像总在主光轴上,逐个调节待调凸透镜,使整个系统共轴.

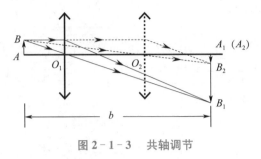

图 2-1-3　共轴调节

### 五、先定性后定量原则

在一般情况下,应采取"先定性后定量"的原则进行实验,这是较为科学的实验方法.先定性地观察实验变化的全过程,对物理现象或物理量的变化规律有一个大致的了解和初步的认识,再着手进行定量测量.这样,一方面可以发现有哪些问题在调整或操作中没有注意到,需要进行补充调整或仔细操作,另一方面由于对实验的整个变化规律已经心中有数,因此可以决定测量方法(等间距测量或不等间距测量),从而避免实验测量的盲目性.

### 六、逐次逼近法

逐次逼近法是一种有效的实验技巧,也是仪器调整和实验测量中应遵循的一条原则.例如,对于诸如天平、电桥、电势差计等示零仪器,实验操作时可以利用示零仪器的正偏和反偏来决定"正向区逐次逼近"和"反向区逐次逼近",可以比较迅速地找出平衡点.又如,为了更准确地确定透镜成像的位置,可将像屏由近及远地移动,找出成像最清晰的位置 $x_1$,再将像屏由远及近地移动,找出成像最清晰的位置 $x_2$,则可断定透镜成像的最佳位置为 $x = (x_1 + x_2)/2$.

## 第二节　电磁测量仪器

### 一、电阻与电阻箱

在电学实验中,经常需要各种电阻器,以改变电路中的电流、电压等.电阻器有多种类型,常用的有电阻箱和滑动变阻器.

#### 1.电阻箱

将若干准确度较高的电阻装在一个箱中,利用插塞或转换开关可以得到不同的电阻值,这两种装置分别称为插入式电阻箱和旋转式电阻箱.

图 2-2-1(a) 和图 2-2-1(b) 是插入式电阻箱的面板图和内部结构原理图,箱内有若干电阻值不同的电阻,每一个电阻接于两厚铜条之间,铜条之间有插孔,插孔旁标有孔下电阻的电阻值,插孔上附有铜质插塞.如果要用某个插孔下的电阻,就将插孔内的插塞拔去;如果不用该插孔下的电阻,就将插塞插入插孔内(必须插紧).拔去插塞的插孔旁所标明的电阻值的总

和,就表示选用的电阻的大小.

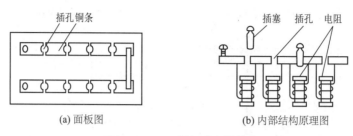

(a) 面板图　　　　　(b) 内部结构原理图

图 2-2-1　插入式电阻箱

旋转式电阻箱的箱内有若干电阻,利用特殊转换开关变换线路,可得到不同的电阻值. 图 2-2-2(a) 是常用的旋转式电阻箱的面板图,图 2-2-2(b) 是其内部电路示意图.

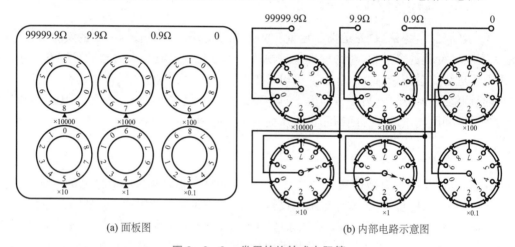

(a) 面板图　　　　　　　　(b) 内部电路示意图

图 2-2-2　常用的旋转式电阻箱

如图 2-2-2 所示的旋转式电阻箱的最大电阻可达 99 999.9 Ω,由“0”和“99999.9Ω”两根接线柱引出. 若电路中仅需 0～9.9 Ω 或 0～0.9 Ω 的电阻,则分别由“0”和“9.9 Ω”或“0”和“0.9Ω”两根接线柱引出,这样可以避免电阻箱其余部分的接触电阻所带来的误差.

使用电阻箱时应注意额定功率大小或允许通过的最大电流. 表 2-2-1 列出了常用的 ZX21 型电阻箱各挡电阻允许通过的最大电流.

表 2-2-1　ZX21 型电阻箱各挡电阻允许通过的最大电流

| 旋钮倍率 | ×0.1 | ×1 | ×10 | ×100 | ×1 000 | ×10 000 |
|---|---|---|---|---|---|---|
| 允许负载电流 /A | 1.5 | 0.5 | 0.15 | 0.05 | 0.015 | 0.005 |

电阻箱的基本误差限通常由下面的公式计算:

$$\Delta_{仪} = \frac{Ra + bm}{100} \quad (绝对误差),$$

$$\frac{\Delta_{仪}}{R} = \frac{a + b\frac{m}{R}}{100} \quad (相对误差),$$

式中 $a$ 为电阻箱的准确度等级,$R$ 为电阻箱示值,$b$ 为与准确度等级有关的系数,$m$ 为所使用的电阻箱的转盘数.表 2-2-2 所示为 ZX21 型电阻箱的基本误差限.在精密测量中,要注意各挡电阻的误差不同,以免引入过大的误差.

表 2-2-2　ZX21 型电阻箱的基本误差限

| 准确度等级 | 0.02 | 0.05 | 0.1 | 0.2 |
|---|---|---|---|---|
| 基本误差限 | $\dfrac{0.02R+0.1m}{100}$ | $\dfrac{0.05R+0.1m}{100}$ | $\dfrac{0.1R+0.2m}{100}$ | $\dfrac{0.2R+0.5m}{100}$ |

### 2.滑动变阻器

滑动变阻器的结构如图 2-2-3 所示,一电阻丝均匀地绕在一圆筒上,接线柱 1,2 分别和电阻丝两端点连通,另一铜杆 A 平行地放在圆筒上侧,B 是套在铜杆上并与电阻丝接触的滑动接触器,接线柱 3 与铜杆 A,以及滑动接触器 B 连通.

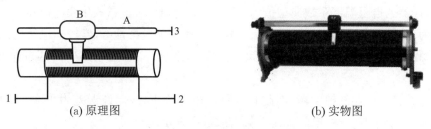

(a) 原理图　　　　　　　　　　　　(b) 实物图

图 2-2-3　滑动变阻器的结构图

滑动变阻器有两种用途:一种是改变电路中的电流,其连接方式如图 2-2-4 所示,随着滑动接触器的滑动,接线柱 1,3 之间的电阻连续改变,从而改变电路中的电流;另一种是改变电路中的电压,其连接方式如图 2-2-5 所示,接线柱 1,2 之间的电压近似等于电源电动势 $\mathscr{E}$,而在图 2-2-5 中,接线柱 1,3 之间的电压仅为接线柱 1,2 之间的电压的一部分,随着滑动接触器的滑动,接线柱 1,3 之间的电压可在 $0\sim\mathscr{E}$ 范围内变动,当以这一方式使用时,滑动变阻器又称为分压器.

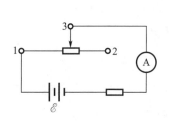

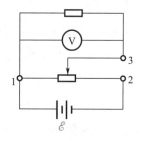

图 2-2-4　改变电流的接法电路图　　　图 2-2-5　改变电压的接法电路图

小型变阻器统称为电位器(又称为电阻器),如图 2-2-6 所示,其内部结构与滑动变阻器类似,它的额定功率只有零点几瓦到几瓦.电阻值较小的电位器,多数用电阻丝绕成,称为线绕电位器;而电阻值较大的电位器,则用碳质薄膜作为电阻,故称为碳膜电位器.

按电位器的构成材料分类,常见的电位器有以下三种:

(1) 碳膜(包括合成碳膜)电位器.它的电阻值范围宽($1\ \Omega\sim 10\ \text{M}\Omega$),耐高压,但精度低,高频特性较差,常用作放大电路中的偏置电阻、数字电路中的上拉及下拉电阻.

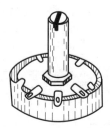

由于碳膜电位器精度低,因此其标称阻值分为 E6(允许误差为 20%),E12(允许误差为 10%),E24(允许误差为 5%) 等分度,额定功率范围为 $\frac{1}{8} \sim 10$ W,其中耗散功率为 $\frac{1}{4}$ W 和 $\frac{1}{2}$ W、允许误差为 5% 和 10% 的碳膜电位器用得最多.

图 2-2-6　电位器

碳膜的热稳定性较差,电阻温度系数典型值为 5 000 ppm/℃,即温度升高 1 ℃,电阻值的变化量为百万分之五千,即千分之五. 例如,一个标称阻值为 10 kΩ 的碳膜电位器,当温度升高 10 ℃ 时,其电阻值增加 $10 \times 5‰ \times 10$ kΩ,即0.5 kΩ.

(2) 金属膜(包括金属氧化膜) 电位器. 它是采用真空镀膜或阴极溅射工艺,将特定金属或合金(如镍-铬合金、氧化锡或氮化钽) 淀积在绝缘基体(如模制酚醛塑料) 表面而形成的电位器. 其电阻值范围较宽(10 Ω ～ 10 MΩ),精度高(允许误差为 0.1% ～ 1%),电阻温度系数小(金属膜电位器的电阻温度系数典型值为 10 ～ 100 ppm/℃,金属氧化膜电位器的电阻温度系数典型值为 300 ～ 400 ppm/℃),噪声低,体积小,频率响应特性好,常用作电桥电路、RC 振荡电路及有源滤波器的参数电阻,以及高频及脉冲电路、运算放大电路中的匹配电阻,但耐压较低.

由于金属膜电位器的精度高,因此其标称阻值分为 E48(允许误差为 1%),E116(允许误差为 0.5% ～ 1%) 等分度. 电阻值用三位有效数字表示.

金属氧化膜电位器的电阻温度系数比金属膜电位器的大一些,耗散功率较大.

(3) 线绕电位器. 它的电阻值范围宽(0.01 Ω ～ 10 MΩ),精度高(允许误差为 0.05%),电阻温度系数小(小于 10 ppm/℃),耗散功率大,但寄生参数(分布电容、寄生电感) 大,高频特性差,常用在对电阻值有严格要求的电路系统中(如调谐网络和精密衰减电路).

除上述三种电位器以外,还有特种电阻,如热敏电阻(包括负温度系数(NTC) 电阻和正温度系数(PTC) 电阻)、压敏电阻、光敏电阻、气敏电阻及磁敏电阻等.

## 二、电容器

简单地讲,电容器就是储存电荷的容器. 两块彼此绝缘的金属板就能构成一个最简单的电容器. 它的使用范围很广,是电路中不可缺少的基本元件之一.

### 1. 电容器的应用

电容器与电池虽然有几分相似,但不同的是,电池无法在瞬间充电和放电. 在应用上,电容器的作用主要是阻绝直流、耦合交流、滤波、调谐、移相、储存能量,用于旁路、耦合电路、喇叭系统的网络中,或与电感器组成振荡回路等,甚至应用于照相机的闪光灯等充电、放电装置中.

根据实验电路要求选择合适型号的电容器:在低频耦合、旁路等电路中,电气特性相对要求较低,可以选用纸介电容器等;在高频电路和高压电路中,应选用云母电容器和陶瓷电容器等;在电源滤波和退耦电路中,可以选用电解电容器.

电容器的主要参数规格包括标称容量和额定电压.

电容器电容的国际单位为法拉(F),法拉这个单位太大,不便于使用,工程上常用它的导出单位,即毫法(mF)、微法(μF)、皮法(pF).

2.电容器的种类简介

如图2-2-7所示为几种常见的电容器,依据所使用的材料、结构、特性等的不同,电容器的分类也有所不同. 依据电容器特性原理的不同,将其分为化学电容器与非化学电容器两大类.

(a) 电解电容器

(b) 钽电解电容器

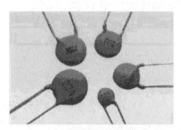
(c) 陶瓷电容器

(d) 可调电容器

(e) 铝电解电容器

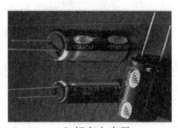
(f) 超高电容器

图2-2-7　几种常见的电容器

(1) 化学电容器. 化学电容器是指采用电解质作为阴极的一类电容器. 从广义上讲,电解质包括电解液、二氧化锰、有机半导体、导体聚合物、凝胶电解质 PEO 等. 化学电容器又包含两类:电解电容器和超高电容器.

电解电容器是指在铝、钽、铌、钛等阀金属的表面采用阳极氧化法生成一薄层氧化物作为电介质,并以电解质作为阴极而构成的电容器.

铝电解电容器单位体积所具有的电容较大,特别适合电容器的小型化和大容量化. 但是铝电解电容器具有绝缘性较差、不耐高温、容易劣化且无法长久保存等缺点. 一般来说,铝电解电容器通常只能保存一两年.

钽电解电容器主要有烧结型固体、箔形卷绕固体和烧结型液体三种. 钽电解电容器的阻抗频率特性好,当工作频率很高时,其电容就大幅度下降,损耗也会急剧上升.

超高电容器一般采用活性炭、二氧化钌、导体聚合物等作为阳极,以液态电解质作为阴极. 其构造与电池及传统电容器均十分相似,但改进了电池与传统电容器的主要缺点,其能量密度为传统电容器的数千倍. 超高电容器提供了电池与传统电容器都难以达到的性能,其应用范围相当广泛.

(2) 非化学电容器. 非化学电容器的种类较多,大多以其所选用的电介质材料命名,如陶瓷电容器、纸介电容器、塑胶薄膜电容器、金属化纸介 / 塑胶薄膜电容器、空气电容器、云母电容器、半导体电容器等.

陶瓷电容器采用钛酸钡、钛酸锶等高介电常量的陶瓷材料作为电介质. 其外形以片式居多,也有管形、圆片形等形状. 陶瓷电容器的损耗因子很小,谐振频率高. 其特性接近理想电容器,缺点是单位体积的电容较小.

云母电容器采用云母作为电介质.其特点是可靠性高、电容的温度变化率很小,常被用来制作标准电容器.

半导体电容器大致分为两类:一类由两块相接触的 n 型和 p 型半导体构成;另一类被称为半导体陶瓷电容器.

### 三、电流、电压测量仪表

#### 1.电流测量仪表

(1) 安培(Ampère)计.安培计的结构如图 2-2-8 所示,将马蹄形永久磁铁的两个磁极制成凹圆弧形,中间装有固定不动的圆柱铁芯,铁芯外面套有矩形线圈,线圈在磁铁和铁芯之间的狭窄空隙里,能绕轴线灵活转动,轴上还装有上、下两个游丝,电流从安培计的正极流入,经上游丝、线圈、下游丝再从负极流出.

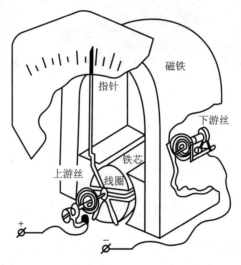

图 2-2-8　安培计的结构图

当电流通过线圈时,磁场对线圈有磁力矩作用,使线圈带着指针一起转动,直到和游丝的扭力矩相平衡为止.指针偏转角度(通过标度尺测量)和通过线圈的电流成正比,可根据指针偏转角度来测量电流的大小,这就是安培计的工作原理.

安培计的灵敏度比较高,常用的安培计能指示出 $10^{-5}$ A 的电流.有些安培计的指针平衡位置在标度尺中间,当电流以不同方向流过线圈时,指针分别向左或向右偏转,可以检验电路中有无电流通过,因此又称为检流计.检流计不能通过较大的电流,否则线圈、游丝会因电流过大而迅速变形损坏.

(2) 电流表(又称为安培表).电流表用以测量电路中的电流,它由一个检流计 G 并联一个很小的电阻 $R_g$(称为分流电阻) 构成,如图 2-2-9 所示,电流表指针的平衡位置在标度尺的一边.

分流电阻 $R_g$ 的作用是使电路中的电流的大部分通过分流电阻,而只有小部分通过检流计的线圈,这样就可以测量较大的电流. 并联不同大小的分流电阻,同一仪表可以测量不同大小的电流.

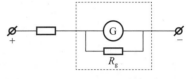

图 2-2-9　电流表

电流表所能测量的最大电流(此时指针偏转至标度尺的另一端)称为电流表的量程. 在使用电流表时,不能使待测电流大于该表的量程,否则很容易把电流表烧毁;也不能使待测电流比电流表的量程小很多,否则电流表将因偏转过小而影响测量准确度.

电流表有正、负极,使用时必须串联在待测电流的电路中,而且电流的方向总是从正极进入,从负极流出. 注意,电流表的电阻很小,绝不可与电路并联或直接连在电源上,否则大电流通过电流表会将其烧毁.

### 2. 电压测量仪表

电压表用来测量一段电路上两端的电压,电压表的外形同电流表相似,它由检流计串联一个高阻值电阻 $R_p$(称为分压电阻)构成,如图 2-2-10 所示.

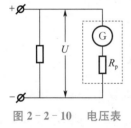

图 2-2-10　电压表

在使用电压表时,也必须注意它的量程,根据待测电压的大小,选用适当量程的电压表. 电压表必须并联在待测电路上,而电压表的正极接在高电势的端点,负极接在低电势的端点,此时电压表的读数就表示两点间的电压. 电压表由高阻值电阻 $R_p$ 与检流计串联而成,所以它的内阻很大,与待测电路并联时,通过电压表的电流很小,因此对待测电路的电压影响也很小.

### 3. 电表的准确度等级和表面标记

任意一个电表都存在仪器误差,即由于其结构和制造上的不完善所产生的误差. 电表在规定的正常条件下工作时,其仪器误差限 $\Delta_{仪}$ 和量程 $N_m$ 的比值的百分数称为电表的准确度等级 $K$,即

$$K = \frac{\Delta_{仪}}{N_m} \times 100, \quad \Delta_{仪} = \frac{K \times N_m}{100}.$$

根据国家规定,目前我国生产的电表,其准确度分为七级,即 0.1,0.2,0.5,1.0,1.5,2.5,5.0 级. 电表的准确度等级越小,准确度越高,表示电表的仪器误差限越小. 例如,准确度等级为 0.5 级,量程为 5 A 的电流表,其仪器误差限为

$$\Delta_{仪} = \frac{K \times N_m}{100} = 0.005 \times 5 \text{ A} = 0.025 \text{ A}.$$

每一个电表的面板上都有多种符号的表面标记,显示电表的基本技术特性,只有在识别它们之后才能正确选择和使用电表(见图 2-2-11).

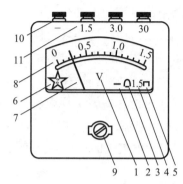

1 — 电压表(mV 为毫伏表,A 为电流表,mA 为毫安表,μA 为微安表);2 — 直流(~ 表示交流);
3 — 电磁式电表;4 — 准确度等级为 1.5 级;5 — 使用时要水平放置(⊥表示使用时要垂直放置,旧符号:→
表示水平放置,↑ 表示垂直放置);6 — 绝缘强度试验电压为 2 kV(旧符号为 N 2 kV);7 — 指针(指示读数
用);8 — 标度尺和镜面(读数时,先使指针和镜面后的反射像相重合,然后在标度尺上读数.如无镜面,也要
对正读数,以避免视差);9 — 调零器(调节指针零点用);10 — 电表负极接线柱,接电路上低电势端点;
11 — 电表正极接线柱,接电路上高电势端点,1.5 表示量程为 1.5 V(该电表有 1.5 V,3.0 V,30 V 三个量程)

图 2 - 2 - 11    电表的表面标记

## 四、常用的检流计和电压表

### 1. AC5 型直流指针式检流计

AC5 型直流指针式检流计用来检验电路中有无微小电流,并可根据其指针偏转情况来判断电流方向,精度很高,只允许通过$10^{-7} \sim 10^{-6}$ A 的电流,其面板如图 2 - 2 - 12 所示.当无电流通过时,其指针应指在零点(零点在中央),使用前如不指零,可稍微旋转零位调节旋钮使其指零;当有电流通过时,其指针随电流方向的不同可分别向两边偏转.为避免搬动或受冲击时震断悬挂线圈的金属丝,在检流计上装有保护钮.在不用时,将保护钮扳向红点,这时表内装的托架把线圈托住;在使用时,必须将保护钮扳向白点,使指针能自由摆动.按下电计按钮就接通了检流计,为防止较大电流通过检流计,按电计按钮时应"点"按,根据现象进行调节.由于指针的阻力很小,要使摆动后的指针迅速停下来,可在指针摆动到零位时,按下短路按钮.操作该仪器时一定要小心,外界的撞击或按钮动作过大,都可能引起指针的猛烈偏转而损坏金属丝或线圈.

(1) AC5 型直流指针式检流计的基本结构和工作原理.AC5 型直流指针式检流计的基本结构如图 2 - 2 - 13 所示,它的内部测量机构为磁电系统,当线圈内通入微小的电流时,由于带有电流的线圈位于永久磁铁的磁场中,带有电流的线圈与磁铁的磁场相互作用产生磁力矩,使指针偏转.检流计的反作用力矩由起导电作用的细丝产生.

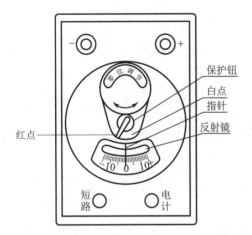

图 2-2-12　AC5 型直流指针式检流计面板图

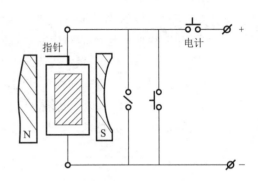

图 2-2-13　AC5 型直流指针式检流计基本结构图

检流计中的电流越大,线圈所受的磁力矩越大,指针偏转的角度也就越大.通过线圈的电流 $I_g$ 与指针偏转格数 $d$ 成正比,即

$$I_g = Kd,$$

式中比例系数 $K$ 称为检流计常量,单位为 A/DIV,也就是指针偏转 1 格所对应的电流值.它的倒数

$$S_i = \frac{1}{K} = \frac{d}{I_g} \qquad (2-2-1)$$

称为检流计的电流灵敏度.显然,$S_i$ 越大($K$ 越小),检流计就越灵敏.

要定量测量电流,就必须知道 $K$ 或 $S_i$ 的数值.一般在检流计的铭牌上标明了 $K$ 或 $S_i$ 的数值,但由于长期使用、检修等原因,其数值往往有所改变,因此在使用检流计进行定量测量之前,必须测定 $K$ 或 $S_i$ 的数值.

(2)测定检流计的内阻 $R_g$ 和电流灵敏度 $S_i$.测量电路如图 2-2-14 所示,将 $K_2$ 合向①,电源电压经 $R_0$ 分压后由电压表测出,再经 $R_a$,$R_b$ 第二次分压加到电阻箱 $R$ 和检流计 G 上,使检流计指针偏转一定数值.

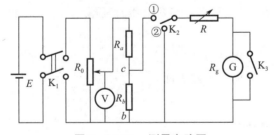

图 2-2-14　测量电路图

$R_a$ 取几千欧,$R_b$ 取 1 Ω,($R_g + R$) 一般选取几百欧.在计算 $R_b$ 两端的电压 $V'$ 时,因为 $(R_g + R) \gg R_b$,且 $R_a \gg R_b$,$R_b'$ 是 $b,c$ 之间的电阻,应为 $R_b$ 与 $R_g + R$ 的并联值,所以

$$V' = \frac{R_b'}{R_a + R_b'}V \approx \frac{R_b}{R_a + R_b}V \approx \frac{R_b}{R_a}V,$$

式中 $V$ 为电压表的示值.通过检流计的电流为

$$I_g = Kd \approx \frac{V'}{R + R_g} \approx \frac{R_b}{R_a} \frac{V}{R + R_g}. \qquad (2-2-2)$$

测量采用等偏转法,即当 $V = V_1$ 时,调节 $R$ 的电阻值为 $R_1$,使检流计偏转至一定的数值 $d$(如偏转 $4 \sim 5$ 格),以后改变 $R_0$ 的电阻值使电压 $V = V_2$,同时调节 $R$ 使检流计的偏转数值不变.这样可取得一系列 $V$ 与 $R$ 的对应数据,即

$$V = V_1, V_2, V_3, V_4, \cdots \text{ 时}, R = R_1, R_2, R_3, R_4, \cdots.$$

为了减少测量误差,电压表和检流计的偏转数值都不宜太小,而 $R$ 的电阻值不宜太大.故 $V$ 可以从 $0.6 \sim 0.7$ V 开始,以后每隔 $0.1 \sim 0.2$ V 读一次数.利用这些数据,即可求出 $R_g$ 和 $S_i$ 的数值.较简单的办法是把两个数据分成一组,例如,$V_1$ 和 $V_5$,$V_2$ 和 $V_6$ …… 由式 $(2-2-2)$ 得

$$\frac{V_1}{R_1 + R_g} = \frac{V_5}{R_5 + R_g},$$

对上式求解,可得

$$R_g = \frac{V_1 R_5 - V_5 R_1}{V_5 - V_1}.$$

将所有组求解的 $R_g$ 取平均值后代入式 $(2-2-2)$,并将测得的 $V$ 与 $R$ 的数据一并代入,求出检流计常量 $K$,即可得到电流灵敏度 $S_i$.

较严格的办法是用最小二乘法处理数据,由式 $(2-2-2)$ 得

$$R = \frac{R_b}{KdR_a} V - R_g.$$

利用最小二乘法即可求出 $R_g$ 和 $K$.

### 2. SG2171 交流毫伏表

(1) 使用特征.

① 测量精度高,频率特性好($5$ Hz $\sim 2$ MHz).

② 测量电压范围广($30$ $\mu$V $\sim 100$ V).

(2) 使用注意事项.

① 不可将物体放置在仪器上,不要堵塞仪器通风孔.

② 不可强烈撞击仪器.

③ 不可将导线或针插进仪器通风孔.

④ 不可将烙铁放在仪器框架内或表面.

⑤ 不可将磁铁靠近仪器.

⑥ 使用之前的检查步骤如下:

检查指针:检查指针是否指在机械零点,如有偏差,将其调至机械零点.

检查量程旋钮:检查量程旋钮是否指在最大量程处,如有偏差,将其调至最大量程处.

检查电压:在接通电源之前应检查电源电压.

⑦ 操作时应注意输入电压不可高于规定的最大输入电压.

(3) 面板操作键作用说明. SG2171 交流毫伏表的面板如图 $2-2-15$ 所示.

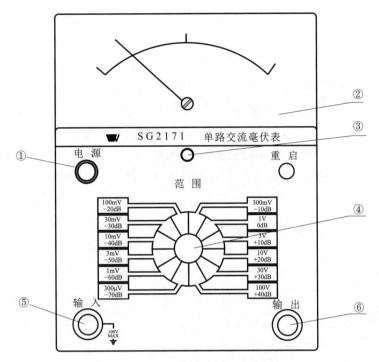

图 2 - 2 - 15　SG2171 交流毫伏表面板图

① 电源开关:电源开关按键按下为"开",弹出为"关".

② 显示窗口:指示输入信号的幅度.对于 SG2172 交流毫伏表,用黑色指针指示.

③ 零点调节:开机前,如指针不在机械零点处,需将其调节至零点.

④ 量程旋钮:开机前,应将量程旋钮调至最大量程处,当输入信号送至输入端口后,调节量程旋钮,使指针指示在适当位置处.

⑤ 输入端口:输入信号由此端口输入.

⑥ 输出端口:输出信号由此端口输出.

(4) 基本操作方法.首先检查输入电压,将电源线插入后面板上的交流插孔内,打开电源.

① 将输入信号由输入端口送入交流毫伏表.

② 调节量程旋钮,使指针在大于或等于满刻度的三分之一处.

③ 将交流毫伏表的输出用探头插入示波器的输入端,当指针位于满刻度时,其输出应满足指标.

④ dB 量程的使用.表头有两种刻度:1 V 作 0 dB 的 dB 刻度值和 0.775 V 作 0 dBm(1 mW 功率消耗 600 Ω 电阻)的 dBm 刻度值.

dB 是一个纯计数单位,是指两个量的比值大小.对于功率,定义 $dB = 10lg(P_2/P_1)$,若功率 $P_2,P_1$ 的阻抗是相等的,则其比值也可以表示为 $dB = 20lg(V_2/V_1) = 20lg(I_2/I_1)$.例如,当一个输入电压的幅度为 300 mV,输出电压的幅度为 3 V 时,其放大倍数是 3 V/300 mV = 10,也可以用 dB 表示,即

$$放大倍数 = 20lg(3\text{ V}/300\text{ mV}) = 20\text{ dB}.$$

功率或电压的电平由表面读出的刻度值与量程开关的标称值相加而定.例如,

刻度值　　　　量程　　　　电平

$(-1\ dB) + (+20\ dB) = +19\ dB,$

$(+2\ dB) + (+10\ dB) = +12\ dB.$

### 3. CA217X 系列毫伏表

(1) 概述. CA2172 型双通道交流毫伏表采用两个通道输入,由一只同轴双指针电表指示,可以分别指示各通道的示值,也可以指示两个通道的差值,对立体声音响设备的电性能测试及对比非常方便,可广泛应用于立体声收录机、立体声电唱机等立体声音响的测试中. 另外它具有独立的量程开关,可作为两只灵敏度高、稳定性可靠的晶体管毫伏表使用.

(2) 功能说明. CA2172 型双通道交流毫伏表的面板如图 2-2-16 所示.

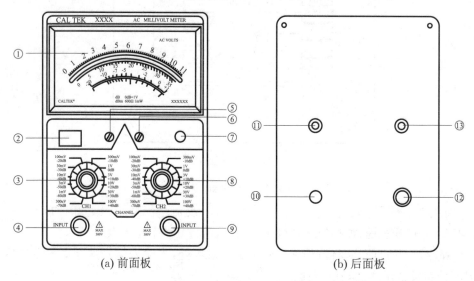

(a) 前面板　　　　　　　　　　　(b) 后面板

**图 2-2-16　CA2172 型双通道交流毫伏表面板图**

① 表头:指示电压值或 dB 值.

② 电源开关:按下接通电源,电源指示灯 ⑦ 亮;弹出断开电源.

⑤⑥ 机械校零:开机前分别调节毫伏表的两个指针(黑色或红色) 的机械零位.

③⑧ 量程开关:根据量程开关的标称值,读出指针的示值.

④⑨ 被测信号输入端.

⑦ 电源指示灯.

⑩⑪ 放大器电压输出端:满刻度时输出电压的有效值为 0.1 V.

⑫ 电源保险丝:最大允许通过电流为 0.5 A.

⑬ 电源线.

(3) 使用说明.

① 通电前,调整毫伏表的机械零位,并将量程开关置于 100 V 挡.

② 接通电源后,毫伏表的双指针摆动数次是正常的,稳定后即可开始测量.

③ 若测量电压未知,应将量程开关置于最大挡,然后逐级减小量程,直至毫伏表示值大于三分之一满刻度值,即可进行读数.

④ 若要测量市电或高电压,则输入端黑柄鳄鱼夹必须接中线端或地端.

⑤ 分贝测量:表头的下部有两种分贝刻度,分别为 1 V 作 0dB 的 dB 刻度值和 0.775 V 作 0 dBm 的 dBm 刻度值.

实际电平分贝值是量程开关的标称值与表读数的代数和. 例如,将量程开关置于 + 20 dB 位置,表读数为 − 4 dB,电平分贝值应为 + 20 dB + (− 4 dB) = 16 dB.

⑥ 放大器的使用. 本仪器的每一个通道都是高灵敏度的放大器,在后面板上有它的输出端.

## 五、多用表

多用表的三个基本功能是测量电阻、电压和电流,又称为三用表. 现在的多用表添加了许多新功能,尤其是数字多用表(见图 2 - 2 - 17),可测量电容、三极管放大倍数、二极管压降等. 还有一种会"说话"的数字多用表,能把测量结果直接用语音播报出来.

图 2 - 2 - 17　数字多用表

1. 多用表的使用步骤

(1) 熟悉表盘上各个符号的意义及各个旋钮和转换开关的主要作用.

(2) 进行机械调零.

(3) 根据被测量量的种类及大小,选择转换开关的挡位及量程,找出对应的刻度线.

(4) 选择表笔插孔的位置.

(5) 测量电压. 测量电压时要选好量程,如果用小量程去测量大电压,则会有烧表的危险;如果用大量程去测量小电压,那么指针偏转角度太小,无法精确读数. 量程的选择应尽量使指针偏转到满刻度的三分之二左右. 如果事先不清楚被测电压的大小,应先选择最高量程挡,然后逐级减小到合适的量程.

① 交流电压的测量. 将多用表的一个转换开关置于交、直流电压挡,将另一个转换开关置于交流电压的合适量程上,将多用表两表笔和被测电路或负载并联即可.

② 直流电压的测量. 将多用表的一个转换开关置于交、直流电压挡,将另一个转换开关置于直流电压的合适量程上,且将"+"表笔(红表笔)接到高电势处,"−"表笔(黑表笔)接到低电势处,即让电流从"+"表笔流入,从"−"表笔流出. 若表笔接反,则表头指针会反方向偏转,容易撞弯指针.

(6) 测量电流. 测量直流电流时,将多用表的一个转换开关置于直流电流挡,将另一个转换开关置于50 μA ～ 500 mA 的合适量程上,电流的量程选择和读数方法与电压一样. 测量时必须先断开电路,然后按照电流从"+"表笔到"−"表笔的方向,将多用表串联到被测电路中,如果误将多用表与负载并联,则因表头的内阻很小,会造成短路而烧毁仪表. 其读数方法如下:

$$实际值 = \frac{指示值 \times 量程}{满偏值}.$$

(7) 测量电阻. 用多用表测量电阻时,应按下列方法操作:

① 机械调零. 在使用之前,应该先调节指针定位螺钉使表头示值为零,避免不必要的

误差.

② 选择合适的倍率挡. 多用表欧姆挡的刻度线是不均匀的,所以倍率的挡位选择应使指针停留在刻度线较稀疏的部分为宜,且指针越接近刻度尺的中间,读数越准确. 一般情况下,应使指针指在刻度尺的三分之一到三分之二之间.

③ 欧姆调零. 在测量电阻之前,应将两个表笔短接,同时调节欧姆(电气)调零旋钮,使指针刚好指在欧姆刻度线右边的零位. 如果指针不能调到零位,则说明电池电压不足或仪表内部有问题. 每换一次倍率挡,都要再次进行欧姆调零,以保证测量的准确性.

④ 读数. 将表头的读数乘以倍率就是所测电阻的电阻值.

2. 多用表使用注意事项

(1) 在使用多用表之前,应先进行机械调零,即在没有被使用时,使多用表的指针指在零电压或零电流的位置上.

(2) 选择量程时,要先大后小,尽量使被测值接近量程.

(3) 在使用多用表的过程中,不能用手去接触表笔的金属部分,这样一方面可以保证测量的准确性,另一方面也可以保证人身安全.

(4) 在测量电压或电流时,不能在测量的同时更换量程的挡位,尤其是在测量高电压或大电流时,更应注意,否则会使多用表毁坏. 如需更换量程的挡位,应先断开表笔,换挡后再去测量.

(5) 在测量电阻时,不能带电测量. 测量电阻时,多用表由内部电池供电,如果带电测量,则相当于接入一个额外的电源,可能损坏表头. 更换量程时,需要进行欧姆调零,而无须进行机械调零.

(6) 在使用多用表时,必须水平放置,以免造成误差. 同时,还要注意避免外界磁场对多用表的影响.

(7) 多用表使用完毕后,应将转换开关置于交流电压的最大挡位或空挡. 如果长期不使用,还应将多用表内部的电池取出来,以免电池腐蚀表内其他器件.

## 六、电源

### 1. 交流电源

在一般电路中,交流电源以符号 AC 表示. 实验室中常用的交流电源是 220 V,50 Hz. 欲获得 0～220 V 连续可调的交流电压,常用调压变压器(也称为自耦变压器,见图 2-2-18)来实现:从 ① 和 ② 两接线柱输入 220 V 的交流电压,通过调节转手柄从 ③ 和 ④ 两接线柱输出 0～220 V 连续可调的交流电压. 交流电源的主要技术指标有容量(用 kV 表示)和最大允许电流.

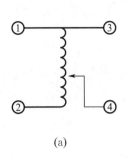
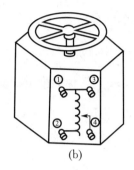

(a)            (b)

图 2-2-18 常用调压变压器

## 2. 直流电源

在一般电路中, 直流电源以符号 DC 表示. 目前实验室常用的直流电源是干电池和晶体管直流稳压电源. 干电池的体积小, 重量轻, 便于携带, 使用方便, 但容量较小, 适用于耗电少的实验. 晶体管直流稳压电源的电压稳定性好, 内阻低, 功率大, 使用方便, 只要接到 220 V 的交流电源上即能获得直流输出电压. 固定的电压输出有 4.5 V 和 6 V, 可调的有 0～24 V 或 0～30 V 分挡输出. 在使用时, 应注意电源所能输出的电压值和最大允许电流, 严禁超载和短路.

# 第三节 　光、机测量小仪器

## 一、游标与螺旋测微器

游标是附在主尺上的一个附件, 主要用于对主尺分度值后面的数字进行准确读数.

以游标来提高测量精度的方法, 不仅用于游标卡尺上, 而且还广泛地应用于其他仪器. 尽管各类游标的长度不同, 分度格数不一, 但是它们的基本原理与读数方法是相同的.

### 1. 直游标

如图 2-3-1 所示, 游标上 $N$ 个分度格的长度与主尺上 $N-1$ 个分度格的长度相同. 若游标上的分度值为 $b$, 主尺上的分度值为 $a$, 则

$$Nb = (N-1)a.$$

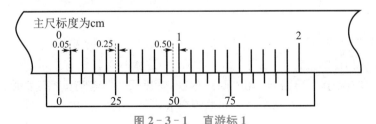

图 2-3-1 直游标 1

主尺与游标每格的差为游标的测量精度, 即

$$游标的测量精度 = a - b = a - \frac{N-1}{N}a = \frac{a}{N} = \frac{主尺的分度值}{游标上的分度格数}.$$

例如,在图 2-3-1 中,$N = 20$,$a = 1$ mm,则

$$游标的测量精度 = \frac{a}{N} = \frac{1}{20} \text{ mm} = 0.05 \text{ mm}.$$

读数时,先读出主尺上与游标零刻度线对应的刻度值 $n$,然后把主尺上 $n$ 以后不足 1 mm 的 $\Delta n$ 部分从游标上读出. 若游标上的第 $k$ 条刻度线与主尺上某一刻度线对齐,则 $\Delta n$ 部分的读数为

$$\Delta n = k(a-b) = k\frac{a}{N} = k\frac{主尺的分度值}{游标上的分度格数},$$

最后的读数为 $n + \Delta n = n + k\frac{a}{N}$.

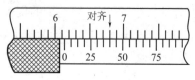

图 2-3-2 直游标 2

例如,在图 2-3-2 中,主尺与游标零刻度线对应的刻度值为 61 mm,游标的测量精度 $= \frac{a}{N} = \frac{1}{20}$ mm $= 0.05$ mm,游标上的第 8 条刻度线与主尺刻度线对齐,则最后的读数为

$$(61 + 8 \times 0.05) \text{ mm} = 61.40 \text{ mm}.$$

游标上常刻有 0,1,2,3,4,5,6,7,8,9,0 或 0,25,50,75 等标度,这是根据游标的原理做出的标识,便于直接读数,因此还可直接从游标刻度上读出数值. 在图 2-3-2 中,游标与主尺刻度线对齐处为 40,即最后的读数为 61.40 mm.

注意,以上数值小数点后两位不是估读的,它是游标上能读准的最小数值.

2. 角游标

角游标是一个沿着圆分度盘(弧形主尺)同轴转动的小弧尺,其工作原理与直游标相同. 对于测量精度为 $1'$ 的 JJY 型分光计,如图 2-3-3 所示,其主尺的分度值为 $0.5°$,即 $30'$,而角游标上的刻度也正是 $30'$,也就是说不足或超过 $30'$ 的分度值由角游标读出. 例如,在图 2-3-3 中,角游标的零刻度线在 $165.5°$ 后面,角游标与主尺刻度线对齐处为 $14'$,则分光计所示读数为 $165°30' + 14' = 165°44'$.

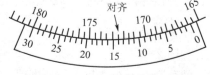

图 2-3-3 JJY 型分光计角游标

3. 游标卡尺

游标卡尺主要由两部分构成:与量爪 A 和 A' 相连的主尺 D(主尺按米尺刻度)、与量爪 B 和 B' 及深度尺 C 相连的游标 E,如图 2-3-4 所示. 游标 E 可紧贴着主尺 D 滑动. 量爪 A 和 B 用来测量厚度和外径,量爪 A' 和 B' 用来测量内径,深度尺 C 用来测量槽的深度. 它们的读数都由游标的零刻度线与主尺的零刻度线之间的距离表示. F 为紧固螺钉.

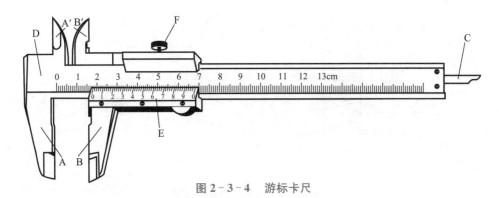

图 2-3-4　游标卡尺

用游标卡尺进行测量之前,应先把量爪 A 和 B 合拢,检查游标的零刻度线和主尺的零刻度线是否对齐.如果未对齐,应先记下零点读数,以便对测量值加以修正.

使用游标卡尺时,可一手拿物体,另一手持尺.要特别注意保护量爪不被磨损,使用时轻轻把物体卡住即可读数.不能用其测量表面粗糙的物体,且不能在卡口内挪动被夹紧的物体.测量环或孔的内径时,要找到测量值的最大值,否则会增大测量误差.

### 4.螺旋测微器(千分尺)

螺旋测微器是利用螺旋进退来测量长度的仪器,其分度值可达 0.01 mm,是比游标卡尺更精密的长度测量仪器.

螺旋测微器的结构如图 2-3-5(a) 所示,它由尺架 A、测微螺杆 B、螺母套筒 C、微分套筒(转动套筒)D、棘轮 E、锁紧手柄(止动器)F、测量砧台 G 等部分组成.测微螺杆 B 的螺距为 0.5 mm,螺杆后端连接一个可旋转的微分套筒 D.当微分套筒 D 旋转时,带动测微螺杆 B 向前或向后移动.微分套筒 D 上沿着圆周刻有 50 格分度,微分套筒 D 每旋转一周,测微螺杆 B 沿轴线方向移动 0.5 mm,故微分套筒 D 每转一格分度,测微螺杆 B 沿轴线方向移动 $\frac{0.5}{50}$ mm = 0.01 mm.因此,螺旋测微器的测量精度为 0.01 mm,可估读到 0.001 mm.

测量物体的长度时,应先轻轻转动微分套筒 D,当测微螺杆 B 刚接触物体时,则应轻轻转动棘轮 E,推动测微螺杆 B,把待测物体刚好夹住.

读数时,可以从螺母套筒 C 的标尺上读出 0.5 mm 以上的数值,0.5 mm 以下的读数则由微分套筒 D 圆周上的刻度读出.例如,在图 2-3-5(b) 中,其读数为 10.497 mm,在图 2-3-6(a) 中,其读数为 5.650 mm,在图 2-3-6(b) 中,其读数为 5.150 mm.

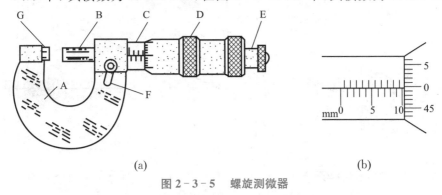

(a)　　　　　　　　　　　　　　　　　(b)

图 2-3-5　螺旋测微器

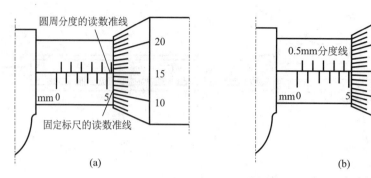

图 2-3-6　螺旋测微器的读数

在使用螺旋测微器时应注意以下几点：

（1）在使用螺旋测微器进行测量之前，应先检查零点．转动棘轮，当测微螺杆和测量砧台刚接触时，读数应为 0.000 mm；否则应把初始读数记下来，以便对测量值加以修正．

（2）记录初始读数或测量物体长度时，应轻轻转动棘轮推进测微螺杆前进，不要直接拧转测微螺杆，以免夹得太紧，影响测量结果及损坏仪器．只要听到棘轮发出"咯，咯"的声音，就可以进行读数了．

（3）螺旋测微器使用完毕后，测微螺杆与测量砧台之间应留一空隙，以免在受热膨胀时因两者过分压紧而损坏测微螺杆．

## 二、光杠杆

用一般的测量长度的工具不易测准微小长度的变化．光杠杆镜尺法是一种测量微小长度变化的简便方法，可以实现非直接接触式的放大测量．光杠杆镜尺法还可用来测量微小角度的变化．例如，在检流计、冲击电流计、光点检流计中，都应用了光杠杆镜尺法．

光杠杆的结构如图 2-3-7 所示，光杠杆是由一圆形小平面镜及固定在 T 形架上的三个尖足 A，B，C 构成，后足 A 至两前足 B，C 的垂线长度 $b$ 称为光杠杆常量．测量时，两前足 B 和 C 放在平台的沟槽内，后足 A 放在待测金属丝下端的圆柱体夹头的上面．待测金属丝被拉伸变长，后足 A 随之下降，整个 T 形架转动 $\theta$ 角．

光杠杆镜尺法的实验原理如图 2-3-8 所示，假定平面镜的法线与望远镜的光轴在同一直线上，且望远镜光轴与标尺垂直，这样标尺上某点发出的光线经平面镜反射进入望远镜，可以在望远镜中十字叉丝处读得该点的刻度．

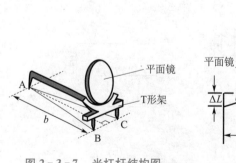

图 2-3-7　光杠杆结构图

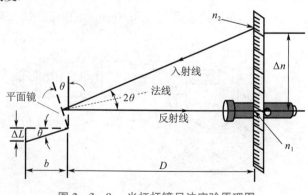

图 2-3-8　光杠杆镜尺法实验原理图

设未增加砝码时,从望远镜中读得标尺的读数为 $n_1$,当增加砝码时,金属丝伸长 $\Delta L$,光杠杆后足 A 随之下降 $\Delta L$,这时平面镜转过 $\theta$ 角,其法线也转过 $\theta$ 角.根据光的反射定律,反射线将转过 $2\theta$ 角,即此时在望远镜中读得标尺的读数为 $n_2$,则有

$$\tan 2\theta = \frac{n_2 - n_1}{D} = \frac{\Delta n}{D},$$

式中 $D$ 为平面镜的镜面到标尺之间的距离.从图 2-3-8 中还可以看出

$$\tan \theta = \frac{\Delta L}{b}.$$

因为 $\Delta L$ 是微小的长度变化,即 $\Delta L \ll b$,$\theta$ 角很小,所以近似有

$$\theta \approx \tan \theta, \quad 2\theta \approx \tan 2\theta.$$

由此可得

$$2\frac{\Delta L}{b} = \frac{\Delta n}{D},$$

$$\Delta L = \frac{b}{2D}\Delta n. \tag{2-3-1}$$

由式(2-3-1)可知,光杠杆镜尺法的作用在于将微小的长度变化经光杠杆转变为微小角度的变化,同时经望远镜和标尺把它转变为标尺上较大的读数变化.对同样的 $\Delta L$,$D$ 越大,$\Delta n$ 越大,测量的相对误差就越小.

比值 $\frac{2D}{b}$ 为光杠杆的放大倍数.当 $b$ 为 $6\sim8$ cm,$D$ 为 $1.6\sim1.8$ m 时,放大倍数为 $40\sim60$ 倍.

在使用光杠杆前,应先调节平面镜大致铅直,即在镜面正前方竖放一标尺(尺上刻度倒放),标尺旁放置一架望远镜,适当调节后,从望远镜中可以看清楚由平面镜反射的标尺像,并可读出与望远镜十字叉丝横线相重合的标尺刻度的数值.这样调节好的光杠杆才可开始使用.

### 三、常用光源

实验室常用的光源有钠灯,高、低压汞灯,氦氖激光器等.

钠灯和汞灯(又称为水银灯)是实验室中最常用的线光谱光源.它们的工作原理都是以金属(Na 或 Hg)蒸气在强电场中发生的电离放电现象为基础的弧光放电.

#### 1.钠灯

在额定供电电压(220 V)下的钠灯,能发出波长为 589.0 nm 和 589.6 nm 的两种单色黄光.当钠灯作一般性应用时,以它们的平均值 589.3 nm 作为钠灯的波长值.因为该值非常接近人眼视觉曲线的最高值(555 nm),所以钠灯是各种电光源中发光效率较高的节能型光源.

#### 2.低压汞灯

低压汞灯(电源电压为 220 V,管端工作电压为 20 V)正常点燃时发出青紫色光,其中主要包括五种单色光,它们的波长分别为 579.0 nm(黄光),577.0 nm(黄光),546.1 nm(绿光),435.8 nm(蓝光),404.7 nm(紫光).在光栅衍射实验中可以看到被分解后的这五条单色光.

#### 3.高压汞灯

要使高压汞灯起弧,两电极之间需要有足够强的电场,对高压汞灯直接采用 220 V 的电

源,灯是无法启动的.为保证安全,实验室采用有辅助电极帮助启动的高压汞灯,其工作电路如图 2-3-9 所示.这种汞灯有玻璃外壳,在壳内,辅助电极通过一只 $40 \sim 60$ kΩ 的电阻 $R$ 与不

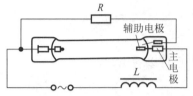

图 2-3-9　高压汞灯工作电路图

相邻的主电极相连接.当汞灯接入电网后,辅助电极与相邻的主电极之间加有 220 V 的交流电压.两电极之间的距离很近,通常只有 $2 \sim 3$ mm,它们之间有很强的电场.在此强电场的作用下,两电极之间的气体被击穿,发生辉光放电,放电电流由电阻 $R$ 限制.如 $R$ 过小则会使电极烧坏.

主电极和相邻辅助电极之间的辉光放电产生了大量的电子和离子,这些带电粒子向两主电极扩散,使主电极之间产生放电,并迅速引起两主电极之间的弧光放电.在高压汞灯点燃的初始阶段,低气压的汞蒸气和氩气放电,这时管压降得很低,约为 25 V.高压汞灯的放电电流很大,为 $5 \sim 6$ A,称为启动电流.低压放电时,高压汞灯放出的热量使管壁温度升高,使汞逐渐汽化,汞蒸气压和灯管电压逐渐升高,电弧开始收缩,放电逐步向高压放电过渡.当汞全部蒸发后,管压开始稳定,进入稳定的高压汞蒸气放电.可见,高压汞灯从启动到正常工作需要一段时间,通常为 $10 \sim 20$ min,故实验时需预热 20 min 才能开始测量数据.

高压汞灯熄灭以后,不能立即启动.因为汞灯熄灭后,内部还保持着较高的汞蒸气压,所以要等灯管冷却,汞蒸气凝结后才能再次点燃,冷却过程需要 $5 \sim 10$ min.在高的汞蒸气压下,汞灯不能重新点燃是由于此时电子的自由程很短,在原来的电压下,电子不能积累足够的能量来电离气体.

高压汞灯工作时管壁温度比较高,灯座上不能放置滤光片,以免烤坏.

4.氦氖激光器

氦氖激光器是一种气体激光器,其外形结构如图 2-3-10 所示.它具有单色性好、发光强度高和方向性好等优点.常用的氦氖激光器发出的光波波长为 632.8 nm,输出的激光功率在几毫瓦到十几毫瓦之间.由于激光管两端加有高压(1 500 ~ 8 000 V),操作时应避免触及,以防造成电击事故.

由激光管射出的激光束,其光波能量集中,切勿迎着激光束直接观看,以免灼伤眼睛.

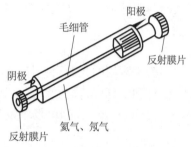

图 2-3-10　氦氖激光器外形结构图

## 四、波片

波片是能使相互垂直的两光振动产生附加光程差(或相位差)的光学元件,通常由具有精确厚度的石英、方解石或云母等双折射晶体制成,其光轴与晶面平行.

如图 2-3-11 所示,线偏振光垂直入射到双折射晶体,其振动方向与晶体光轴的夹角为 $\theta(\theta \neq 0)$,入射的光振动分解成垂直于光轴(o 振动)和平行于光轴(e 振动)的两个分量,它们对应晶体中的 o 光和 e 光.晶体中的 o 光和 e 光沿同一方向传播,但传播速度不同(折射率不同),穿出晶体后,两种光之间产生的光程差为 $(n_o - n_e)d$,式中 $d$ 为晶体厚度,$n_o$ 和 $n_e$ 分别为 o 光和 e 光的折射率,两种光之间的相位差为

$$\Delta\varphi = \frac{2\pi}{\lambda}(n_o - n_e)d.$$

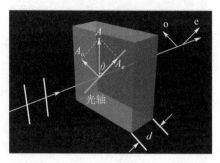

图 2 - 3 - 11　线偏振光入射示意图

当 $\Delta\varphi = 2k\pi(k$ 为整数) 时,两种光合成线偏振光;当 $\Delta\varphi = (2k+1)\frac{\pi}{2}$,且 $\theta = 45°$ 时,两种光合成圆偏振光. 凡能使 o 光和 e 光产生的光程差为 $\frac{\lambda}{4}$ 的奇数倍,即相位差为 $\frac{\pi}{2}$ 的奇数倍的晶体,称为 $\frac{1}{4}$ 波片,且波片厚度 $d$ 满足

$$(n_o - n_e)d = \pm(2k+1)\frac{\lambda}{4} \quad (k = 0,1,2,\cdots).$$

当线偏振光入射 $\frac{1}{4}$ 波片,且 $\theta = 45°$ 时,穿出波片的光为圆偏振光(见图 2 - 3 - 12(a));反之,圆偏振光通过 $\frac{1}{4}$ 波片后变为线偏振光.

当线偏振光入射 $\frac{1}{4}$ 波片,且 $\theta \neq 45°$ 时,穿出波片的光为椭圆偏振光(见图 2 - 3 - 12(b));反之,椭圆偏振光通过 $\frac{1}{4}$ 波片后变为线偏振光.

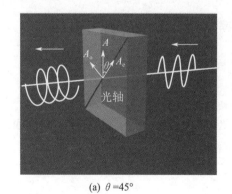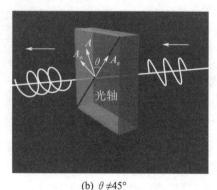

(a) $\theta = 45°$　　　　　　　　　　　(b) $\theta \neq 45°$

图 2 - 3 - 12　线偏振光入射 $\frac{1}{4}$ 波片

凡能使 o 光和 e 光产生的光程差为 $\frac{\lambda}{2}$ 的奇数倍,即相位差为 $\pi$ 的奇数倍的晶体,称为半波片. 线偏振光穿过半波片后仍为线偏振光,但其振动方向要转过一定角度,如图 2 - 3 - 13 所示.

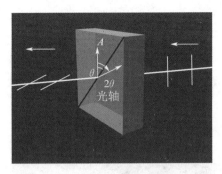

图 2-3-13 半波片

### 五、电子天平（MP502B 型）

电子天平是精密的测量仪器,其测量精度可达 0.01 g,最大测量质量为 500 g. 在使用电子天平前,应先找稳固的位置将其水平放好,调节前面的两个可调支腿,使天平的载物台呈水平状态. 按下 on 键,开机预热,天平开始自动调零,当显示为 0.00 g 时,即可开始称重.

1. 使用注意事项

（1）使用环境要求清洁、无震动、无强气流、无热辐射、不含腐蚀性物质.

（2）电子天平应置于稳定、坚固的工作台上 ,周围无强磁场（地磁场除外）.

（3）输入电源必须有良好的接地线.

（4）电子天平开机预热后,在首次称量前应进行校准. 为了提高称量的准确性,以后应定期用标准砝码对天平进行检查,如有误差应立即进行校准.

（5）在称量物品时,要将物品放在称盘中,轻拿轻放,不要使物品冲击称盘,避免传感器受到冲击力,影响称量数值.

（6）当称盘上的总重量超过报警值（510 g）时,电子天平显示超载报警符号"H",此时应马上将物品拿开.

（7）在搬动电子天平和拆卸外围设备前,一定要关掉电源,以免损坏电子天平.

2. 校准方法

（1）电子天平开机预热 60 min.

（2）按去皿键（T）,使电子天平显示值为 0.00 g.

（3）按校准键（CAL）,此时电子天平显示"["和占用符"o"（在显示屏左下角）. 如果显示为"CE",则表示出错,需重按去皿键（T）,重新进行校准.

（4）将 500 g 标准砝码置于称盘上,等待电子天平显示标准砝码的质量,并发出"嘟"声,电子天平即校准完毕自动恢复到称重状态.

3. 计件用法

电子天平具有自动统计物品件数的功能. 由于电子天平是利用被测物品的质量来进行计件运算的,因此各单个被测物品之间的质量应一致,即各单个被测物品之间的质量差应远小于单个被测物品的质量. 被测物品的质量一致性越好,测量误差就越小.

(1) 计件样本数的设置. 电子天平有 10,20,40,80 四种计件样本数(见表 2 - 3 - 1),通过调节电子天平的内部程序,设定功能编码,可选择用户所需的计件样本数(一般选择较大的计件样本数,可提高计件的精度). 为防止程序操作出错,不建议不熟悉调用程序的用户打开电子天平的调用程序.

表 2 - 3 - 1   功能编码表

| 计件样本数 | 编码状态 |
| --- | --- |
| * 10 | C511 |
| 20 | C512 |
| 40 | C513 |
| 80 | C514 |

注意: * 为产品出厂时设置的状态.

(2) 计件操作.

① 按去皿键(T),使电子天平显示值为 0.00 g.

② 将所需计件的被测物品按当前设置的计件样本数放在称盘上,待电子天平显示值稳定后,按计件键(CN),电子天平即进入计件状态,显示为被测物品件数.

③ 在称盘上加、减被测物品,电子天平显示的件数也应有相应的变化.

④ 如果要退出计件状态,可再按一下计件键(CN),电子天平即返回称重状态.

## 第四节   示 波 器

示波器是实验和教学中重要的电子仪器之一,它能直接观察电压的波形,并且能够测量多种物理量,如电压幅值、电流波形、频率、电视信号等.

### 一、示波器的介绍

示波器的种类、型号很多,不同种类和型号的示波器,其功能也不同,但是一般的示波器除频带宽度、输入灵敏度等不完全相同外,使用方法基本相同. 大学物理实验中使用较多的是20 MHz 或 40 MHz 的双踪示波器.

#### 1.示波器的结构

示波器通常由示波管(CRT)、扫描与同步系统、$X$ 轴与 $Y$ 轴的放大和衰减系统,以及电源四部分组成,如图 2 - 4 - 1 所示.

示波管是示波器的核心,它由电子枪、偏转系统和荧光屏三部分(密封在一个真空玻璃壳内)组成,能将电信号转换为光信号,如图 2 - 4 - 2 所示.

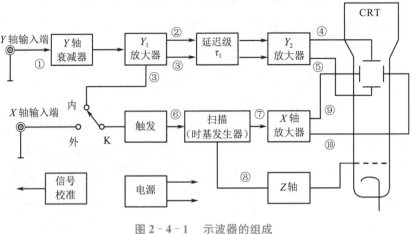

图 2-4-1 示波器的组成

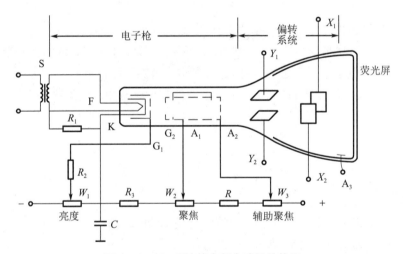

图 2-4-2 示波管内部电路及结构图

(1) 电子枪. 电子枪由灯丝(F)、阴极(K)、栅极(G₁)、前加速极(G₂)(或称为第二栅极)、第一阳极(A₁)和第二阳极(A₂)组成. 它的作用是发射电子,并形成很细的高速电子束. 灯丝通电加热阴极,阴极受热发射电子. 栅极是一个顶部有小孔的金属圆筒,套在阴极外面. 由于栅极电势比阴极电势低,因此栅极对阴极发射的电子起控制作用. 一般只有初速度大的少量电子在阳极电压的作用下才能穿过栅极小孔,奔向荧光屏. 初速度小的电子将返回阴极.

如果栅极电势过低,则全部电子返回阴极,即示波管截止. 调节电路中的电位器 $W_1$,可以改变栅极电势,控制射向荧光屏的电子束密度,从而达到调节荧光屏亮点的辉度的作用.

(2) 偏转系统. 偏转系统控制电子束的偏转方向,使荧光屏上的亮点随外加信号(被测信号)的变化描绘出被测信号的波形. 在图 2-4-2 中,$Y_1$,$Y_2$ 和 $X_1$,$X_2$ 两对相互垂直的偏转板组成偏转系统. $Y$ 轴偏转板在前,$X$ 轴偏转板在后,被测信号经处理后加到 $Y$ 轴偏转板上. 在两对偏转板上分别加上电压,使它们之间各自形成电场,分别控制电子束在垂直方向和水平方向的偏转.

(3) 荧光屏. 荧光屏通常是矩形平面,其内表面沉积一层磷光材料构成荧光膜,最常用的荧光物质为磷 31. 在荧光膜上常增加一层蒸发铝膜. 高速电子穿过铝膜,撞击荧光物质使其发光从而形成亮点.

### 2. 示波器的工作原理

通常情况下,电子信号是时间的函数 $F(t)$,它随时间的变化而变化. 如果在 $Y$ 轴偏转板上加上该电子信号,而在 $X$ 轴偏转板上不加任意信号,则电子束的亮点在 $Y$ 轴方向上随时间做振荡,而在 $X$ 轴方向上不动,故能在荧光屏上看到一条垂直的亮线,如图 2-4-3(a) 所示. 如果在 $X$ 轴偏转板上加一锯齿形电压,而在 $Y$ 轴偏转板上不加电压,则电子束的亮点将随锯齿形电压的变化在荧光屏上由左向右水平地做匀速运动,达到一定位置后,又迅速返回荧光屏左端的开始位置,不断地重复,故能在荧光屏上看到一条水平的亮线,如图 2-4-3(b) 所示. 如果在 $Y$ 轴偏转板上加上被测信号,同时在 $X$ 轴偏转板上加锯齿形电压,则电子束的亮点将同时进行 $Y$ 轴和 $X$ 轴方向的两种位移,此时在荧光屏上看到的将是亮点的合成位移图像,即被测信号的波形图,如图 2-4-3(c) 所示. 由此可见,要观察到 $Y$ 轴偏转板上的被测信号的波形,必须在 $X$ 轴偏转板上加一电压,使 $Y$ 轴方向上的图形展开,这个过程叫作扫描. 因此,只要在示波管的 $X$ 轴偏转板上加一与时间变量成正比的电压,在 $Y$ 轴偏转板上加上被测信号(经过比例放大或者缩小),荧光屏上就会显示出被测信号随时间变化的波形.

(a) 只加竖直偏转电压　　　　(b) 只加水平偏转电压 (锯齿形电压)　　　　(c) 扫描原理图

图 2-4-3　波形显示原理图

测量中被测信号 ① 由 $Y$ 轴输入端输入(见图 2-4-1),经 $Y$ 轴衰减器适当衰减后送至 $Y_1$ 放大器(前置放大),推挽输出信号 ② 和 ③. 经延迟级延迟 $\tau_1$ 时间,到 $Y_2$ 放大器. 放大后产生足够大的信号 ④ 和 ⑤,加到示波管的 $Y$ 轴偏转板上. 为了在荧光屏上显示出完整稳定的波形,将被测信号 ③ 引入 $X$ 轴系统的触发电路,在引入信号的正(或负)极性的某一电平值产生触发脉冲 ⑥,启动锯齿波扫描电路(时基发生器),产生扫描电压 ⑦. 由于从触发到启动扫描有一时间延迟 $\tau_2$,为保证被测信号到达荧光屏之前 $X$ 轴已经开始扫描, $Y$ 轴的延迟时间 $\tau_1$ 应大于 $X$ 轴的延迟时间 $\tau_2$. 扫描电压 ⑦ 经 $X$ 轴放大器放大,产生推挽输出信号 ⑨ 和 ⑩,加到示波管的 $X$ 轴偏转板上.

## 二、几种常见的示波器

### 1. COS-620/620E 双踪示波器

COS-620/620E 双踪示波器的最大偏转灵敏度为 1 mV/DIV,最大扫描速度为 0.1 $\mu$s/DIV,并可扩展 10 倍使扫描速度达到 10 ns/DIV.

1）前面板介绍.

COS-620 双踪示波器的前面板如图 2-4-4 所示.

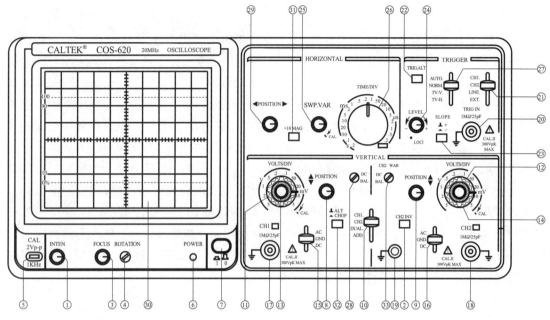

图 2-4-4　COS-620 双踪示波器前面板图

（1）CRT.

⑦ 电源开关：当此开关开启时，发光二极管 ⑥ 发亮.

① 亮度调节旋钮：调节光迹或亮点的亮度.

③ 聚焦调节旋钮：调节光迹或亮点的清晰度.

④ 光迹旋转电位器：调整光迹与水平刻度线平行.

㉚ 滤色片：使输出波形显示效果更舒适.

（2）垂直轴.

⑰ CH1（X 轴）输入端：通道 1 输入端，在 X-Y 模式下，作为 X 轴输入端.

⑱ CH2（Y 轴）输入端：通道 2 输入端，在 X-Y 模式下，作为 Y 轴输入端.

㉘㉝ CH1 和 CH2 的直流平衡调整开关：用于两个通道的衰减器平衡调试.

⑮⑯ CH1 和 CH2 的耦合方式开关：用于选择输入信号的输入方式，AC 为交流耦合；GND 为垂直放大器的输入接地，输入端断开；DC 为直流耦合.

⑪⑫ 垂直衰减旋钮：用于调节垂直偏转灵敏度，分为 12 挡，从 1 mV/DIV ～ 5 V/DIV.

⑬⑭ 垂直微调旋钮：微调比 ≥ 2.5∶1，在校正位置时，灵敏度校正为标示值.

⑧⑨ 垂直位移旋钮：用于调节光迹在荧光屏上的垂直位置.

⑩ 垂直方式选择开关：用于选择 CH1 与 CH2 放大器的工作模式，CH1 或 CH2 表示通道 1 或通道 2 单独显示；DUAL 表示两个通道同时显示；ADD 表示显示两个通道的代数和 CH1＋CH2（按下 CH2 信号反相键 ②，表示显示两个通道的代数差 CH1－CH2）.

㉜ 模式切换开关：在双踪显示时，放开此键，通道 1 与通道 2 交替显示（通常用于扫描速度较快的情况）；当按下此键时，通道 1 与通道 2 同时断续显示（通常用于扫描速度较慢的情况）.

②CH2 信号反相键：当按下此键时，CH2 的信号和 CH2 的触发信号同时反相．

（3）触发．

⑳ 外触发输入端：用于外部触发信号，当使用该功能时，触发源选择开关 ㉑ 应设置在 EXT 的位置上．

㉑ 触发源选择开关：用于选择内（INT）或外（EXT）触发．CH1 表示当垂直方式选择开关 ⑩ 设定在 DUAL 或 ADD 状态下时，选择 CH1 作为内部触发信号源；CH2 表示当垂直方式选择开关 ⑩ 设定在 DUAL 或 ADD 状态下时，选择 CH2 作为内部触发信号源；LINE 表示选择交流电源作为触发信号源；EXT 表示外部触发信号接于外触发输入端 ⑳ 作为触发信号源．

㉒ 交替触发开关：若垂直方式选择开关 ⑩ 设定在 DUAL 或 ADD 状态，而且触发源选择开关 ㉑ 选在 CH1 或 CH2 上，按下此键，则交替选择 CH1 和 CH2 作为内部触发信号源．

㉓ 触发信号的极性选择开关："+"为上升沿触发，"—"为下降沿触发．

㉔ 触发电平调节旋钮：显示一个同步稳定的波形，并设定一个波形的起始点．向"+"（顺时针）旋转触发电平增大，向"—"（逆时针）旋转触发电平减小．将该旋钮向逆时针方向旋转到底且听到"咔嗒"一声后，触发电平锁定在一个固定电平上，这时改变扫描速度或信号幅度不再需要调节触发电平，即可获得同步信号．

㉗ 触发方式选择开关：AUTO 表示自动，当没有触发信号输入时，扫描在自由模式下；NORM 表示常态，当没有触发信号输入时，踪迹在待命状态（并不显示）；TV-V 表示电视场，适用于观察一场的电视信号；TV-H 表示电视行，适用于观察一行的电视信号（仅当同步信号为负脉冲时，方可同步电视场和电视行）．

（4）时基．

㉖ 水平扫描速度旋钮：扫描速度可以分为 19 挡，从 $0.2\ \mu s/DIV \sim 0.2\ s/DIV$（当设置到 X - Y 模式时该旋钮不起作用）．

㉕ 水平微调旋钮：用于微调水平扫描速度，使扫描速度被校正到与面板上水平扫描速度指示的一致．水平扫描速度可连续变化，顺时针旋转到底为校正位置．整个延时可达 2.5 倍甚至更多．

㉙ 水平位移旋钮：用于调节光迹在荧光屏上的水平位置．

㉛ 扫描扩展开关：按下此开关时，扫描速度扩展 10 倍．

（5）其他．

⑤ 校正信号输出端：提供电压峰-峰值为 2 V、频率为 1 kHz 的方波信号，用于校正10∶1探头的补偿电容器和检测示波器垂直与水平的偏转因数．

⑲ 示波器机箱的接地端．

2）后面板介绍．

COS-620 双踪示波器的后面板如图 2 - 4 - 5 所示．

㉞ Z 轴输入端：外部亮度调制信号输入端．

㉟ 外测频输出端：提供与被测信号相同频率的脉冲信号，适合外接频率计．

㊱ 电源插座及保险丝座（220 V 电源插座）．

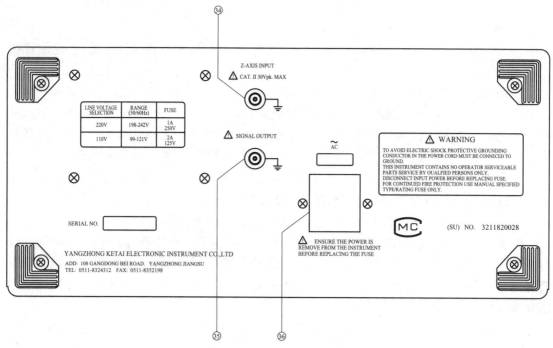

图 2-4-5　COS-620 双踪示波器后面板图

3）基本操作.

（1）单通道操作. 接通电源前务必先检查电压是否与当地电网电压一致,然后将有关控制元件按表 2-4-1 设置.

表 2-4-1　有关控制元件设置表

| 控制元件序号 | 设置 |
| --- | --- |
| ⑦ | 关 |
| ① | 居中 |
| ③ | 居中 |
| ⑩ | CH1 |
| ㉜ | ALT（释放） |
| ② | 释放 |
| ⑧⑨ | 居中 |
| ⑪⑫ | 50 mV/DIV |
| ⑬⑭ | CAL（校正位置） |
| ⑮⑯ | GND |
| ㉑ | CH1 |
| ㉓ | + |
| ㉒ | 释放 |

续表

| 控制元件序号 | 设置 |
|---|---|
| ㉗ | AUTO(自动) |
| ㉖ | 0.5 ms/DIV |
| ㉕ | CAL(校正位置) |
| ㉙ | 居中 |
| ㉛ | 舒展 |

将有关控制元件按以上设置完成后,接上电源线,继续如下步骤:

① 接通电源,电源指示灯亮约 20 s 后,荧光屏出现光迹.如果 60 s 后还没有出现光迹,请再检查电源和有关控制元件的设置.

② 分别调节亮度调节旋钮和聚焦调节旋钮,使光迹亮度适中清晰.

③ 调节 CH1 的垂直位移旋钮与光迹旋转电位器,使光迹与水平刻度线平行(用螺丝刀调节图 2-4-4 中的光迹旋转电位器).

④ 用 10:1 探头将校正信号输入 CH1 输入端.

⑤ 将耦合方式开关设置为 AC 状态.一个如图 2-4-6 所示的方波将会出现在荧光屏上.

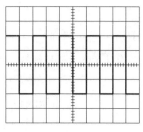

图 2-4-6　单通道方波

⑥ 调节聚焦调节旋钮使图形至清晰状态.

⑦ 对于其他信号的观察,可通过调节垂直衰减旋钮、水平扫描速度旋钮、垂直和水平位移旋钮到所需的位置,从而得到幅度与时间都容易读出的波形.

以上为示波器最基本的操作,CH2 的操作与 CH1 的操作相同.

(2) 双通道操作.将垂直方式选择开关置于 DUAL 状态,这时 CH2 的光迹也出现在荧光屏上.CH1 显示一个方波(来自校正信号输出的波形),而 CH2 仅显示一条直线(因为没有信号接到该通道).现在将校正信号接到 CH2 输入端,将耦合方式开关设置为 AC 状态,调整垂直位

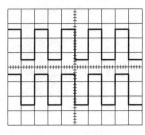

图 2-4-7　双通道方波

移旋钮使双通道的波形如图 2-4-7 所示.释放模式切换开关(置于 ALT 状态),CH1 和 CH2 上的信号交替显示到荧光屏上,此设定用于观察扫描时间较短的两路信号.按下模式切换开关(置于 CHOP 状态),CH1 与 CH2 上的信号以 400 kHz 的速度独立显示在荧光屏上,此设定用于观察扫描时间较长的两路信号.在进行双通道操作时,如垂直方式选择开关置于 DUAL 或 ADD 状态,则必须通过触发源选择开关来选择 CH1 或 CH2 的信号作为触发源.如果 CH1 与 CH2 的信号同步,则两个波形都会稳定地显示出来,否则仅有选择了相应触发源的通道可以稳定地显示出信号;如果按下交替触发开关,则两个波形会同时稳定地显示出来.

4) 加减操作.

通过设置垂直方式选择开关到 ADD 状态,可以显示 CH1 与 CH2 信号的代数和,如果 CH2 信号反相键被按下,则显示的为代数差.此时,两个通道的衰减设置必须一致.垂直位置可以通过垂直位移旋钮来调整.鉴于垂直放大器的线性变化,最好将该旋钮设置在中间位置.

5) 触发源的选择.

正确选择触发源对于有效使用示波器是至关重要的,使用者必须十分熟悉触发源的选择、功能及工作次序.

(1) 触发方式选择开关.

① AUTO,为自动模式.扫描发生器自激振荡产生一个扫描信号;当有触发信号时,它会自动转换到触平状态.通常第一次观察一个波形时,将触发方式选择开关置于 AUTO 状态,当一个稳定的波形被观察到以后,再调整其他设置.当其他控制部分设置好以后,通常将此开关设置为 NORM 状态,因为该状态更加灵敏.当测量直流信号或小信号时则必须置于 AUTO 状态.

② NORM,为常态模式.通常扫描发生器保持在静止状态,荧光屏上无光迹显示.当触发信号经过由触发电平调节旋钮设置的阀门电平时,扫描一次,之后扫描发生器又回到静止状态,直到下一次被触发.在双踪扫描(放开模式切换开关,并将触发方式选择开关设置为 NORM 状态) 时,除非 CH1 与 CH2 都有足够的触发电平,否则荧光屏不会显示光迹.

③ TV-V,为电视场模式.当需要观察一个整场的电视信号时,将触发方式选择开关设置到 TV-V 状态,对电视信号的场信号进行同步,扫描速度通常设定为 2 ms/DIV(一帧信号) 或 5 ms/DIV(一场两帧隔行扫描信号).

④ TV-H,为电视行模式.对电视信号的行信号进行同步,扫描速度通常设定为 10 $\mu$s/DIV,显示一行信号波形,可以用水平微调旋钮调节扫描速度到所需要的行数.注意送入示波器的同步信号必须是负极性.同步信号如图 2-4-8 所示.

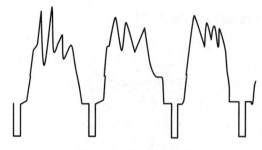

图 2-4-8 同步信号

(2) 触发信号源功能.为了在荧光屏上显示一个稳定的波形,需要给触发电路提供一个与显示信号在时间上有关联的信号(触发信号),触发源选择开关就是用来选择触发信号的.

① CH1,选择 CH1 作为内部触发信号源.

② CH2,送到 Y 轴输入端的信号在预放前分一支到触发电路中.由于触发信号就是测试信号本身,因此荧光屏上会出现一个稳定的波形.在垂直方式选择开关置于 DUAL 或 ADD 状态下时,触发信号由触发源选择开关决定.

③ LINE,表示用交流电源作为触发信号.这种方法对于测量与电源频率有关的信号十分有效,如音响设备的交流噪声、可控硅电路等.

④ EXT,表示用外来信号驱动扫描触发电路.因为该外来信号与要测的信号有一定的时间关系,所以波形即由外来信号触发而显示出来.

（3）触发电平和极性开关. 触发信号形成时通过了一个预置的阀门电平,调整触发电平调节旋钮可以改变该电平. 当向"+"方向旋转旋钮时,阀门电平增大;当向"−"方向旋转旋钮时,阀门电平减小;当在中间位置时,阀门电平设定在信号的平均值上.

触发电平可以用来调节所显示波形的扫描起点,对于正弦信号,起始相位是可变的.

**注**　如果触发电平的调节过正或过负,就不会产生扫描信号,因为这时触发电平已经超过了同步信号的幅值.

（4）交替触发开关. 当垂直方式选择开关选定在双踪显示时,交替触发开关用于交替触发和交替显示(适用于 CH1,CH2 和相加方式). 在交替方式下,每一个扫描周期,触发信号交替一次. 这种方式有利于波形幅度、周期的测试,甚至还可以观察两个在频率上并无联系的波形,但不适合于相位和时间的测量. 对于此测量,两个通道必须采用同一同步信号触发.

**注**　在双踪显示时,如果同时按下模式切换开关和交替触发开关,则不能同步显示,因为 CH1 和 CH2 中的信号成为触发信号. 应放开交替触发开关或直接选择 CH1 或 CH2 作为触发信号源.

6）水平扫描速度旋钮.

调节水平扫描速度旋钮可以选择想要观察的波形个数,如果荧光屏上显示的波形过多,则可以将扫描速度调快一些;如果荧光屏上只有一个周期的波形,则可以将扫描速度调慢一些. 当扫描速度太快时,荧光屏上只能观察到周期信号的一部分. 例如,被测信号是一个方波信号,可能在荧光屏上显示的只是一条直线.

7）扫描扩展开关.

当需要观察一个波形的一部分时,需要很高的扫描速度. 如果想要观察的部分远离扫描的起点,则所要观察的那部分波形可能已经不在荧光屏内,这时就需要使用扫描扩展开关. 按下扫描扩展开关后,显示的范围会扩展 10 倍,这时的扫描速度为(水平扫描速度旋钮上的值)/10. 例如,$1\ \mu s/\text{DIV}$ 可以扩展到 $100\ ns/\text{DIV}$(见图 $2-4-9$).

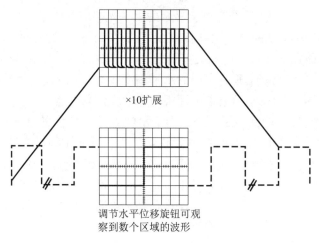

×10扩展

调节水平位移旋钮可观察到数个区域的波形

图 $2-4-9$　扫描扩展

8）X–Y 操作.

将水平扫描速度旋钮设定在 X–Y 位置时,示波器的工作方式就为 X–Y 模式. 以 CH1 的

信号为 $X$ 轴,以 CH2 的信号为 $Y$ 轴.

**注** 当高频信号在 X-Y 模式时,应注意 $X$ 轴与 $Y$ 轴在频率、相位上的不同.

X-Y 模式允许示波器进行常规示波器所不能完成的很多测试.荧光屏可以显示一个电子图形或两个瞬时电平.它可以是两个电平的直接比较,如向量示波器可以显示视频彩条图形.如果使用传感器将动态参数(频率、温度、速度等)转换成电压信号,在 X-Y 模式下就可以显示这些参数的图形.一个通用的例子就是频率相位的测试,这里 $Y$ 轴对应于信号幅度,$X$ 轴对应于频率(见图 2-4-10).

在某些场合,需要观察李萨如(Lissajous)图形,此时可选用 X-Y 模式,当从 $X$ 轴、$Y$ 轴这两个输入端输入正弦信号时,在荧光屏上就可以显示出李萨如图形,如图 2-4-11 所示,根据图形可以推算出两个信号之间的频率及相位的关系.

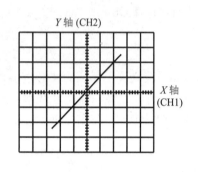

图 2-4-10　频率相位测试

| 相位差 | 荧光屏显示波形 | | | |
|---|---|---|---|---|
| 0° | 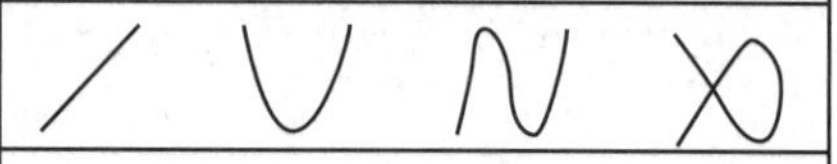 | | | |
| 45° |  | | | |
| 90° | 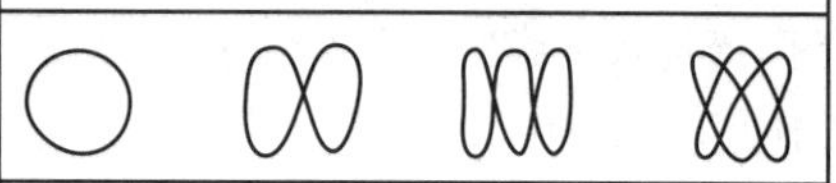 | | | |
| $f(Y):f(X)$ | 1:1 | 2:1 | 3:1 | 3:2 |

图 2-4-11　李萨如图形

9) 测量.

(1) 测量前的检查和调整.为了得到较高的测量精度,减少测量误差,在测量前应对以下项目进行检查和调整.

① 光迹旋转.在正常情况下,荧光屏上显示的水平光迹应与水平刻度线平行.但由于地磁场与其他因素的影响,水平光迹会产生倾斜,给测量带来误差,因此在使用前可按下列步骤检查或调整:a) 预置示波器前面板上的相关控制元件,使荧光屏上获得一条水平扫描基线;b) 调节垂直位移旋钮使扫描基线处于垂直中心的水平刻度线上;c) 检查扫描基线与水平刻度线是否平行,如不平行,用螺丝刀调整示波器前面板的光迹旋转电位器.

② 探头补偿调节.探头的调整用于补偿由于示波器输入特性的差异而产生的误差,调整方法如下:a) 设置示波器前面板上的控制元件,获得一扫描基线;b) 设置垂直衰减旋钮为 50 mV/DIV 挡;c) 将 10∶1 探头接入 CH1 输入端,并与本机校正信号连接;d) 按操作方法操作有关控制元件,使荧光屏上获得如图 2-4-12 所示的波形;e) 观察波形补偿是否适中,否则调整探头补偿元件,如图 2-4-13 所示;f) 设置垂直方式选择开关置于 CH2 状态并将 10∶1 探头接入 CH2 输入端,按步骤 b) ～ e) 检查及调整探头.

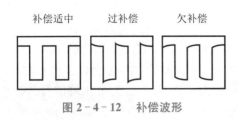

补偿适中　　过补偿　　欠补偿

图 2 - 4 - 12　补偿波形

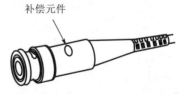

补偿元件

图 2 - 4 - 13　调整探头补偿元件

（2）幅值的测量.

① 电压峰-峰值的测量. 对被测信号波形电压峰-峰值的测量,步骤如下:a) 将被测信号输入 CH1 输入端或 CH2 输入端,并将垂直方式选择开关置于被选用的通道;b) 调节垂直衰减旋钮并观察波形,使被显示的波形在 5 格左右,将垂直微调旋钮顺时针旋至校正位置;c) 调节电平使波形稳定(如果电平锁定,则无须调节电平);d) 调节水平扫描速度旋钮,使荧光屏至少显示一个波形周期;e) 调节垂直位移旋钮,使波形底部在荧光屏中某一水平坐标上(见图2-4-14中的 $A$ 点);f) 调节水平位移旋钮,使波形顶部在荧光屏中央的垂直坐标上(见图2-4-14中的 $B$ 点);g) 读出垂直方向 $A,B$ 两点之间的格数(单位:DIV);h) 被测信号的电压峰-峰值($V_{\text{p-p}}$) 为

$$V_{\text{p-p}} = 垂直方向的格数 \times 垂直偏转因数.$$

例如,图 2 - 4 - 14 中,测出 $A,B$ 两点在垂直方向的格数为 4.2 DIV,所用的 10:1 探头的垂直偏转因数为 2 V/DIV,则

$$V_{\text{p-p}} = 2 \times 4.2 \text{ V} = 8.4 \text{ V}.$$

② 直流电压的测量. 直流电压的测量步骤如下:a) 设置示波器前面板上的控制元件,使荧光屏上显示一条扫描基线;b) 设置被选用通道的耦合方式为"GND";c) 调节垂直位移旋钮,使扫描基线在某一水平坐标上(定义此坐标为电压零值,见图2-4-15中的"测量前");d) 将被测电压输入被选用的通道;e) 将垂直微调旋钮顺时针旋至校正位置,输入通道的耦合方式开关置于 DC 状态,调节垂直衰减旋钮,使扫描基线偏移在荧光屏中一个合适的位置上;f) 读出扫描基线在垂直方向上偏移的格数(见图2-4-15中的"测量后");g) 被测直流电压为

$$V = 垂直方向的格数 \times 垂直偏转因数 \times 偏转方向(+ 或 -).$$

例如,在图 2 - 4 - 15 中,测出扫描基线比原基线上移 5 DIV,垂直偏转因数为 2 V/DIV,则

$$V = 2 \times 5 \times (+) \text{ V} = +10 \text{ V}.$$

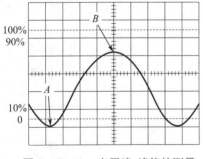

图 2 - 4 - 14　电压峰-峰值的测量

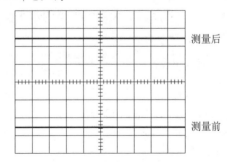

测量后

测量前

图 2 - 4 - 15　直流电压的测量

③ 幅值比较. 对两个信号之间的幅值偏差(百分比) 进行测量,操作步骤如下:a) 将作为参考的信号输入 CH1 输入端或 CH2 输入端,设置垂直方式为被选用的通道;b) 调整垂直衰减旋钮和垂直微调旋钮,使被显示的波形在 5 DIV 左右;c) 在保持垂直衰减旋钮和垂直微调旋钮在原位置

不变的情况下,将探头从参考信号换接至欲比较的信号,调整垂直位移旋钮使波形底部对准荧光屏的零刻度线;d) 调整水平位移旋钮使波形顶部在荧光屏中央的垂直刻度线上;e) 根据荧光屏左侧的 0 至 100% 的百分比标准,从荧光屏中央的垂直坐标上读出百分比(0.2 DIV 等于 4%).

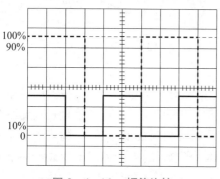

图 2-4-16　幅值比较

例如,在图 2-4-16 中,虚线表示参考波形,垂直方向的格数为 5 DIV,实线为被比较信号的波形,垂直方向的格数为 2 DIV,则该信号的幅值为参考信号的 40%.

④ 代数叠加. 当需要测量两个信号的代数和或代数差时,其操作步骤如下:a) 设置垂直方式为 DUAL,根据信号频率选择模式切换方式;b) 将两个信号分别输入 CH1 输入端和 CH2 输入端;c) 调节垂直衰减旋钮使两个信号的显示幅度适中且垂直偏转因数必须相同,调整垂直位移旋钮使波形处于荧光屏中央;d) 将垂直方式选择开关置于 ADD 状态,即可得到两个信号的代数和显示;若需观察两个信号的代数差,则将 CH2 反相(按下 CH2 信号反相键). 如图 2-4-17 所示为两个信号的代数和及代数差.

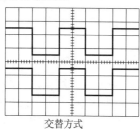
交替方式

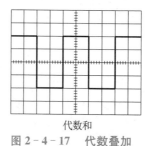
代数和

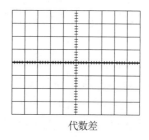
代数差

图 2-4-17　代数叠加

(3) 时间间隔的测量. 对一个波形中两点之间的时间间隔的测量,其操作步骤如下:a) 将信号输入 CH1 输入端或 CH2 输入端,设置垂直方式为被选通道;b) 调节电平使波形稳定显示(如峰值自动,则无须调节电平);c) 将水平微调旋钮顺时针旋至校正位置,调整水平扫描速度旋钮,使荧光屏上显示 1~2 个信号周期;d) 分别调整垂直位移旋钮和水平位移旋钮,使波形中需测量的两点位于荧光屏中央的水平刻度线上;e) 测量水平方向两点之间的格数,时间间隔为

$$时间间隔 = \frac{水平方向的格数 \times 扫描时间因数}{水平扩展倍数}.$$

例如,在图 2-4-18 中,测得水平方向 A,B 两点之间的格数为 8 DIV,扫描时间因数为 2 μs/DIV,水平扩展倍数为 1,则

$$时间间隔 = \frac{8\ \text{DIV} \times 2\ \mu s/\text{DIV}}{1} = 16\ \mu s.$$

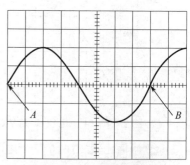

图 2-4-18　时间间隔的测量

(4) 电视场信号的测量. 示波器还具有显示电视场信号的功能,其操作步骤如下:a) 将垂直方式选择开关置于 CH1 或 CH2 状态,将电视场信号输送至被选中的通道;b) 将触发

方式选择开关置于 TV-V 状态,并将水平扫描速度旋钮置于 2 ms/DIV;c) 观察荧光屏上显示的是否为负极性同步脉冲的信号,如果不是,可将信号改送至 CH2 输入端,并接下 CH2 信号反相键,使正极性同步脉冲的电视场信号倒相为负极性同步脉冲的电视场信号;d) 调整垂直衰减旋钮和垂直微调旋钮,使信号显示合适的幅度;e) 如需细致观察电视场信号,则可将扫描速度扩展 10 倍.

### 2. CA8022/CA8042 双踪示波器

CA8022/CA8042 双踪示波器为双通道示波器. 示波器的垂直系统具有 $0 \sim 20$ MHz(CA8022),$0 \sim 40$ MHz(CA8042) 的频带宽度和 5 mV/DIV $\sim$ 5 V/DIV 的偏转灵敏度,并可扩展 5 倍,达到 1 mV/DIV,配以 10∶1 探头,灵敏度可达 50 V/DIV. 示波器在全频带范围内可获得稳定触发,触发方式设有常态、自动、TV 和峰值自动,其中峰值自动给使用带来了极大的方便. 内触发设置了交替触发,可以稳定地显示两个频率不相关的信号. 示波器的水平系统具有 $0.2$ s/DIV $\sim 0.2$ $\mu$s/DIV 的扫描速度,并可扩展 10 倍,使扫描速度提高到 20 ns/DIV.

1) 控制元件位置.

示波器的面板控制元件如图 2-4-19 所示.

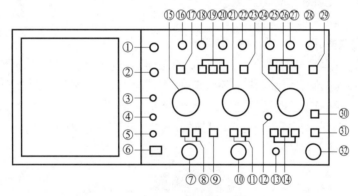

图 2-4-19　示波器面板控制元件图

① 亮度调节旋钮.

② 聚焦调节旋钮.

③ 光迹旋转电位器.

④ 校正信号输入端:提供电压峰-峰值为 0.5 V,频率为 1 kHz 的方波信号,用于校正 10∶1 探头的补偿电容.

⑤ 电源指示:电源接通时,灯亮.

⑥ 电源开关.

⑦ CH1($X$ 轴)输入端.

⑧ CH1 的耦合方式开关.

⑨ CH2 信号反相键:在 ADD 状态下,显示两个通道的代数和 CH1 + CH2 或代数差 CH1 − CH2.

⑩ CH2($Y$ 轴)输入端.

⑪ CH2 的耦合方式开关.

⑫ 触发指示:在触发扫描时,灯亮.

⑬ 接地插孔:用于与被测信号源共地(热底板仪器不可直接共地).

⑭ 内触发选择开关:用于选择CH1,CH2交替触发或交流电源触发(全部弹出为交流电源触发).

⑮ 垂直衰减旋钮.

⑯ CH1 垂直位移旋钮.

⑰ CH1×5 开关:按入时 CH1 偏转灵敏度为 1 mV/DIV.

⑱ 垂直微调旋钮.

⑲ 垂直方式选择开关:CH1 或 CH2 表示通道 1 或通道 2 单独显示;ALT 表示两个通道交替显示;ALL UP CHOP 表示三个开关全部弹出,两通道断续显示,用于扫速较慢时双踪显示;BOTH IN ADD 表示 CH1 和 CH2 同时按入,显示两通道的代数和或代数差.

⑳ 水平微调旋钮.

㉑ 水平衰减旋钮.

㉒ CH2 垂直位移旋钮.

㉓ CH2×5 开关:按入时 CH2 偏转灵敏度为 1 mV/DIV.

㉔ 水平扫描速度旋钮.

㉕ 水平位移旋钮.

㉖ 触发方式选择开关:

常态(NORM):无信号时,屏幕上无显示;有信号时,与电平控制配合显示稳定波形.

自动(AUTO):无信号时,屏幕上显示光迹;有信号时,与电平控制配合显示稳定波形.

电视场(TV):用于显示电视场信号.

峰值自动(ALL P-P AUTO):无信号时,屏幕上显示光迹;有信号时,无须调节电平即显示稳定波形(三个开关全部弹出).

㉗ 水平微调旋钮.

㉘ 触发电平调节旋钮.

㉙ 触发信号的极性选择开关.

㉚ 扫描扩展开关:按入时扫描速度被扩展 10 倍.

㉛ 触发源选择开关.

㉜ 外触发输入端.

2) 使用方法.

(1) 电源检查.示波器的电源电压为220(1±10%)V.接通电源前,应检查当地电网电压,如果示波器的电源电压与当地电网电压不相符,则严禁使用.

(2) 面板一般功能检查.将有关控制元件按表 2-4-2 所示进行设置.

表 2-4-2　示波器有关控制元件位置表

| 控制元件序号 | 设置 | 控制元件序号 | 设置 |
|---|---|---|---|
| ① | 居中 | ㉖ | P-P AUTO |
| ② | 居中 | ㉔ | 0.5 ms/DIV |

续表

| 控制元件序号 | 设置 | 控制元件序号 | 设置 |
|---|---|---|---|
| ⑯㉒㉕ | 居中 | ㉙ | 正 |
| ⑲ | CH1 | ㉛ | INT |
| ⑮㉑ | 10 mV/DIV | ⑭ | CH1 |
| ⑱⑳㉗ | 校正位置 | ⑧⑪ | AC |

① 接通电源,电源指示灯亮,预热一段时间后,荧光屏上出现光迹,分别调节亮度调节旋钮、聚焦调节旋钮、光迹旋转电位器,使光迹清晰并与水平刻度线平行.

② 用 10:1 探头将校正信号输入 CH1 输入端.

③ 调节 CH1 垂直位移旋钮与水平位移旋钮,使波形与图 2-4-20 相符.

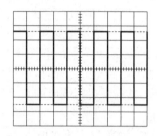

图 2-4-20　校正信号波形图

④ 将探头换至 CH2 输入端,将垂直方式选择开关置于 CH2 状态,内触发选择开关置于 CH2 状态,重复上一操作,得到与图 2-4-20 相符的波形.

如波形不平整,可按 COS-620/620E 双踪示波器中所述调整探头.

(3) 亮度调节. 调节亮度调节旋钮,使荧光屏显示的光迹亮度适中. 一般观察时,光迹不宜太亮,以免荧光屏老化. 高亮度的显示一般用于观察低频率的快扫描信号.

(4) 垂直系统的操作.

① 垂直方式的选择. 当只需观察一路信号时,将垂直方式选择开关置于 CH1 或 CH2 状态,此时被选中的通道有效,被测信号可从该通道端口输入. 当需要同时观察两路信号时,将垂直方式选择开关置于 ALT 状态,该方式使两个通道的信号交替显示,交替显示的频率受扫描周期的控制. 当扫描速度过低时,交替显示的信号会出现闪烁,此时应将垂直方式选择开关置于 CHOP 状态. 当需要观察两路信号的代数和时,将垂直方式选择开关置于 ADD 状态,在选择这种方式时,两个通道的衰减设置必须一致,CH2 信号反相键弹出时为 CH1+CH2,CH2 信号反相键按入时为 CH1－CH2.

② 输入耦合的选择.

a) 直流(DC) 耦合:适用于观察包含直流成分的被测信号,如信号的逻辑电平和静态信号的直流电平. 当被测信号的频率很低时,必须采用这种方式.

b) 交流(AC) 耦合:信号中的直流分量被隔断,适用于观察信号的交流分量,如观察较高直流电平上的小信号.

c) 接地(GND):通道输入端接地(输入信号断开),适用于确定输入为零时光迹所处的位置.

(5) 触发源的选择. 当触发源选择开关置于电源触发 LINE 状态时,机内频率为 50 Hz 的信号输入触发电路;当置于外触发 EXT 状态时,由面板上外触发输入端输入触发信号;当置于内触发 INT 状态时,由内触发选择开关控制.

内触发源的选择如下:

a) 选择 CH1 触发,触发源取自通道 1.

b) 选择 CH2 触发,触发源取自通道 2.

c) 选择 VERT MODE 触发,触发源受垂直方式选择开关控制. 当垂直方式选择开关置于 CH1 状态时,触发源自动切换到通道 1;当垂直方式选择开关置于 CH2 状态时,触发源自动切换到通道 2;当垂直方式选择开关置于 ALT 状态时,触发源与通道 1、通道 2 同步切换,在这种状态下使用时,两个不相关信号的频率不应相差很大,同时输入的耦合方式开关应置于 AC 状态,触发方式选择开关应置于 AUTO 状态或 NORM 状态. 当垂直方式选择开关置于 CHOP 状态和 ADD 状态时,内触发选择开关应置于 CH1 状态或 CH2 状态.

(6) 水平系统的操作.

① 扫描速度的设定. 扫描速度从 $0.2\ \mu s/DIV \sim 0.2\ s/DIV$ 按 1,2,5 进位分为 19 挡,微调旋钮提供至少 2.5 倍的连续调节,根据被测信号频率的高低,选择合适的挡级. 在将微调旋钮顺时针旋至校正位置时,可根据开关的示值和波形在水平方向上的距离读出被测信号的时间参数. 当需要观察波形的某个细节时,可进行水平扩展 $\times 10$,此时原波形在水平方向上被扩展 10 倍.

② 触发方式的选择.

a) 常态(NORM):当无信号输入时,荧光屏上无光迹显示;当有信号输入时,将触发电平调节到合适位置上,电路被触发扫描. 当被测信号的频率低于 20 Hz 时,必须选择这种方式.

b) 自动(AUTO):当无信号输入时,荧光屏上有光迹显示;一旦有信号输入时,将触发电平调节到合适位置上,电路自动转换到触发扫描状态,显示稳定波形. 当被测信号的频率高于 20 Hz 时,最常用这种方式.

c) 电视场(TV):对电视信号中的场信号进行同步,在这种方式下被测信号是同步信号为负极性的电视信号;如果是正极性的电视信号,则可以由 CH2 输入,将 CH2 信号反相键按入,把正极性转变为负极性后再测量.

d) 峰值自动(P-P AUTO):与自动方式相同,但无须调节触发电平即能同步,它一般适合于正弦波、对称方波或占空比相差不大的脉冲波. 对于频率较高的测试信号,有时也要借助电平调节,它的触发同步灵敏度要比常态方式和自动方式稍低一些.

③ 极性的选择. 选择被测信号的上升沿或下降沿去触发扫描.

④ 电平的设置. 将被测信号调节到某一合适的电平上启动扫描,当产生触发扫描后,触发指示灯亮.

(7) 信号连接.

① 探头操作. 示波器配有两根衰减比分别为 10∶1 和 1∶1 的可转换探头. 为减少探头对被测电路的影响,一般使用 10∶1 探头,此时探头的输入电阻为 10 MΩ,输入电容为 10 pF. 衰减比为 1∶1 的探头用于观察小信号,此时探头的输入电阻为 1 MΩ,输入电容约为 70 pF. 因此,在测量时要考虑探头对被测电路的影响和测试的准确性.

为了提高测量精度,探头上的接地端和被测电路应尽量采用最短的连接,在频率较低、测量精度不高的情况下,可用前面板上的接地端和被测电路相连,以方便测试.

② 探头的调整. 由于示波器输入特性的差异,在使用 10∶1 探头进行测试之前,必须对探头进行检查和补偿调节.

3) 测量.

同 COS-620/620E 双踪示波器中的介绍.

3. DC4320 示波器

DC4320 示波器是双踪示波器,可同时观测两路波形,这里仅做简单介绍.如图 2-4-21 和图 2-4-22 所示分别为示波器的前、后面板图.

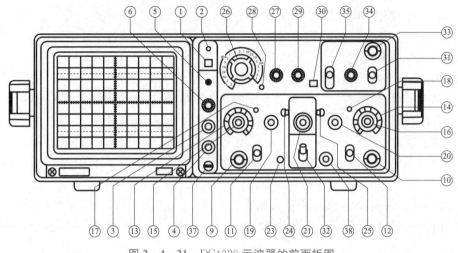

图 2-4-21　DC4320 示波器的前面板图

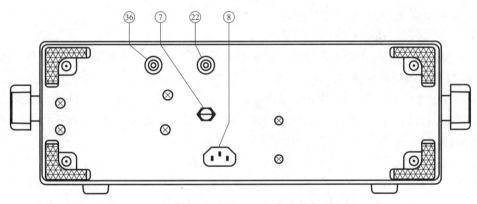

图 2-4-22　DC4320 示波器的后面板图

1) 面板说明.

① 电源开关.

② 电源指示灯.

③ 聚焦调节旋钮.

④ 刻度照明调节旋钮.

⑤ 基线旋转电位器.

⑥ 辉度调节旋钮:顺时针旋转,辉度增加.

⑦ 保险丝盒:盒内装有熔断电流为 1 A 的保险丝.

⑧ 电源插座.

⑨ 通道 1($Y_1$) 输入端:被测信号由此输入 $Y_1$ 通道.当示波器工作在 X-Y 模式下时,输入此端的信号作为 X 轴信号.

⑩ 通道 2($Y_2$) 输入端：被测信号由此输入 $Y_2$ 通道. 当示波器工作在 X - Y 模式下时，输入此端的信号作为 Y 轴信号.

⑪⑫ 输入的耦合方式开关.

⑬⑭ 伏／度选择开关：用于选择垂直偏转灵敏度. 可以方便地观察 Y 轴放大器上的各种幅度范围的波形. 当使用 10：1 探头时，荧光屏显示幅度 × 10.

⑮⑯ 微调／扩展控制开关：当旋转此开关时，可小范围地连续改变垂直偏转灵敏度. 将此开关逆时针旋到底，其变化范围大于 2.5 倍.

此开关用于比较波形或同时观察两个通道方波的上升时间. 通常将这个开关顺时针旋到底（校正位置）. 当此开关被拉出时，垂直系统的增益扩展 5 倍，最高灵敏度达 1 mV/DIV.

⑰⑱ 不校准灯：灯亮表示微调／扩展控制开关没有处在校正位置.

⑲ 位移／直流偏量旋钮：用于调节荧光屏上 $Y_1$ 信号垂直方向的位移. 顺时针旋转扫描基线上移，逆时针旋转扫描基线下移. 拉出此旋钮可测得显示波形各部分的幅度（通常这个旋钮是按进去的）.

⑳ 位移／拉-倒相旋钮：用于调节荧光屏上 $Y_2$ 信号垂直方向的位移. 拉出该旋钮，输入 $Y_2$ 输入端的信号极性被倒相. 当仪器处于 $Y_1 + Y_2$ 的方式时，利用该功能即可得到两信号差 $Y_1 - Y_2$.

㉑ 工作方式开关：用于选择垂直偏转系统的工作方式.

$Y_1$：只有加到 $Y_1$ 通道上的信号能显示.

$Y_2$：只有加到 $Y_2$ 通道上的信号能显示.

ALT：加到 $Y_1$ 和 $Y_2$ 通道上的信号交替显示在荧光屏上，该工作方式通常用于观察加在两通道上的信号频率较高的情况.

CHOP：在这个工作方式下，加到 $Y_1$ 和 $Y_2$ 通道上的信号受频率约为 250 kHz 的自激振荡电子开关的控制，两路信号同时显示在荧光屏上. 该工作方式用于观察两路信号频率较低的情况.

ADD：显示加到 $Y_1$ 和 $Y_2$ 通道上的信号的代数和.

㉒ 输出插口：用于输出 $Y_1$ 和 $Y_2$ 通道信号的取样信号.

㉓ 直流偏置电压输出插口：当仪器置于直流偏置（DC OFFSET）方式时，在此插口配接数字多用表，可直接读出被测量的电压值（除 ×5 扩展不校正外）.

㉔㉕ 直流平衡调节控制开关：用于直流平衡调节，方法如下：

a) 将 $Y_1$ 和 $Y_2$ 输入的耦合方式开关接地，将触发方式选择开关调为自动，然后将扫描基线移至刻度中心（垂直方向）.

b) 将伏／度选择开关在 5 mV/DIV 和 10 mV/DIV 挡之间变换，调节直流平衡，直至扫描基线无任意位移为止.

㉖ 扫描时间选择开关：用于选择扫描时间因数，从 0.2 μs/DIV ~ 0.2 s/DIV 共 19 挡. 当开关置于 X - Y 状态时，示波器工作在 X - Y 模式（此时应关闭水平扩展开关）.

㉗ 扫描微调开关：当此开关处在校正位置时，扫描时间因数从扫描时间选择开关读出；当此开关不处在校正位置时，可连续微调扫描时间因数；当逆时针旋转到底时，扫描时间因数扩大 2.5 倍以上.

㉘ 扫描不校正灯：灯亮表示扫描微调开关不处在校正位置.

㉙ 位移／扩展开关：它未拉出时用于水平移动扫描基线；拉出后将扫描扩展 10 倍，即扫描

时间选择开关指出的是实际扫描时间的 10 倍.

㉚ $Y_1$ 交替扩展:$Y_1$ 通道的输入信号能以 ×1(常态) 和 ×10(扩展) 两种扫描形式上下交替显示.

㉛ 触发源选择开关:用于选择扫描触发信号源.

INT:取加到 $Y_1$ 和 $Y_2$ 通道上的信号作为触发源.

LINE:取交流电源信号作为触发源.

EXT:取加到外触发输入端的外触发信号作为触发源,用于特殊信号的触发.

㉜ 内触发选择开关:用于选择不同的内触发信号源.

$Y_1$:取加到 $Y_1$ 通道上的信号作为触发信号.

$Y_2$:取加到 $Y_2$ 通道上的信号作为触发信号.

VERT MODE:用于同时观察两个波形,同步触发信号交替取自 $Y_1$ 和 $Y_2$ 通道.

㉝ 外触发输入端:用于外触发信号的输入.

㉞ 触发电平控制开关:用于确定波形扫描的起始点,按进去为正极性触发(常用),拉出来为负极性触发.

㉟ 触发方式选择开关.

AUTO:此状态下仪器在有触发信号时,与正常的触发扫描相同,波形可稳定显示;在无信号输入时,可显示扫描基线.

NORM:此状态下仪器在有触发信号时才产生扫描;在无信号和非同步状态情况下,没有扫描基线.当信号频率很低(25 Hz 以下) 而影响同步时,宜采用该触发方式.

TV-V:用于观察电视信号中的场信号波形.

TV-H:用于观察电视信号中的行信号波形.

**注** TV-V 和 TV-H 触发方式仅适用于负同步信号的电视信号.

㊱ 外增辉输入端:辉度调节信号输入端,与机内直流耦合.加入正信号时辉度降低,加入负信号时辉度增加.常态下 5 V(峰–峰值) 的信号就能产生明显的调节.

㊲ 校正方波输出端:0.5 V,1 kHz 的方波信号的输出端.

㊳ 接地端.

2) 仪器使用注意事项.

(1) 仪器的工作环境温度为 $0 \sim 40$ ℃,湿度范围为 20% $\sim$ 90%RH.

(2) 仪器使用 220 (1±5%)V 的交流电源.

(3) 若保险丝过载熔断,应仔细检查原因,排除故障,然后按规定更换保险丝.切勿乱用熔断电流和长度不符合规格的保险丝.

(4) 各输入端所加电压不得超过规定值.

4. DS1000E/DS1000D 系列数字示波器

DS1000D 系列数字示波器为双通道加一个外部触发输入通道,以及带十六通道逻辑分析仪的混合信号示波器.

DS1000E/DS1000D 系列数字示波器为加速调整,便于测量,直接使用 AUTO(自动设置)键,便可立即获得适合的波形显示和挡位设置.此外,高达 1 GSa/s 的实时采样率、25 GSa/s 的等效采样率,以及强大的触发和分析能力,可快速、细致地观察、捕获和分析波形.

1) 前面板.

DS1000E/DS1000D 系列数字示波器的前面板(见图 2 - 4 - 23)简单、功能明晰,面板上包括旋钮和功能按键. 旋钮的功能与其他示波器类似. 显示屏右侧的一列五个灰色按键为菜单操作键(自上而下定义为 1 号至 5 号),通过它们可以设置当前菜单的不同选项;其他按键为功能键,通过它们可以进入不同的功能菜单或直接获得特定的功能应用.

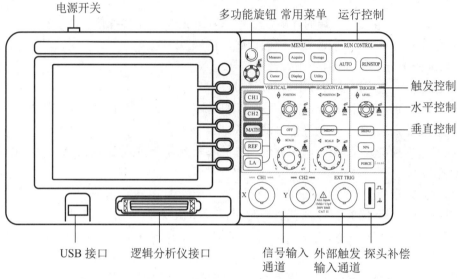

图 2 - 4 - 23　DS1000E/DS1000D 系列数字示波器的前面板图

2) 后面板.

DS1000E/DS1000D 系列数字示波器的后面板(见图 2 - 4 - 24)主要包括以下几部分:

(1) Pass/Fail 输出端口:输出通过 / 未通过测试的检测结果.

(2) RS-232 接口:为示波器与外部设备的连接提供串行接口.

(3) USB Device 接口:当示波器作为从设备与外部 USB 设备连接时,需要通过该接口传输数据. 例如,连接 PictBridge 打印机与示波器时,使用此接口.

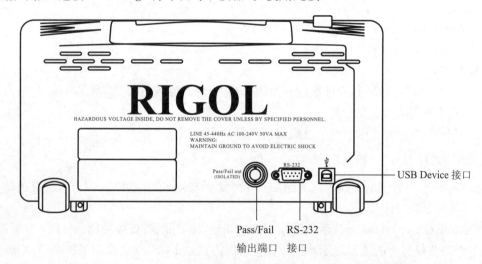

图 2 - 4 - 24　DS1000E/DS1000D 系列数字示波器的后面板图

3）显示界面.

显示界面的说明分两种情况，如图2－4－25和图2－4－26所示.

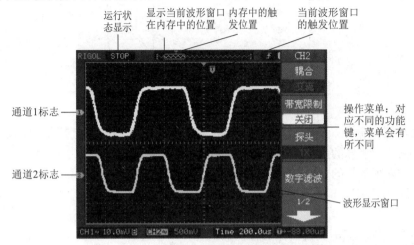

图2－4－25　显示界面说明图（仅模拟通道打开）

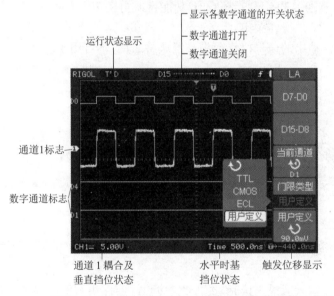

图2－4－26　显示界面说明图（模拟和数字通道同时打开）

4）功能检查.

功能检查用来核实该仪器运行是否正常，其步骤如下：

（1）接通仪器电源.电源的供电电压为100～240 V交流电，频率为45～440 Hz.接通电源后，仪器将执行所有自检项目，并确认通过自检，按Storage键，用菜单操作键从顶部菜单框中选择存储类型，然后调出出厂设置菜单框.

（2）示波器接入信号.

① 用示波器探头将信号接入通道1（CH1）.将探头连接器上的插槽对准CH1同轴电缆插接件上的插口并插入，然后向右旋转以拧紧探头，完成探头与CH1的连接后，将探头上的开关设定为×10，如图2－4－27所示.

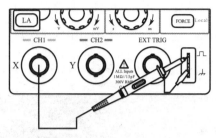

图 2-4-27　探头补偿连接

② 示波器需要输入探头衰减系数. 此衰减系数将改变仪器的垂直挡位比例,以使得测量结果正确反映被测信号的电平(默认的探头菜单中的衰减系数设定值为 1×).

设定探头衰减系数的方法如下:按 CH1 功能键显示 CH1 的操作菜单,应用 3 号菜单操作键,选择与所使用的探头同比例的衰减系数. 如图 2-4-28 和图 2-4-29 所示,此时设定的衰减系数为 10×.

③ 把探头端部和接地夹接到探头补偿器的连接器上,按 AUTO 键,几秒钟内,可见到方波显示.

④ 以同样的方法检查通道 2(CH2). 按 OFF 功能键或再次按下 CH1 功能键以关闭 CH1,按 CH2 功能键以打开 CH2 的操作菜单,重复步骤 ② 和 ③.

**注**　探头补偿连接器输出的信号仅作探头补偿调整之用,不可用于校准.

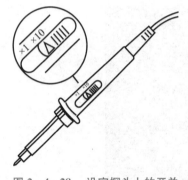

图 2-4-28　设定探头上的开关

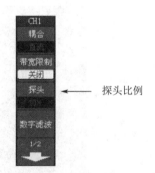

图 2-4-29　设定探头衰减系数

5) 探头补偿调节.

在首次将探头与任一输入通道连接时,进行此项调节,使探头与输入通道匹配. 未经补偿或补偿偏差的探头会导致测量出现误差或错误. 调节探头补偿的步骤如下:

(1) 将示波器探头菜单中的衰减系数设定为 10×,将探头上的开关设定为 ×10,并将探头与 CH1 连接. 如使用的探头为钩形头,应确保探头与通道接触紧密.

将探头端部与探头补偿器的信号输出连接器相连,将基准导线夹与探头补偿器的地线连接器相连,按下 CH1 功能键,然后按下 AUTO 键.

(2) 检查所显示波形的形状,如图 2-4-30 所示.

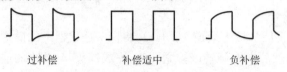

过补偿　　　　　补偿适中　　　　　负补偿

图 2-4-30　探头补偿调节波形

（3）如有必要，用非金属质地的螺丝刀调整探头上的可变电容，直到荧光屏显示的波形如图 2-4-30 中的"补偿适中"所示.

（4）必要时，重复以上步骤.

6）波形显示的自动设置.

DS1000E/DS1000D 系列数字示波器具有自动设置的功能，根据输入的信号，可自动调整电压倍率、时基和触发方式，使波形显示达到最佳状态. 应用自动设置要求被测信号的频率大于或等于 50 Hz，占空比大于 1%. 使用自动设置的步骤如下：

（1）将被测信号连接到信号输入通道.

（2）按下 AUTO 键. 示波器将自动设置垂直、水平和触发控制. 如有需要，可手动调整这些控制使波形显示达到最佳.

7）垂直系统.

如图 2-4-31 所示，在垂直控制区有一系列按键、旋钮（其中仅 DS1000D 系列有 LA 功能键）.

（1）使用垂直位移旋钮调整信号在波形窗口中的垂直位置. 当转动垂直位移旋钮时，指示通道地的标志跟随波形上下移动. 如果通道耦合方式为 DC，则可以通过观察波形与信号之间的差距来快速测量信号的直流分量；如果耦合方式为 AC，则信号中的直流分量被滤除. 这种方式便于用更高的灵敏度显示信号的交流分量.

按下垂直位移旋钮可作为设置通道垂直显示位置恢复到零点的快捷键.

（2）改变垂直设置，并观察因此导致的状态信息变化. 可以通过波形窗口下方的状态栏显示的信息，确定任意垂直挡位的变化.

转动垂直尺度旋钮改变"VOLTS/DIV"垂直挡位，可以发现状态栏对应通道的挡位显示发生了相应的变化.

按下 CH1，CH2，MATH，REF，LA 功能键，荧光屏显示对应通道的操作菜单、标志、波形和挡位状态信息. 按 OFF 功能键关闭当前选择的通道.

通过按下垂直尺度旋钮，可作为设置输入通道的"COARSE/FINE"（粗调／微调）状态的快捷键，调节该旋钮即可粗调／微调垂直挡位.

8）水平系统.

如图 2-4-32 所示，在水平控制区有一个按键、两个旋钮.

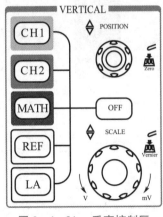

图 2-4-31　垂直控制区

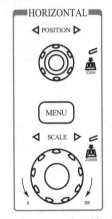

图 2-4-32　水平控制区

(1) 使用水平尺度旋钮改变水平挡位设置,并观察因此导致的状态信息变化. 转动水平尺度旋钮改变"TIME/DIV"水平挡位,可以发现状态栏对应通道的挡位显示发生了相应的变化. 水平扫描速度从 2 ns/DIV ～ 50 s/DIV 以 1,2,5 的形式步进.

按下水平尺度旋钮可切换到"DELAYED"(延迟扫描)快捷键.

**注** 示波器型号不同,其水平扫描速度也有所差别.

(2) 使用水平位移旋钮调整信号在波形窗口中的水平位置. 水平位移旋钮控制信号的触发位移. 当转动水平位移旋钮调节触发位移时,可以观察到波形随旋钮水平移动.

按下水平位移旋钮可使触发位移(或延迟扫描位移)恢复到水平零点处.

(3) 按下 MENU 菜单键,显示 TIME 菜单. 在此菜单下,可以开启/关闭延迟扫描或切换 Y-T,X-Y 和 ROLL 模式,还可以设置水平触发位移复位.

9) 触发系统.

如图 2-4-33 所示,在触发控制区有一个旋钮、三个按键.

(1) 使用触发电平调节旋钮改变触发电平设置. 转动触发电平调节旋钮可以发现荧光屏上出现一条橘红色的触发线,以及触发标志,它们随旋钮转动而上下移动. 停止转动旋钮,此触发线和触发标志会在约 5 s 后消失. 在移动触发线的同时,可以观察到荧光屏上的触发电平的数值发生了变化.

按下触发电平调节旋钮可以作为设置触发电平恢复到零点的快捷键.

使用 MENU 功能键调出触发操作菜单(见图 2-4-34),改变触发的设置,观察由此造成的状态变化.

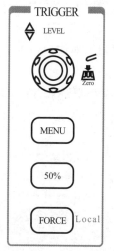

图 2-4-33 触发控制区

图 2-4-34 触发操作菜单

按 1 号菜单操作键,选择"触发模式"为"边沿触发".

按 2 号菜单操作键,选择"信源选择"为"CH1".

按 3 号菜单操作键,设置"边沿类型"为"___▲___".

按 4 号菜单操作键,设置"触发方式"为"自动".

按 5 号菜单操作键,进入"触发设置"二级菜单,对触发的耦合方式、触发灵敏度和触发释抑时间进行设置.

注 改变前三项的设置会导致荧光屏右上角状态栏改变.

(2) 按下 50% 功能键,设定触发电平在触发信号幅值的垂直中点.

(3) 按下 FORCE 功能键,强制产生一个触发信号,主要应用于触发方式中的"普通"和"单次"模式.

10) X-Y 模式.

此模式只适用于 CH1 和 CH2 同时被选择的情况. 选择 X-Y 模式后,水平轴上显示 CH1 中的信号的电压,垂直轴上显示 CH2 中的信号的电压. 按下水平控制区的 MENU 菜单键,设置"时基"为"X-Y",如图 2-4-35 所示.

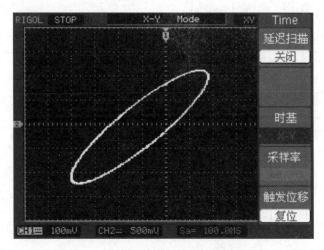

图 2-4-35 X-Y 模式

注 示波器在 Y-T 模式下可应用任意采样速率捕获波形. 在 X-Y 模式下同样可以调整采样率和通道的垂直挡位. X-Y 模式默认的采样率为 100 MSa/s. 一般情况下,将采样率适当降低,可以得到较好显示效果的李萨如图形.

LA 功能、自动测量模式、光标测量模式、参考或数学运算波形、延迟扫描、矢量显示、水平位移旋钮、触发控制在 X-Y 模式中不起作用.

## 第五节 信号发生器

### 一、CA1640 系列函数信号发生器

CA1640 系列函数信号发生器是一种精密的函数信号发生器,可以产生正弦波、三角波、方波等基本波形,也可以产生各种连续的扫频信号、函数信号、脉冲信号等,还具有外测频功能. 该仪器可以直观、准确地读出输出信号的频率和幅度,对各种输出波形进行线性和对数扫频. 如图 2-5-1 所示为 CA1640 系列函数信号发生器的面板示意图.

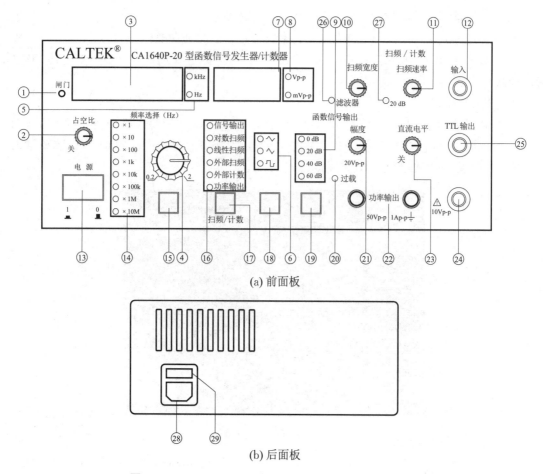

(a) 前面板

(b) 后面板

图 2-5-1 CA1640 系列函数信号发生器的面板示意图

## 1. 功能说明

① 闸门指示灯:该灯闪烁一次表示完成一次测量.

② 占空比调节旋钮:改变输出信号的对称性,该旋钮处于关位置时输出对称信号.

③ 频率显示屏:显示输出信号的频率或外测频信号的频率.

④ 频率细调旋钮:在当前频段内连续改变输出信号的频率.

⑤ 频率单位指示灯:指示当前显示频率的单位.

⑥ 波形指示灯:指示当前输出信号的波形状态.

⑦ 幅度显示屏:显示当前输出信号的幅度.

⑧ 幅度单位指示灯:指示当前输出信号幅度的单位.

⑨ 衰减指示灯:指示当前输出信号幅度的挡级.

⑩ 扫频宽度旋钮:调节内部扫频的时间长短,在外测频时,将其逆时针旋到底(滤波器指示灯 ㉖ 亮),则外输入测量信号经过滤波器(截止频率为 100 kHz 左右)进入测量系统.

⑪ 扫频速率旋钮:调节被扫频信号的频率范围,在外测频时,将旋钮逆时针旋到底(20 dB 指示灯 ㉗ 亮),则外输入信号经过 20 dB 衰减进入测量系统.

⑫ 信号输入插座:当扫频/计数选择按键 ⑰ 选定为"外部扫频"或"外部计数"时,外部扫

频信号或外测频信号由此输入.

⑬ 电源开关:按入时接通电源,弹出时断开电源.

⑭ 频段指示灯:指示当前输出信号频率的挡级.

⑮ 频段选择按键:选择当前输出信号频率的挡级.

⑯ 功能指示灯:指示仪器当前的功能状态.

⑰ 扫频／计数选择按键:选择仪器的各种功能.

⑱ 波形选择按键:选择当前输出信号的波形.

⑲ 衰减控制按键:选择当前输出信号幅度的挡级.

⑳ 过载指示灯:指示灯亮时,表示功率输出负载过重.

㉑ 幅度细调旋钮:在当前幅度挡级连续调节,范围为 $0 \sim 20$ dB.

㉒ 功率输出插座:信号经过功率放大器输出.

㉓ 直流电平设定旋钮:预置输出信号的直流电平,范围为 $-5 \sim 5$ V,当处于关位置时,直流电平为 0 V.

㉔ 信号输出插座:输出多种波形受控的函数信号.

㉕ TTL 输出插座:输出标准的 TTL 脉冲信号,输出阻抗为 600 Ω.

㉖ 滤波器指示灯.

㉗ 20 dB 指示灯.

㉘ 电源插座:交流电压为 220 V 的输入插座.

㉙ 保险丝座:内有两条熔断电流为 0.5 A 的保险丝,其中一条为备用.

2. 使用

(1) 实验前的准备工作. 检查市电电压,确认电压在 $220(1 \pm 10\%)$ V 范围内,方可将电源插头插入仪器后面板上的电源插座 ㉘ 内,供仪器随时开启工作.

(2) 自校检查.

① 在使用仪器进行测试工作之前,可对其进行自校检查,以确定仪器工作是否正常.

② 自校检查流程如图 $2-5-2$ 所示.

(3) 函数信号输出.

① 50 Ω 主函数信号输出. 在终端接有 50 Ω 匹配器的测试电缆从 TTL 输出插座 ㉕ 输出函数信号;由频段选择按键 ⑮ 选定输出函数信号的频段,由频率细调旋钮 ④ 调整输出信号的频率,直到调整到所需要的频率值;由波形选择按键 ⑱ 选定输出函数的波形(正弦波、三角波或方波),由幅度细调旋钮 ㉑ 调节输出信号的幅度;由直流电平设定旋钮 ㉓ 设定输出信号所携带的直流电平;输出波形占空比调节旋钮 ② 可以改变输出信号的对称性,例如,输出波形为三角波时可使其调变为锯齿波,输出波形为正弦波时可使其调变为正与负半周分别为不同频率分量的正弦波,且可移相 180°.

② TTL 电平信号输出. 输出 TTL 标准电平,其频率与 50 Ω 主函数信号一致.

③ 内部扫频信号输出. 该仪器有两种扫频方式:对数扫频和线性扫频;分别调节扫频速率旋钮 ⑪ 和扫频宽度旋钮 ⑩ 获得所需的扫频信号输出.

④ 外部扫频信号输出. 将扫频／计数选择按键 ⑰ 选定为"外部扫频",由信号输入插座 ⑫ 输入相应的控制信号,即可得到相应的受控扫描信号.

(4) 外测频功能检查. 将扫频／计数选择按键 ⑰ 选定为"外部计数";用该仪器提供的测试电缆将函数信号引入信号输入插座 ⑫,观察显示频率,显示频率应与所选函数信号的频率相同.

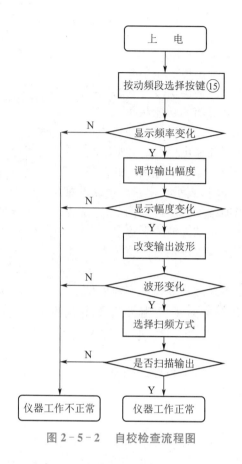

图 2 - 5 - 2　自校检查流程图

## 二、KH-1 型数控智能函数信号发生器

KH-1 型数控智能函数信号发生器是一种以单片机为核心的数控式函数信号发生器. 它可输出正弦波、三角波、锯齿波、矩形波、四脉波和八脉波六种信号波形. 通过对面板上的按键的简单操作, 可以方便地连续调节输出信号的频率, 并用绿色 LED(发光二极管) 数码管直接显示输出信号的频率、矩形波的占空比. 该仪器还兼有频率计的功能, 可精确测定各种周期信号的频率.

KH-1 型数控智能函数信号发生器的面板示意图如图 2 - 5 - 3 所示.

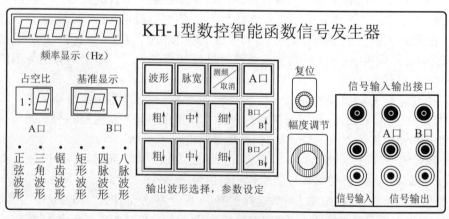

图 2 - 5 - 3　KH-1 型数控智能函数信号发生器的面板示意图

(1) 信号输入输出接口:模拟信号(包括正弦波、三角波和锯齿波)从 A 口输出;脉冲信号(包括矩形波、四脉波和八脉波)从 B 口输出.

(2) 开机后的初始状态:输出波形选定为正弦波形,相应的红色 LED 指示灯亮;输出频率显示为 1 kHz.

(3) 按键操作介绍:包括输出波形的选择、频率的调节、脉冲宽度的调节、测频功能的切换等操作.

① 按"A 口""B 口 /B↑"或"B 口 /B↓"键,选择信号输出端口.

② 按"波形""A 口"及"B 口 /B↑"(或"B 口 /B↓")键,选择输出波形,六只 LED 指示灯将分别指示当前输出信号的类型.

③ 在选定矩形波形后,按"脉宽"键,可改变矩形波的占空比. 此时,用以显示占空比的数码管将依次显示 1∶1,1∶3,1∶5,1∶7.

④ 按"测频 / 取消"键,该仪器的频率显示窗便转换为频率计的功能. 六只频率数码管将显示接在面板信号输入接口处的被测信号的频率值(信号输出接口仍保持原来信号的正常输出). 此时除了"测频 / 取消"键外,按其他键均无效;只有再按一次"测频 / 取消"键,撤销测频功能后,整个键盘才可恢复对输出信号的控制操作.

⑤ 按"粗 ↑"键或"粗 ↓"键,可单步改变(调高或调低)输出信号频率值的最高位.

⑥ 按"中 ↑"键或"中 ↓"键,可连续改变(调高或调低)输出信号频率值的次高位.

⑦ 按"细 ↑"键或"细 ↓"键,可连续改变(调高或调低)输出信号频率值的第二次高位.

(4) 幅度调节.

① A 口幅度调节. 顺时针旋转面板上的幅度调节旋钮,将连续增大 A 口幅度;逆时针旋转面板上的幅度调节旋钮,将连续减小 A 口幅度.

② B 口幅度调节. 按"B 口 /B↑"键将连续增大 B 口幅度;按"B 口 /B↓"键将连续减小 B 口幅度.

(5) 输出衰减的选择. 衰减分 0 dB,20 dB,40 dB,60 dB 四挡,由两个"衰减"按键选择,具体选择方法如表2 - 5 - 1 所示.

表 2 - 5 - 1　输出衰减的选择方法

| "20 dB"键 | "40 dB"键 | 衰减值 /dB |
|---|---|---|
| 弹起 | 弹起 | 0 |
| 按下 | 弹起 | 20 |
| 弹起 | 按下 | 40 |
| 按下 | 按下 | 60 |

## 三、HG1210P 型函数信号发生器 / 计数器

HG1210P 型函数信号发生器 / 计数器根据不同的频率范围和是否有功率输出,有八个品种可供选择,该仪器能产生正弦波、三角波、矩形波,具有电压峰-峰值为20 V的信号幅度输出,波形对称度可在 15% ∼ 85% 范围内调节,信号直流电平可在 -10 ∼ 10 V 范围内调节. 五位 LED 数码管显示输出信号的频率,三位 LED 数码管显示输出信号的幅度. 该仪器具有完善的扫频功能,

可获得线性或对数扫频信号,也可以通过外接信号调频.计数器在外接时,可作为 30 MHz 的频率计使用. HG12XXP 型函数信号发生器 / 计数器还具有 10 W 的功率输出.

### 1. 面板功能介绍

HG1210P 型函数信号发生器 / 计数器的面板控制件位置如图 2 - 5 - 4 所示.

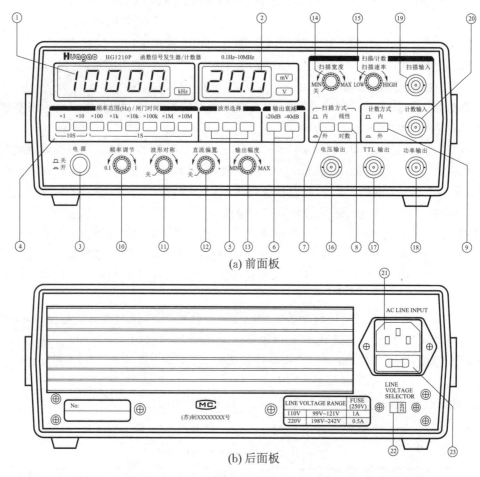

(a) 前面板

(b) 后面板

图 2 - 5 - 4　HG1210P 型函数信号发生器 / 计数器的面板示意图

① 频率显示屏:显示输出信号的频率或外测信号的频率.

② 幅度显示屏:显示输出信号的电压峰-峰值.

③ 电源开关:按下时电源接通.

④ 频率范围开关:选择输出信号的频率范围.

⑤ 波形选择开关:可选择正弦波、三角波、矩形波三种基本波形.

⑥ 输出衰减开关:可分别获得 0 dB、− 20 dB、− 40 dB、− 60 dB 的输出信号衰减.

⑦ 扫描方式开关(内 / 外):选择扫描信号来自该仪器内部或外接.

⑧ 扫描方式开关(线性 / 对数):在内扫描方式下,用于选择线性或对数扫描.

⑨ 计数方式开关:当此开关弹出时,显示屏显示本机的信号频率;当此开关按下时,显示屏显示由计数输入端口输入的信号频率.

⑩ 频率调节旋钮:在频率范围开关设定的范围内连续调节输出信号的频率.

⑪ 波形对称旋钮:调节输出波形的对称度,调节范围为 $15\% \sim 85\%$,逆时针旋转到底为关闭.

⑫ 直流偏置旋钮:调节输出信号的直流电平,调节范围为 $-10 \sim 10$ V(1 MΩ 负载),逆时针旋转到底为关闭.

⑬ 输出幅度旋钮:调节输出波形的幅度,调节范围为 $10\% \sim 100\%$.

⑭ 扫描宽度旋钮:调节扫描宽度,可控制输出信号频率随扫描信号变化而变化的范围,逆时针旋转到底为关闭.

⑮ 扫描速率旋钮:用于内部扫描速度的调节.

⑯ 电压输出端口:主信号输出端口,输出阻抗为 50 Ω,最大输出电压峰-峰值为 20 V.

⑰ TTL 输出端口:输出 TTL 电平信号,该信号和主信号同频同步.

⑱ 功率输出 /50 Hz 输出端口:当型号为 HG12XXP 时,此端口为功率信号输出端口;当型号为 HG12XX 时,此端口为 50 Hz 信号输出端口.

⑲ 扫描输入端口:当扫描方式开关(内 / 外) 置于外状态时,扫描信号将由该端口输入.

⑳ 计数输入端口:外计数输入端口,当计数方式开关置于外状态时,由该端口输入外部信号,用于测量外部信号的频率.

㉑ 电源插座:电源输入插座,适应电源电压为 220 V 或 110 V,仪器出厂时已设置在 220 V.

㉒ 电源电压选择开关:在初次使用仪器时,应确认所使用的电源电压是否与设置相符,如需要切换,应确保产品在未与市电连接的情况下将此开关置于合适的位置,并根据后面板要求更换合适的保险丝.

㉓ 保险丝插座:仪器出厂时,插座内已按照电源电压为 220 V 设置装有在线和备用的保险丝各 1 只,需要更换保险丝时,应确保产品未与市电连接.

2. 使用说明

(1) 一般的操作步骤. 通过此步骤可获得最典型的几种波形(正弦波、矩形波、三角波).

① 将控制件按表 2 - 5 - 2 所示的位置设置.

表 2 - 5 - 2　控制件位置设置

| 控制件名称 | 设置位置 | 控制件名称 | 设置位置 |
|---|---|---|---|
| 频率范围开关 | 合适挡 | 频率调节旋钮 | 任意 |
| 波形选择开关 | 合适挡 | 波形对称旋钮 | 关 |
| 输出衰减开关 | 合适挡 | 直流偏置旋钮 | 关 |
| 扫描方式开关(内 / 外) | 内 | 输出幅度旋钮 | 任意 |
| 扫描方式开关(线性 / 对数) | 线性 | 扫描宽度旋钮 | 关 |
| 计数方式开关 | 内 | 扫描速率旋钮 | 任意 |

② 将随机配置的电源线插入仪器后面板的电源插座中,将电源线的另一端接入市电电源.

③ 按下电源开关,LED 显示屏亮,预热 10 min.

④ 调节频率调节旋钮,观察频率显示屏,使信号达到所需的频率.

⑤ 观察幅度显示屏,将输出衰减开关置于一适当位置,调节输出幅度旋钮至需要值(此步

骤是为了防止大信号输出对某些敏感负载产生不良影响. 当输出衰减开关置于 0 dB 时,仪器最大输出电压峰-峰值将达到 20 V).

⑥ 将高频电缆的一端插入电压输出端口,将电缆的另一端和负载连接.

(2) 获得非对称波形的操作. 当需要输出锯齿波或非对称性脉冲波时,顺时针调节波形对称旋钮,可使波形的对称度在 15% ~ 85% 范围内调节.

(3) 获得含有直流电平信号的操作. 当需要输出信号有一个直流电平时,顺时针调节直流偏置旋钮,可使波形的直流偏置在 -10 ~ 10 V 范围内调节.

(4) 获得扫频信号输出的操作. 将扫描方式开关(内/外) 置于内状态,根据需要将扫描方式开关(线性/对数)置于合适挡,顺时针调节扫描宽度旋钮,使信号频率变化的范围达到需要值,调节扫描速率旋钮,使扫描速率达到要求.

如需要扫频信号由外部电路控制,应将扫描方式开关(内/外) 置于外状态,由扫描输入端口输入外电路信号.

(5) 获得功率输出的操作(仅适用于 HG12XXP 型). 将输出幅度旋钮调至最小位置,将功率输出端口与负载连接,逐步增大输出幅度,使输出功率达到要求. 该端口的最大输出电流为 1 A,当负载电流大于该值或负载短路时,电路将限流保护. 不要长时间使电路处于保护状态,以免电路过热而损坏.

(6) 获得 50 Hz 信号输出的操作(仅适用于 HG12XX 型). 连接 50 Hz 输出端口至负载,可获得一个电压峰-峰值为 2 V,且与市电同步的正弦波信号.

(7) 获得 TTL 信号输出的操作. 连接 TTL 输出端口至负载,可获得一个与主输出同步的 TTL 电平的脉冲信号.

(8) 外测频率的操作. 将计数方式开关置于外状态,将计数输入端口与被测信号连接,根据被测信号的频率设置频率范围开关至合适挡,由频率显示屏读出被测信号的频率.

### 3. 常见故障排除

HG1210P 型函数信号发生器/计数器的常见故障、产生原因及排除方法如表 2-5-3 所示.

表 2-5-3　常见故障表

| 常见故障 | 产生原因 | 排除方法 |
| --- | --- | --- |
| 显示屏无显示 | 1. 电源插头松脱<br>2. 保险丝断<br>3. 未按频率范围开关 | 1. 重新插好电源插头<br>2. 更换规定的保险丝<br>3. 按下频率范围开关 |
| 频率显示屏始终显示 0 | 计数方式开关置于外状态 | 将计数方式开关置于内状态 |
| 输出幅度太小 | 输出衰减开关挡位设置不恰当 | 弹出某挡或全部挡输出衰减开关按键 |
| 输出波形不对称 | 波形对称旋钮未关 | 逆时针旋足波形对称旋钮 |
| 输出波形顶部或底部限幅失真 | 直流偏置旋钮未关 | 逆时针旋足直流偏置旋钮 |
| 外测频率不正常 | 1. 输入信号幅度太小<br>2. 频率范围开关设置不恰当 | 1. 增大外信号幅度<br>2. 重新设置频率范围开关 |

第六节    显 微 镜

## 一、4XB-C 型金相显微镜

4XB-C 型金相显微镜主要用于鉴别和分析金属内部的结构组织,它是金属学研究金相的重要仪器.金相显微镜的主要零部件及构成如图 2-6-1 所示.

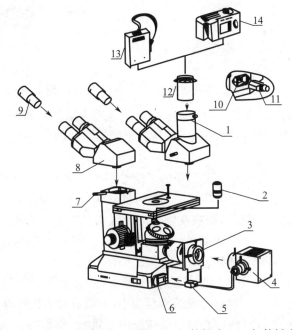

1— 三目头;2— 物镜;3— 灯箱紧固螺钉;4— 灯箱;5— 灯箱插头;6— 灯箱插座;7— 镜筒紧固螺钉;
8— 双目头;9— 目镜;10— 电源插座;11— 电源插头(该显微镜在使用中可选配);12— 摄配镜;
13—CCD(电荷耦合器件) 摄像头;14— 数码相机

图 2-6-1 4XB-C 型金相显微镜的结构示意图

4XB-C 型金相显微镜的调节和使用步骤如下:

(1) 将电源开关按向"I",接通电源.

(2) 在装上或除下物镜时,需把载物台升起,以免触碰透镜.

(3) 当将试样放在载物台上时,应使被观察表面置于载物台中央,如果是小试样,则可用压片簧把它压紧.

(4) 当使用低倍物镜观察试样时,旋转图 2-6-2 中的粗动调焦手轮,直到在目镜中观察到试样的物像清晰为止;当要用高倍物镜观察试样时,可转动转换器使高倍物镜置于观察光学系统中.将转换器定位好后,就可看到试样的轮廓像,再用图 2-6-2 中的微动调焦手轮稍微调节一下,就能看到清晰的试样像.在同轴同导轨的粗/微动调焦机构中,图 2-6-2 中的松紧手轮为粗动调焦手轮调节松紧使用,以防止载物台下滑;图 2-6-2 中的限位紧固手轮只要在已调整好的高度上旋紧定位,便可防止物镜和试样相撞.

(5) 使用 100×(油浸)物镜时,需在试样和物镜之间滴香柏油.

(6) 瞳距调节(见图 2-6-3).调节双目头的间距至双眼能观察到左、右两视场合成一个视场.

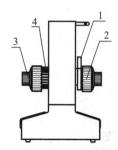

1—限位紧固手轮;2—粗动调焦手轮;
3—微动调焦手轮;4—松紧手轮

图 2-6-2 微动调焦手轮结构图

视度调节圈

图 2-6-3 瞳距调节

(7) 视度调节.将试样放在载物台上,使 40×物镜转入工作位置,先用右眼观察,转动粗/微动调焦手轮,使试样像清晰;然后用左眼观察,不转动粗/微动调焦手轮,转动视度调节圈(见图 2-6-3),使试样像清晰.

(8) 孔径光阑的使用.孔径光阑主要是为了配合各种不同数值孔径的物镜.一般情况下,将孔径光阑的直径调至物镜视场的 70%～80%,同时调节光的亮度,以获得适当对比度的良好试样像.从目镜筒上取下目镜后,观察在物镜内光瞳明亮圈上的光阑像,转动孔径光阑调节手柄以调节光阑的大小.当使用低倍物镜时,应把滤色片换成磨砂玻璃.

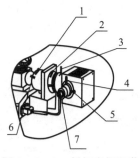

图 2-6-4 视场光阑调节

(9) 视场光阑调节(见图 2-6-4).调节视场光阑手柄 1,使视场光阑的直径变小,再调节视场光阑调节螺钉 6,使视场光阑的中心与目镜视场中心重合,然后将视场光阑打开,使视场光阑比目镜视场光阑稍大即可使用.

(10) 照明调节步骤.当视场的照明不均匀时,可按以下步骤进行调节:

① 取下 10×物镜,将转换器转到定位位置,使取下物镜的转换器孔与载物台上的通孔相对应.

② 在载物台上放一张白纸.

③ 松开灯箱紧固螺钉,前后移动定位螺钉使灯丝成像在载物台通孔的中心.

④ 若灯丝像不清晰,可移动聚光镜手柄,使灯丝像清晰.

⑤ 若灯丝像太偏,可旋开定位螺钉,取出灯泡,将灯泡轻轻往一边移动.

⑥ 旋上 10×物镜,在载物台上放好试样.

⑦ 旋转粗/微动调焦手轮使成像清晰.

⑧ 若视场亮度不均匀,可稍微移动定位螺钉或聚光镜手柄,使亮度均匀,旋紧灯箱紧固螺钉,以防灯泡移动.

⑨ 把视场光阑关小,调节视场光阑调节螺钉,使视场光阑中心与视场中心基本重合,然后打开视场光阑至视场内看不到光阑像.

⑩ 使用各种倍数的物镜时,可适当调节孔径光阑的大小,也可结合亮度调节,以获得满意的衬度.

⑪ 根据需要插入磨砂玻璃或几种滤色片,以获得满意的像质.

## 二、JCD₃型读数显微镜

JCD₃型读数显微镜的用途广泛,根据需要可实现各种功能,可进行长度测量,如测量孔距、直径、刻线距离及刻线宽度等,也可作为观察仪器使用,配合牛顿(Newton)环装置还可测定光的波长及平凸透镜的曲率半径等.

JCD₃型读数显微镜的结构如图 2-6-5 所示.

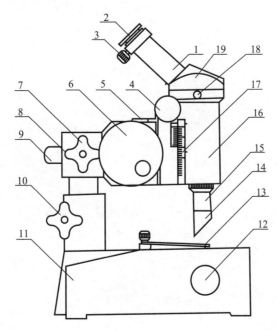

1— 目镜接筒;2— 目镜;3— 锁紧螺钉Ⅰ;4— 调焦手轮;5— 标尺;6— 测微鼓轮;7— 锁紧手轮Ⅰ;
8— 接头轴;9— 方轴;10— 锁紧手轮Ⅱ;11— 底座;12— 反光镜旋轮;13— 压片;14— 半反镜组;
15— 物镜组;16— 镜筒;17— 刻尺;18— 锁紧螺钉Ⅱ;19— 棱镜室

图 2-6-5　JCD₃型读数显微镜的结构图

JCD₃型读数显微镜的使用方法如下:

(1) 转动测微鼓轮,使显微镜的镜组处于整个标尺的中间.

(2) 将被测试样放在工作台上,用肉眼观察,使其中心大致处于物镜中心的下方,易滑动的小试样可用压片固定.

(3) 按测量原理调节光源位置,使得从目镜中可观察到镜头内部是最亮的状态. 例如,测平凸透镜的曲率半径时,调节物镜组下面的半反镜组,使其与入射光线成45°(有些仪器本身带有 45°镜筒),使光反射到牛顿环装置上. 在调节时,要使光源的光尽量集中到半反镜上,方向对得越准,从目镜中观察就会越亮.

(4) 旋转棱镜室至最合适位置,用锁紧螺钉Ⅱ锁紧.

(5) 转动目镜进行视度调节,使十字叉丝清晰无重影,用锁紧螺钉Ⅰ锁紧.

（6）转动调焦手轮，从目镜中观察，直到被测试样成像清晰为止．必须注意，调焦时镜筒只能由下向上调节，以免碰伤物镜或被测试样．

（7）调正被测试样，使其被测部分的横截面和显微镜移动方向平行．

（8）转动测微鼓轮，使十字叉丝的纵丝或交叉点对准被测试样的起点，记下数值（在标尺上读取整数，在测微鼓轮上读取小数）．

（9）沿同一方向转动测微鼓轮，使十字叉丝的纵丝或交叉点对准被测试样的终点，记下数值．

# 第三章 基础实验

## 实验一　物体密度的测定

密度是物体的基本属性之一,实验测定物体密度时有时需要进行长度和质量的测量.长度和质量是基本物理量,其测量原理(如游标和螺旋测微原理等)和方法在其他测量仪器中也常有体现.常用而又简单的测量长度的量具有米尺、游标卡尺和螺旋测微器.这三种量具测量长度的范围和精度各不相同,需视测量的对象和条件加以选用.当被测对象的长度在$10^{-3}$ cm 以下时,需用更精密的长度测量仪器(如比长仪等)或者采用其他方法(如利用光的干涉或衍射等)来进行测量.当测量物体的质量时,需使用天平.天平是物理实验中常用的基本仪器.本实验通过对物体密度的测定学习使用长度和质量的测量仪器,掌握它们的构造特点、规格性能、读数原理和规则、使用方法及维护知识等,以便在以后的实验中恰当地选择和使用.

### 【实验目的】

1.掌握游标卡尺、螺旋测微器及分析天平的测量原理和使用方法.
2.掌握直接测量量和间接测量量的数据处理方法.

### 【实验仪器】

游标卡尺、螺旋测微器、分析天平、待测圆柱体.

游标卡尺和螺旋测微器的测量原理和使用方法在第二章第三节中已详细介绍,这里不再赘述.下面仅介绍 TG628A 型分析天平.

如图 3-1-1 所示为 TG628A 型分析天平的结构图.和分析天平配套使用的是一套 Ⅲ 等砝码,其中砝码的最小质量为 1 mg.分析天平还设有游码(骑码)操纵装置(骑码执手),能将游码正确安放在天平横梁刻度尺上.在 0 ～ 10 mg 以内的质量变化都可以通过骑码执手进行调节.

在使用分析天平时,应注意以下几点:

(1)调水平.调节螺旋脚使水准器的水泡移到中心以保证支柱铅直.

(2)调准零点.空载支起横梁(调节制动旋钮),观察指针摆动情况,若指针不在零点或左右摆动格数不相等,应马上将横梁制动,再调节平衡螺母.反复调节多次,直到指针对准零点.

(3)称物体时,砝码和物体应放到称盘的中心处,增加或减少砝码时必须使用镊子.

(4) 取放物体和砝码、移动游码或调准零点时,都应将横梁制动,以免损坏支点刀承上的刀口.

(5) 称量完毕后要检查横梁是否放下,盒中砝码和镊子是否齐全.

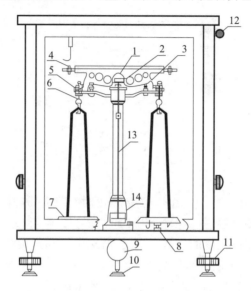

1—横梁;2—支点刀承;3—支力销;4—平衡螺母;5—托翼;6—吊耳;7—称盘;8—托盘螺母;
9—制动旋钮;10—垫脚;11—螺旋脚;12—骑码执手;13—指针;14—标牌

图 3-1-1　TG628A 型分析天平的结构图

【实验原理】

圆柱体密度 $\rho$ 的计算公式为

$$\rho = \frac{m}{V} = \frac{4m}{\pi D^2 H},\qquad(3-1-1)$$

式中 $m$ 为圆柱体的质量,$V$ 为圆柱体的体积,$H$ 为圆柱体的高,$D$ 为圆柱体的底面直径. 只要直接测出 $D,H,m$,即可间接确定 $\rho$. 式(3-1-1)适用于质量均匀分布的圆柱体. 但被测试件在加工上的不均匀必然会给测量带来系统误差. 由于加工的不均匀是随机的,因此可以用处理随机误差的方法来减小这种具有随机性质的系统误差,即用在试件的不同位置多次测量取平均值的方法来处理.

【操作步骤】

1. 用游标卡尺在圆柱体的不同位置测出它的高 $H$(不少于 6 次).

2. 记下螺旋测微器的初始读数 $z_0$,再用螺旋测微器测出圆柱体的底面直径 $D$(不少于 6 次).

3. 按要求正确调节分析天平. 用复称法(为了消除横梁两边不等臂引起的系统误差,采用左物右码和左码右物的方法对圆柱体进行称量)称出圆柱体的质量 $m_{左}$ 和 $m_{右}$,则圆柱体的质量为 $\overline{m} = \sqrt{m_{左} m_{右}}$.

4. 将所测数据和各仪器的测量精度填入提前设计好的记录表格中.

【数据处理】

1. 计算 $D,H$ 的平均值 $\overline{D},\overline{H}$.

2. 将相关数据代入式(3-1-1),可以得到圆柱体的密度 $\bar{\rho}$.

3. 不确定度的估算:

$$\Delta_{DA} = \sqrt{\frac{\sum\limits_{i=1}^{n_1}(D_i-\overline{D})^2}{n_1-1}} \,, \quad \Delta_{HA} = \sqrt{\frac{\sum\limits_{i=1}^{n_2}(H_i-\overline{H})^2}{n_2-1}} \,,$$

$$\Delta_{DB} = 0.005 \text{ mm}, \quad \Delta_{HB} = 0.02 \text{ mm}, \quad \Delta_{mB} = 3 \text{ mg},$$

$$\Delta_D = \sqrt{\Delta_{DA}^2+\Delta_{DB}^2}, \quad \Delta_H = \sqrt{\Delta_{HA}^2+\Delta_{HB}^2}, \quad \Delta_m = \Delta_{mB},$$

$$\Delta_\rho = \bar{\rho}\sqrt{\left(\frac{\Delta_m}{\overline{m}}\right)^2+4\left(\frac{\Delta_D}{\overline{D}}\right)^2+\left(\frac{\Delta_H}{\overline{H}}\right)^2} \,,$$

式中 $n_1$ 为底面直径的测量次数,$n_2$ 为高的测量次数.

4. 测量结果的表示:

$$\begin{cases} \rho = \bar{\rho}\pm\Delta_\rho, \\ E_\rho = \dfrac{\Delta_\rho}{\bar{\rho}}\times100\%. \end{cases}$$

【思考题】

1. 如何测量不规则物体的密度?

2. 一铝板长度约为 10 cm,宽度约为 5 cm,厚度约为 1 mm,其上有两个直径为 5 mm 左右的圆孔,为使其体积的测量结果有四位有效数字,应选用什么测量仪器?

# 实验二  气垫导轨上的碰撞实验

气垫导轨是为了消除摩擦而设计的力学实验装置,其原理是气源中的气在开有密集小气孔的导轨表面产生一层气垫,物体在气垫上运动,与导轨表面无直接接触,很大程度上减小了运动物体与导轨表面的摩擦.利用气垫导轨可以进行许多力学实验,如测定速度、加速度,验证牛顿第二定律、动量守恒定律,研究简谐振动等.

【实验目的】

1. 利用碰撞实验验证动量守恒定律.

2. 学习气垫导轨和数字毫秒计的使用.

【实验仪器】

实验装置如图 3-2-1 所示,主要由以下几部分组成:气源、气垫导轨、滑块(上面装有挡光片)、光电计时器,其中:

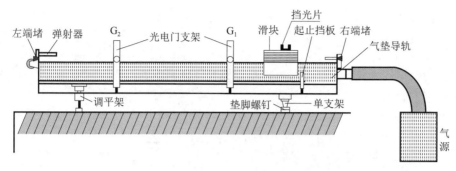

图 3-2-1　气垫导轨实验装置图

（1）微音气泵为气源.

（2）气垫导轨是一条横截面为三角形的空心轨道，轨道表面均匀分布着很多小气孔，气垫导轨一头封闭，另一头装有进气嘴，气流从进气嘴流入，通过小气孔喷出，当滑块置于气垫导轨之上时，由于导轨表面的气垫将滑块浮起，因此滑块的运动可看作是无摩擦的.

（3）滑块 1,2 是实验中相互碰撞的两物体，质量分别为 $m_1$, $m_2$，两滑块的内表面可与气垫导轨密切配合，滑块上部装有"凹"字形的挡光片，滑块 1 的一端装有缓冲弹簧，另一端粘有尼龙搭扣，滑块 2 的一端粘有尼龙搭扣，另一端为光滑端.

（4）光电计时器由光电门、数字毫秒计（包括滑块上的挡光片）组成.

光电门是计时系统的信号接收装置，主要由安装在光电门支架上的小聚光灯和光敏管组成，也有的由红外发光二极管和红外光敏三极管组成．聚光灯和光敏管相对放置于气垫导轨的两侧，工作时聚光灯发光，光敏管接收光信号．光电计时器利用光敏管所接收的光照变化来控制数字毫秒计的"计"和"停"，从而实现计时.

光电计时器在本实验中的工作特点为光敏管第一次被遮光，开始计时，第二次被遮光，停止计时，故其记录的是两次遮光的时间间隔.

滑块上的挡光片的有效部分为"凹"字形铝片，当挡光片随同滑块通过光电门时，就使光敏管受到两次遮光，从而使光电计时器记下一段时间 $t$，与此段时间对应的挡光片的有效宽度为 $x$，故滑块通过光电门的平均速度为

$$\bar{v} = \frac{x}{t}.$$
(3-2-1)

因 $x$ 比较小，故可将 $\bar{v}$ 近似视为瞬时速度.

【实验原理】

根据动量守恒定律，两物体在碰撞过程中，若合外力为零，则此两物体组成的系统动量守恒．设两物体 1,2 的质量分别为 $m_1$, $m_2$，且 $m_1 > m_2$，物体 1,2 在碰撞之前的速度分别为 $v_{10}$，$v_{20}$，在碰撞之后的速度分别为 $v_1$, $v_2$. 由动量守恒定律，有

$$m_1 \boldsymbol{v}_{10} + m_2 \boldsymbol{v}_{20} = m_1 \boldsymbol{v}_1 + m_2 \boldsymbol{v}_2.$$
(3-2-2)

本实验中，两物体（滑块）在水平气垫导轨上做对心碰撞，碰撞前后的速度沿同一直线，故式（3-2-2）可写成标量式：

$$m_1 v_{10} + m_2 v_{20} = m_1 v_1 + m_2 v_2. \tag{3-2-3}$$

对于完全弹性碰撞,令 $v_{20} = 0$,可得

$$m_1 v_{10} = m_1 v_1 + m_2 v_2, \tag{3-2-4}$$

即

$$\frac{m_1 v_1 + m_2 v_2}{m_1 v_{10}} = 1 = K_{完理}. \tag{3-2-5}$$

对于完全非弹性碰撞,$v_1 = v_2$,仍令 $v_{20} = 0$,可得

$$m_1 v_{10} = (m_1 + m_2) v_2, \tag{3-2-6}$$

即

$$\frac{(m_1 + m_2) v_2}{m_1 v_{10}} = 1 = K_{非理}. \tag{3-2-7}$$

本实验正是要验证式(3-2-5)和式(3-2-7)的正确性.

【操作步骤】

本实验包括完全弹性碰撞与完全非弹性碰撞两项内容.开始时令滑块 2 静止,以滑块 1 碰撞滑块 2.

系统动量守恒的关键条件是系统所受合外力为零,所以实验中要求沿气垫导轨方向的合外力为零.当滑块在水平气垫导轨上运动时,不可避免地受到空气阻力的作用,且这种阻力与滑块自身的运动速度成正比,只有使气垫导轨沿滑块 1 的初始运动方向略为下斜,才可能使作用在此滑块上的合外力为零.本实验中,使气垫导轨沿滑块 1 的初始运动方向下斜(选择较小坡度);在坡度一定的条件下,为此滑块选择一个合适的初速度 $v_{10}$,使其接近匀速运动.具体操作步骤如下:

(1)调节气垫导轨的坡度,使远离气源的一端略低.打开气源,将滑块 1 无初速度地搁置在气垫导轨上,观察该滑块的运动趋向,调节垫脚螺钉,使滑块 1 向远离气源的一端缓缓滑行.

(2)寻找滑块 1 合适的初速度 $v_{10}$.使两光电门置于气垫导轨的中间区域,且相距 $35 \sim 40$ cm,沿气垫导轨下斜方向推动滑块 1,使其依次经过两个光电门,观察两个光电计时器的记录结果,若两个光电计时器的时间差小于 1 ms,则可认为滑块 1 做匀速运动,其速度可视为 $v_{10}$ 的参照值,相应的推力是合适的.

1. 完全弹性碰撞实验.将滑块 2 静置于光电门 $G_2$ 的前端,将滑块 1 置于光电门 $G_1$ 的前端并施以上述合适的推力,使滑块 1 与滑块 2 发生完全弹性碰撞(使滑块 1 上有缓冲弹簧的一端对准滑块 2 上的光滑端),记录 $t_{10}, t_1, t_2$($t_{10}$ 为滑块 1 通过光电门 $G_1$ 的时间,$t_1$ 为滑块 1 通过光电门 $G_2$ 的时间,$t_2$ 为滑块 2 通过光电门 $G_2$ 的时间).重复以上操作 $3 \sim 5$ 次,并将测量数据填入表 3-2-1 中.

2. 完全非弹性碰撞实验.将滑块 2 静置于光电门 $G_2$ 的前端,将滑块 1 置于光电门 $G_1$ 的前端并施以上述合适的推力,使滑块 1 与滑块 2 发生完全非弹性碰撞(使滑块有尼龙搭扣的一端相撞),记录 $t_{10}, t_2$.重复以上操作 $3 \sim 5$ 次,并将测量数据填入表 3-2-1 中.

## 【数据记录】

表 3-2-1　气垫导轨上的碰撞实验的数据记录表

$m_1 = \underline{\hspace{2cm}}$ kg;　$m_2 = \underline{\hspace{2cm}}$ kg;　$x_1 = \underline{\hspace{2cm}}$ m;　$x_2 = \underline{\hspace{2cm}}$ m

| | | | | |
|---|---|---|---|---|
| 完全弹性碰撞 | $t_{10}/\mathrm{s}$ | | | |
| | $t_1/\mathrm{s}$ | | | |
| | $t_2/\mathrm{s}$ | | | |
| | $v_{10} = \dfrac{x_1}{t_{10}}/(\mathrm{m/s})$ | | | |
| | $v_1 = \dfrac{x_1}{t_1}/(\mathrm{m/s})$ | | | |
| | $v_2 = \dfrac{x_2}{t_2}/(\mathrm{m/s})$ | | | |
| | $p_{10} = m_1 v_{10}/(\mathrm{kg \cdot m/s})$ | | | |
| | $p_1 = m_1 v_1/(\mathrm{kg \cdot m/s})$ | | | |
| | $p_2 = m_2 v_2/(\mathrm{kg \cdot m/s})$ | | | |
| | $K_{测} = \dfrac{p_1 + p_2}{p_{10}}$ | | | |
| | $E_K = \dfrac{\vert K_{测} - K_{完理} \vert}{K_{完理}} \times 100\%$ | | | |
| 完全非弹性碰撞 | $t_{10}/\mathrm{s}$ | | | |
| | $t_2/\mathrm{s}$ | | | |
| | $v_{10} = \dfrac{x_1}{t_{10}}/(\mathrm{m/s})$ | | | |
| | $v_2 = \dfrac{x_2}{t_2}/(\mathrm{m/s})$ | | | |
| | $p_{10} = m_1 v_{10}/(\mathrm{kg \cdot m/s})$ | | | |
| | $p = (m_1 + m_2) v_2/(\mathrm{kg \cdot m/s})$ | | | |
| | $K_{测} = \dfrac{p}{p_{10}}$ | | | |
| | $E_K = \dfrac{\vert K_{测} - K_{非理} \vert}{K_{非理}} \times 100\%$ | | | |

## 【数据处理】

将滑块 1 与滑块 2 的质量 $m_1, m_2$ 及其上部挡光片的有效宽度 $x_1, x_2$(实验室给出)填入表 3-2-1 中,并进行相关计算.若测量值与理论值的百分误差小于 5%,则表示数据通过.若每项实验有 3 组数据通过,则实验完成;否则,要再补测几组数据.

## 【思考题】

1. 设数字毫秒计及光电门的性能都正常,但滑块通过光电门时出现下列现象:(1) 数字毫秒计不计时；(2)数字毫秒计计时不停止. 请思考各是由什么原因造成的.

2.你还能想出验证动量守恒定律的其他方法吗?

## 实验三　刚体转动惯量的测定

转动惯量是描述刚体运动的重要物理量. 在工程技术和机械制造的生产实践中,测定刚体的转动惯量具有十分重要的意义. 测定转动惯量的实验方法有很多,本实验介绍几种常见的测定刚体转动惯量的实验方法.

### （一）用扭摆法测定刚体的转动惯量

【实验目的】

1.掌握用扭摆法测定刚体转动惯量的原理和方法.

2.学会用游标卡尺测量刚体的尺寸.

用扭摆法测定刚体的转动惯量

【实验仪器】

电子天平、游标卡尺、转动惯量测试仪、待测物体(实心塑料圆柱体、空心金属圆筒、木球).

转动惯量测试仪由主机和光电传感器两部分组成. 主机能自动记录、存储多组实验数据,可用于测量物体的摆动周期. 光电传感器主要由红外发射管和红外接收管组成,可用于将光信号转换为脉冲电信号,并送入主机工作. 人眼无法观察光电传感器是否正常工作,可用物体往返遮挡光电探头发射光束通路,检查计时器是否开始计数和到达预定周期数时是否停止计数来判断仪器是否正常工作. 为防止过强光线对光电探头的影响,光电探头不能放置在强光下,实验时采用窗帘遮光,以确保计时的准确性. 其使用方法见附录.

【实验原理】

扭摆的结构如图 3-3-1 所示,在垂直轴上装有一根薄片状的螺旋弹簧,用以产生回复力矩. 在轴的上方可以装上各种待测物体. 垂直轴与支座之间装有轴承,以降低摩擦力矩.

将待测物体在水平面内转过小角度 $\theta$ 后,在螺旋弹簧回复力矩的作用下,物体开始绕垂直轴做往返扭转运动. 根据胡克(Hooke)定律,螺旋弹簧受扭转而产生的回复力矩 $M$ 与物体所转过的小角度 $\theta$ 成正比,即

$$M = -K\theta, \qquad (3-3-1)$$

式中 $K$ 为螺旋弹簧的扭转常量. 根据转动定律,有

$$M = I\alpha,$$

式中 $I$ 为物体绕垂直轴的转动惯量,$\alpha$ 为角加速度. 将 $M = -K\theta$ 和 $M = I\alpha$ 联立,可得

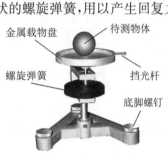

待测物体
金属载物盘
螺旋弹簧
挡光杆
底脚螺钉

图 3-3-1　扭摆结构图

$$\alpha = -\frac{K}{I}\theta. \tag{3-3-2}$$

令 $\omega^2 = \frac{K}{I}$，忽略轴承的摩擦力矩，由式(3-3-2)可得

$$\alpha = \frac{\mathrm{d}^2\theta}{\mathrm{d}t^2} = -\frac{K}{I}\theta = -\omega^2\theta.$$

上述方程表示扭摆运动具有角谐振动的特性，角加速度的大小与角位移的大小成正比，且方向相反.此方程的解为

$$\theta = A\cos(\omega t + \varphi),$$

式中 $A$ 为角谐振动的角振幅，$\varphi$ 为初相位，$\omega$ 为角频率.角谐振动的周期为

$$T = \frac{2\pi}{\omega} = 2\pi\sqrt{\frac{I}{K}}. \tag{3-3-3}$$

由式(3-3-3)可知，只要实验测得物体的摆动周期，且当 $I$ 和 $K$ 中任意一个量已知时，即可计算出另一个量.

本实验的物体几何形状规则、质量分布均匀，其转动惯量可以根据该物体的质量和几何尺寸用理论公式直接计算得到，再通过测定其摆动周期即可算出本仪器的螺旋弹簧的 $K$ 值.若要测定其他形状物体的转动惯量，只需将待测物体安放在金属载物盘上，测定其摆动周期，由式(3-3-3)即可算出该物体绕垂直轴的转动惯量为

$$I = \frac{KT^2}{4\pi^2}. \tag{3-3-4}$$

测出金属载物盘的摆动周期为 $T_0$，将之代入式(3-3-4)，可得金属载物盘的转动惯量实验值为

$$I_0 = \frac{KT_0^2}{4\pi^2}. \tag{3-3-5}$$

将实心塑料圆柱体放在金属载物盘上(圆柱体的轴心与垂直轴重合)，测出金属载物盘和实心塑料圆柱体一起做扭摆运动的周期为 $T_1$，由式(3-3-4)可知，实心塑料圆柱体的转动惯量实验值为

$$I_1 = \frac{KT_1^2}{4\pi^2} - I_0.$$

而几何形状规则、质量分布均匀的实心塑料圆柱体的转动惯量理论值 $I_1'$ 可通过物体的质量和几何尺寸进行计算.$I_1'$ 应等于 $I_1$，因此上式可写为

$$I_1' = \frac{KT_1^2}{4\pi^2} - I_0. \tag{3-3-6}$$

由式(3-3-5)和式(3-3-6)可得金属载物盘的转动惯量实验值为

$$I_0 = \frac{I_1' T_0^2}{T_1^2 - T_0^2}. \tag{3-3-7}$$

由式(3-3-6)可得螺旋弹簧的扭转常量为

$$K = 4\pi^2 \frac{I_1'}{T_1^2 - T_0^2}. \tag{3-3-8}$$

【操作步骤】

1.用游标卡尺测出实心塑料圆柱体的外径、空心金属圆筒的内径和外径、木球的直径，各

量重复测 3 次,用电子天平分别测出各物体的质量 $m_1, m_2, m_3$.

2. 调整扭摆上的底脚螺钉,使水准泡中的气泡居中.

3. 装上金属载物盘,并调整光电探头的位置,使载物盘上的挡光杆处于其缺口中央且能遮住发射、接收红外线的小孔,将金属载物盘转过小角度 $\theta$,测定摆动周期 $T_0$(重复测 5 次).

4. 将实心塑料圆柱体垂直放在金属载物盘上,将金属载物盘转过小角度 $\theta$,测定摆动周期 $T_1$(重复测 5 次).

5. 用空心金属圆筒代替实心塑料圆柱体,将金属载物盘转过小角度 $\theta$,测定摆动周期 $T_2$(重复测 5 次).

6. 取下金属载物盘,装上木球,将木球转过小角度 $\theta$,测定摆动周期 $T_3$(重复测 5 次)(在计算木球的转动惯量时,应扣除木球上的支座的转动惯量,见附录).

7. 将上述测量数据填入表 3－3－1 中.

【数据记录】

表 3－3－1　用扭摆法测定刚体转动惯量的数据记录表

| 物体名称 | 质量 /kg | 几何尺寸 /mm | | 周期 /s | | 转动惯量理论值 /($10^{-4}$ kg・$m^2$) | 转动惯量实验值 /($10^{-4}$ kg・$m^2$) | 百分误差 |
|---|---|---|---|---|---|---|---|---|
| 金属载物盘 | — | — | | $T_0$ | | | $I_0 = \dfrac{I_1' \overline{T_0^2}}{\overline{T_1^2} - \overline{T_0^2}}$ $=$ | — |
| | | | | $\overline{T_0}$ | | | | |
| 实心塑料圆柱体 | | $D_1$ | | $T_1$ | | $I_1' = \dfrac{1}{8} m_1 \overline{D_1^2}$ $=$ | $I_1 = \dfrac{K \overline{T_1^2}}{4\pi^2} - I_0$ $=$ | |
| | | $\overline{D_1}$ | | $\overline{T_1}$ | | | | |
| 空心金属圆筒 | | $D_外$ | | $T_2$ | | $I_2' = \dfrac{1}{8} m_2 (\overline{D_外^2} + \overline{D_内^2})$ $=$ | $I_2 = \dfrac{K \overline{T_2^2}}{4\pi^2} - I_0$ $=$ | |
| | | $\overline{D_外}$ | | | | | | |
| | | $D_内$ | | | | | | |
| | | $\overline{D_内}$ | | $\overline{T_2}$ | | | | |

续表

| 物体名称 | 质量 /kg | 几何尺寸 /mm | | 周期 /s | 转动惯量理论值 /$(10^{-4}$ kg·m$^2)$ | 转动惯量实验值 /$(10^{-4}$ kg·m$^2)$ | 百分误差 |
|---|---|---|---|---|---|---|---|
| 木球 | | $D_{\text{直}}$ | | $T_3$ | $I'_3 = \dfrac{1}{10}m_3\overline{D}_{\text{直}}^2$ $=$ | $I_3 = \dfrac{K\overline{T}_3^2}{4\pi^2} - I_{\text{支}}$ $=$ | |
| | | $\overline{D}_{\text{直}}$ | | $\overline{T}_3$ | | | |

## 【数据处理】

1. 根据表 3-3-1 中的数据,应用式(3-3-7)和式(3-3-8)计算金属载物盘的转动惯量实验值(填入表 3-3-1 中)和弹簧的扭转常量 $K$:

$$K = 4\pi^2 \frac{I'_1}{\overline{T}_1^2 - \overline{T}_0^2} = \underline{\hspace{2cm}} \text{ N·m}.$$

2. 应用相关数据求出实心塑料圆柱体、空心金属圆筒和木球的转动惯量实验值,并与它们的理论值进行比较,求出百分误差.

3. 计算不确定度,写出各物体转动惯量的测量结果.

## 【附录】

1. 木球支座的转动惯量实验值为

$$I_{\text{支}} = \frac{KT^2}{4\pi^2} = \frac{3.405 \times 10^{-2} \times 0.144^2}{4\pi^2} \text{ kg·m}^2 \approx 0.179 \times 10^{-4} \text{ kg·m}^2.$$

2. 转动惯量测试仪使用方法:

(1) 调节光电传感器在固定支架上的高度,使金属载物盘上的挡光杆能往返通过光电门,再将光电传感器的信号传输线插入主机输入端(位于转动惯量测试仪的后面板上).

(2) 开启主机电源,按摆动键,指示灯亮,参量指示为"P$_1$",数据显示为"----".

(3) 该机设定扭摆的周期数为 10,如要更改,可参照仪器使用说明书重新设定.更改后的周期数不具有记忆功能,一旦切断主机电源或按复位键,便恢复至默认周期数.

(4) 按执行键,数据显示为"000.0",表示仪器已处在等待测量状态,此时,当挡光杆第一次通过光电门时,仪器即开始计时,直至达到仪器所设定的周期数时,仪器便自动停止计时,由数据显示给出累计的时间,同时仪器自行计算周期并予以存储,以供查询和做多次测量求平均值,至此,P$_1$(第一次测量)测量完毕.

(5) 按执行键,参量指示由"P$_1$"变为"P$_2$",数据显示又回到"000.0",仪器又处于等待测量状态.该仪器设定重复测量的最多次数为 5 次,即(P$_1$,P$_2$,P$_3$,P$_4$,P$_5$).通过查询键可知各次测量的周期 $T_i(i = 1,2,3,4,5)$ 和它们的平均值.

# （二）用三线摆测定刚体的转动惯量

## 【实验目的】

1. 掌握用三线摆测定刚体转动惯量的原理和方法.
2. 掌握间接测量不确定度的传递与合成.

## 【实验仪器】

三线摆、秒表、钢卷尺、游标卡尺、水准仪、待测圆环和圆柱体.

## 【实验原理】

三线摆是一个质量分布均匀的圆盘以等长的三条悬线对称地悬挂在一个水平的小圆盘上
的装置,如图3-3-2所示.下圆盘可绕两圆盘的中心轴线 $OO'$ 做扭摆
运动,同时其重心沿 $OO'$ 轴做上下移动.若下圆盘的质量为 $m_0$,扭摆
时它沿 $OO'$ 轴上升的最大高度为 $h$,则其势能的增量为

$$E_p = m_0 gh.$$

下圆盘回到平衡位置时所具有的动能为

$$E_k = \frac{1}{2} I_0 \omega_0^2,$$

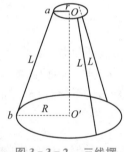

图3-3-2 三线摆

式中 $I_0$ 为下圆盘对 $OO'$ 轴的转动惯量,$\omega_0$ 为下圆盘回到平衡位置时
的角速度.如果不考虑摩擦力,根据机械能守恒定律,有 $E_k = E_p$,即

$$\frac{1}{2} I_0 \omega_0^2 = m_0 gh. \tag{3-3-9}$$

可以证明,当下圆盘做小角度扭摆运动时,其运动可以看成角谐振动,下圆盘的角位移 $\theta$ 与时
间 $t$ 的关系为

$$\theta = \theta_0 \sin \frac{2\pi}{T_0} t,$$

式中 $\theta_0$ 为角位移的振幅,$T_0$ 为自由振动的周期,于是角速度 $\omega$ 为

$$\omega = \frac{d\theta}{dt} = \frac{2\pi}{T_0} \theta_0 \cos \frac{2\pi}{T_0} t.$$

通过平衡位置时,下圆盘有最大角速度,其值为

$$\omega_0 = \frac{2\pi}{T_0} \theta_0. \tag{3-3-10}$$

当下圆盘绕 $OO'$ 轴转过 $\theta_0$ 时,其质心也上升到最大高度 $h$.设
$a,b$ 分别为上、下圆盘对应的悬点,$r,R$ 分别为上、下圆盘的悬点半
径,$L$ 为悬线长度,$H$ 为上、下圆盘的铅直距离,由图3-3-3可知

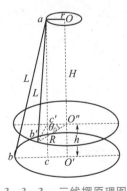

图3-3-3 三线摆原理图

$$h = |cc'| = |ac| - |ac'| = \frac{|ac|^2 - |ac'|^2}{|ac| + |ac'|}, \tag{3-3-11}$$

而

$$|ac|^2 = |ab|^2 - |bc|^2 = L^2 - (R-r)^2,$$
$$|ac'|^2 = |ab'|^2 - |b'c'|^2 = L^2 - (R^2 + r^2 - 2Rr\cos\theta_0),$$

将上述两式代入式(3-3-11),可得

$$h = \frac{2Rr(1-\cos\theta_0)}{|ac| + |ac'|} = \frac{4Rr\sin^2\frac{\theta_0}{2}}{|ac| + |ac'|}.$$

将 $|ac| = H$,$|ac'| = |ac| - h$ 代入上式,有

$$h = \frac{4Rr\sin^2\frac{\theta_0}{2}}{2H - h}.$$

当摆角不大($\theta_0 < 10°$)时,$\sin^2\frac{\theta_0}{2} \approx \frac{\theta_0^2}{4}$,忽略 $h$,上式可写成

$$h = \frac{Rr\theta_0^2}{2H}. \qquad (3-3-12)$$

将式(3-3-10)和式(3-3-12)代入式(3-3-9),可得

$$I_0 = \frac{m_0 gRrT_0^2}{4\pi^2 H}. \qquad (3-3-13)$$

这就是下圆盘对 $OO'$ 轴的转动惯量. 若要测量质量为 $m_i(i=1,2)$ 的待测物体(圆环、圆柱体)对 $OO'$ 轴的转动惯量,只需将待测物体置于下圆盘上,由式(3-3-13)就可得到由该物体和下圆盘组成的系统对 $OO'$ 轴的转动惯量为

$$I_{0i} = \frac{(m_0 + m_i)gRrT_{0i}^2}{4\pi^2 H} \quad (i=1,2). \qquad (3-3-14)$$

因此,待测物体的转动惯量为

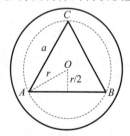

$$I_i = I_{0i} - I_0 = \frac{gRr}{4\pi^2 H}\left[(m_0 + m_i)T_{0i}^2 - m_0 T_0^2\right] \quad (i=1,2). \qquad (3-3-15)$$

如图3-3-4所示,依次联结上圆盘上的三个悬点,可构造一等边 $\triangle ABC$. $\triangle ABC$ 的任意顶点到其重心的距离就是上圆盘的悬点半径. 设 $\triangle ABC$ 的边长为 $a$(两悬点间距),容易证明

图 3-3-4　圆盘悬点半径
　　　　　求解示意图

$$r = \frac{a}{\sqrt{3}}. \qquad (3-3-16)$$

【操作步骤】

1. 记下三线摆下圆盘和待测圆环、圆柱体的质量(分别为 $m_0, m_1, m_2$,由实验室给出). 取武汉地区的重力加速度为 $g = 979.4 \text{ cm/s}^2$.

2. 用游标卡尺分别测出上、下圆盘的悬点间距,并由式(3-3-16)分别计算两圆盘的悬点半径,重复测量6次;再用游标卡尺测量待测圆环的内径 $D_1$ 和外径 $D_1'$,以及待测圆柱体的直径 $D_2$(下圆盘的直径 $D_0$ 由实验室给出).

3. 调节3条悬线使其等长(约1 m).用钢卷尺测量出上、下圆盘的铅直距离 $H$,重复测量6次.

4. 将水准仪放在下圆盘上,仔细调节立柱底脚螺钉使下圆盘水平.

5. 轻轻扭动上圆盘,使下圆盘做无晃动的小角度扭摆运动.

6. 在下圆盘经过平衡位置时开始计时,测量下圆盘连续做 50 次扭摆运动的时间 $t$,并算出 $T_0$. 重复测量 6 次,求出平均周期 $\overline{T}_0$.

7. 将待测圆环同轴地放在下圆盘上,重复步骤 5,6,求出 $\overline{T}_{01}$.

8. 将待测圆柱体同轴地放在下圆盘上,重复步骤 5,6,求出 $\overline{T}_{02}$.

9. 将上述测量数据填入表 3-3-2 中.

【数据记录】

表 3-3-2　用三线摆测定刚体转动惯量的数据记录表

$m_0 = $ _____ g;　$m_1 = $ _____ g;　$m_2 = $ _____ g;　$g = 979.4$ cm/s$^2$;

$D_0 = $ _____ cm;　$D_1 = $ _____ cm;　$D_1' = $ _____ cm;　$D_2 = $ _____ cm

| 测量次数 $i$ | $H_i$/cm | $R_i$/cm | $r_i$/cm | $t_i$/s | $T_{0i}$/s | $t_{1i}$/s | $T_{01i}$/s | $t_{2i}$/s | $T_{02i}$/s |
|---|---|---|---|---|---|---|---|---|---|
| 1 | | | | | | | | | |
| 2 | | | | | | | | | |
| 3 | | | | | | | | | |
| 4 | | | | | | | | | |
| 5 | | | | | | | | | |
| 6 | | | | | | | | | |
| 平均值 | | | | | | | | | |

【数据处理】

1. 按式(3-3-13)和式(3-3-15)分别计算下圆盘、圆环和圆柱体的转动惯量实验值 $\overline{I}_0$, $\overline{I}_1$ 和 $\overline{I}_2$.

2. 不确定度的估算. 不计 B 类不确定度,有

$$\Delta_{T_0} = S_{T_0} = \sqrt{\frac{\sum_{i=1}^{6}(T_i - \overline{T}_0)^2}{6-1}}\,,\quad \Delta_{T_{01}} = S_{T_{01}} = \sqrt{\frac{\sum_{i=1}^{6}(T_{01i} - \overline{T}_{01})^2}{6-1}}\,,$$

$$\Delta_{T_{02}} = S_{T_{02}} = \sqrt{\frac{\sum_{i=1}^{6}(T_{02i} - \overline{T}_{02})^2}{6-1}}\,,\quad \Delta_H = S_H = \sqrt{\frac{\sum_{i=1}^{6}(H_i - \overline{H})^2}{6-1}}\,,$$

$$\Delta_R = S_R = \sqrt{\frac{\sum_{i=1}^{6}(R_i - \overline{R})^2}{6-1}}\,,\quad \Delta_r = S_r = \sqrt{\frac{\sum_{i=1}^{6}(r_i - \overline{r})^2}{6-1}}\,.$$

按间接测量不确定度传递公式:

$$E_0 = \frac{\Delta_{I_0}}{\overline{I}_0} = \sqrt{\left(\frac{\Delta_R}{\overline{R}}\right)^2 + \left(\frac{\Delta_r}{\overline{r}}\right)^2 + \left(\frac{\Delta_H}{\overline{H}}\right)^2 + \left(\frac{2\Delta_{T_0}}{\overline{T}_0}\right)^2}\,,$$

$$E_1 = \frac{\Delta_{I_1}}{\overline{I}_1} = \sqrt{\left(\frac{\Delta_R}{\overline{R}}\right)^2 + \left(\frac{\Delta_r}{\overline{r}}\right)^2 + \left(\frac{\Delta_H}{\overline{H}}\right)^2 + \left[\frac{2(m_0+m_1)\overline{T}_{01}\Delta_{T_{01}}}{(m_0+m_1)\overline{T}_{01}^2 - m_0\overline{T}_0^2}\right]^2 + \left[\frac{2m_0\overline{T}_0\Delta_{T_0}}{(m_0+m_1)\overline{T}_{01}^2 - m_0\overline{T}_0^2}\right]^2}\,,$$

可得

$$\Delta_{I_0} = \overline{I}_0 \cdot E_0,$$
$$\Delta_{I_1} = \overline{I}_1 \cdot E_1.$$

同理可求出 $\Delta_{I_2}$.

3. 实验结果的表示：

$$\begin{cases} I_0 = \overline{I}_0 \pm \Delta_{I_0}, \\ E_0 = \underline{\qquad} \%; \end{cases} \qquad \begin{cases} I_1 = \overline{I}_1 \pm \Delta_{I_1}, \\ E_1 = \underline{\qquad} \%; \end{cases} \qquad \begin{cases} I_2 = \overline{I}_2 \pm \Delta_{I_2}, \\ E_2 = \underline{\qquad} \%. \end{cases}$$

4. 计算转动惯量实验值与理论值的百分误差.

下圆盘的转动惯量理论值为 $I_0' = \dfrac{1}{8} m_0 D_0^2$,

$$E = \frac{|I_0 - I_0'|}{I_0'} \times 100\%.$$

圆环的转动惯量理论值为 $I_1' = \dfrac{1}{8} m_1 (D_1'^2 - D_1^2)$,

$$E = \frac{|I_1 - I_1'|}{I_1'} \times 100\%.$$

圆柱体的转动惯量理论值为 $I_2' = \dfrac{1}{8} m_2 D_2^2$,

$$E = \frac{|I_2 - I_2'|}{I_2'} \times 100\%.$$

【思考题】

1. 刚体的转动惯量与哪些因素有关?
2. 如何用三线摆测定任意形状的物体绕特定轴的转动惯量?
3. 如何用三线摆验证平行轴定理?

## （三）用刚体转动惯量实验仪测定刚体的转动惯量

【实验目的】

1. 掌握用刚体转动惯量实验仪验证刚体的转动定律和平行轴定理的实验方法.
2. 学习一种测定刚体转动惯量的方法.
3. 学习用作图法处理实验数据.

【实验仪器】

刚体转动惯量实验仪、秒表、钢卷尺、砝码、游标卡尺.

刚体转动惯量实验仪如图 3-3-5 所示. A 为一个具有不同半径 $r$ 的塔轮,其两边对称地伸出两根有等分刻度的均匀细柱 B 和 B'. B 和 B' 上各有一个可移动的质量为 $m_0$ 的圆柱形重物,它们一起组成一个可绕固定轴 $OO'$ 转动的刚体系统.塔轮上绕一细线,通过滑轮 C 与质量为 $m$ 的砝码相连.当砝码下落时,通过细线对刚体系统施加外力矩.滑轮 C 的支架可以借助固定螺钉 D 升降,以保证当细线绕不同半径的塔轮时都可以保持与 $OO'$ 轴垂直.滑轮台架上有一个标记 F,用来判断砝码的起始位置.H 是固定滑轮台架的螺旋扳手.取下塔轮,换上铅直准钉,通过底脚螺钉 $S_1$,$S_2$ 可使 $OO'$ 轴竖直.调好 $OO'$ 轴后,再换上塔轮,最后用固定螺钉 G 固定.

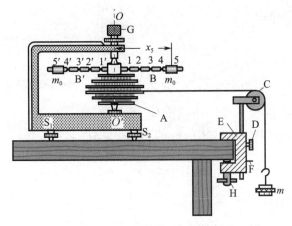

图 3-3-5　刚体转动惯量实验仪

【实验原理】

根据转动定律,当刚体绕固定轴转动时,有

$$M = I\alpha, \tag{3-3-17}$$

式中 $M$ 为刚体所受合外力矩,$I$ 为刚体对该轴的转动惯量,$\alpha$ 为角加速度.在本实验中,刚体所受的合外力矩为绳子给予的外力矩 $M = Tr$ 和摩擦力矩 $M_f$,式中 $T$ 为绳子的张力,其方向与 $OO'$ 轴垂直;$r$ 为塔轮的绕线半径.略去滑轮和绳子的质量,以及滑轮轴上的摩擦力,并认为绳长不变,则砝码以匀加速度 $a$ 下落,因此有

$$T = m(g-a), \tag{3-3-18}$$

式中 $g$ 为重力加速度.设砝码由静止开始下落 $h$ 所用的时间为 $t$,则有

$$h = \frac{1}{2}at^2. \tag{3-3-19}$$

由角量与线量的关系,有

$$a = r\alpha. \tag{3-3-20}$$

由式(3-3-17),有

$$Tr - M_f = I\alpha,$$

将式(3-3-18)、式(3-3-19)和式(3-3-20)代入上式,可得

$$m(g-a)r - M_f = \frac{2hI}{rt^2}. \tag{3-3-21}$$

在实验中,使用质量较小的砝码,可使 $g \gg a$,故式(3-3-21)可化简为

$$mgr - M_f = \frac{2hI}{rt^2}. \tag{3-3-22}$$

下面分别讨论几种情况.

(1) 保持圆柱形重物的位置不变.此时被研究的刚体的转动惯量 $I$ 为常量.保持 $h$ 和 $r$ 不

变,改变砝码的质量,测出相应的下落时间 $t$,由式(3-3-22),有

$$m = \frac{2hI}{gr^2}\frac{1}{t^2} + \frac{M_f}{gr}.$$ (3-3-23)

设 $k_1 = \frac{2hI}{gr^2}$,$G_1 = \frac{M_f}{gr}$,且保持不变,则式(3-3-23)可写为

$$m = k_1\frac{1}{t^2} + G_1.$$ (3-3-24)

在直角坐标纸上作 $m-\frac{1}{t^2}$ 关系曲线,若 $m-\frac{1}{t^2}$ 关系曲线为一条直线,则表明式(3-3-17)(转动定律)是成立的. 由斜率 $k_1$ 可求得 $I$,由截距 $G_1$ 可求得 $M_f$.

(2)保持圆柱形重物的位置,以及 $h,m$ 的大小不变,改变 $r$,根据式(3-3-22),有

$$r = \frac{2hI}{mg}\frac{1}{t^2r} + \frac{M_f}{mg}.$$

设 $k_2 = \frac{2hI}{mg}$,$G_2 = \frac{M_f}{mg}$,且保持不变,则上式可写为

$$r = k_2\frac{1}{t^2r} + G_2.$$ (3-3-25)

在直角坐标纸上作 $r-\frac{1}{t^2r}$ 关系曲线,若 $r-\frac{1}{t^2r}$ 关系曲线为一条直线,则表明式(3-3-17)是成立的. 由斜率 $k_2$ 可求得 $I$,由截距 $G_2$ 可求得 $M_f$.

(3)考虑 $mgr \gg M_f$,式(3-3-22)可化简为

$$mgr = \frac{2hI}{rt^2}.$$ (3-3-26)

保持 $h,r,m$ 不变,对称地改变(同步左移或同步右移)圆柱形重物的质心至 $OO'$ 轴的距离,根据平行轴定理,整个刚体系统绕 $OO'$ 轴的转动惯量为

$$I = I_0 + I_c + 2m_0x^2,$$ (3-3-27)

式中 $I_0$ 为 A,B,B' 绕 $OO'$ 轴的转动惯量;$I_c$ 为两个圆柱形重物绕过其质心且平行于 $OO'$ 轴的轴的转动惯量;$x$ 为圆柱形重物所处位置到 $OO'$ 轴的距离. 将式(3-3-27)代入式(3-3-26),有

$$t^2 = \frac{4m_0h}{mgr^2}x^2 + \frac{2h(I_0+I_c)}{mgr^2}.$$

设 $k_3 = \frac{4m_0h}{mgr^2}$,$G_3 = \frac{2h(I_0+I_c)}{mgr^2}$,且保持不变,则上式可写为

$$t^2 = k_3x^2 + G_3.$$ (3-3-28)

在直角坐标纸上作 $t^2-x^2$ 关系曲线,若 $t^2-x^2$ 关系曲线为一条直线,则可以认为转动定律及平行轴定理是成立的.

【操作步骤】

1. 调节实验装置. 取下塔轮,换上铅直准钉,调节 $OO'$ 轴使其与地面垂直. 装上塔轮,尽量减小摩擦. 调好后用固定螺钉固定,并在实验过程中维持摩擦力大小不变. 绕线要尽量密排. 用铁柱来代替圆柱形重物.

2. 选 $r = 2.50$ cm,将铁柱放于 $(5,5')$ 位置,砝码从一固定高度由静止开始下落. 用秒表测出砝码从 F 自由下落到地面所需的时间 $t$. 改变砝码的质量 $m$,每次增加 5.00 g 砝码,到 $m =$

35.00 g 为止.对应于每一个质量 $m$,测 6 次时间,取平均值.用钢卷尺测量 F 到地面的距离 $h$.将实验数据填入表 3-3-3 中.

    3.将铁柱放于 $(5,5')$ 位置,维持 $m=20.00$ g 不变,改变塔轮的绕线半径 $r$,使 $r$ 分别取 1.00 cm,1.50 cm,2.00 cm,2.50 cm,3.00 cm.用秒表测出砝码从 F 自由下落到地面所需的时间 $t$.对应于每一个绕线半径 $r$,测 6 次时间,取平均值.用钢卷尺测量 F 到地面的距离 $h$.将实验数据填入表 3-3-4 中.

    4.维持 $m=10.00$ g,$r=2.50$ cm 及 $h$ 不变.对称地改变铁柱的位置,使铁柱与 $OO'$ 轴相距 $x_1,x_2,x_3,x_4$,用秒表测出砝码从 F 自由下落到地面所需的时间.观察转动惯量与质量分布的关系.将实验数据填入自拟的表格中.

【数据记录】

表 3-3-3　时间 $t$ 的数据记录表 1
$r=2.50$ cm;　　$h=$ _____ cm　　　　　　　单位:s

| 测量次数 | $m$/g | | | | | | |
|---|---|---|---|---|---|---|---|
| | 5.00 | 10.00 | 15.00 | 20.00 | 25.00 | 30.00 | 35.00 |
| 1 | | | | | | | |
| 2 | | | | | | | |
| 3 | | | | | | | |
| 4 | | | | | | | |
| 5 | | | | | | | |
| 6 | | | | | | | |
| 平均值 | | | | | | | |
| $\frac{1}{t^2}$/s$^{-2}$ | | | | | | | |

表 3-3-4　时间 $t$ 的数据记录表 2
$m=20.00$ g;　　$h=$ _____ cm　　　　　　　单位:s

| 测量次数 | $r$/cm | | | | |
|---|---|---|---|---|---|
| | 1.00 | 1.50 | 2.00 | 2.50 | 3.00 |
| 1 | | | | | |
| 2 | | | | | |
| 3 | | | | | |
| 4 | | | | | |
| 5 | | | | | |
| 6 | | | | | |
| 平均值 | | | | | |
| $\frac{1}{t^2 r}$/(s$^{-2}$ · cm$^{-1}$) | | | | | |

【数据处理】

1. 根据表 3-3-3 中的数据作 $m-\frac{1}{t^2}$ 关系曲线，根据关系曲线验证刚体的转动定律并求出该刚体系统的转动惯量 $I$ 和摩擦力矩 $M_f$.

2. 根据表 3-3-4 中的数据作 $r-\frac{1}{t^2 r}$ 关系曲线，根据关系曲线求出该刚体系统的转动惯量.

3. 利用自拟表格中的数据作 $t^2-x^2$ 关系曲线，根据关系曲线验证平行轴定理.

【注意事项】

改变塔轮的绕线半径 $r$ 时，应同时调节滑轮 C 的高度，使其与所选定塔轮的高度大致相同.

【思考题】

1. 总结本实验所要求的条件，并说明它们在实验中是如何实现的.
2. 分析实验误差产生的因素.

光杠杆法测量
金属的弹性模量

# 实验四　光杠杆法测量金属的弹性模量

弹性模量是工程材料重要的性能参数之一，从宏观角度来说，弹性模量是描述固体材料抵抗弹性变形能力的物理量；从微观角度来说，弹性模量是原子、离子或分子之间键合强度的反映.

【实验目的】

1. 学习一种测量金属弹性模量的方法.
2. 掌握用光杠杆测量微小长度变化量的原理和方法.
3. 学习两种处理实验数据的方法 —— 逐差法和图解法.

【实验仪器】

弹性模量实验仪、光杠杆、砝码一套、望远镜及标尺、螺旋测微器、游标卡尺、钢卷尺.

如图 3-4-1 所示为弹性模量实验仪示意图，图中左边支架上端横梁中部为钢丝螺栓卡头；支架中间段由开孔的平台和圆柱形钢丝卡头两个构件组成，圆柱形钢丝卡头穿过平台的开孔，并且可以随金属丝的伸缩而上下移动，圆柱形钢丝卡头下端的金属环供挂砝码使用；支架的下端为三个底脚螺钉，用于调节支架垂直. 平台上放有平面镜 M，如图 3-4-2 所示. T 形架的前足 B 和 C 放在平台的沟槽内，并和平面镜处于同一平面，后足 A 放在圆柱形钢丝卡头上. 光杠杆测量微小长度变化量的原理和方法见第二章第三节，这里不再赘述.

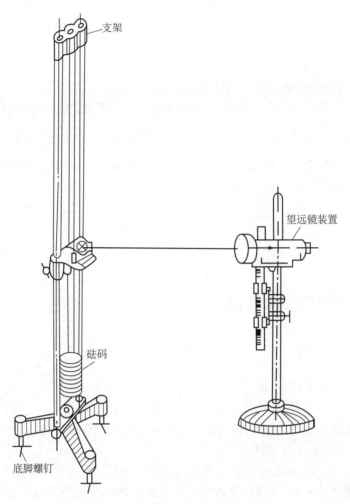

图 3 - 4 - 1　弹性模量实验仪示意图

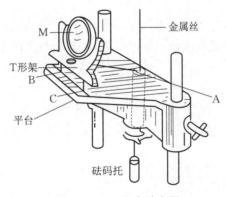

图 3 - 4 - 2　平台放大图

## 【实验原理】

设长度为 $L$、截面积为 $S$ 的钢丝在外力 $F$ 的作用下做弹性形变而伸长,伸长量为 $\Delta L$,定义

$\frac{\Delta L}{L}$ 为应变,$\frac{F}{S}$ 为应力. 根据胡克定律,在弹性限度内应变与应力成正比,即

$$\frac{F}{S} = E \frac{\Delta L}{L}, \tag{3-4-1}$$

式中比例系数 $E$ 为弹性模量. 在国际单位制中,它的单位是帕[斯卡](Pa).

实验表明,弹性模量 $E$ 只与材料有关. 由式(3-4-1)可知,为了测出弹性模量,必须测出 $F,S,L,\Delta L$ 四个量. 其中,$F$ 为悬挂砝码的重量 $\Delta mg$;截面积 $S = \frac{1}{4}\pi d^2$,式中 $d$ 为钢丝直径;$L$ 为钢丝长度,用钢卷尺测出;$\Delta L$ 是一个很小的量,不易测出,实验中借助光杠杆来测量. 将式(2-3-1)代入式(3-4-1),可得

$$E = \frac{2FLR}{Sb\Delta n},$$

即

$$E = \frac{8\Delta mgLR}{\pi d^2 b\Delta n}. \tag{3-4-2}$$

式(3-4-2)即为钢丝弹性模量的计算公式.

【操作步骤】

1. 仪器调节.

(1) 将水准仪放在平台上,调节三个底脚螺钉使平台水平.

(2) 将光杠杆放在平台上,调节平面镜使其垂直于平台.

(3) 移动望远镜及标尺支架使标尺距平面镜约 1 m 远,粗调望远镜位置使其与平面镜大致在一个水平面上,并使望远镜轴线基本水平.

(4) 调整目镜,使得能从目镜中清楚地看到分划板上的十字叉丝,无视差.

(5) 用肉眼在望远镜外部观察,找到标尺在平面镜中的像,使像落在平面镜的中间位置.

(6) 移动望远镜和标尺支架,使望远镜镜筒上的瞄准装置(凹槽、准星)和平面镜中的标尺像三者在一条直线上.

(7) 从望远镜镜筒内观测,如果看不见标尺像,则调节望远镜焦距,直至看清标尺像.

(8) 调节平面镜角度、望远镜倾角或标尺位置,使分划板上的十字叉丝横线在标尺某一整数刻度线附近.

2. 测量.

(1) 记下标尺的初始读数 $n_1$,此时悬挂的砝码的质量为 1 kg.

(2) 依次增加一个砝码,每次待砝码静止不动后记下望远镜中标尺的读数 $n_2,n_3,\cdots,n_8$,填入表 3-4-1 中.

(3) 依次减少一个砝码,每次待砝码静止不动后记下望远镜中标尺的读数 $n_7,n_6,\cdots,n_1$,填入表 3-4-1 中.

(4) 用钢卷尺测量钢丝原长 $L$,共测量 3 次,并将数据填入表 3-4-2 中.

(5) 用钢卷尺测量由平面镜镜面至标尺之间的垂直距离 $R$,共测量 3 次,并将数据填入表 3-4-2 中.

(6) 取下光杠杆,在铺平的纸上压出足迹,用游标卡尺测出光杠杆常量 $b$,共测量 3 次,并将

数据填入表 3 - 4 - 2 中.

(7) 用螺旋测微器测量钢丝直径,共测量 3 次,并将数据填入表 3 - 4 - 2 中.

## 【数据记录】

表 3 - 4 - 1　不同砝码质量时,望远镜中标尺的读数记录表

| 测量次数 $i$ | 砝码质量 $m$/kg | 望远镜中的标尺读数 /cm | | | 增重时标尺读数差值 |
|---|---|---|---|---|---|
| | | 增重时 $n_{i增}$（从上往下记录） | 减重时 $n_{i减}$（从下往上记录） | $\bar{n}_i = \dfrac{n_{i增} + n_{i减}}{2}$ | $\overline{\Delta n_i}(=\bar{n}_{i+4} - \bar{n}_i)$/cm |
| 1 | | | | | |
| 2 | | | | | |
| 3 | | | | | |
| 4 | | | | | |
| 5 | | | | | — |
| 6 | | | | | — |
| 7 | | | | | — |
| 8 | | | | | — |
| 平均值 $\overline{\Delta n}$ | | | | | |

表 3 - 4 - 2　测量钢丝原长、光杠杆常量、镜面至标尺的距离、钢丝直径的数据记录表

| 测量次数 $i$ | 钢丝原长 $L_i$/cm | 光杠杆常量 $b_i$/cm | 镜面至标尺的距离 $R_i$/cm | 钢丝直径 $d_i$/mm |
|---|---|---|---|---|
| 1 | | | | |
| 2 | | | | |
| 3 | | | | |
| 平均值 | | | | |

## 【数据处理】

1. 用逐差法处理数据.

(1) 各负荷下标尺读数的平均值为 $\bar{n}_1, \bar{n}_2, \cdots, \bar{n}_8$. 用逐差法算出平均值 $\overline{\Delta n}$:

$$\overline{\Delta n} = \frac{1}{4} \sum_{i=1}^{4} (\bar{n}_{i+4} - \bar{n}_i) = \frac{1}{4} \left[ (\bar{n}_5 - \bar{n}_1) + (\bar{n}_6 - \bar{n}_2) + (\bar{n}_7 - \bar{n}_3) + (\bar{n}_8 - \bar{n}_4) \right].$$

$$(3 - 4 - 3)$$

$\overline{\Delta n}$ 相当于每增加 4 kg 砝码时标尺读数变化的平均值.

(2) 将 $\overline{\Delta n}$ 代入式(3 - 4 - 2),算出弹性模量的实验值 $\overline{E}$:

$$\overline{E} = \frac{8 \Delta mg \overline{L}\, \overline{R}}{\pi \overline{d}^2 \overline{b}\, \overline{\Delta n}},$$

式中 $\Delta m$ 应取 4 kg.

(3) 不确定度 $\Delta_E$ 的估算. 不计 A 类不确定度,有

$$\Delta_{d仪} = 5 \times 10^{-6} \text{ m}, \quad \Delta_{L仪} = 5 \times 10^{-4} \text{ m}, \quad \Delta_{b仪} = 2 \times 10^{-4} \text{ m},$$

$$\Delta_{R仪} = 5 \times 10^{-4} \text{ m}, \quad \Delta_{n仪} = 5 \times 10^{-4} \text{ m},$$

于是

$$E_E = \frac{\Delta_E}{\overline{E}} = \sqrt{\left(\frac{2\Delta_{n仪}}{\overline{\Delta n}}\right)^2 + \left(\frac{2\Delta_{d仪}}{\overline{d}}\right)^2 + \left(\frac{\Delta_{L仪}}{\overline{L}}\right)^2 + \left(\frac{\Delta_{b仪}}{\overline{b}}\right)^2 + \left(\frac{\Delta_{R仪}}{\overline{R}}\right)^2}, \quad (3-4-4)$$

$$\Delta_E = \overline{E} \cdot E_E, \quad (3-4-5)$$

式中$\overline{\Delta n}$为两次读数之差,所以应取仪器误差限$\Delta_{n仪}$的两倍参与误差计算.

(4) 实验结果表示:

$$\begin{cases} E = \overline{E} \pm \Delta_E, \\ E_E = \dfrac{\Delta_E}{\overline{E}} \times 100\%. \end{cases}$$

2. 用图解法处理数据. 以砝码质量的增量 $F_i$ 为横坐标,以其所对应的标尺读数差的平均值$\overline{\Delta n_i}$为纵坐标,画出$\overline{\Delta n_i}$-$F_i$关系曲线,如图 3-4-3 所示,在直线上任取两点 $A(F_A, \overline{\Delta n_A})$ 与 $B(F_B, \overline{\Delta n_B})$($A, B$ 两点不能离得太近),计算直线斜率:

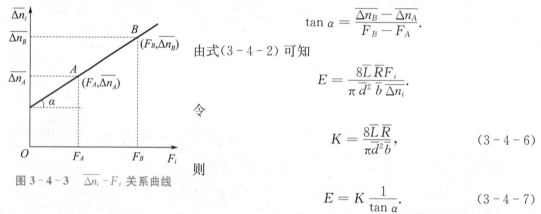

$$\tan \alpha = \frac{\overline{\Delta n_B} - \overline{\Delta n_A}}{F_B - F_A}.$$

由式(3-4-2) 可知

$$E = \frac{8\overline{L}\,\overline{R}F_i}{\pi \overline{d}^2\, \overline{b}\, \overline{\Delta n_i}}.$$

令

$$K = \frac{8\overline{L}\,\overline{R}}{\pi \overline{d}^2 \overline{b}}, \quad (3-4-6)$$

则

$$E = K \frac{1}{\tan \alpha}. \quad (3-4-7)$$

图 3-4-3　$\overline{\Delta n_i}$-$F_i$ 关系曲线

【注意事项】

1. 不要用手触摸望远镜的目镜和物镜,调好整个系统后,在测试过程中不得再移动光杠杆和望远镜.

2. 增减砝码时动作要轻,应待钢丝不晃动且形变稳定之后再进行测量.

3. 光杠杆平面镜的镜面易碎,测量钢丝直径 $d$ 和原长 $L$ 时,应将光杠杆从平台上取下放妥,以免损坏.

【思考题】

1. 为什么要从望远镜外部观察,在平面镜中找标尺的像,直接在望远镜中找不可以吗?

2. 光杠杆是如何测量微小长度变化量的?

3. 如果长度变化量为 $\Delta L = 0.3$ mm,而要求标尺读数差为 $\Delta n = 0.6$ cm,已知使用的光杠杆常量为 $b = 7.0$ cm,则标尺离平面镜至少要多远?

4. 实验中对钢丝原长、直径、伸长量的测量使用了不同的仪器和方法,为什么要这样处理?

## 实验五　　动态法测量金属的弹性模量

弹性模量是固体材料的重要物理参量,最基本的弹性模量的测量方法为拉伸法.本实验学习另一种测量弹性模量的方法,即将棒状金属样品用细线悬挂起来,用声学的方法测出它做弯曲振动时的共振频率,由此得到其弹性模量.

【实验目的】

1.掌握用动态法测量金属弹性模量的原理和方法.
2.学会判别共振峰值.

【实验仪器】

动态弹性模量实验仪、钢卷尺、螺旋测微器、数显电子天平.

【实验原理】

如图 3-5-1 所示,一细长棒(长度比横向尺寸大很多)沿 $x$ 轴方向放置,其横振动(又称为弯曲振动)满足动力学方程

$$\frac{\partial^2 \eta}{\partial t^2} + \frac{EI}{\rho S}\frac{\partial^4 \eta}{\partial x^4} = 0, \tag{3-5-1}$$

式中 $\eta$ 为细长棒上距左端(坐标原点 $O$)为 $x$ 处的横截面沿 $z$ 方向的位移,$E$ 为细长棒的弹性模量,$\rho$ 为细长棒的密度,$S$ 为细长棒的横截面面积,$I$ 为某一横截面的惯性矩 $\left(I = \iint_S z^2 \mathrm{d}S\right).$

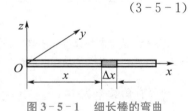

图 3-5-1　细长棒的弯曲

用分离变量法求解方程(3-5-1).令 $\eta(x,t) = X(x)T(t)$,将之代入方程(3-5-1),可得

$$\frac{1}{X}\frac{\mathrm{d}^4 X}{\mathrm{d}x^4} = -\frac{\rho S}{EI}\frac{1}{T}\frac{\mathrm{d}^2 T}{\mathrm{d}t^2}. \tag{3-5-2}$$

式(3-5-2)两端分别是两个独立变量 $x$ 和 $t$ 的函数,只有在两端都等于同一个常数时才有可能成立,设该常数为 $K^4$,于是可得

$$\frac{\mathrm{d}^4 X}{\mathrm{d}x^4} - K^4 X = 0, \tag{3-5-3}$$

$$\frac{\mathrm{d}^2 T}{\mathrm{d}t^2} + \frac{K^4 EI}{\rho S}T = 0. \tag{3-5-4}$$

设细长棒中的每点都在做简谐振动,则方程(3-5-3)和(3-5-4)的通解分别为

$$X(x) = B_1 \operatorname{ch} Kx + B_2 \operatorname{sh} Kx + B_3 \cos Kx + B_4 \sin Kx, \tag{3-5-5}$$

$$T(t) = A\cos(\omega t + \varphi). \tag{3-5-6}$$

于是方程(3-5-1)的通解为

$$\eta(x,t) = (B_1 \operatorname{ch} Kx + B_2 \operatorname{sh} Kx + B_3 \cos Kx + B_4 \sin Kx)A\cos(\omega t + \varphi),$$

$$\tag{3-5-7}$$

式中

$$\omega = \sqrt{\frac{K^4 EI}{\rho S}},\qquad (3-5-8)$$

此式称为频率公式,它对任意形状横截面的试样在不同的边界条件下都是成立的. 只要根据特定的边界条件确定常数 $K$,代入特定横截面的惯性矩 $I$,就可以得到具体条件下的角频率.

对于用细线悬挂起来的棒,若悬挂点位于棒做弯曲振动的节点,如图 $3-5-2$(a)所示的 $j$, $j_1$ 点附近,并且棒的两端均处于自由状态,那么在两端面上,横向作用力 $F$ 与弯矩均为零. 横向作用力和弯矩的表达式分别为 $F=\frac{\partial M}{\partial x}=-EI\frac{\partial^3 \eta}{\partial x^3}$,$M=-EI\frac{\partial^2 \eta}{\partial x^2}$,则边界条件有四个,即

$$\left.\frac{\mathrm{d}^3 X}{\mathrm{d}x^3}\right|_{x=0}=0,\quad \left.\frac{\mathrm{d}^3 X}{\mathrm{d}x^3}\right|_{x=l}=0,\quad \left.\frac{\mathrm{d}^2 X}{\mathrm{d}x^2}\right|_{x=0}=0,\quad \left.\frac{\mathrm{d}^2 X}{\mathrm{d}x^2}\right|_{x=l}=0,$$

式中 $l$ 为棒长. 将通解代入边界条件,可得

$$\cos Kl \cdot \mathrm{ch}\, Kl = 1.\qquad (3-5-9)$$

通过数值解法可求得满足式($3-5-9$)的一系列根 $K_n l$,其值为 $K_n l = 0, 4.730, 7.853,$ $10.996, 14.137, \cdots$,其中 $K_0 l = 0$ 的根对应静止状态. 因此将 $K_1 l = 4.730$ 记为第一个根,对应的振动频率称为基频,此时棒的振幅分布如图 $3-5-2$(a)所示,$K_2 l$,$K_3 l$ 对应的振动图形依次如图 $3-5-2$(b) 和图 $3-5-2$(c) 所示. 从图 $3-5-2$(a) 可以看出,试样在做基频振动时存在两个节点,根据计算,它们的位置分别距左端 $0.224l$ 和 $0.776l$. 对应 $n=2$ 的振动,其振动频率为基频的 $2.5 \sim 2.8$ 倍,节点位置分别距左端 $0.132l$,$0.500l$,

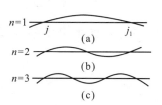

图 $3-5-2$　两端自由的做弯曲振动的棒的前三阶振幅分布

$0.868l$. 将 $K=\frac{4.730}{l}$ 代入式($3-5-8$),可得棒的基频振动固有角频率为

$$\omega = \sqrt{\frac{4.730^4 EI}{\rho l^4 S}}.\qquad (3-5-10)$$

由式($3-5-10$)解出弹性模量为

$$E = 1.9978 \times 10^{-3} \times \frac{\rho l^4 S}{I}\omega^2 = 7.8870 \times 10^{-2}\frac{l^3 m}{I}f^2,\qquad (3-5-11)$$

式中 $m=\rho l S$ 为棒的质量. 对于直径为 $d$ 的圆棒,其惯性矩为 $I=\iint_S z^2 \mathrm{d}S = \frac{\pi d^4}{64}$,将惯性矩 $I$ 代入式($3-5-11$),可得

$$E = 1.6067\frac{l^3 m}{d^4}f^2.\qquad (3-5-12)$$

实际测量时,由于不能满足 $d \ll l$,因此式($3-5-12$)应乘上一修正系数 $T_1$,即

$$E = 1.6067\frac{l^3 m}{d^4}f^2 T_1.$$

$T_1$ 可根据 $\frac{d}{l}$ 的不同数值和材料的泊松(Poisson)比查表得到. 实验中使用的试样为黄铜圆形杆,$d=5$ mm,$l=200$ mm,查表可得修正系数为 $T_1 = 1.0035$.

【操作步骤】

1. 如图 3-5-3 所示为本实验所用的实验装置示意图. 用两根支撑棒把被测试样放在两个换能器上面. 左边的换能器为发射换能器, 也称为激振器, 信号发生器输出的电信号加在激振器上, 使激振器产生振动, 激振器的振动引起支撑棒上下振动, 激发被测试样发生振动. 被测试样的振动通过另一个支撑棒传给接收换能器(又称为拾振器), 它将被测试样的振动转变为电信号, 经前置放大器及滤波器检波后, 加到液晶显示器的 $Y$ 轴上. 信号发生器输出的信号频率同时加到液晶显示器的 $X$ 轴上. 改变信号发生器输出信号的频率, 当其数值与被测试样的某一振动模式的频率一致时发生共振, 这时被测试样振动的幅度最大, 拾振器输出的电信号也达到最大, 测出此时的信号频率, 若判断它为被测试样的基频, 则代入式(3-5-12)即可求得被测试样的弹性模量.

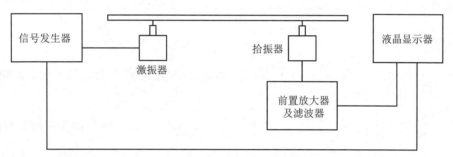

图 3-5-3　实验装置示意图

下面对实验装置中的几个部分分别做简要说明.

(1) 信号发生器: 实验用的信号发生器能稳定地输出正弦波, 输出信号的幅度和频率可调. 具体操作说明参见动态弹性模量实验仪用户手册.

(2) 激振器和拾振器: 激振器和拾振器均为电动式换能器, 具有较好的频率响应.

(3) 液晶显示器: 显示拾振器输出的幅度变化.

2. 学习数字化仪器的使用方法, 阅读动态法测量金属弹性模量的有关资料和动态弹性模量实验仪的用户手册, 学习调节和使用方法(见附录).

3. 测量被测试样的长度、直径(在不同部位测 6 次, 取平均值)及质量, 并将数据记录在表 3-5-1 中.

4. 测量被测试样的弯曲振动基频频率. 理论上, 被测试样做基频共振时, 其支撑点应置于节点处, 即支撑点应置于距被测试样左端分别为 $0.224l$ 和 $0.776l$ 处. 但是, 在这种情况下, 被测试样的振动无法被激发. 欲激发被测试样的振动, 支撑点必须离开节点位置. 这样, 又与理论条件不一致, 势必会产生系统误差. 故实验时采用下述方法测量被测试样的弯曲振动基频频率: 在基频节点处 ±6 mm 范围内同时改变两支撑点的位置, 每隔 1～2 mm 测一次共振频率. 画出共振频率 $f$ 与支撑点位置 $x$ 的关系曲线. 由该关系曲线可准确求出支撑点在节点位置处的基频共振频率, 其值约在百赫兹量级, 将测得的数据填入表 3-5-2 中.

## 【数据记录】

表 3 - 5 - 1　被测试样的数据记录表

$m = $ _____ g

| 测量次数 | 1 | 2 | 3 | 4 | 5 | 6 | 平均值 |
|---|---|---|---|---|---|---|---|
| 直径 $d$/mm | | | | | | | |
| 长度 $l$/mm | | | | | | | |

表 3 - 5 - 2　共振频率与支撑点位置的数据记录表

| $x$/mm | | | | | | | |
|---|---|---|---|---|---|---|---|
| $f$/Hz | | | | | | | |

## 【数据处理】

1. 画出 $f$ - $x$ 关系曲线,由 $f$ - $x$ 关系曲线确定支撑点在节点位置处的基频共振频率.

2. 计算弹性模量的实验值 $\overline{E}$.

3. 推导 $\dfrac{\Delta_E}{E}$ 的表达式,并计算 $\Delta_E$,其中 $\Delta_{f仪} = 0.1$ Hz,$\Delta_{m仪}$,$\Delta_{l仪}$ 的值由实验指导教师说明,螺旋测微器的仪器误差限一般为 $0.005$ mm,最后给出测量结果 $E = \overline{E} \pm \Delta_E$.

## 【注意事项】

1. 不要用力拉或压支撑棒,否则将会损坏膜片或换能器. 安放被测试样及移动支撑点位置时,对支撑棒不要给予冲击力,应轻放轻动.

2. 为了减少仪器中其他机械零部件受激产生振动,给激振器加正弦信号时,幅度应限制在 16 级内(最大值为 31 级).

3. 在找共振点时,调节信号频率要极其缓慢,到共振频率附近时一般应该以 $0.1$ Hz 的变化量调节. 调节时还要注意判断共振信号的真假,激振器、拾振器及整个系统都有自己的共振频率,拾振器的输出会伴随多次极大值. 当被测试样达到共振时,它的谐振峰较其他谐振峰陡,用手指或手背去触摸被测试样时会有酥麻感,而且触碰被测试样时,输出信号会马上变小.

## 【思考题】

1. 测量结果中会产生多个峰值,其原因是什么?

2. 如何确定弯曲振动的基频频率?

## 【附录】

### 动态弹性模量实验仪使用操作说明

1. 信号频率的调节

信号频率的调节是通过键盘实现的. 频率以五位数值显示,即当频率为 200 Hz 时,显示值为"0200.0 Hz";当频率为 3 000 Hz 时,显示值为"3000.0 Hz".它的最小显示分辨率为 0.1 Hz.

(1) 频率粗调. 按信号频率粗调键,显示屏右上方显示当前信号频率的百位和千位数值.

按 ↑ 键,频率值增加 100 Hz,按 ↓ 键,频率值减少 100 Hz.

按 → 键,频率值增加 2 000 Hz,按 ← 键,频率值减少 2 000 Hz.

当设置完成后,按下确认键,信号频率按设置值输出.

(2) 频率细调. 按信号频率细调键,显示屏右上方显示当前信号频率的十位、个位和十分位数值.

按 ↑ 键,频率值增加 0.1 Hz,按 ↓ 键,频率值减少 0.1 Hz.

按 → 键,频率值增加 2.0 Hz,按 ← 键,频率值减少 2.0 Hz.

按住 ↑ 键不放,信号频率连续增加,按住 ↓ 键不放,信号频率连续减少.

2. 激振幅度的调节

按激振幅度调节键,显示屏右上方显示当前激振幅度,幅度变化范围为 0 ~ 31 级,共分为 32 级.

按 ↑ 键,激振幅度增加 1 级,按 ↓ 键,激振幅度减少 1 级.

按 → 键,激振幅度增加 20 级,按 ← 键,激振幅度减少 20 级.

当设置完成后,按下确认键,设置才生效.

3. 拾振放大的调节

按拾振放大调节键,显示屏右上方显示当前拾振放大幅度,幅度变化范围为 0 ~ 31 级,共分为 32 级.

按 ↑ 键,拾振放大增加 1 级,按 ↓ 键,拾振放大减少 1 级.

按 → 键,拾振放大增加 20 级,按 ← 键,拾振放大减少 20 级.

当设置完成后,按下确认键,设置才生效.

4. 测量结果的数值显示

开机后,当仪器显示屏初始化完成后,立即将拾振器接收到的信号进行数值采样与显示. 显示屏的右下方始终以每秒两次以上的速度刷新拾振器接收到的信号. 当需要将测量结果以曲线方式进行显示时,可按测量结果显示键.

5. 测量结果的图形显示

本实验仪只能工作在手动改变信号频率及进行图形显示的方式下. 调节好适当的拾振放大幅度和激振幅度后,从初始值(200 Hz)起,逐步增大信号频率,每增加一次,让信号稳定 3 s 左右后,按下测量结果显示键,显示屏的曲线显示区域将$(V(f+\Delta f), f+\Delta f)$ 到 $(V(f), f)$ 两点之间的数值变化以连线形式显示出来. 重复上述操作,直到信号频率达到 3 000 Hz.

需要注意的是,当信号频率从大到小改变时,再次按下测量结果显示键,实验仪默认为清屏操作,将对显示屏中的曲线显示区域进行清屏.

本实验仪已经将测量结果用数值及图形两种方式进行显示,一般情况下不需要再使用示波器就可观察到测量结果.

为了方便教师开拓实验内容,在实验仪底座背部两个换能器相对应的位置上,各有一个信号连接插孔,信号连接插孔的规格为 $\phi$3.5 单芯耳机插座.

请注意将两个换能器信号直接从耳机插座中连接出来时,不要将信号线与地线长时间短路,以免损坏仪器.实验仪与示波器的连接示意图如图 3-5-4 所示.

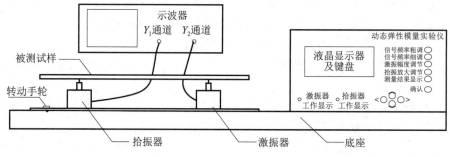

图 3-5-4　实验仪与示波器连接示意图

# 实验六　冷却法测固体比热容

冷却法测固体比热容

物体从外界吸收热量或向外界放出热量时,自身温度将随之变化.物体温度的变化量随物体不同而有所不同,这是因为各种物质的比热容不同.比热容是表征物体热学性质的重要物理量.通过研究物体的比热容,可将物体热运动的某些宏观物理现象与相应的微观机制联系起来,对于研究物体的结构和相变等都有重要的作用.

温度是描述物体热运动状态的基本参量.温度的测量技术是物理学的基本测量技术之一.测量温度的方法和仪器很多,对不同的问题往往需要采用不同的方法和仪器.本实验采用热电偶测温.

## （一）用作图法测固体比热容

### 【实验目的】

1. 学习用冷却法测小块金属的比热容.
2. 学习热电偶的使用方法.
3. 用作图法求物体的冷却速率.

### 【实验仪器】

数字电压表、热电偶、物理天平、秒表、水银温度计(测温范围为 $0 \sim 50$ ℃)、杜瓦瓶或量热器、加热器、标准样品、待测样品.

本实验用紫铜作为标准样品,待测样品可用黄铜、铝、铁等.各样品的外形、尺寸、光洁度等要尽量相同,以满足实验要求的条件.如图 3-6-1 所示为样品形状参考图,样品的参考尺寸如下:

$$\text{圆柱长 } L = 40 \sim 50 \text{ mm}, \quad \text{圆柱外径 } \phi = 7 \sim 8 \text{ mm},$$
$$\text{中心孔深 } L' = 35 \sim 40 \text{ mm}, \quad \text{中心孔径 } d = 3.5 \sim 4 \text{ mm}.$$

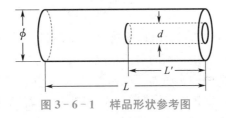

图 3 - 6 - 1　样品形状参考图

## 【实验原理】

### 1. 测量原理

物体的表面温度为 $T_1$,周围环境的温度为 $\theta_1$.当 $T_1 - \theta_1$ 的值固定时,由牛顿冷却定律可知该物体的热损失率为

$$\frac{\mathrm{d}Q}{\mathrm{d}t} = A_1 S_1 (T_1 - \theta_1)^n, \tag{3-6-1}$$

式中 $S_1$ 为物体的表面积;$A_1$ 为与物体表面状况有关的系数;$n$ 为由实验确定的参量,与 $T_1,\theta_1$ 的范围有关.

由物体比热容的定义可知,当物体的温度升高 $\mathrm{d}T_1$ 时,它所吸收的热量为

$$\mathrm{d}Q = c_1 m_1 \mathrm{d}T_1, \tag{3-6-2}$$

式中 $c_1,m_1$ 分别为物体的比热容及质量.当物体的体积很小时,可近似认为物体各处的温度均匀.由式(3-6-1)和式(3-6-2)有

$$c_1 m_1 \frac{\mathrm{d}T_1}{\mathrm{d}t} = A_1 S_1 (T_1 - \theta_1)^n. \tag{3-6-3}$$

取另一种金属样品,同理有

$$c_2 m_2 \frac{\mathrm{d}T_2}{\mathrm{d}t} = A_2 S_2 (T_2 - \theta_2)^n. \tag{3-6-4}$$

若实验过程中,保持环境温度恒定,即 $\theta_1 = \theta_2$,且两样品有相同的温度,即 $T_1 = T_2$.设两样品的形状、大小,以及表面状况都相同,即 $S_1 = S_2, A_1 = A_2$,则有

$$c_1 m_1 \frac{\mathrm{d}T_1}{\mathrm{d}t} = c_2 m_2 \frac{\mathrm{d}T_2}{\mathrm{d}t}. \tag{3-6-5}$$

若已知标准样品的比热容为 $c_1$,则待测样品的比热容为

$$c_2 = \frac{c_1 m_1 \dfrac{\mathrm{d}T_1}{\mathrm{d}t}}{m_2 \dfrac{\mathrm{d}T_2}{\mathrm{d}t}}. \tag{3-6-6}$$

由式(3-6-6)可知,应用物理天平称得两样品的质量,且通过实验测量用作图法求得冷却速率 $\frac{\mathrm{d}T}{\mathrm{d}t}$,即可求得 $c_2$. 由于式(3-6-6)应用了一定的近似条件,因此所得值存在系统误差.

应用式(3-6-6)测量固体比热容的关键是求 $\frac{\mathrm{d}T_1}{\mathrm{d}t} \Big/ \frac{\mathrm{d}T_2}{\mathrm{d}t}$ 的值,为此要测量一段时间内的温度变化过程,然后由 $T$-$t$ 关系曲线求出标准样品和待测样品的冷却速率.

### 2. 热电偶的工作原理

两种不同的金属相接触时,其间会出现接触电势差,其值为零点几伏到几伏,与两种金属的性质及接触面的清洁状况有关.

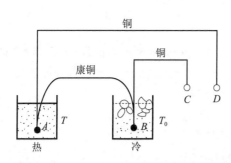

把两种金属连接成如图 3-6-2 所示的闭合回路,若两个接触点 $A$, $B$ 的温度相同,回路中便没有电动势;若 $A$, $B$ 点的温度不同,回路中便有确定方向的电动势和电流. 这种因接触点的温差而产生的电动势叫

图 3-6-2 热电现象

作热电动势. 上述现象即为热电现象. 实验表明,由金属材料构成的回路中的热电动势 $\mathcal{E}$ 与两接触点的温度差 $(T-T_0)$ 近似成正比关系,即

$$\mathcal{E} = K(T-T_0), \tag{3-6-7}$$

式中 $T$ 和 $T_0$ 分别为两个接触点的温度,$K$ 由金属材料的性质决定. 若已知 $K$ 及一个接触点处的温度 $T$,则可通过测量热电动势 $\mathcal{E}$,应用式(3-6-7)得到另一个接触点处的温度. 利用这种原理的测温元件叫作热电偶或温差电偶.

不同材料制成的热电偶,其 $\mathcal{E}$ 与 $T$ 的关系不同. 线性较好的有铂-铂铑、镍铬-镍铝、铜-康铜等. 如图 3-6-3 所示是铜-康铜热电偶的应用示意图,把热电偶的铜线断开,以便在断开的 $C$, $D$ 端接入测量仪表. $B$ 点通常置于 $T_0 = 0\ ℃$ 的恒温区中,即冷端(或称为自由端);$A$ 点置于温度 $T$ 变化的高温区中,即热端.

对热端温度和热电动势分别进行逐点测量,便得到了 $\mathcal{E}$ - $T$ 分度表,并可绘制 $\mathcal{E}$ - $T$ 检定曲线.

冷端保持在恒定的 $0\ ℃$ 状态下测得的检定曲线为标准检定曲线,如图 3-6-4 所示为镍铬-镍铝热电偶的标准检定曲线. 有了标准检定曲线,便可用它确定被测温度. 例如,热电偶测得 $\mathcal{E} = 4.10\ \text{mV}$,从标准检定曲线上查得热端环境温度为 $T = 100\ ℃$.

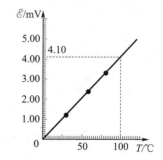

图 3-6-3 铜-康铜热电偶的应用示意图　　图 3-6-4 镍铬-镍铝热电偶的标准检定曲线

在具体应用中,有时不能方便地使冷端保持在 $0\ ℃$,而是某温度 $T_0$,这时就不能直接应用标准检定曲线. 但因多数热电偶在一定的温度范围内,其热电动势与冷端、热端之间的温差值成正比,故只需将查得的热端温度加上冷端温度进行修正即可,即由标准检定曲线查得 $\mathcal{E}$ 所对应的热端温度 $T_1$,再加上冷端温度 $T_0$,即可得出热端的实际温度为 $T' = T_1 + T_0$.

### 3. 测量热电动势的仪器

热电偶的热电动势通常使用数字电压表进行测量,它的内阻很高、测量响应快、显示直观、测量过程中不必进行调整,其精确度和量程能满足要求,是经济、方便的测量仪器.

在计量部门给出的热电偶 $\mathcal{E}$ - $T$ 分度表中,$\mathcal{E}$ 有三至四位有效数字,最小位数对应于

$0.01\text{ mV}$. 本实验中，加热温度在 $150\text{ ℃}$ 以下，选用 $2\frac{1}{2}$ 位或 $3\frac{1}{2}$ 位、分辨率为 $0.01\text{ mV}$ 的数字电压表即可.

#### 4. 实验装置

按冷端温度情况，有两种热电偶的冷端装置方式，可根据现有设备情况选用.

(1) 冷端为 $0\text{ ℃}$ 的装置方式. 在杜瓦瓶中装冰水混合物，以保持恒定的 $0\text{ ℃}$ 状态. 将冷端插在冰水混合物中. 注意要用纯水，以防因水电阻太小而测量不准. 如图 3-6-5 所示，A 为加热器；B 为待测样品，插入加热器腔内加热；C 为热电偶的热端，插在待测样品中心孔内，并安装牢固，以便稳定地测量待测样品的温度变化；E 为杜瓦瓶，瓶内装有冰水混合物；D 为热电偶的冷端，插在冰水混合物中；F 为测量热电动势的仪表.

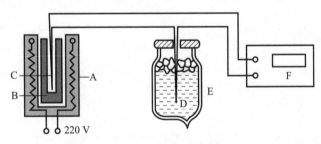

图 3-6-5 冷端为 $0\text{ ℃}$ 的装置方式

(2) 冷端为室温的装置方式. 其与上述装置的差别只是冷端为恒定的室温. 如图 3-6-6 所示，E 为量热器，冷端 D 和温度计 G 插入内充棉花或其他保温材料的内筒中，用温度计监控和记录冷端温度.

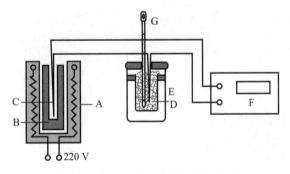

图 3-6-6 冷端为室温的装置方式

【操作步骤】

1. 称量样品质量. 用物理天平分别称量标准样品和待测样品的质量.

2. 测量标准样品的冷却曲线. 按图 3-6-5 或图 3-6-6 所示安装实验装置，并使其热稳定约 20 min；用加热器对标准样品进行加热，同时用热电偶监控加热温度，约达 $200\text{ ℃}$ 时停止加热. 将标准样品连同热电偶的热端一同取出悬置，并远离热源，使样品自然冷却，同时开始记录热电动势 $\varepsilon_1$ 和对应的时间 $t$. 初始时由于标准样品温度与室温差别较大，降温较快，因此记录点要略密些. 随着标准样品降温，温差变小，变化缓慢，因此记录时间间隔可加大. 当热端温度约为 50 ℃ 时,停止记录. 将测得的数据填入表 3-6-1 中.

3. 测量待测样品的冷却曲线. 操作步骤同 2. 注意实验条件要与前者相同. 但测量初始的待测样品温度很难与前者相同,为此可将待测样品温度加热至高于 200 ℃,待冷却到与标准样品开始测量的温度相同时,再进行测量. 也可加大测量范围,从中截取初温与末温都与标准样品相近的部分数据进行处理. 将测得的数据填入表 3-6-1 中.

本实验只要求测量一组数据. 测完后可当即绘制 $\mathscr{E}$-$t$ 关系曲线,并估算待测样品的比热容 $c_2$. 若误差太大,要分析原因,重新测量.

## 【数据记录】

表 3-6-1　冷却法测固体比热容的数据记录表

| $t/\mathrm{s}$ | | | | | | | ... |
|---|---|---|---|---|---|---|---|
| 标准样品电动势 $\mathscr{E}_1/\mathrm{mV}$ | | | | | | | ... |
| 待测样品电动势 $\mathscr{E}_2/\mathrm{mV}$ | | | | | | | ... |

## 【数据处理】

1. 若测量时冷端温度不为 0 ℃,则要对测得的 $\mathscr{E}_1$,$\mathscr{E}_2$ 数据做冷端温度修正.

2. 在直角坐标系中,取时间 $t$ 为横坐标,热电动势 $\mathscr{E}$ 为纵坐标,分别作 $\mathscr{E}_1$-$t$ 和 $\mathscr{E}_2$-$t$ 关系曲线.

3. 利用关系曲线图,在 $T = 100$ ℃ 的坐标点处作曲线的切线,根据切线的斜率求出 $\dfrac{\mathrm{d}\mathscr{E}_1}{\mathrm{d}t}$,$\dfrac{\mathrm{d}\mathscr{E}_2}{\mathrm{d}t}$. 因为 $\mathscr{E}$,$T$ 的关系如式(3-6-7)所示,所以可用 $\dfrac{\mathrm{d}\mathscr{E}}{\mathrm{d}t}$ 代替式(3-6-6)中的 $\dfrac{\mathrm{d}T}{\mathrm{d}t}$,即

$$c_2 = \frac{c_1 m_1 \dfrac{\mathrm{d}T_1}{\mathrm{d}t}}{m_2 \dfrac{\mathrm{d}T_2}{\mathrm{d}t}} = \frac{c_1 m_1 \dfrac{\mathrm{d}\mathscr{E}_1}{\mathrm{d}t}}{m_2 \dfrac{\mathrm{d}\mathscr{E}_2}{\mathrm{d}t}}.$$

通过上式计算待测样品的比热容 $c_2$.

## 【注意事项】

1. 操作前要查出加热器加热至最高温度的电动势值,以便控制加热温度,防止温度过高使样品严重氧化.

2. 热端要插入样品中心孔内,安装牢固. 应尽量减少热端物体插入的质量,以免影响样品的比热容. 热端要接触中心孔内壁.

3. 测量过程中要保持冷端温度恒定,但有时很难做到. 为减小温度的影响,要使冷端温度波动在 1 ℃ 以下.

4. 热电偶的外加导线要使用相同的材料,以减小附加的接触电动势.

5. 样品在自然冷却时,应悬置于无风、无热源、气温稳定的环境中. 开始记录数据时动作要敏捷.

【思考题】

1. 本实验中可用 $\dfrac{d\mathcal{E}}{dt}$ 代替 $\dfrac{dT}{dt}$ 的理由是什么?

2. 试说明式(3-6-6)的成立条件,其中哪些能做到,哪些很难做到?

3. 使用热电偶时应注意什么问题?其产生测量误差的主要因素是什么?

4. 分析实验中的系统误差和随机误差,试说明如何减小误差.

5. 试总结应用热电偶测量温度的操作步骤. 与水银温度计相比,热电偶测量温度的优点和缺点各是什么?

【附录】

表 3-6-2　铜-康铜热电偶分度表

| 温度 /℃ | 热电动势 /mV | | | | | | | | | |
|---|---|---|---|---|---|---|---|---|---|---|
| | 0 | 1 | 2 | 3 | 4 | 5 | 6 | 7 | 8 | 9 |
| −10 | −0.383 | −0.421 | −0.458 | −0.496 | −0.534 | −0.571 | −0.608 | −0.646 | −0.683 | −0.720 |
| −0 | 0.000 | −0.039 | −0.077 | −0.116 | −0.154 | −0.193 | −0.231 | −0.269 | −0.307 | −0.345 |
| 0 | 0.000 | 0.039 | 0.078 | 0.117 | 0.156 | 0.195 | 0.234 | 0.273 | 0.312 | 0.351 |
| 10 | 0.391 | 0.430 | 0.470 | 0.510 | 0.549 | 0.589 | 0.629 | 0.669 | 0.709 | 0.749 |
| 20 | 0.789 | 0.830 | 0.870 | 0.911 | 0.951 | 0.992 | 1.032 | 1.073 | 1.114 | 1.155 |
| 30 | 1.196 | 1.237 | 1.279 | 1.320 | 1.361 | 1.403 | 1.444 | 1.486 | 1.528 | 1.569 |
| 40 | 1.611 | 1.653 | 1.695 | 1.738 | 1.780 | 1.882 | 1.865 | 1.907 | 1.950 | 1.992 |
| 50 | 2.035 | 2.078 | 2.121 | 2.164 | 2.207 | 2.250 | 2.294 | 2.337 | 2.380 | 2.424 |
| 60 | 2.467 | 2.511 | 2.555 | 2.599 | 2.643 | 2.687 | 2.731 | 2.775 | 2.819 | 2.864 |
| 70 | 2.908 | 2.953 | 2.997 | 3.042 | 3.087 | 3.131 | 3.176 | 3.221 | 3.266 | 3.312 |
| 80 | 3.357 | 3.402 | 3.447 | 3.493 | 3.538 | 3.584 | 3.630 | 3.676 | 3.721 | 3.767 |
| 90 | 3.813 | 3.859 | 3.906 | 3.952 | 3.998 | 4.044 | 4.091 | 4.137 | 4.184 | 4.231 |
| 100 | 4.277 | 4.324 | 4.371 | 4.418 | 4.465 | 4.512 | 4.559 | 4.607 | 4.654 | 4.701 |
| 110 | 4.749 | 4.796 | 4.844 | 4.891 | 4.939 | 4.987 | 5.035 | 5.083 | 5.131 | 5.179 |
| 120 | 5.227 | 5.275 | 5.324 | 5.372 | 5.420 | 5.469 | 5.517 | 5.566 | 5.615 | 5.663 |
| 130 | 5.712 | 5.761 | 5.810 | 5.859 | 5.908 | 5.957 | 6.007 | 6.056 | 6.105 | 6.155 |
| 140 | 6.204 | 6.254 | 6.303 | 6.353 | 6.403 | 6.452 | 6.502 | 6.552 | 6.602 | 6.652 |
| 150 | 6.702 | 6.753 | 6.803 | 6.853 | 6.903 | 6.954 | 7.004 | 7.055 | 7.106 | 7.156 |
| 160 | 7.207 | 7.258 | 7.309 | 7.360 | 7.411 | 7.462 | 7.513 | 7.564 | 7.615 | 7.666 |
| 170 | 7.718 | 7.769 | 7.821 | 7.872 | 7.924 | 7.975 | 8.027 | 8.079 | 8.131 | 8.183 |
| 180 | 8.235 | 8.287 | 8.339 | 8.391 | 8.443 | 8.495 | 8.548 | 8.600 | 8.652 | 8.705 |
| 190 | 8.757 | 8.810 | 8.863 | 8.915 | 8.968 | 9.024 | 9.074 | 9.127 | 9.180 | 9.233 |
| 200 | 9.286 | — | — | — | — | — | — | — | — | — |

注意:不同的热电偶的输出会有一定的偏差,所以表3-6-2中的数据仅供参考.

# （二）用快速法测固体比热容

　　根据牛顿冷却定律,用冷却法测定金属或液体的比热容是量热学中常用的方法之一. 若已知标准样品在不同温度下的比热容,则通过冷却曲线可测得各种金属在不同温度下的比热容. 本实验以铜样品为标准样品,测定铁、铝样品在 100 ℃ 时的比热容. 热电偶数字显示测温技术是当前实际生产中常用的一种测量方法,相比一般的温度计测温方法,它有着测量范围广、计值精度高、可以自动补偿热电偶的非线性因素等优点;它的电量数字化还可以对工业生产自动化中的温度起着直接的监控作用.

## 【实验目的】

　　了解金属的冷却速率和它与环境之间温差的关系,以及进行测量的实验条件.

## 【实验仪器】

　　如图 3－6－7 所示,实验装置由加热仪和测定仪组成. 加热仪的加热装置可通过调节手轮自由升降. 被测样品安放在有较大容量的防风圆筒内,测温热电偶放置于被测样品中心孔中. 当加热装置向下移动到底后,对被测样品进行加热;被测样品需要降温时则将加热装置上移. 仪器内设有自动控制限温装置,防止因长期不切断加热电源而引起温度不断升高.

　　被测样品温度通过铜-康铜热电偶（其热电动势约为 0.042 mV/℃）进行测量,将热电偶的冷端置于冰水混合物中,带有测量扁叉的一端接到测定仪的输入端. 热电势差的二次仪表由高灵敏度、高精度、低漂移的放大器加上量程为 20 mV 的 $3\frac{1}{2}$ 位数字电压表组成. 这样,当冷端温度为 0 ℃ 时,由数字电压表显示的数查表即可换算成对应的待测温度值.

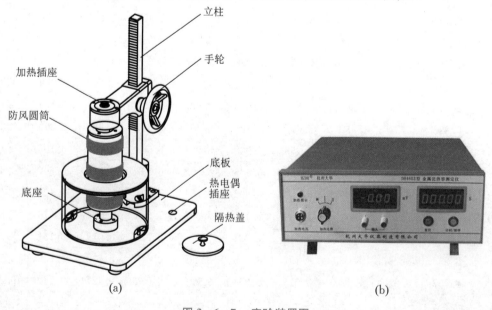

图 3－6－7　实验装置图

第三章
基 础 实 验

【实验原理】

快速法测固体比热容的实验原理与作图法相同,都是对样品的冷却速率进行测量来求待测样品的比热容.

【操作步骤】

开机前先连接好加热仪和测定仪,共有加热四芯线和热电偶线两组线.

1.选取长度、直径、表面光洁度尽可能相同的三种金属样品(铜、铁、铝),用物理天平或电子天平称出它们的质量,再根据 $m_{Cu} > m_{Fe} > m_{Al}$ 这一特点,把它们区别开来.

2.将热电偶热端的铜导线与数字电压表的正极相连,将冷端的铜导线与数字电压表的负极相连.当样品加热到 150 ℃(此时热电动势显示约为 6.7 mV)时,切断电源,上移加热装置,将样品继续安放在与外界基本隔绝的防风圆筒内自然冷却(筒口需盖上盖子),记录样品的冷却速率 $\left(\dfrac{d\theta}{dt}\right)_{\theta=100\,℃}$. 具体做法是记录数字电压表上示值约从 $E_1 = 4.36$ mV 降到 $E_2 = 4.20$ mV 时所需的时间 $dt$(因为数字电压表上显示的值是跳跃性的,所以 $E_1,E_2$ 只能取附近的值),从而计算 $\left(\dfrac{dE}{dt}\right)_{E=4.28\,mV}$. 按铁、铜、铝的次序,分别测量其冷却速率,每一样品应重复测量 6 次.因为热电偶的热电动势与温度的关系在同一小温差范围内可以看成线性关系,即 $\dfrac{\left(\frac{d\theta}{dt}\right)_1}{\left(\frac{d\theta}{dt}\right)_2} = \dfrac{\left(\frac{dE}{dt}\right)_1}{\left(\frac{dE}{dt}\right)_2}$,所以式(3-6-6)可以化简为

$$c_2 = c_1 \frac{m_1 (dt)_2}{m_2 (dt)_1}.$$

3.将样品热电动势由 4.36 mV 下降到 4.20 mV 所需时间填入表 3-6-3 中.

【数据记录】

样品质量:$m_{Cu} = $ _____ g,$m_{Fe} = $ _____ g,$m_{Al} = $ _____ g.
热电偶冷端温度:_____ ℃.

表 3-6-3  样品热电动势由 4.36 mV 下降到 4.20 mV 所需时间的数据记录表    单位:s

| 测量次数 | 1 | 2 | 3 | 4 | 5 | 6 | 平均值 |
|---|---|---|---|---|---|---|---|
| $(dt)_1$(铜(Cu)) | | | | | | | |
| $(dt)_2$(铁(Fe)) | | | | | | | |
| $(dt)_3$(铝(Al)) | | | | | | | |

【数据处理】

以铜为标准:$c_1 = c_{Cu} = 0.094\,0$ cal/(g·K),有

铁：
$$c_2 = c_1 \frac{m_{Cu}(dt)_2}{m_{Fe}(dt)_1} = \underline{\hspace{2cm}} \ \mathrm{cal/(g \cdot K)};$$

铝：
$$c_3 = c_1 \frac{m_{Cu}(dt)_3}{m_{Al}(dt)_1} = \underline{\hspace{2cm}} \ \mathrm{cal/(g \cdot K)}.$$

【注意事项】

1. 仪器的加热指示灯亮,表示正在加热;当连接线未连好或加热温度过高(超过200 ℃)导致仪器自动保护时,指示灯不亮. 升到指定温度后,应切断加热电源.

2. 测量降温时间时,按计时键或暂停键应迅速、准确,以减小计时误差.

3. 将加热装置向下移动时,动作要慢. 应注意要垂直放置样品,以使加热装置能完全套入样品中.

【思考题】

1. 为什么本实验在防风圆筒中进行?

2. 如何根据三种金属的冷却曲线求出它们在同一温度下的冷却速率?

# 实验七　金属线膨胀率的测定

金属线膨胀率的测定

绝大多数物体都具有热胀冷缩的特性,这是由于物体内部分子热运动加剧或减弱使得构成物体的原子之间的平均距离增大或减小而造成的. 物体热胀冷缩的性质在工程结构的设计、机械和仪器的制造及材料的加工(如焊接)中,都应考虑到;否则,将影响工程结构的稳定性和仪表的精度,甚至会造成工程的损毁、仪器的失灵,以及加工焊接中的缺陷和失败等.

材料的线膨胀率是材料温度每升高 1 ℃ 时,其单位长度的伸长量. 线膨胀率是选用材料的一项重要指标. 特别是研制新材料时,要对材料的线膨胀率进行测定.

【实验目的】

学习测量金属线膨胀率的一种方法.

【实验仪器】

金属线膨胀率测量装置(见图 3-7-1)、数字智能化热学综合实验仪.

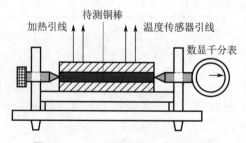

图 3-7-1　金属线膨胀率测量装置

【实验原理】

经验表明,在一定的温度范围内,原长为 $L$ 的物体,受热后其伸长量 $\Delta L$ 与其温度的增量 $\Delta t$ 近似成正比,与原长亦成正比,即

$$\Delta L = \alpha L \Delta t, \qquad (3-7-1)$$

式中比例系数 $\alpha$ 称为该物体的线膨胀率,单位为 $\text{℃}^{-1}$. 大量实验表明,不同材料的线膨胀率不同,塑料的线膨胀率最大,金属次之,殷钢、熔融石英的线膨胀率很小. 几种常见材料的线膨胀率如表 3-7-1 所示. 殷钢和熔融石英的这一特性在精密测量仪器中有较多应用. 实验还发现,同一材料在不同温度区域,其线膨胀率不一定相同. 某些合金,在金相组织发生变化的温度附近,会同时出现线膨胀率的突变. 因此测定线膨胀率也是了解材料特性的一种手段. 但是在温度变化不大时,线膨胀率仍可认为是一常量.

表 3-7-1    几种常见材料的线膨胀率                                    单位:$\text{℃}^{-1}$

| 材料 | 铜、铁、铝 | 普通玻璃、陶瓷 | 殷钢 | 熔融石英 |
|---|---|---|---|---|
| $\alpha$ 数量级 | $10^{-5}$ | $10^{-6}$ | $< 2 \times 10^{-6}$ | $10^{-7}$ |

为了测定物体的线膨胀率,将物体做成条状或杆状,本实验测一根圆柱形铜棒的线膨胀率. 由式(3-7-1)可知,测量出 $t_1$ 时的棒长 $L$,受热后温度达到 $t_2$ 时铜棒的伸长量 $\Delta L$ 和受热前后的温度 $t_1$,$t_2$,则铜棒在$(t_1, t_2)$ 温度范围内的线膨胀率为

$$\alpha = \frac{\Delta L}{L(t_2 - t_1)}. \qquad (3-7-2)$$

其物理意义是铜棒在$(t_1, t_2)$ 温度范围内,温度每升高 1 ℃ 时铜棒的相对伸长量.

测定线膨胀率的主要问题是如何测铜棒的伸长量 $\Delta L$. 先粗略估算出 $\Delta L$ 的大小,若 $L \approx$ 250 mm,温度变化为 $t_2 - t_1 = 100$ ℃,金属的 $\alpha$ 数量级为 $10^{-5}$ $\text{℃}^{-1}$,则可估算出 $\Delta L \approx$ 0.25 mm. 对于这么微小的伸长量,用普通的量具(如钢卷尺或游标卡尺)来测量是不准确的,因此可采用千分表(分度值为 0.001 mm)、读数显微镜或应用光杠杆法、光学干涉法来进行测量. 本实验采用数显千分表来测量铜棒的伸长量 $\Delta L$.

【操作步骤】

1. 检查及调试仪器.

(1) 如图 3-7-1 所示,将待测铜棒置于测量装置的下盘载物槽中,安装好实验装置,连接好线路,打开电源开关.

(2) 检查待测铜棒的两端是否与固定端和数显千分表测杆紧密接触.

(3) 检查数显千分表是否处于正常工作状态,观察数显千分表的示值是否在正常测量状态,推拉数显千分表测杆,其表盘上的指针应随之偏转(若指针不动,可调节固定数显千分表的螺钉).

(4) 检查温度传感器是否处于正常工作状态,观察其显示屏是否显示当前待测铜棒的温度.

2. 测量.

(1) 设定温度. 将测量选择开关拨向设定温度挡,调节设定温度粗选旋钮和设定温度细选

旋钮,设定加热盘的温度值(如 55.0 ℃).

(2) 加热. 将测量选择开关拨向上盘温度挡,打开加热开关,观察加热盘温度的变化,直至加热盘温度恒定在设定温度值.

(3) 读数. 当加热盘温度恒定在设定温度值时,读出数显千分表的数值 $L_1$(数显千分表不必调零,把该数值作为初始读数即可).

(4) 重复以上步骤. 当加热盘温度分别为 60.0 ℃,65.0 ℃,70.0 ℃,75.0 ℃,80.0 ℃,85.0 ℃,90.0 ℃ 时,将数显千分表的读数 $L_2,L_3,L_4,L_5,L_6,L_7,L_8$ 记录在表 3 - 7 - 2 中.

## 【数据记录】

表 3 - 7 - 2 不同温度下铜棒长度的数据记录表

| 温度 /℃ | 55.0 | 60.0 | 65.0 | 70.0 | 75.0 | 80.0 | 85.0 | 90.0 |
|---|---|---|---|---|---|---|---|---|
| 数显千分表读数 /($10^{-3}$ mm) | | | | | | | | |

## 【数据处理】

1.用逐差法求出温度升高 20 ℃ 时铜棒的平均伸长量,由式(3 - 7 - 2) 即可求出铜棒在 55.0 ～ 90.0 ℃ 温度范围内的线膨胀率.

铜棒原长(55.0 ℃):$L = 118.0$ mm;

平均伸长量:$\overline{\Delta L} = \dfrac{(L_5 - L_1) + (L_6 - L_2) + (L_7 - L_3) + (L_8 - L_4)}{4}$;

铜棒的线膨胀率:$\bar{\alpha} = \dfrac{\overline{\Delta L}}{L \Delta t}$.

2.铜棒线膨胀率的不确定度. $\Delta L$ 的不确定度为

$$\Delta_{\Delta L} = \sqrt{\Delta_A^2 + \Delta_B^2},$$

式中 $\Delta_A$,$\Delta_B$ 分别为 $\Delta L$ 的标准偏差和数显千分表的不确定度,$\Delta_B = 0.000\ 5$ mm.

$\alpha$ 的不确定度为

$$\Delta_\alpha = \dfrac{\Delta_{\Delta L}}{L \Delta t}.$$

3.写出铜棒线膨胀率 $\alpha$ 的结果表达式.

## 【注意事项】

1.仪器的调节都有一定的范围,操作时应严格按照教师或仪器说明书的要求进行,以免损坏仪器.

2.铜棒加热时不要用手触摸加热盘,以免烫伤.

3.测量过程中要保持铜棒的位置不动.

## 【思考题】

1.本实验为什么要用逐差法处理实验数据?

2.利用数显千分表读数时应注意哪些问题? 如何减小误差?

## 实验八　　液体黏度的测定

各种液体都具有不同程度的黏性,反映液体黏性的参数为黏度.黏度的大小取决于液体的性质与温度,温度升高,黏度将迅速减小.对液体黏性的研究在流体力学、化学、化工、水利等领域都有广泛的应用.测量液体黏度的方法很多,本实验分别采用转筒法与落球法来测定不同液体的黏度.

【实验目的】

1.观察液体的内摩擦现象.
2.学会用转筒法和落球法测定不同液体的黏度.

【实验仪器】

温度计、秒表、转筒黏度计、量筒、小钢球、镊子、钢卷尺、游标卡尺.

【实验原理】

当液体在运动时,如果相邻两流层的速度不同,那么流层之间就有内摩擦力产生,速度快的流层对速度慢的流层施以拉力,速度慢的流层对速度快的流层施以阻力.液体的这种性质称为黏性.流层之间的内摩擦力称为黏性力,其值为

$$F = \eta S \, \frac{\mathrm{d}v}{\mathrm{d}r}, \tag{3-8-1}$$

式中 $S$ 为流层之间的接触面积,$\frac{\mathrm{d}v}{\mathrm{d}r}$ 为液体法线方向的速度梯度,$\eta$ 为液体的黏度.

# （一）转　筒　法

转筒法采用旋转圆筒来测定液体的黏度.旋转圆筒的结构如图 3-8-1 所示,内筒外半径为 $R_1$,外筒内半径为 $R_2$,内筒长度为 $L$,内筒中心轴上固定的绕线轮的半径为 $R$.两筒之间装有待测液体,当内筒以匀速旋转且转速较小时,介于内、外筒之间的待测液体将会被带动而逐层转动.垂直于内筒中心轴的平面上的流线将是一系列同心圆,如图 3-8-2 所示.当运动达到稳定状态时,液体的每一圆筒层将匀速旋转.由于液体运动时存在黏性力矩,运动状态稳定时外加转动力矩等于液体的黏性力矩,因此在距内筒轴心为 $r$ 处的液体的黏性力矩为

$$M = \eta S r \, \frac{\mathrm{d}v}{\mathrm{d}r}, \tag{3-8-2}$$

式中 $S$ 为液体在 $r$ 处的圆筒层面积.由于 $S = 2\pi r L$,$v = r\omega$,因此式(3-8-2)可表示为

$$M = 2\pi r^3 \eta L \, \frac{\mathrm{d}\omega}{\mathrm{d}r}. \tag{3-8-3}$$

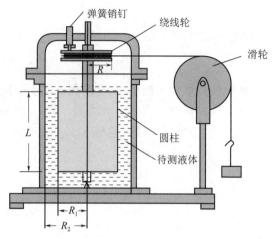

图 3-8-1　旋转圆筒结构图

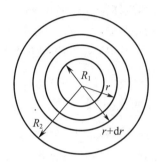

图 3-8-2　内、外筒之间的流线

若外加力矩为 $M' = mgR$，式中 $m$ 为塑料小桶与钩码的质量，$g$ 为重力加速度.当运动状态稳定时，$M = M'$，可得

$$2\pi\eta L\,\mathrm{d}\omega = mgR\,\frac{\mathrm{d}r}{r^3}. \tag{3-8-4}$$

对式(3-8-4)两端进行积分，整理可得

$$\frac{4\pi L\eta\omega_0 R_1^2 R_2^2}{R_2^2 - R_1^2} = mgR. \tag{3-8-5}$$

将 $\omega_0 = 2\pi n$($n$ 为内筒的转速)代入式(3-8-5)，可得

$$\eta = \frac{(R_2^2 - R_1^2)gR}{8\pi^2 R_1^2 R_2^2}\,\frac{m}{nL}. \tag{3-8-6}$$

在国际单位制中，黏度的单位为帕[斯卡]秒(Pa·s)，在国际通用的单位制式(CGS)中为泊(P)，且 $1\ \mathrm{Pa·s} = 10\ \mathrm{P}$.

【操作步骤】

1.将挂有钩码与塑料小桶的细线经过滑轮均匀地绕在绕线轮上，使钩码上升到一定高度.按下弹簧销钉，将内筒固定.

2.在内、外筒之间装待测液体(机油)，直至将内筒全部浸没在液体中(实验室均已完成此项操作).

3.释放内筒，内筒在塑料小桶的作用下开始旋转.待转动 2～3 圈后，内筒做匀速转动，此时开始用秒表计时，测定内筒转动 4 圈的时间 $t$，共测量 6 次.算出内筒的转速 $n$.将相关数据填入表 3-8-1 中.

注　内筒外径 $R_1$、外筒内径 $R_2$、内筒长 $L$、绕线轮的半径 $R$ 及塑料小桶的质量 $m$，均由实验室给出.

【数据记录】

表 3-8-1　转筒法测定黏度的数据记录表

| 测量次数 $i$ | 1 | 2 | 3 | 4 | 5 | 6 |
|---|---|---|---|---|---|---|
| $t_i/\text{s}$ | | | | | | |
| $n_i/(\text{r/s})$ | | | | | | |
| $\overline{n}/(\text{r/s})$ | | | | | | |

【数据处理】

1.将相关数据代入式(3-8-6),计算 $\overline{\eta}$.

2.计算相对不确定度:

$$E_\eta = \frac{\Delta_\eta}{\overline{\eta}} = \sqrt{\left(\frac{\Delta_n}{\overline{n}}\right)^2 + 4\left(\frac{\Delta_{R_1}}{R_1}\right)^2 + 4\left(\frac{\Delta_{R_2}}{R_2}\right)^2 + \left(\frac{\Delta_R}{R}\right)^2 + \left(\frac{\Delta_L}{L}\right)^2},$$

式中 $\Delta_n = \sqrt{\dfrac{\sum\limits_{i=1}^{6}(n_i - \overline{n})}{6-1}}$,$\Delta_{R_1}$,$\Delta_{R_2}$,$\Delta_R$,$\Delta_L$ 均由实验室给出.因此有

$$\Delta_\eta = E_\eta \times \overline{\eta}.$$

3.测量结果表示为

$$\begin{cases} \eta = \overline{\eta} \pm \Delta_\eta, \\ E_\eta = \dfrac{\Delta_\eta}{\overline{\eta}} \times 100\%. \end{cases}$$

【注意事项】

1.内筒和外筒必须保持清洁,待测液体中不能有气泡.

2.在旋回塑料小桶的过程中,速度不要过快,以免细线缠绕在旋转圆筒上.

【思考题】

应用转筒法测定黏度时,最主要的系统误差是什么?是如何校正的?

# (二)落 球 法

　　落球法是将小钢球放在黏性液体中让其落下,以测定液体的黏度,如图3-8-3所示.此法适用于黏度较大的液体.小钢球在下落过程中,受到重力 $mg$、浮力 $F = \rho_0 gV$($\rho_0$ 为液体的密度,$V$ 为小钢球的体积)和黏性力 $f$ 的作用(见图3-8-4).当小钢球以速度 $v$ 均匀下落,且液体无限广阔时,根据斯托克斯(Stokes)定律,可得小钢球所受黏性力为

$$f = 6\pi r \eta v, \tag{3-8-7}$$

式中 $r$ 为小钢球的半径.

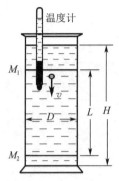

温度计

$M_1$

$v$

$D$

$L$ $H$

$M_2$

图 3 - 8 - 3 　落球法示意图

$F$

$f$

$mg$

图 3 - 8 - 4 　小钢球受力示意图

　　开始时,小钢球的下落速度较小,黏性力也较小,因而小钢球做加速运动.随着小钢球速度的增加,黏性力也增加,最后上述三种力将达到平衡,即

$$mg = \rho_0 gV + 6\pi r \eta v. \tag{3-8-8}$$

由式(3-8-8)可得

$$\eta = \frac{m - \rho_0 V}{6\pi v r} g. \tag{3-8-9}$$

若小钢球的密度为 $\rho$,则 $m = \rho V = \frac{4}{3}\pi r^3 \rho$,将此式代入式(3-8-9),可得

$$\eta = \frac{2}{9} \frac{(\rho - \rho_0)gr^2}{v}. \tag{3-8-10}$$

　　由于在实验中,液体不是无限广阔的,而是装在直径为 $D$、液体高度为 $H$ 的量筒内,因此要考虑量筒内壁对结果的影响.于是,式(3-8-10)可修正为

$$\eta = \frac{1}{18} \frac{(\rho - \rho_0)gd^2}{v} \frac{1}{\left(1 + 2.4 \times \dfrac{d}{D}\right)\left(1 + 3.3 \times \dfrac{d}{2H}\right)}, \tag{3-8-11}$$

式中 $d$ 为小钢球的直径.

　　为保证小钢球在液体中下落时不产生旋涡,其匀速运动的速度不能太大,故选用的小钢球的直径应适当小一些.

【操作步骤】

　　1.用游标卡尺测量量筒的内径 $D$,用钢卷尺测量 $M_1$(距液面一定距离)和 $M_2$ 之间的距离 $L$ 及液体的深度 $H$.

　　2.在实验前后各测一次甘油的温度,然后求平均值,将其作为实验时的油温.

　　3.用镊子夹一个小钢球,将小钢球用甘油浸润后,沿量筒中轴线投入甘油中,用秒表测出小钢球通过距离 $L$ 所需的时间 $t$.

　　4.重复步骤 3 共 6 次,将测得的数据填入表 3-8-2 中.

【数据记录】

　　$T = $ ＿＿＿＿＿ ℃,　$\rho = $ ＿＿＿＿＿ kg/m$^3$,　$\rho_0 = $ ＿＿＿＿＿ kg/m$^3$,　$d = $ ＿＿＿＿＿ m,

　　$T_1 = $ ＿＿＿＿＿ ℃,　$D = $ ＿＿＿＿＿ m,　$L = $ ＿＿＿＿＿ m,　$H = $ ＿＿＿＿＿ m.

表 3-8-2　落球法测定黏度的数据记录表

| 测量次数 $i$ | 1 | 2 | 3 | 4 | 5 | 6 |
|---|---|---|---|---|---|---|
| $t_i/s$ | | | | | | |
| $v_i/(m/s)$ | | | | | | |
| $\bar{v}/(m/s)$ | | | | | | |

## 【数据处理】

1. 将相关数据代入式(3-8-11),计算 $\bar{\eta}$.

2. 计算 $\eta$ 的不确定度 $\Delta_\eta$. $\eta$ 的相对不确定度为

$$E_\eta \approx \sqrt{\left(\frac{\Delta_{\rho_0}}{\rho-\rho_0}\right)^2 + \left(\frac{\Delta_L}{L}\right)^2 + \left(\frac{\Delta_t}{\bar{t}}\right)^2 + 4\left(\frac{\Delta_d}{d}\right)^2},$$

式中 $\Delta_t = \sqrt{\dfrac{\sum\limits_{i=1}^{6}(t_i-\bar{t})^2}{6-1}}$, $\Delta_{\rho_0} = \dfrac{\Delta_{\rho_0 仪}}{\sqrt{3}}$, $\Delta_L = \dfrac{\Delta_{L仪}}{\sqrt{3}}$, $\Delta_d = \dfrac{\Delta_{d仪}}{\sqrt{3}}$. 因此有

$$\Delta_\eta = E_\eta \times \bar{\eta}.$$

3. 测量结果表示为

$$\begin{cases} \eta = \bar{\eta} \pm \Delta_\eta, \\ E_\eta = \dfrac{\Delta_\eta}{\bar{\eta}} \times 100\%. \end{cases}$$

## 【注意事项】

1. 实验时,甘油中需无气泡. 应彻底清洗小钢球表面的油污,小钢球要圆. 甘油必须静止. 量筒要铅直放置.

2. 不要用手触摸量筒,不要把甘油洒出量筒外.

3. $M_1$ 和 $M_2$ 之间的距离应适当大些.

## 【思考题】

应用落球法测定黏度时,当小钢球的半径减小时,其匀速运动时的速度将如何变化? 当小钢球的密度增大时,又将如何变化?

# 实验九　液体表面张力系数的测量

液体表面张力
系数的测量

液体的表面张力系数是表征液体性质的一个重要参数. 测量液体的表面张力系数有很多种方法,拉脱法是常用的方法之一. 该方法的特点是用称量仪器直接测量液体的表面张力系数,测量方法直观. 用拉脱法测量液体的表面张力系数,对测量力的仪器要求较高. 由于用拉脱法测得液体的表面张力在 $1 \times 10^{-3} \sim 1 \times 10^{-2}$ N 之间,因此需要有一种量程范围较小、灵敏度高且稳定性好的测量力的仪器. 近年来,新发展的硅压阻式力敏传感器能满足测量液体表面张

力的需要,它比传统的焦利秤、扭秤等灵敏度高,稳定性好,且以数字的形式显示,利于计算机实时测量.为了能对各类液体的表面张力系数有深刻的理解,本实验在对水进行测量后,再对不同浓度的酒精溶液进行测量,可以明显观察到表面张力系数随液体浓度的变化而变化的现象.

【实验目的】

1.用拉脱法测量室温下液体的表面张力系数.
2.学习力敏传感器的定标方法.

【实验仪器】

液体表面张力系数测定仪、金属吊环、砝码盘、砝码、镊子、玻璃器皿、铁架台、微调升降台、游标卡尺.

如图 3-9-1 所示为测量液体表面张力系数的实验装置图.

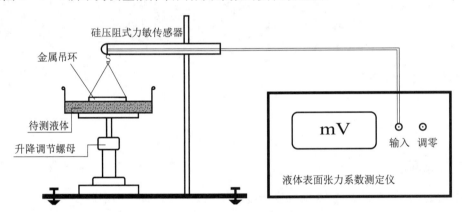

图 3-9-1  测量液体表面张力系数的实验装置图

【实验原理】

通过测量一个已知周长的金属片从待测液体表面脱离时所需要的力,求得该液体表面张力系数的实验方法称为拉脱法.若金属片为吊环,考虑一级近似,可以认为脱离力为液体表面张力系数乘以脱离表面的周长,即

$$f = \delta \pi (D_1 + D_2),\tag{3-9-1}$$

式中 $D_1$,$D_2$ 分别为金属吊环的外径和内径;$\delta$ 为液体的表面张力系数.测量金属吊环从待测液体表面脱离时所需要的力,对金属吊环进行受力分析,可得

$$F = mg + f\cos\theta,$$

式中 $F$ 为向上的拉力,$mg$ 为金属吊环的重力,$f$ 为液体的表面张力,$\theta$ 为表面张力与竖直方向的夹角.液膜拉断瞬间(见图 3-9-2),$\theta = 0$,则

$$f = F - mg.\tag{3-9-2}$$

液膜拉断后,有

$$F = mg.\tag{3-9-3}$$

$F$ 可由硅压阻式力敏传感器测出.

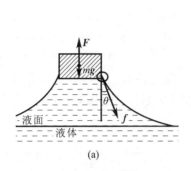
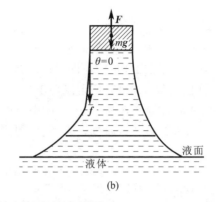

图 3-9-2　金属吊环拉出液面时的切面图

硅压阻式力敏传感器由弹性梁和贴在梁上的传感器芯片组成,其中芯片上集成着由四个硅扩散电阻组成的非平衡电桥.当外界压力作用于弹性梁上时,在压力作用下,电桥失去平衡,此时将有电压信号输出,所加外力与输出电压的大小成正比,即

$$U = KF, \tag{3-9-4}$$

式中 $F$ 为外力的大小,$K$ 为硅压阻式力敏传感器的灵敏度,$U$ 为传感器的输出电压.

根据式(3-9-2)和式(3-9-3)可得,液膜拉断瞬间,$U_1 = K(mg + f)$;液膜拉断后,$U_2 = Kmg$,则

$$f = \frac{U_1 - U_2}{K}. \tag{3-9-5}$$

因此,液体的表面张力系数为

$$\delta = \frac{U_1 - U_2}{K\pi(D_1 + D_2)}. \tag{3-9-6}$$

【操作步骤】

1.硅压阻式力敏传感器的定标.每个硅压阻式力敏传感器的灵敏度都有所不同,在实验前,应先将其定标,步骤如下:

(1)打开液体表面张力系数测定仪的电源开关,将仪器预热.

(2)在硅压阻式力敏传感器弹性梁端头小钩中挂上砝码盘,调节测定仪上的补偿电压旋钮,使数字电压表显示为零.

(3)在砝码盘上分别放置 0.5 g,1.0 g,1.5 g,2.0 g,2.5 g,3.0 g,3.5 g 的砝码,将相应数字电压表的读数值 $U$ 记录在表 3-9-2 中.

(4)用最小二乘法做直线拟合,求出该传感器的灵敏度 $K$.

2.金属吊环的测量与清洁.

(1)用游标卡尺测量金属吊环的外径 $D_1$ 和内径 $D_2$.

(2)测量结果与金属吊环的表面状况有很大关系,实验前应将金属吊环浸泡在氢氧化钠溶液中 $20 \sim 30$ s,然后用清水洗净.

3.水的表面张力系数的测量.

(1)将金属吊环挂在硅压阻式力敏传感器的小钩上,调节微调升降台,将液面升至靠近吊环的下沿,观察吊环下沿与液面是否平行,如果不平行,将吊环取下后,调节吊环上的细丝,使

吊环与液面平行.

(2) 调节微调升降台,使其渐渐上升,将金属吊环的下沿部分全部浸没于待测液体中,然后反向调节微调升降台,使液面逐渐下降.这时,金属吊环和液面之间形成一个环形液膜,使液面继续下降,分别测出环形液膜即将拉断前一瞬间数字电压表的读数值 $U_1$ 和液膜拉断后数字电压表的读数值 $U_2$,并将它们记录在表 3-9-3 中.

(3) 将实验数据代入式(3-9-6)中,求出水的表面张力系数.

(4) 测出水的温度 $t$,通过表 3-9-1 可得水的表面张力系数的标准值,将得到的实验值与标准值进行比较.

表 3-9-1　水的表面张力系数的标准值

| 水的温度 $t$/℃ | 10 | 15 | 20 | 25 | 30 |
|---|---|---|---|---|---|
| $\delta$/(N/m) | 0.074 22 | 0.073 22 | 0.072 75 | 0.071 97 | 0.071 18 |

4. 选做部分.测出其他待测液体(如酒精、乙醚、丙酮等)在不同浓度时的表面张力系数.

【数据记录】

1. 硅压阻式力敏传感器的定标数据.

表 3-9-2　硅压阻式力敏传感器定标的数据记录表

| 测量次数 $i$ | 1 | 2 | 3 | 4 | 5 | 6 | 7 |
|---|---|---|---|---|---|---|---|
| 砝码质量 $m_i$/g | 0.5 | 1.0 | 1.5 | 2.0 | 2.5 | 3.0 | 3.5 |
| 电压 $U_i$/mV | | | | | | | |

2. 水的表面张力系数的测量数据:

金属吊环外径 $D_1$ = ＿＿＿＿ cm,内径 $D_2$ = ＿＿＿＿ cm,温度 $t$ = ＿＿＿＿ ℃.

表 3-9-3　测量水的表面张力系数的数据记录表

| 测量次数 $i$ | $U_{1i}$/mV | $U_{2i}$/mV | $\Delta U_i (= U_{1i} - U_{2i})$/mV |
|---|---|---|---|
| 1 | | | |
| 2 | | | |
| 3 | | | |
| 4 | | | |
| 5 | | | |
| 6 | | | |
| 7 | | | |
| 8 | | | |
| 9 | | | |

【数据处理】

1. 用最小二乘法(见表 3-9-4)处理硅压阻式力敏传感器的定标数据.

表 3‑9‑4　最小二乘法处理的数据记录表

| 测量次数 $i$ | $m_i$/g | $U_i$/mV | $m_i^2$/(g)$^2$ | $U_i^2$/(mV)$^2$ | $m_iU_i$/(g·mV) | $\Delta_i=(U_i-a-\overline{K}m_i)$/mV | $\Delta_i^2$/(mV)$^2$ |
|---|---|---|---|---|---|---|---|
| 1 | 0.5 | | | | | | |
| 2 | 1.0 | | | | | | |
| 3 | 1.5 | | | | | | |
| 4 | 2.0 | | | | | | |
| 5 | 2.5 | | | | | | |
| 6 | 3.0 | | | | | | |
| 7 | 3.5 | | | | | | |
| 平均值 | 2.0 | | | | | — | — |

本实验中的 $m$ 和 $U$ 具有线性关系，其形式可以写为 $U=a+\overline{K}m$.

$U$ 和 $m$ 相应测量 7 次，测定方程有 7 个，即

$$U_i=a+Km_i \quad (i=1,2,\cdots,7),$$

式中 $a$ 为拟合直线的截距，$K$ 为拟合直线的斜率，即力敏传感器的灵敏度.

令

$$\overline{m}=\frac{1}{7}\sum_{i=1}^{7}m_i,\quad \overline{U}=\frac{1}{7}\sum_{i=1}^{7}U_i,\quad \overline{m^2}=\frac{1}{7}\sum_{i=1}^{7}m_i^2,\quad \overline{mU}=\frac{1}{7}\sum_{i=1}^{7}m_iU_i,$$

拟合直线的相关系数和截距分别为

$$r=\frac{\overline{mU}-\overline{m}\,\overline{U}}{\sqrt{(\overline{m^2}-\overline{m}^2)(\overline{U^2}-\overline{U}^2)}},\quad a=\frac{\overline{mU}\,\overline{m}-\overline{U}\,\overline{m^2}}{\overline{m}^2-\overline{m^2}},$$

力敏传感器灵敏度的估计值为

$$\overline{K}=\frac{\overline{mU}-\overline{m}\,\overline{U}}{\overline{m^2}-\overline{m}^2}.$$

$K$ 的不确定度为

$$\Delta_K=\frac{\Delta_U}{\sqrt{7\,\overline{m^2}-7\overline{m}^2}},$$

式中 $\Delta_U=\sqrt{\dfrac{\sum\limits_{i=1}^{7}(U_i-a-\overline{K}m_i)^2}{7-2}}$.

灵敏度 $K$ 的测量结果为

$$\begin{cases}K=\overline{K}\pm\Delta_K,\\[2mm] E_K=\dfrac{\Delta_K}{\overline{K}}\times100\%.\end{cases}$$

2. 用作图法和逐差法处理硅压阻式力敏传感器的定标数据.

3. 水的表面张力系数的数据处理.

（1）水的表面张力系数的估计值为

$$\overline{\delta} = \frac{\overline{\Delta U}}{\overline{K} \pi (D_1 + D_2)},$$

式中 $\overline{\Delta U} = \frac{1}{9} \sum\limits_{i=1}^{9} \Delta U_i.$

（2）计算不确定度. 各参量的 A 类不确定度为

$$\Delta_{\Delta U A} = \sqrt{\frac{\sum\limits_{i=1}^{9} (\Delta U_i - \overline{\Delta U})^2}{9 - 1}},$$

各参量的 B 类不确定度为

$$\Delta_{\Delta U B} = \frac{0.1}{\sqrt{3}} \text{ mV}, \quad \Delta_{D_1 B} = \Delta_{D_2 B} = \frac{0.02}{\sqrt{3}} \text{ mm}.$$

水的表面张力系数 $\delta$ 的不确定度为

$$\Delta_{\delta} = \overline{\delta} \sqrt{\left(\frac{\Delta_{\Delta U A}}{\overline{\Delta U}}\right)^2 + \left(\frac{\Delta_K}{\overline{K}}\right)^2 + \left(\frac{\Delta_{\Delta U B}}{\overline{\Delta U}}\right)^2 + \left(\frac{\Delta_{D_1 B}}{D_1}\right)^2 + \left(\frac{\Delta_{D_2 B}}{D_2}\right)^2}.$$

（3）水的表面张力系数的测量结果表示为

$$\begin{cases} \delta = \overline{\delta} \pm \Delta_{\delta}, \\ E_{\delta} = \dfrac{\Delta_{\delta}}{\overline{\delta}} \times 100\%. \end{cases}$$

【注意事项】

实验前应对金属吊环做净化处理，吊环下沿与液面平行，操作时动作要平稳连续，减少振动，但操作不宜过慢.

【思考题】

1. 用金属吊环提拉液膜，液膜即将拉断时，$F = mg + f$ 成立，若过早读数，对实验结果会有什么影响？

2. 用金属吊环提拉液膜，液膜拉断后，为什么金属吊环晃动的幅度比较大？

3. 此实验的误差是由哪些因素决定的？

4. 液体与金属吊环之间的相互作用力是液体表面张力，这种说法对吗？为什么？

气体比热容比的测定

# 实验十　气体比热容比的测定

气体的比热容比又称为气体的绝热指数，它是气体的一个重要物理参量. 该参量在研究物质结构、确定相变、鉴定物质纯度等方面起着重要的作用. 本实验通过测定气体在特定容器中的振动周期来计算其比热容比.

【实验目的】

1. 测定空气的比热容比.

2. 观察热力学过程中气体的状态变化及基本物理规律.

【实验仪器】

气体比热容比测定仪、支撑架、精密玻璃容器、气泵、数字计时仪、螺旋测微器、物理天平.

【实验原理】

气体的定压比热容 $c_p$ 与定容比热容 $c_V$ 之比称为比热容比,即 $\gamma = \dfrac{c_p}{c_V}$,它是热力学过程,尤其是绝热过程中的一个重要参数. 如图 $3-10-1$ 所示,实验装置由长颈玻璃烧瓶构成,瓶颈为精密玻璃管 B,且用振动钢球 A 封闭,烧瓶壁上有一气体注入孔 C,可插入细管,通过它可以向烧瓶中注入各种气体. 钢球的直径比玻璃管的直径仅小 $0.01 \sim 0.02$ mm,能在玻璃管中上下移动. 设钢球的质量为 $m$,半径为 $r$(直径为 $d$),若烧瓶内的压强 $p$ 满足 $p = p_0 + \dfrac{mg}{\pi r^2}$,式中 $p_0$ 为大气压,钢球处于受力平衡状态. 为了补偿由于空气阻尼而引起的钢球振幅的衰减,始终向气体注入孔注入一股气压较小的气流,在玻璃管的中央开设一个小孔. 当钢球处于小孔下方的半个振动周期时,注入气体使烧瓶的内压力增大,使得钢球向上移动;而当钢球处于小孔上方的半个振动周期时,烧瓶内的气体将通过小孔流出,使得钢球向下移动. 重复上述过程,只要

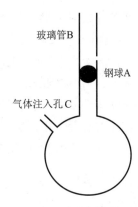

玻璃管B

钢球A

气体注入孔C

图 $3-10-1$　测定气体比热容比的实验装置图

适当控制注入气体的流量,钢球便能以玻璃管上的小孔为平衡位置做简谐振动,振动周期可利用数字计时器测得.

若钢球偏离平衡位置(小孔)一个较小距离 $x$,则烧瓶内的压强变化为 $\mathrm{d}p$,钢球的运动方程为

$$m \frac{\mathrm{d}^2 x}{\mathrm{d}t^2} = \pi r^2 \, \mathrm{d}p. \qquad (3-10-1)$$

因为钢球的振动过程相当快,所以可将其看作绝热过程,即有

$$pV^\gamma = \text{恒量.} \qquad (3-10-2)$$

对式($3-10-2$)求导,可得

$$\mathrm{d}p = -\frac{p\gamma \mathrm{d}V}{V}, \qquad (3-10-3)$$

式中 $\mathrm{d}V = \pi r^2 x$. 将式($3-10-3$)代入式($3-10-1$),可得

$$\frac{\mathrm{d}^2 x}{\mathrm{d}t^2} + \frac{\pi^2 r^4 p\gamma}{mV} x = 0.$$

上式即为简谐振动的微分方程,其角频率为

$$\omega = \sqrt{\frac{\pi^2 r^4 p\gamma}{mV}} = \frac{2\pi}{T},$$

由此可得

$$\gamma = \frac{4mV}{T^2 p r^4} = \frac{64mV}{T^2 p d^4}. \qquad (3-10-4)$$

式(3-10-4)中的各量均可方便测得,因而可算出 $\gamma$. 由气体动理论可知,$\gamma$ 与理想气体分子的自由度 $i$ 有关.单原子气体(如氩气)分子只有 3 个平动自由度,双原子气体(如氢气)分子除 3 个平动自由度外,还有 2 个转动自由度,多原子气体(如氨气)分子则具有 3 个平动自由度和 3 个转动自由度.比热容比 $\gamma$ 与自由度 $i$ 的关系为 $\gamma = \dfrac{i+2}{i}$.理论上可以得出

$$单原子气体:i = 3, \gamma = 1.67;$$
$$双原子气体:i = 5, \gamma = 1.40;$$
$$多原子气体:i = 6, \gamma = 1.33.$$

实验装置对玻璃管的要求较高,钢球的表面不允许擦伤.平时钢球停留在玻璃管的下方(用弹簧托住).若要将其取出,只需在钢球振动时,用手指将玻璃管上的小孔堵住,稍稍加大注入气体的流量,钢球便会上浮到玻璃管上方开口处,就可以方便地将其取出,或将玻璃管由烧瓶上取下,将钢球倒出来.

振动周期采用可预置测量周期次数的数字计时仪进行测量.

钢球的直径采用螺旋测微器进行测量,其质量用物理天平称量,烧瓶容积由实验室给出,大气压由气压表自行读出,并换算为国际单位制(760 mmHg $= 1.013 \times 10^5$ Pa).

【操作步骤】

1.设置数字计时仪.

(1)打开数字计时仪的电源,程序预置周期次数为 30 次,即钢球来回经过光电门的次数为 $2 \times 30 + 1$.

(2)若要设置周期次数为 50 次,则要先按置数键开锁,再按上调键(或下调键)改变周期次数,最后按置数键锁定.此时,即可按执行键开始计时.信号灯闪烁,即为计时状态.当钢球经过光电门的周期次数达到设定值时,计时仪将显示具体时间,单位为"秒".需再次执行周期次数为 50 次的测量时,无须重新设置,只要依次按返回键和执行键,便可以进行第二次计时.

(3)当断电后再开机时,程序重新预置周期次数为 30 次,若要设置周期次数为 50 次,需重复步骤(2).

2.测量振动周期.

(1)接通气体比热容比测定仪的电源,调节气泵上的气量调节旋钮,使钢球在玻璃管中以小孔为中心做上下振动.注意,气流过大或过小都会造成钢球不以玻璃管上的小孔为中心做上下振动,调节时需要用手挡住玻璃管上方,以免气流过大使钢球冲出管外造成钢球或烧瓶损坏.

(2)打开数字计时仪,将周期次数设置为 50 次,按下执行键后即可自动记录钢球振动周期次数为 50 次时所需的时间 $t$.将测得的相关数据记录在表 3-10-1 中.若数字计时仪不计时或不停止计时,可能是光电门位置放置不正确,造成钢球上下振动时未挡光,或者是外界光线过强,此时需适当挡光.

(3)重复步骤(2) 6 次.

3.其他测量.

(1)用螺旋测微器和物理天平分别测出钢球的直径 $d$ 和质量 $m$,重复测量 6 次.将相关数

据记录在表 3 - 10 - 1 中.

（2）测量大气压,实验前后各测一次.

【数据记录】

大气压:$p_1 = $ _____ Pa,$p_2 = $ _____ Pa.

表 3 - 10 - 1　测定气体比热容比的数据记录表

| 测量次数 | 时间 $t/s$ | 振动周期 $T/s$ | 钢球直径 $d/mm$ | 钢球质量 $m/g$ |
|---|---|---|---|---|
| 1 | | | | |
| 2 | | | | |
| 3 | | | | |
| 4 | | | | |
| 5 | | | | |
| 6 | | | | |

【数据处理】

1.计算钢球直径、质量、振动周期的平均值及其不确定度,将结果表示为
$$d = \overline{d} \pm \Delta_d, \quad m = \overline{m} \pm \Delta_m, \quad T = \overline{T} \pm \Delta_T.$$

2.实验室提供的烧瓶的有效体积为$(1\,450 \pm 5)$mL.

3.求大气压的平均值及其不确定度,将结果表示为 $p = \overline{p} \pm \Delta_p$.

4.忽略大气压测量误差的情况下,估算空气的比热容比及其不确定度,将结果表示为
$$\begin{cases} \gamma = \overline{\gamma} \pm \Delta_\gamma, \\ E_\gamma = \dfrac{\Delta_\gamma}{\overline{\gamma}} \times 100\%. \end{cases}$$

【思考题】

1.注入气体量的多少对钢球的运动情况有没有影响?

2.在实际中,钢球的振动过程并不是理想的绝热过程,这时测得的值比实际值大还是小?为什么?

## 实验十一　板式电势差计测电源电动势

电势差计是利用补偿原理和比较法精确测量直流电势差或电源电动势的常用仪器,它准确度高、使用方便,测量结果稳定可靠,常用来精确地间接测量电流、电阻和校正各种精密电表.在现代工程技术中,电子电势差计还广泛应用于各种自动检测和自动控制系统.线式电势差计是一种教学型板式电势差计,通过对它的研究,可以更好地学习和掌握电势差计的基本工作原理和操作方法.

**【实验目的】**

1. 掌握用补偿法测量电动势的基本原理.
2. 学会用板式电势差计测量电源电动势.

**【实验仪器】**

板式电势差计、滑动变阻器、检流计、标准电源、待测电源、双刀双掷开关、工作电源.

**【实验原理】**

采用普通电压表直接测量电动势时,测量误差主要来源于两个方面:电压表本身的基本误差和电压表内阻造成的误差. 如果采用比较法测量电动势,即将待测电动势与标准电动势进行比较以确定待测电动势,则可以减小测量误差. 用板式电势差计来测量电动势就属于这种方法,它的特点是测量精度高,但操作过程较烦琐.

1. 补偿法

如图 3-11-1 所示为补偿法测量电动势的原理图,待测电源 $E_x$ 与已知电源 $E_N$ 反向连接.

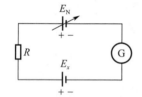

当调节已知电源 $E_N$ 使检流计 G 指示为零时,回路中的电流为零,电源内也就没有电流通过. 此时 $E_x$ 和 $E_N$ 的量值相等,即 $E_x = E_N$.

因为 $E_N$ 是已知的,所以 $E_x$ 亦可知. 这时,称电路达到了电压补偿. 这种测量电动势的方法称为补偿法. 这种电路称为补偿电路. 电势差计就是按照电压补偿原理制成的测量电动势的仪器.

图 3-11-1 补偿法测量电动势的原理图

2. 电势差计的基本原理

在如图 3-11-2(a) 所示的电路中,移动滑动变阻器上的滑片(位于 $c$ 点),可以找到一处位置使检流计中的电流 $I_g$ 为零,此时 $ac$ 之间的电压 $U_{ac} = E_x$,即 $U_{ac}$ 与 $E_x$ 相互补偿. 若对滑动变阻器 $ab$ 之间的电压分布事先加以标定,则可求出 $E_x$. 要精确测量 $E_x$,就必须要求 $ab$ 上的电压标度稳定而且准确. 那么如何对 $ab$ 之间的电压进行标定呢?这就需要借用一个精度更高、数值已知的标准电动势 $E_s$.

如图 3-11-2(b) 所示,先将开关 K 合向 $E_s$,调节滑片的位置,当其位于 $c'$ 点时,$I_g = 0$,此时 $E_s$ 与 $U_{ac'}$ 达到补偿,即

$$E_s = U_{ac'} = IrL_s, \qquad (3-11-1)$$

式中 $r$ 为滑动变阻器 $ab$ 单位长度上的电阻,$L_s$ 为 $a$ 点与 $c'$ 点的距离. 通过测量长度就可以对 $ab$ 之间的电压进行标定.

保持工作电流 $I$ 不变,将开关 K 合向 $E_x$,调节滑片的位置,当其位于 $c$ 点时,$I_g = 0$,此时 $E_x$ 与 $U_{ac}$ 达到补偿,即

$$E_x = U_{ac} = IrL_x,$$

式中 $L_x$ 为 $a$ 点与 $c$ 点的距离. 比较 $E_x$ 和 $E_s$,有

$$\frac{E_x}{E_s} = \frac{U_{ac}}{U_{ac'}} = \frac{IrL_x}{IrL_s}, \tag{3-11-2}$$

即

$$E_x = \frac{L_x}{L_s}E_s. \tag{3-11-3}$$

由式(3-11-3)可知,若 $E_s$ 已知,则只要测出 $L_x$ 和 $L_s$ 就可得到 $E_x$.

这种结果是将在同一工作电流下的 $E_s$ 与 $E_x$ 的补偿电压值 $U_{ac'}$ 和 $U_{ac}$ 进行比较得到的,该方法又称为比较法.

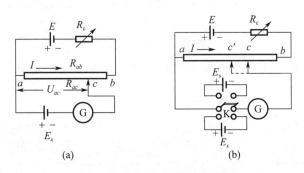

图 3-11-2　电势差计原理图

本实验采用十一线电势差计来测量待测电源的电动势.总长 11 m 的均匀电阻线往复绕在木板上的 11 个接线插孔上,相邻接线插孔的电阻线长 1 m,如图 3-11-3(a) 所示.为了减小长度,也可将 1 m 线改为 0.5 m 线,即将 11 m 的电阻线分为 22 段,往复绕在 22 个接线插孔上,形成相互连接的 22 条平行电阻线,每一条电阻线长 0.5 m,如图 3-11-3(b) 所示.最下方的那条电阻线下固定一根标有毫米刻度的米尺. $a'$ 点可选择插入任一接线插孔中,即可以与 10 条(或 21 条)电阻线中的任意一条相连接,相当于粗调. $c$ 点可在米尺上滑动,相当于细调. $c$ 点上带有一个接触片,测量时需按下该接触片方能使电路接通. $c$ 点在米尺上的位置由接触片的指示读出.因此, $R_{a'c}$ 是连续可调的.

## 【操作步骤】

1.测量前的准备.观察、熟悉仪器装置后,按图 3-11-3 所示连接好电路,开关 K 处于断开

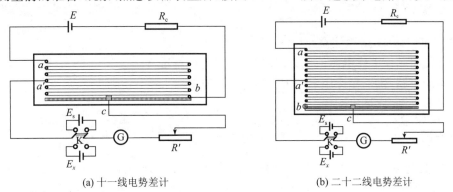

(a) 十一线电势差计　　　　　　　　(b) 二十二线电势差计

图 3-11-3　电势差计实验电路图

位置.$E$ 为工作电源(直流稳压电源);$E_s$ 为标准电源;$E_x$ 为待测电源;$G$ 为检流计;$R_c$ 为保护电阻,用以保护标准电源和检流计.

**注** 工作电源 $E$ 的正负极应与标准电源 $E_s$ 和待测电源 $E_x$ 的正负极相对应,不能接错.

2.调节工作电流,对电势差计进行标定.

粗调:将开关 K 合向 $E_s$,估算 $L_s$ 大约应取的长度,将 $a'$ 插入适当的接线插孔.

细调:按下并移动接触片,直到 G 的指针基本不偏转为止.

断开 K,记下此时 $a'$ 和接触片的位置,并测出 $L_s$ 的值.

3.测量待测电源的电动势.将开关 K 合向 $E_x$,同样先粗调再细调,具体步骤同上,并测出 $L_x$ 的值.

4.应用式(3-11-3)计算待测电源的电动势.

5.重复步骤 2,3,共进行 6 次测量,将测量数据记入表 3-11-1 中.

【数据记录】

表 3-11-1　检流计电流为零时,$E_s$ 与 $E_x$ 对应长度的数据记录表　　　　单位:m

| 测量次数 | 1 | 2 | 3 | 4 | 5 | 6 |
|---|---|---|---|---|---|---|
| $L_s$ | | | | | | |
| $L_x$ | | | | | | |

【数据处理】

按多次间接测量方法算出 $E_x$ 的平均值和不确定度,即

$$\overline{E}_x = \frac{\overline{L}_x}{\overline{L}_s} E_s, \quad \Delta_{E_x} = \overline{E}_x \sqrt{\left(\frac{\Delta_{L_s}}{\overline{L}_s}\right)^2 + \left(\frac{\Delta_{L_x}}{\overline{L}_x}\right)^2 + \left(\frac{\Delta_{E_s}}{E_s}\right)^2},$$

因此测量结果表示为

$$\begin{cases} E_x = \overline{E}_x \pm \Delta_{E_x}, \\ E_{E_x} = \dfrac{\Delta_{E_x}}{\overline{E}_x} \times 100\%. \end{cases}$$

【注意事项】

使用标准电源时,必须注意:

(1) 不能将其作工作电源使用,以免失去电动势的标准性.

(2) 不能短路,也不允许用电压表直接测其电动势.

(3) 不能振动、摇晃或倒置.

【思考题】

1.为什么电势差计可直接测量电源的电动势,而电压表则不能?

2.在调节检流计的过程中,若检流计的指针总是偏向一侧,原因可能有哪些?

【附录】

标准电源 $E_s$ 能保持一稳定的电动势,但随温度略有变化.温度为 $t$(单位为 ℃)时的电动势(单位为 V)可表示为

$$E(t) \approx E_{20} - \left[ 4 \times 10^{-5} \times (t-20) + 10^{-6} \times (t-20)^2 \right],$$

式中 $E_{20}$ 为 $t = 20$ ℃ 时标准电源的电动势.

# 实验十二　用箱式电势差计校正电表

箱式电势差计是用来精确测量电源电动势或电势差的专门仪器.它采用比较法,依据补偿原理进行测量.由于与之配合使用的标准电源的电动势非常稳定,用作电压比较指示器的检流计灵敏度高,以及箱式电势差计的电压比电路精确度高,因此能精确地测量电源电动势和电势差.

【实验目的】

1.了解箱式电势差计的结构和原理.
2.正确、熟练掌握箱式电势差计的使用方法.
3.用箱式电势差计校正电压表(或电流表).

【实验仪器】

箱式电势差计、标准电源、直流电源、检流计、滑动变阻器、电阻箱、待校正电表、开关、导线.

【实验原理】

箱式电势差计测量电源电动势的原理如图 3-12-1 所示,由工作电源 $E$、电阻 $R_{AB}$、限流电阻 $R_p$ 构成一测量电路,电路中有稳定的电流 $I_0$;由待测电源 $E_x$ 和检流计 G 组成一补偿分路,调节 $P$ 点使 G 中的电流为零,$A$ 点和 $P$ 点之间的电压为 $U_{AP}$,则 $E_x = U_{AP}$.由于 $U_{AP} = R_{AP}I_0$,式中 $R_{AP}$ 为 $A$ 点和 $P$ 点之间的电阻,故

$$E_x = R_{AP}I_0, \tag{3-12-1}$$

即当测量电路的电阻与电流已知时,可得 $E_x$.如将 $E_x$ 改用为标准电源 $E_s$,可得 $E_s = R_s I_0$ 或 $I_0 = \dfrac{E_s}{R_s}$,式中 $R_s$ 为使用 $E_s$ 的情况下使 G 中电流为零时的 $R_{AP}$ 值.将 $I_0$ 代入式(3-12-1),可得

$$E_x = \frac{R_{AP}}{R_s}E_s, \tag{3-12-2}$$

即通过电阻间接比较 $E_x$ 与 $E_s$,从而求出 $E_x$.

1.箱式电势差计的工作电流与电压标定

用箱式电势差计测量电动势时,并不需要用式(3-12-1)或式(3-12-2)去计算,它将测

量范围内的电压值标在面板上,通过补偿测量可以从面板上直接读出被测电动势的值.

如图 3-12-2 所示,将图 3-12-1 中的电阻 $R_{AB}$ 改为相同电阻 $R$ 的串联电路.设计电势差计时,首先要规定它的工作电流 $I_0$(例如,对于 UJ-24 型电势差计,$I_0 = 0.000\,100\,00$ A),其次按 $R = \dfrac{0.100\,0\ \text{V}}{I_0}$ 确定 $R$ 的精确值,这样制作的电势差计在 $a, b, c, \cdots$ 点和 $A$ 点之间的电压分别为 $0.1$ V,$0.2$ V,$0.3$ V,$\cdots$,因此可将这些电压值标在 $a, b, c, \cdots$ 点处.箱式电势差计面板上的电压值标定就是按此原理设计的.实际电势差计的电路要复杂得多,图 3-12-2 仅是标定方法的示意图.

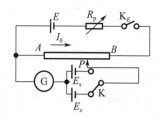
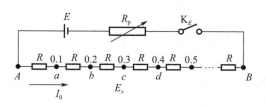

图 3-12-1　箱式电势差计测量电源电动势的原理图　　　　图 3-12-2　标定方法示意图

使用已标定的电势差计去测量电源电动势,如图 3-12-3 所示,移动 $P$ 点使检流计 G 中的电流为零,则 $P$ 点处的示值就等于待测电源的电动势 $E_x$.

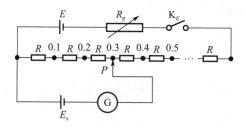

图 3-12-3　测量电源电动势的电路示意图

### 2. 标准电源与工作电流的校准

为使图 3-12-2 中的 $a, b, c, \cdots$ 点处的实际电压值和标定值一致,必须使实验电路中的电流和设计的工作电流 $I_0$ 一致.在电路中加入一个检流计可以检查实际电流的大小,但即使是很准确的 $0.2$ 级检流计,也只能控制 $0.2\%$ 的准确程度,而箱式电势差计要求控制到 $0.01\%$ 或更准确.实际上,箱式电势差计是用准确度更高的标准电源去监控工作电流(标准电源的电动势有 6 位有效数字).

如图 3-12-4 所示的电路是在图 3-12-2 的电路中加入标准电源 $E_s$,以及校准工作电源的校准电阻 $R_s$.例如,$20\ ℃$ 时标准电源的电动势为 $1.018\,59$ V,则在设计时使电阻 $R_s$ 在 $C$ 点和 $P$ 点之间的电阻值为 $R_{CP} = \dfrac{1.018\,59\ \text{V}}{I_0}$,并在 $P$ 点处标以 $1.018\,59$ V,以后当在 $20\ ℃$ 使用此仪器时,先将 $P$ 点移至 $1.018\,59$ V 处.调节限流电阻 $R_p$,当检流计读数为零时,测量电路中的电流即等于设计的工作电流 $I_0$.

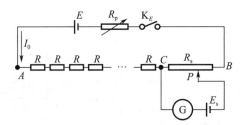

图 3-12-4　标准电源与工作电流的校准电路图

从以上讨论可知,用电势差计测量 $E_x$,是先用标准电源 $E_s$ 校准测量电路的工作电流 $I_0$,再用测量电路和 $E_x$ 进行比较.检流计是用来做比较的检查设备,精密的电势差计要配备与之适应的灵敏度较高的检流计.

3.用电势差计测量电动势(或电压)、电阻及电流

箱式电势差计的原理如图 3-12-5 所示,将待测电源的两极或待测电压的两点接到 $X_1$ 点和 $X_2$ 点,将双刀双掷开关 $K_1$ 合向右侧,则检流计和校准电路连接;将 $K_1$ 合向左侧,则检流计和被测电路连接.

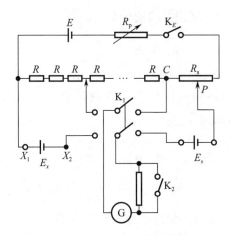

图 3-12-5　箱式电势差计的原理图

(1) 测电源电动势或 $A$ 点和 $B$ 点之间的电压时,可按图 3-12-6(a) 或(b)所示进行电路连接.

(2) 测回路中的电流时,可按图 3-12-6(b) 所示进行电路连接,当 $R$ 为标准电阻时,测出其两端的电压 $U_{AB}$,则回路中的电流为

$$I = \frac{U_{AB}}{R}. \tag{3-12-3}$$

(3) 电阻的测量.如图 3-12-7 所示,将待测电阻 $R_x$ 和标准电阻 $R_s$ 串联在一电路中,分别测量其两端的电压 $U_{AB}$,$U_{BC}$,由于回路中的电流一定,因此

$$R_x = \frac{U_{AB}}{U_{BC}}R_s. \tag{3-12-4}$$

图 3-12-7 中的开关 $K_1$ 是为了测量 $U_{AB}$ 和 $U_{BC}$ 的转换开关.

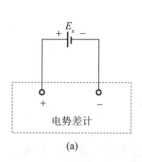

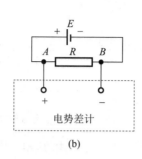

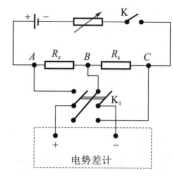

图 3-12-6 箱式电势差计的测量电路图 图 3-12-7 电阻测量原理图

### 4. 电势差计的灵敏度、准确度等级及基本误差

当电势差计平衡时,从面板上可读出被测电动势 $E_x$,如果这时移动 $P$ 点使面板上的值改变 $\delta E$,平衡被破坏,检流计相应偏转 $\alpha$,则电势差计的灵敏度 $S_p$ 定义为

$$S_p = \frac{\alpha}{\delta E}. \qquad (3-12-5)$$

如果测得电势差计的灵敏度 $S_p$,则根据检流计刻度的分辨值 $\Delta\alpha$,可求出灵敏度引入的误差为

$$\Delta E = \frac{\Delta\alpha}{S_p}. \qquad (3-12-6)$$

显然,$S_p$ 越大,由灵敏度引入的误差越小. 实际上,选用灵敏度较高、内阻较小的检流计可以提高电势差计的灵敏度,但是要注意不是 $S_p$ 越高测量误差就越小,因为电势差计的基本误差是由内部电路中各器件的准确度决定的.

直流电势差计的准确度等级分为 0.000 1 级,0.000 2 级,0.000 5 级,0.001 级,0.005 级,0.01 级,0.02 级,0.05 级,0.1 级,0.2 级. 电势差计的基本误差允许极限为

$$E_{\lim} = \pm\frac{K}{100}\left(\frac{U_n}{10} + x\right), \qquad (3-12-7)$$

式中 $K$ 为准确度等级;$x$ 为标定盘示值;$U_n$ 为基准值(单位为 V),是电势差计量程中 10 的最高整数幂.

### 【操作步骤】

1. 观察电势差计面板,了解各旋钮的作用.

2. 校准工作电流. 查出室温下标准电源的电动势,转动 $R_s$ 旋钮使标准电源的电动势符合此值.

由粗到细调节限流电阻 $R_p$,使电势差计平衡,校准工作电流 $I_0$,之后保持 $R_p$ 不变. 在实验中应检查 $I_0$ 是否有变化,如有变化要重新校准.

3. 校正电压表. 对实验室指定的电压表进行校正,在电压表的全量程中,从小到大选 $10 \sim 15$ 个点进行测量,即用电压表和电势差计同时逐点测量.

测量电路由学生自行设计(特别注意当电压表量程大于电势差计量程时的处理).

设对于同一电压,电压表读数为 $U$,电势差计读数为 $U_p$,找出 $|U - U_p|$ 的最大值,并用以确定电压表的准确度等级.

以 $U$ 为横坐标，$U-U_p$ 为纵坐标作误差曲线(注意,用折线联结相邻的点,因为各点的误差有独立性).

4.校正毫安表.具体步骤参考步骤 3.

5.测量电势差计的灵敏度.

【思考题】

1.根据误差曲线,能否判别随机误差和系统误差?

2.怎样用电势差计做一个精密的分压器? 用 UJ-31 型电势差计做成的精密分压器的最高输出电压为多少?

3.当电势差计的工作电流不稳定时,对电动势的测量是否有影响? 工作电源采用稳压电源好还是恒流电源好? 为什么?

4.根据电势差计的灵敏度 $S_p$ 的测量结果,说明 $S_p$ 的特点是什么.

【附录】

1.UJ-24 型高电势直流电势差计

该仪器的测量上限为 1.611 10 V,分度值为 0.000 01 V,准确度等级为 0.02 级,工作电流为 0.1 mA,图 3-12-8 为其面板图.

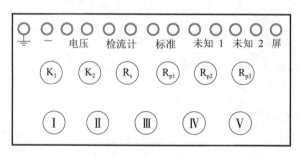

图 3-12-8　UJ-24 型高电势直流电势差计面板图

$R_{p1}$，$R_{p2}$，$R_{p3}$ 为调节工作电流的限流电阻旋钮(粗、中、细);$R_s$ 为校准电阻旋钮,转动 $R_s$ 旋钮可给出室温时的标准电源电动势.

Ⅰ,Ⅱ,Ⅲ,Ⅳ,Ⅴ 为测量部分.

$K_1$ 为测量转换开关,指在标准挡时,即和标准电源相比以校准工作电流;指在未知 1 挡(或未知 2 挡) 时,即测量由未知 1 输入端(或未知 2 输入端) 接入的电压.

$K_2$ 为检流计开关,分细、中、粗、短路、输出 5 挡,使用时按粗、中、细挡顺序使用,短路挡可用于控制检流计的摆动,$K_2$ 指在输出挡时检流计短路.

2.UJ-31 型电势差计

UJ-31 型电势差计是一种低电势、双量程的电势差计,其准确度等级为 0.05 级,工作电流为 10 mA.当量程开关 $K_1$ 指在×10 挡时,能测量的未知电动势的最大值为 171 mV;当 $K_1$ 指在×1 挡时,能测量的未知电动势的最大值为 17.1 mV.图 3-12-9 为其面板图,其电路原理图与图 3-12-10 相似,工作电源的电压要求在 5.7~6.4 V,可以同时将两个被测电动势接到未知 1 输入端和未知 2 输入端. $R_s$ 旋钮用来使标准电源电动势的示值和测量温度下标准电源的电动势一致,以便校准工作电流.调节工作电流的限流电阻 $R_p$ 分为粗、中、细 3 级.测量选择开关 $K_2$ 有 5 挡,当 $K_2$ 指在标准挡时,检流计接入校准电路,用以校准工作电流;当 $K_2$ 指在未知 1 挡(或未知 2 挡)时,检流计接入被测电路,可分别测量连接在未知 1 输入端(或未知 2 输入端)上的电动势 $E_x$.不测量时应将 $K_2$ 指在断挡.电键按钮有 3 个,按粗按钮,检流计灵敏度较低;按细按钮,检流计灵敏度较高;按短路按钮,检流计指针或光标立即停止.

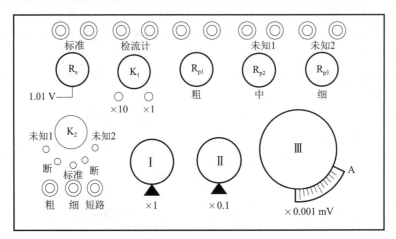

图 3 - 12 - 9    UJ-31 型电势差计面板图

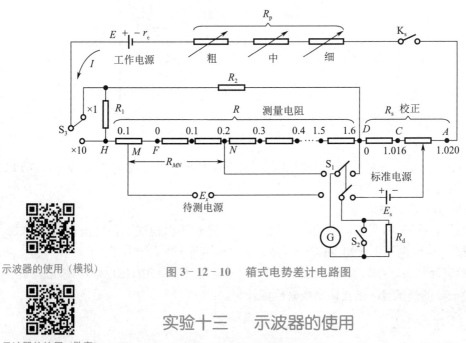

图 3 - 12 - 10    箱式电势差计电路图

示波器的使用(模拟)

示波器的使用(数字)

# 实验十三    示波器的使用

示波器是一种多用途的现代测量工具,它可以直接观察电压信号的波形,也能测定电压信号的幅度、周期和频率等参数.双踪示波器不仅能独立观察两种信号的波形,并对它们进行对比、分析和研究,还能测量两个信号之间的时间差和相位差.一切可以转化为电压的其他电学量(如电流、电功率、阻抗、相位等)和非电学量(如温度、位移、压强、磁场、频率等)都可以用示波器来进行观测.用示波器研究物理现象与规律已经形成一种物理实验方法 —— 示波器法.

【实验目的】

1.学习示波器和信号发生器的基本使用方法.

2.测量正弦信号的幅度和周期.

3.观察李萨如图形,巩固对方向垂直、频率相同的简谐振动合成的理解.

【实验仪器】

双踪示波器、信号发生器.

【实验原理】

示波器的介绍和几种常见的示波器已在第二章第四节详细介绍过,这里不再赘述.下面介绍示波器的具体使用.

1. 用 $X$ 轴时基测时间参数

在实验中或工程技术上经常用示波器来测量信号的时间参数,例如,信号的周期或频率、波形宽度、上升时间或下降时间等.雷达通过测量发射脉冲信号与反射(接收)脉冲信号的时间差实现测距和无线电测距,以及声呐测潜艇位置等都应用了示波器的原理.

如果在 $X$ 轴偏转板上加一个锯齿波电压信号,在 $Y$ 轴偏转板上不加电压,那么光点在荧光屏水平方向上做匀速运动,光点在水平方向上的偏移距离与扫描电压呈线性关系.这样,水平方向上偏转距离的变化就反映了时间的变化,此时光点水平移动形成的水平亮线称为时间基线.如果待测信号从 $Y$ 轴输入端输入,设 $T_y$ 为待测信号的周期,$T_x$ 为 $X$ 轴扫描信号的周期,$n$ 为一个扫描周期内所显示的待测信号的波形周期数,则

$$T_y = \frac{T_x}{n} \quad (n = 1, 2, \cdots).\tag{3-13-1}$$

如果荧光屏上显示两个信号的波形,扫描信号的周期为 10 ms,则待测信号的周期为 5 ms. $X$ 轴扫描信号的周期实际上是以时基单位来表示的.

2. 用李萨如图形测信号的频率

如果将不同的信号分别输入 $Y$ 轴输入端和 $X$ 轴输入端,当两个信号的频率满足整数比时,荧光屏上会显示出李萨如图形.通过测量李萨如图形可以测量时间参数.

(1)当两正交正弦电压信号频率相同而振幅和相位不同时,它们叠加为合成图形.设这两正弦电压分别为

$$x = A\cos \omega t, \quad y = B\cos(\omega t + \varphi).\tag{3-13-2}$$

将上两式联立消去 $t$ 后,得到荧光屏上光点的轨迹方程为

$$\frac{x^2}{A^2} + \frac{y^2}{B^2} - \frac{2xy}{AB}\cos \varphi = \sin^2 \varphi.\tag{3-13-3}$$

这是一个椭圆方程.当相位差 $\varphi$ 取 $0 \sim 2\pi$ 的不同值时,合成图形如图 3-13-1 所示.

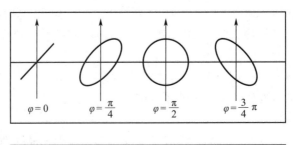

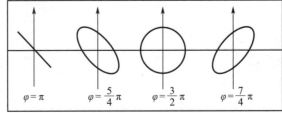

图 3-13-1    李萨如图形

（2）当两正交正弦电压的相位差一定，频率比为整数比时，合成图形为一条稳定的闭合曲线.如图 3-13-2 所示为几种频率比对应的李萨如图形.对李萨如图形作水平切线和垂直切线，设李萨如图形与水平切线的切点数为 $N_x$，与垂直切线的切点数为 $N_y$，则加在 $X$ 轴输入端、$Y$ 轴输入端上的正弦电压的频率 $f_x$，$f_y$ 与 $N_x$，$N_y$ 的关系为

$$\frac{f_y}{f_x} = \frac{N_x}{N_y}. \tag{3-13-4}$$

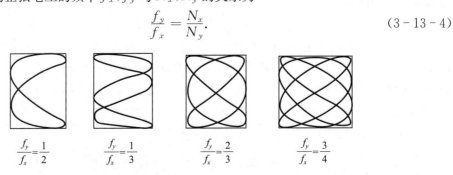

图 3-13-2    不同频率比对应的李萨如图形

【操作步骤】

实验前要先弄清实验中使用的双踪示波器的型号及使用方法，不同型号的双踪示波器及信号发生器有些按钮和旋钮的名称和标识不同，以下提供了两种双踪示波器的实验操作过程，其中有下划线，且未带括号的内容为 COS-620 双踪示波器的操作；有下划线，且带括号的内容为 SG4320A 双踪示波器的操作.没有下划线的部分为公用部分.

1.实验前的准备工作.

（1）打开双踪示波器（见附录中的图 3-13-4 和图 3-13-5）、信号发生器上的电源开关，预热 5 min.

（2）熟悉所用双踪示波器和信号发生器的型号，按钮、旋钮的名称和标识.

（3）将双踪示波器上标有"AC""DC"的耦合方式开关置于 AC 状态.

（4）检查双踪示波器与信号发生器是否用导线相连，如果没有，用导线将双踪示波器的 $X$

轴(或者 Y 轴)输入端(标有 CH1 或 CH2)与信号发生器上的输出端口对应连接.

（5）双踪示波器上的水平扫描速度旋钮不要置于 X - Y 状态【或将示波器控制面板左上角的上下拨动开关拨向 ×1 状态】.

2.用双踪示波器观察信号发生器输出的正弦波波形,并测量频率和电压峰-峰值.

（1）在信号发生器上选择一个合理的正弦波信号,其频率最好大于 1 000 Hz.在实验过程中,该频率不再改变.

（2）在双踪示波器上选择 CH1 通道(或 CH2 通道),即将示波器上两个通道之间的垂直方式选择开关置于 CH1 状态(或 CH2 状态)【或将示波器上两个通道之间的 VERT MODE 区上的拨动开关置于 CH1 状态(或 CH2 状态),将下方的拨动开关置于 ALT 状态】.

（3）将双踪示波器上的触发方式选择开关置于 AUTO 状态,将触发源选择开关置于 CH1 状态(或 CH2 状态)【将 TRIGGER 区中的触发方式选择开关置于 AUTO 状态,将触发源选择开关置于 CH1 状态(或 CH2 状态),将触发方式开关置于 INT 状态】.

（4）调节双踪示波器上的水平扫描速度旋钮及水平微调旋钮,同时配合调节示波器上的 CH2 信号反相键和触发电平调节旋钮,在示波器上调出完整的一个周期、两个周期或三个周期的正弦波,并将波形及波长填入表 3 - 13 - 1 中.

（5）将水平微调旋钮顺时针关掉.任选两个不同频率的信号,利用示波器上的水平扫描速度旋钮测出这两个不同频率信号的波长,所测出的信号的周期为 $T = b × λ$,式中 $b$ 为扫描时间因数,其值为水平扫描速度旋钮所指示的值;$λ$ 为所测信号一个周期在水平方向上的格数(单位为 DIV).利用公式 $f = \dfrac{1}{T}$ 计算这两个信号的频率,并将相关数据填入表 3 - 13 - 2 中.

（6）调节双踪示波器上 CH1 通道(或 CH2 通道)所对应的垂直衰减旋钮和垂直微调旋钮,使得在荧光屏上能够看到最大的正弦波波形(大于半个周期).

（7）利用示波器测量正弦波的电压峰-峰值.

① 将 CH1 通道(或 CH2 通道)所对应的垂直微调旋钮顺时针关掉(注意,只有在垂直微调旋钮关掉的前提下,读出垂直偏转因数 $a$ 的大小才有意义).

② 在荧光屏上读出被测正弦波波峰与波谷在垂直方向上的格数 $Δy$,再乘以 CH1 通道(或 CH2 通道)对应的垂直偏转因数 $a$,所得值为正弦波的电压峰-峰值.例如,如图 3 - 13 - 3 所示,$Δy = 6.0$ DIV,垂直衰减旋钮置于 0.5 V/DIV 处,则被测正弦波的电压峰-峰值为 $V_y = 6.0 × 0.5$ V $= 3.0$ V.

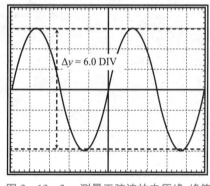

图 3 - 13 - 3　测量正弦波的电压峰-峰值

（8）将上述过程测量所得的数据填入表 3 - 13 - 2 中.

（9）观察本实验思考题 2 中的图形,记下观察到的现象.

3.观察李萨如图形.

（1）检查双踪示波器的两个通道是否与信号发生器连好.连接方法见操作步骤 1.

（2）在信号发生器上选择"正弦波形",分别将双踪示波器两个通道的正弦波信号调节到荧光屏的正中间.

（3）将双踪示波器上的水平扫描速度旋钮旋至 X - Y 状态【或将示波器控制面板左上角的上下拨动开关拨向 X - Y 状态】.

（4）将接入双踪示波器 CH1 通道的信号发生器上的正弦波频率调到 $f_x = 500$ Hz.

（5）利用式（3-13-4），按表 3-13-3 的要求分别算出理论值 $f_{y理论}$，并将所得结果填入表 3-13-3 中.

（6）调节输入 CH2 通道的信号频率 $f_y$，使 $f_y$ 接近 $f_{y理论}$，得到稳定的李萨如图形. 记录此时的 $f_y$，即 $f_{y仪}$（注意，此时的 $f_{y仪}$ 不一定是刚才的理论值 $f_{y理论}$）.

（7）将实验结果及李萨如图形填入表 3-13-3 中.

（8）实验做完后，将各个按钮（或旋钮）复原，关闭电源（先关双踪示波器的电源，后关信号发生器的电源）.

【数据记录】

所用双踪示波器的型号：_____；所用信号发生器的型号：_____.

表 3-13-1　正弦波波形记录表

| 正弦波的频率 $f = $ _____ Hz | 一个周期 | 两个周期 | 三个周期 |
|---|---|---|---|
| 正弦波波形 | | | |
| 波长 $\lambda$/DIV | | | |

表 3-13-2　正弦波频率和电压峰-峰值的数据记录表

| | 选择的频率 /Hz | | |
|---|---|---|---|
| 水平方向 | 扫描时间因数 $b$/(s/DIV) | | |
| | 波长 $\lambda$/DIV | | |
| | 正弦波周期 $T$/s | | |
| | $f$/Hz | | |
| 垂直方向 | $\Delta y$/DIV | | |
| | 垂直偏转因数 $a$/(V/DIV) | | |
| | 电压 $V_y$/V | | |

表 3-13-3　观察李萨如图形的数据记录表

$f_x = 500$ Hz

| $\dfrac{f_y}{f_x}$ | $\dfrac{1}{2}$ | $\dfrac{4}{1}$ | $\dfrac{3}{1}$ | $\dfrac{2}{1}$ | $\dfrac{1}{1}$ |
|---|---|---|---|---|---|
| $f_{y理论}$/Hz | | | | | |
| $f_{y仪}$/Hz | | | | | |
| 李萨如图形 | | | | | |
| $N_x$/ 个 | | | | | |
| $N_y$/ 个 | | | | | |

【思考题】

1. 简述示波器的功能.

2. 当示波器的扫描频率远大于或远小于 $Y$ 轴输入信号的频率时,荧光屏上的图形将是什么情况?

3. 观察李萨如图形时,若图形不稳定,应如何调节?

【附录】

实验使用的双踪示波器如图 3-13-4 和图 3-13-5 所示.

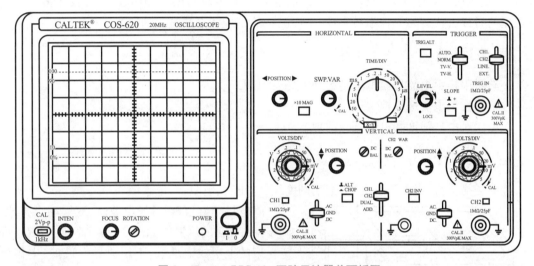

图 3-13-4　COS-620 双踪示波器前面板图

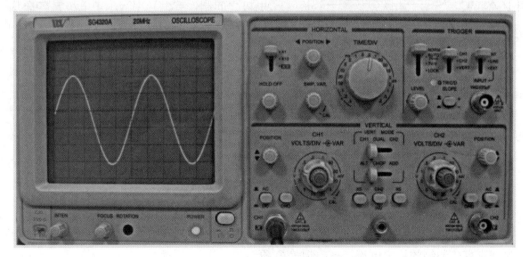

图 3-13-5　SG4320A 双踪示波器前面板图

## 实验十四　　静电场的测绘

在科学研究和工程技术中,有时需要了解带电体周围静电场的分布情况.一般来说,带电体的形状比较复杂,很难用理论方法进行计算.由于将仪表(或其探测头)放入静电场时,总要使被测静电场的原有分布状态发生畸变,因此用实验手段直接测绘静电场也变得不可能.一个可能的方法是以相似原理为依据模拟实际情况,具体来说是构造一个与研究对象的物理过程或物理现象相似的模型,通过对该模型的测试来实现对研究对象的研究和测量,这种方法称为模拟法.模拟法在科学实验中有着极其广泛的应用,其本质是用一种易于实现、便于测量的物理模型的研究去代替另一种不易实现、不便测量的物理状态或过程的研究.

### 【实验目的】

1.学习用稳恒电流场模拟法测绘静电场的原理.
2.掌握稳恒电流场模拟法.
3.加深对电场强度和电势概念的理解.

### 【实验仪器】

静电场描绘仪、直流稳压电源、毫米刻度尺、电压表、电阻箱、记录纸.

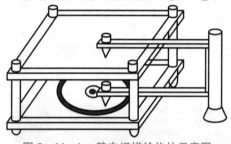

图 3-14-1　静电场描绘仪的示意图

静电场描绘仪(包括导电玻璃、双层固定支架、同步探针等)的示意图如图 3-14-1 所示,双层固定支架的上层放记录纸,下层放导电玻璃.电极已直接制作在导电玻璃上,将电极引线接在接线柱上,电极之间制作有电导率远小于电极且各向均匀的导电介质.该仪器接通直流稳压电源就可进行实验.在导电玻璃和记录纸上方各有一同步探针,两探针通过金属探针臂被固定在同一手柄座上,两探针始终保持在同一铅垂线上.移动手柄座时,可保证两探针的运动轨迹是一样的.由导电玻璃上方的探针找到待测点后,按一下记录纸上方的探针,在记录纸上会留下一个对应的标记.移动探针在导电玻璃上找出若干电势相同的点,由此即可描绘出等势线.

### 【实验原理】

#### 1.模拟的理论依据

为了克服直接测绘静电场的困难,可以仿造一个与待测静电场分布完全一样的稳恒电流场,用容易直接测绘的稳恒电流场去模拟静电场.

静电场与稳恒电流场本是两种不同的场,但是在一定条件下它们具有相似的空间分布,即两种场遵守的规律在数学形式上是相似的.引入电势 $U$,则电场强度为 $\boldsymbol{E} = -\nabla U$.静电场中的场强和稳恒电流场中的电流密度都遵循高斯(Gauss)定理.对于静电场,场强 $\boldsymbol{E}$ 在无源区域内满足以下积分关系：

$$\oiint_S \boldsymbol{E} \cdot \mathrm{d}\boldsymbol{S} = 0, \quad \oint_l \boldsymbol{E} \cdot \mathrm{d}\boldsymbol{l} = 0.$$

对于稳恒电流场，电流密度 $\boldsymbol{J}$ 在无源区域内也满足类似的积分关系：

$$\oiint_S \boldsymbol{J} \cdot \mathrm{d}\boldsymbol{S} = 0, \quad \oint_l \boldsymbol{J} \cdot \mathrm{d}\boldsymbol{l} = 0.$$

由此可见，$\boldsymbol{E}$ 和 $\boldsymbol{J}$ 在各自区域中所遵从的物理规律都有相同的数学形式．若稳恒电流场空间内均匀充满了电导率为 $\sigma$ 的不良导体，则不良导体内的场强 $\boldsymbol{E}'$ 与电流密度 $\boldsymbol{J}$ 之间遵循欧姆（Ohm）定律：

$$\boldsymbol{J} = \sigma \boldsymbol{E}'.$$

因此，$\boldsymbol{E}$ 和 $\boldsymbol{E}'$ 在各自的区域中也满足同样的数学规律．在相同的边界条件下，由电动力学的理论可以严格证明：具有相同边界条件的相同方程，其解的形式也相同．于是可以用稳恒电流场来模拟静电场，即静电场的电场线和等势线与稳恒电流场的电流线和等势线具有相似的分布，测定出稳恒电流场的电势分布也就求得了与它相似的静电场的电场分布．

### 2. 模拟同轴圆柱形电缆的静电场

由于稳恒电流场与相应的静电场在空间形式上的一致性，因此只要保证电极形状一定、电极电势不变、空间介质均匀，在任意一个考察点，都应有 $U_{稳恒} = U_{静电}$ 或 $\boldsymbol{E}'_{稳恒} = \boldsymbol{E}_{静电}$．下面以同轴圆柱形电缆的静电场和相应的模拟场 —— 稳恒电流场来讨论这种等效性．

如图 3-14-2(a) 所示，在真空中有一半径为 $r_a$ 的圆柱形导体 A 和一个内径为 $r_b$ 的圆筒形导体 B，它们同轴放置，分别带等量异号电荷．由对称性可知，在垂直于轴线的任意横截面 $S$ 内都分布着辐射状的电场线，这是一个与轴向坐标无关，而与径向坐标有关的二维场，因此圆柱形电缆的等势面为一簇同轴圆柱面．所以，只需研究任意横截面上的电场分布即可．以轴心 $O$ 为圆心、$r$ 为半径的圆上（见图 3-14-2(b)）各点的场强为

$$E = \frac{\lambda}{2\pi\varepsilon_0 r},$$

式中 $\lambda$ 为导体 A(或 B) 的线电荷密度，其电势为

$$U_r = U_a - \int_{r_a}^{r} E \mathrm{d}r = U_a - \frac{\lambda}{2\pi\varepsilon_0} \ln \frac{r}{r_a}. \tag{3-14-1}$$

若 $r = r_b$ 时，$U_r = U_b = 0$，则有

$$\frac{\lambda}{2\pi\varepsilon_0} = \frac{U_a}{\ln \dfrac{r_b}{r_a}}.$$

将上式代入式 (3-14-1)，可得

$$U_r = U_a \frac{\ln \dfrac{r_b}{r}}{\ln \dfrac{r_b}{r_a}}, \tag{3-14-2}$$

则距轴心为 $r$ 处的场强为

$$E_r = -\frac{\mathrm{d}U_r}{\mathrm{d}r} = \frac{U_a}{\ln \dfrac{r_b}{r_a}} \frac{1}{r}. \tag{3-14-3}$$

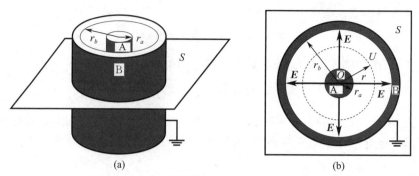

图 3-14-2 同轴圆柱形电缆及其静电场分布

若上述圆柱形导体 A 与圆筒形导体 B 之间不是真空,而是均匀地充满了一种电导率为 $\sigma$ 的不良导体,且 A 和 B 分别与直流稳压电源的正负极相连,如图 3-14-3 所示,则在 A,B 之间将形成径向电流,建立起一个稳恒电流场 $E'_r$. 可以证明:不良导体中的稳恒电流场 $E'_r$ 与原真空中的静电场 $E_r$ 是相同的.

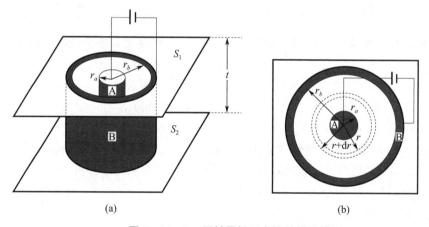

图 3-14-3 同轴圆柱形电缆的模拟模型

取高度为 $t$ 的同轴圆柱形不良导体片来研究. 设不良导体的电阻率为 $\rho\left(\rho=\dfrac{1}{\sigma}\right)$,则从半径为 $r$ 的圆周到半径为 $r+\mathrm{d}r$ 的圆周之间的不良导体薄片的电阻为

$$\mathrm{d}R = \frac{\rho}{2\pi t}\frac{\mathrm{d}r}{r}, \qquad (3-14-4)$$

半径从 $r$ 到 $r_b$ 之间的不良导体片的电阻为

$$R_{rr_b} = \frac{\rho}{2\pi t}\int_r^{r_b}\frac{\mathrm{d}r}{r} = \frac{\rho}{2\pi t}\ln\frac{r_b}{r}. \qquad (3-14-5)$$

由此可知,半径从 $r_a$ 到 $r_b$ 之间的不良导体片的电阻为

$$R_{r_a r_b} = \frac{\rho}{2\pi t}\ln\frac{r_b}{r_a}. \qquad (3-14-6)$$

若设 $U_b = 0$,则径向电流为

$$I = \frac{U_a}{R_{r_a r_b}} = \frac{2\pi t U_a}{\rho\ln\dfrac{r_b}{r_a}}. \qquad (3-14-7)$$

距轴心为 $r$ 处的电势为

$$U_r = IR_{rr_b} = U_a \frac{\ln \dfrac{r_b}{r}}{\ln \dfrac{r_b}{r_a}}, \quad\quad\quad (3-14-8)$$

则稳恒电流场 $E'_r$ 为

$$E'_r = -\frac{\mathrm{d}U'_r}{\mathrm{d}r} = \frac{U_a}{\ln \dfrac{r_b}{r_a}} \cdot \frac{1}{r}. \quad\quad\quad (3-14-9)$$

可见,式(3-14-8)与式(3-14-2)具有相同形式,说明稳恒电流场与静电场的电势分布函数完全相同,即柱面之间的电势 $U_r$ 与 $\ln r$ 均为直线关系,并且 $\dfrac{U_r}{U_a}$(相对电势)仅是坐标的函数. 显而易见,稳恒电流场与静电场的分布也是相同的,因为

$$E'_r = -\frac{\mathrm{d}U'_r}{\mathrm{d}r} = -\frac{\mathrm{d}U_r}{\mathrm{d}r} = E_r.$$

实际上,并不是每种带电体的静电场及模拟场的电势分布函数都能计算出来,只有电导率 $\sigma$ 分布均匀而且几何形状对称的特殊带电体的电势分布函数才能用理论严格计算出来. 上面只是通过一个特例,证明了用稳恒电流场模拟静电场的可行性.

3.模拟条件

模拟方法的使用有一定的条件和范围,不能随意推广,否则将会得到荒谬的结论. 用稳恒电流场模拟静电场的条件可以归纳为以下三点:

(1)稳恒电流场中的电极形状应与被模拟的静电场中的带电体的几何形状相同.

(2)稳恒电流场中的导电介质应是电导率分布均匀的不良导体,且满足 $\sigma_{电极} \gg \sigma_{导电介质}$.

(3)模拟所用的电极系统与被模拟的静电场的边界条件相同.

4.静电场的测绘方法

由式(3-14-2)可知,场强 $E$ 在数值上等于电势梯度,方向指向电势降低最快的方向. 考虑到场强 $E$ 为矢量,而电势 $U$ 为标量,从实验测量来讲,测定电势比测定场强更容易实现,可先测绘等势线,然后根据电场线与等势线正交的原理画出电场线. 这样就可由等势线的间距确定电场线的疏密和指向,将抽象的静电场形象地表示出来.

【操作步骤】

1. 电路连接. 按图3-14-4所示连接电路,将导电玻璃上的内外两电极分别与直流稳压电源的正负极相连接,将电压表的正负极分别与同步探针及电源负极相连接. 打开电源,将电源指示置为内,将电源电压调到 14 V. 将同步探针置于导电玻璃上,将电源指示置为外.

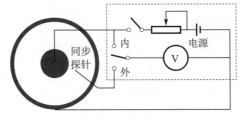

图 3-14-4　同轴圆柱形电缆的静电场的模拟电路

2.等势线的测绘.移动同步探针测绘同轴圆柱形电缆的等势线簇.要求相邻两等势线之间的电势差为 2 V,共测绘 7 条等势线,等势线由 8 个均匀分布的点来确定.以每条等势线上各点到内电极中心的平均距离 $\bar{r}$ 为半径画出等势线簇.然后根据电场线与等势线的正交原理,再画出电场线,指出场强的方向,即可得到一张完整的静电场分布图,并与理论结果比较.在坐标纸上作出相对电势 $\frac{U_r}{U_a}$ 和 $\ln\bar{r}$ 的关系曲线,再根据该关系曲线的性质说明等势线是以内电极中心为圆心的同心圆.

【数据记录】

实验中要求测绘 7 条等势线(0 V,2 V,4 V,6 V,8 V,10 V 和 12 V),在每条等势线上找出 8 个均匀分布的点,用毫米刻度尺测出这些点到内电极中心的距离,并将所得结果记录在表 3-14-1 中.

表 3-14-1　同轴圆柱形电缆等势线上各点到内电极中心距离的数据记录表

| $U_r$/V | 0 | 2 | 4 | 6 | 8 | 10 | 12 |
|---|---|---|---|---|---|---|---|
| $r_1$/mm | | | | | | | |
| $r_2$/mm | | | | | | | |
| $r_3$/mm | | | | | | | |
| $r_4$/mm | | | | | | | |
| $r_5$/mm | | | | | | | |
| $r_6$/mm | | | | | | | |
| $r_7$/mm | | | | | | | |
| $r_8$/mm | | | | | | | |

【数据处理】

1.根据表 3-14-1 中的数据求出同轴圆柱形电缆的各等势线到内电极中心的平均距离 $\bar{r}$,并求出相应的 $\ln\bar{r}$ 和 $\frac{U_r}{U_a}$($U_a=14$ V).将相关数据填入表 3-14-2 中.

表 3-14-2　同轴圆柱形电缆各等势线到内电极中心平均距离与电势分布关系的数据记录表

| $U_r$/V | 0 | 2 | 4 | 6 | 8 | 10 | 12 |
|---|---|---|---|---|---|---|---|
| $\bar{r}$/mm | | | | | | | |
| $\ln\bar{r}$ | | | | | | | |
| $\frac{U_r}{U_a}$ | | | | | | | |

2.以每条等势线上的各点到内电极中心的平均距离 $\bar{r}$ 为半径画出等势线簇.然后根据电场线与等势线的正交原理画出电场线,并指出场强的方向,得到一张完整的电场分布图.

3.在坐标纸上作出相对电势 $\frac{U_r}{U_a}$ 和 $\ln\bar{r}$ 的关系曲线.

**【注意事项】**

由于在导电玻璃边缘处的电流只能沿边缘流动,使该处的等势线和电场线严重畸变,因此等势线必然与边缘垂直,这就是用有限大的模型去模拟无限大的空间电场时会受到的边缘效应.如果要减小这种影响,则要使用无限大的导电玻璃进行实验,或者人为地将导电玻璃的边缘切割成电场线的形状.

**【思考题】**

1.用稳恒电流场模拟静电场的理论依据是什么?

2.用稳恒电流场模拟静电场的条件是什么?

3.等势线与电场线之间有何关系?

4.如果电源电压 $U_a$ 增加一倍,等势线和电场线的形状是否会发生变化?场强和电势的分布是否会发生变化?为什么?

5.试举出两条带等量异号电荷的长平行导线的静电场的模拟模型.这种模型是否是唯一的?

6.根据测绘所得的等势线和电场线的分布,分析哪些地方场强较强,哪些地方场强较弱.

7.从实验结果能否说明电极的电导率远大于导电介质的电导率?如不满足这个条件会出现什么现象?

8.由式(3−14−2)可导出同轴圆柱形电缆的等势线的半径 $r$ 的表达式为

$$r = \frac{r_b}{\left(\dfrac{r_b}{r_a}\right)^{\frac{U_r}{U_a}}}.$$

试讨论 $U_r$ 及 $E_r$ 与 $r$ 的关系,并说明电场线的疏密随 $r$ 的不同将如何变化.

9.由本实验的静电场描绘仪能否模拟出点电荷激发的静电场或同心球壳带电体激发的静电场?为什么?

# 第四章 综合实验

## 实验十五　弦振动实验

采用音叉计研究弦的振动与外界条件的关系是一种比较直观的方法. 若采用柔性或半柔性的弦线,则能用眼睛观察到弦的振动情况(一般听不到与振动对应的声音). 若采用钢质的弦线,就可能听到振动产生的声音,从而可研究振动与声音的关系,配合示波器能够进行驻波波形的观察和研究,以及弦的非线性振动和混沌现象的研究.

## （一）示波器法研究弦振动现象

示波器法研究
弦振动现象

### 【实验目的】

1. 了解波在弦线上的传播及驻波形成的条件.
2. 测量不同条件下弦线的共振频率.
3. 测量弦振动时波的传播速度.
4. 测量弦线的线密度.

### 【实验仪器】

弦振动研究实验仪(包括测试架、信号发生器和双踪示波器).

实验仪示意图及线路连接如图 4 - 15 - 1 所示.

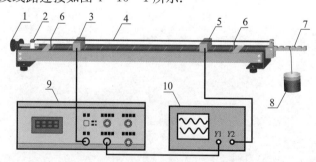

1—调节螺杆;2—圆柱螺母;6—驱动传感器;4—弦线;5—接收传感器;

6—支撑板(劈尖);7—张力杆;8—砝码;9—信号发生器;10—双踪示波器

图 4 - 15 - 1　弦振动研究实验仪的示意图

**【实验原理】**

驱动传感器 3 产生周期性振动(波源),波在张紧的弦线 4 中传播.移动支撑板 6 可改变弦长,当弦长为驻波半波长的整倍数时,弦线上便会形成驻波.

为了研究问题的方便,当弦线上最终形成稳定的驻波时,可以认为波是从左端支撑板发出,并沿弦线朝右端支撑板方向传播的,该波称为入射波,入射波到达右端支撑板后反射回左端支撑板,称为反射波.入射波与反射波在同一条弦线上沿相反的方向传播时将相互干涉,在适当的条件下,弦线上就会形成驻波.这时,弦线上的波被分成几段而形成波节和波腹,如图 4-15-2 所示.

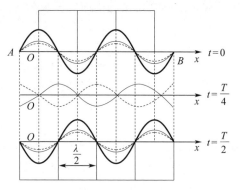

图 4-15-2　弦线上的驻波

设沿 $x$ 轴正方向传播的波为入射波,沿 $x$ 轴负方向传播的波为反射波,取它们振动相位始终相同的点作为坐标原点 $O$,且在 $x=0$ 处,振动质点向上至最大位移时开始计时,则它们的波函数分别为

$$y_1 = A\cos 2\pi(ft-x/\lambda), \quad y_2 = A\cos 2\pi(ft+x/\lambda),$$

式中 $A$ 为简谐波的振幅,$f$ 为频率,$\lambda$ 为波长,$x$ 为弦线上质点位置的坐标.两波叠加后的合成波为驻波,其方程为

$$y_1 + y_2 = 2A\cos \frac{2\pi x}{\lambda} \cos 2\pi ft. \tag{4-15-1}$$

由此可见,入射波与反射波合成后,弦线上各质点都以同一频率做简谐振动,它们的振幅为 $\left|2A\cos \dfrac{2\pi x}{\lambda}\right|$,其只与质点位置的坐标 $x$ 有关,与时间无关.

由于波节处的质点振幅为零,即

$$\left|\cos \frac{2\pi x}{\lambda}\right| = 0, \quad \frac{2\pi x}{\lambda} = (2k+1)\frac{\pi}{2} \quad (k=0,\pm 1,\pm 2,\cdots),$$

可得波节的坐标为

$$x = (2k+1)\frac{\lambda}{4} \quad (k=0,\pm 1,\pm 2,\cdots), \tag{4-15-2}$$

而相邻两波节之间的距离为

$$x_{k+1} - x_k = [2(k+1)+1]\frac{\lambda}{4} - (2k+1)\frac{\lambda}{4} = \frac{\lambda}{2}. \tag{4-15-3}$$

由于波腹处的质点振幅最大,即

$$\left|\cos \frac{2\pi x}{\lambda}\right| = 1, \quad \frac{2\pi x}{\lambda} = k\pi \quad (k=0,\pm 1,\pm 2,\cdots),$$

可得波腹的坐标为

$$x = k\frac{\lambda}{2} \quad (k=0,\pm 1,\pm 2,\cdots), \tag{4-15-4}$$

这样相邻两波腹之间的距离也是半个波长.在本实验中,只要测得相邻两波节(或相邻两波腹)之间的距离,就能确定该波的波长.

在本实验中,由于弦线的两端是固定的,因此两端点为波节,只有当弦线的两端之间的距离(弦长)$L$ 等于半个波长的整数倍时,才能形成驻波,即

$$L = n\frac{\lambda}{2} \quad (n = 1, 2, \cdots),$$

由此可得沿弦线传播的横波的波长为

$$\lambda = \frac{2L}{n}, \tag{4-15-5}$$

式中 $n$ 为弦线上驻波的段数,即半波数.

根据波动理论,弦线横波的传播速度(波速)为

$$v = \sqrt{\frac{T}{\rho}}, \tag{4-15-6}$$

式中 $T$ 为弦线中的张力,$\rho$ 为弦线单位长度的质量,即线密度.

根据波速、频率与波长的关系式 $v = f\lambda$ 和式(4-15-5)可得横波的波速为

$$v = \frac{2Lf}{n}. \tag{4-15-7}$$

如果已知张力 $T$ 和频率 $f$,则由式(4-15-6)和式(4-15-7)可得线密度为

$$\rho = T\left(\frac{n}{2Lf}\right)^2; \tag{4-15-8}$$

如果已知线密度 $\rho$ 和频率 $f$,则由式(4-15-8)可得张力为

$$T = \rho\left(\frac{2Lf}{n}\right)^2; \tag{4-15-9}$$

如果已知线密度 $\rho$ 和张力 $T$,则由式(4-15-8)可得频率为

$$f = \frac{n}{2L}\sqrt{\frac{T}{\rho}}. \tag{4-15-10}$$

在实验中可以看到,接收到的波形很多时候并不是正弦波,而是带有变形,或者没有规律振动,或者带有不稳定性振动,这需要用非线性振动的理论进行分析(可以参见有关的资料).

金属弦线形成驻波后,产生一定的振幅,从而发出对应频率的声音.由弦振动的理论可知,通过调节弦线的张力或长度,当弦线形成驻波后,即可听到与音阶对应的频率的声音.这样做的特点是能产生准确的音调,有助于实验人员对音阶的判断和理解.

【操作步骤】

1.实验准备.

(1)选择一条弦线,将弦线的带有铜圆柱的一端固定在张力杆的 U 形槽中,将其带孔的一端套在圆柱螺母上.

(2)把两块支撑板放在弦线下相距为 $L$ 的两点上(它们决定弦线的长度),注意窄的一端朝标尺,弯脚朝外.放置好驱动传感器和接收传感器,按图 4-15-1 所示连接好导线.

(3)在张力杆上挂上砝码,然后旋动调节螺杆,使张力杆水平(这样才能从所挂砝码的质量精确地确定弦线中的张力),如图 4-15-3 所示.应用杠杆原理,通过在不同位置悬挂质量已知的砝码,从而获得成比例的、已知的张力,该比例是由杠杆的尺寸所决定的.如图 4-15-3(a)所示,在张力杆的挂钩槽 3 处悬挂重量为 $M$ 的重物,弦线中的张力为 $3M$;如

图 4‑15‑3(b) 所示,在张力杆的挂钩槽 4 处悬挂重量为 $M$ 的重物,弦线中的张力为 $4M$……

**注** 由于张力不同,弦线的伸长也不同,因此需要重新调节张力杆的水平.

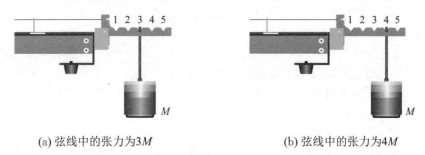

(a) 弦线中的张力为$3M$　　　　　　(b) 弦线中的张力为$4M$

图 4‑15‑3　确定弦线中张力大小的示意图

2. 实验内容.

(1) 张力、线密度和弦长一定,改变驱动信号的频率,观察驻波现象和驻波波形,测量弦线的共振频率.

① 将两个支撑板放置至合适的间距(如 60 cm),装上一根弦线.在张力杆上挂上一定质量的砝码(注意,总质量还应加上挂钩的质量),旋动调节螺杆,使张力杆处于水平状态,把驱动传感器放在离支撑板5~10 cm处,把接收传感器放在弦线中心位置(注意,为了避免接收传感器和驱动传感器之间的电磁干扰,在实验过程中要保证两者之间的距离至少有 10 cm).

② 将驱动信号的频率调至最小,调节信号幅度至合适值,同时调节双踪示波器的垂直衰减旋钮为10 mV/DIV.

③ 慢慢升高驱动信号的频率,观察双踪示波器接收到的波形的改变(注意,频率调节过程不能太快,因为弦线上形成驻波需要一定的时间,太快则来不及形成驻波).如果观察不到波形,则调大信号发生器的输出幅度;如果弦线的振幅太大,造成弦线敲击传感器,则应调小信号发生器的输出幅度;适当调节示波器的垂直衰减旋钮,以观察到合适大小的波形.一般弦线上出现一个波腹时,信号发生器的输出幅度为2~3 V,此时可观察到明显的驻波波形,同时弦线上应有明显的振幅.当弦的振动幅度最大时,示波器接收到的波形振幅最大,这时的频率就是共振频率.

④ 将共振频率、线密度、弦长、张力,以及弦线的波腹和波节的坐标、半波数等参数记录在表 4‑15‑1 中.如果弦线上只有一个波腹,这时的共振频率最低,波节就是弦线的两端(两个支撑板处).

⑤ 增加驱动信号的频率,连续找出几个共振频率(3~5 个)并记录.若接收传感器位于波节处,则示波器上无法测量到波形,此时应将驱动传感器和接收传感器适当移动位置,以便观察到最大的波形幅度.当驻波的频率较高,弦线上形成几个波腹、波节时,弦线的振幅会较小,眼睛不易观察到.这时把接收传感器移向右端支撑板,再逐步向左移动,同时观察示波器(注意波形是如何变化的),找出并记下波腹和波节的个数,以及每个波腹和波节的坐标.

(2) 张力和线密度一定,改变弦长,测量弦线的共振频率.

① 选择一根弦线和合适的张力,将两个支撑板放置至合适的间距(如 60 cm),调节驱动信号的频率,使弦线上产生稳定的驻波.

② 将相关线密度、弦长、张力、半波数等参数记录在表 4‑15‑2 中.

③ 移动支撑板至不同的位置,改变弦长,调节驱动信号的频率,使弦线上产生稳定的驻波.将相关参数记录在表 4-15-2 中.

(3) 弦长和线密度一定,改变张力,测量弦线的共振频率.

① 将两个支撑板放置至合适的间距(如 60 cm),选择一定的张力,改变驱动信号的频率,使弦线上产生稳定的驻波.

② 将相关线密度、弦长、张力等参数记录在表 4-15-3 中.

③ 改变砝码的质量和挂钩的位置,调节驱动信号的频率,使弦线上产生稳定的驻波.将相关参数记录在表 4-15-3 中.

(4) 张力和弦长一定,改变线密度,测量弦线的共振频率和线密度.

① 将两个支撑板放置至合适的间距(如 60 cm),选择一定的张力,调节驱动信号的频率,使弦线上产生稳定的驻波.

② 将相关弦长、张力等参数记录在表 4-15-4 中.

③ 换用不同的弦线,改变驱动信号的频率,使弦线上产生同样波腹数的稳定驻波.将相关参数记录在表 4-15-4 中.

【数据记录】

1.张力、线密度和弦长一定,测量弦线的共振频率,计算波速.

表 4-15-1　弦线共振频率和波速的数据记录表 1

弦长 = _____ cm;　张力 = _____ N;　线密度 = _____ kg/m

| 波腹坐标 /cm | 波节坐标 /cm | 半波数 | 波长 /cm | 共振频率 /Hz | 频率计算值 $f=\frac{n}{2L}\sqrt{\frac{T}{\rho}}$ /Hz | 波速 $v=\frac{2Lf}{n}$ /(m/s) |
|---|---|---|---|---|---|---|
| | | | | | | |
| | | | | | | |
| | | | | | | |
| | | | | | | |

2.张力和线密度一定,改变弦长,测量弦线的共振频率,计算波速.

表 4-15-2　弦线共振频率和波速的数据记录表 2

张力 = _____ N;　线密度 = _____ kg/m

| 弦长 /cm | 波腹坐标 /cm | 波节坐标 /cm | 半波数 | 波长 /cm | 共振频率 /Hz | 波速 $v=\frac{2Lf}{n}$ /(m/s) |
|---|---|---|---|---|---|---|
| | | | | | | |
| | | | | | | |
| | | | | | | |
| | | | | | | |
| | | | | | | |

3. 弦长和线密度一定,改变张力,测量弦线的共振频率,计算波速.

表4-15-3　弦线共振频率和波速的数据记录表3

弦长 = _____ cm;　线密度 = _____ kg/m

| 张力 /N | 波腹坐标/cm | 波节坐标/cm | 半波数 | 波长/cm | 共振频率/Hz | 波速 $v = \dfrac{2Lf}{n}$ /(m/s) |
|---|---|---|---|---|---|---|
|  |  |  |  |  |  |  |
|  |  |  |  |  |  |  |
|  |  |  |  |  |  |  |
|  |  |  |  |  |  |  |
|  |  |  |  |  |  |  |
|  |  |  |  |  |  |  |

4. 张力和弦长一定,改变线密度,测量弦线的共振频率和线密度.

已知弦线的静态线密度(由天平称出单位长度的弦线的质量)分别为

弦线1:0.562 g/m;　　弦线2:1.030 g/m;　　弦线3:1.515 g/m.

表4-15-4　弦线共振频率和线密度的数据记录表

弦长 = _____ cm;　张力 = _____ N

| 弦线 | 波腹坐标/cm | 波节坐标/cm | 半波数 | 波长/cm | 共振频率/Hz | 线密度 $\rho = T\left(\dfrac{n}{2Lf}\right)^2$ /(kg/m) |
|---|---|---|---|---|---|---|
| 弦线1($\phi$0.3) |  |  |  |  |  |  |
| 弦线2($\phi$0.4) |  |  |  |  |  |  |
| 弦线3($\phi$0.5) |  |  |  |  |  |  |

【数据处理】

1. 应用表4-15-1中的数据和式(4-15-10)计算共振频率的计算值,并将此值与实验所得的共振频率相比较,分析这两者存在差异的原因.同时应用表中的数据计算波速.

2. 应用表4-15-2中的数据计算波速,作弦长与共振频率的关系曲线.

3. 应用表4-15-3中的数据计算波速,作张力与共振频率的关系曲线.

根据$v = \sqrt{\dfrac{T}{\rho}}$算出波速,将这一波速与应用式(4-15-7)计算出的波速进行比较,分析这两者存在差异的原因.作张力与波速的关系曲线.

4. 应用表4-15-4中的数据计算弦线的线密度.比较测量所得的线密度与静态线密度有无差异,并说明原因.

【注意事项】

1. 弦线应挂放牢靠,轻取轻放砝码,以免弦线崩断.

2.信号发生器的频率稳定度和显示精度都较高,使用前应预热.

## 【思考题】

1.通过实验说明弦线的共振频率和波速与哪些条件有关.

2.换用不同的弦线后,共振频率有何变化?

3.如果弦线有弯曲或者不是均匀的,对弦线的共振频率和驻波波形有何影响?

4.当共振频率相同时,不同的弦线产生的声音是否相同?

5.试用本实验的内容阐述吉他的工作原理.

\* 6.当移动接收传感器至不同位置时,弦线的振动波形有何变化?是否依然为正弦波?试分析原因.

# (二)观察法研究弦振动现象

观察法研究
弦振动现象

## 【实验目的】

1.了解固定均匀弦振动的传播规律,加深振动与波和干涉的概念.

2.了解固定均匀弦振动的传播形成驻波的波形,加深对干涉的特殊形式 —— 驻波的认识.

3.了解固定均匀弦振动固有频率的影响因素,测量均匀弦线上横波的波速及均匀弦线的线密度.

4.了解声音与频率之间的关系.

## 【实验仪器】

弦音实验仪、信号发生源、砝码盒、铜质支撑板.

## 【实验原理】

如图 4 - 15 - 4 所示为实验装置示意图,实验时,将钢质弦线绕过弦线导轮与砝码盘连接,并通过接线柱与信号发生器连通.在磁场中,通有电流的钢质弦线会受到安培力的作用,若弦线上通有正弦交变电流,则它在磁场中所受的与磁场方向和电流方向均垂直的安培力也随之发生正弦变化.移动支撑板改变弦长,当弦长为半波长的整倍数时,弦线上便会形成驻波.移动磁钢的位置,将弦线振动调整到最佳状态,使弦线上形成明显的驻波(见图 4 - 15 - 2).此时认为磁钢为振源,振动向两边传播,在支撑板与吉他琴码端两处反射后又沿各自的相反方向传播,最终形成稳定的驻波.

弦音实验仪上的四根弦线为钢质弦线,中间两根用来测定弦线的线密度,两边两根用来测定弦线中的张力.实验时,将弦线与信号发生器接通,这样,通有正弦交变电流的弦线在磁场中就要受到周期性安培力的激励.根据需要,可以调节频段选择开关和频率微调旋钮,从频率显示屏上读出频率,通过调节信号发生器上的幅度调节旋钮来改变正弦波的发射强度.移动支撑板的位置,可以改变弦线长度,并可适当移动磁钢的位置,使弦振动调整到最佳状态.

根据实验要求,挂有砝码的弦线可用来测定弦线的线密度和波速;利用安装在张力调节旋钮上的弦线,可测定弦线中的张力.

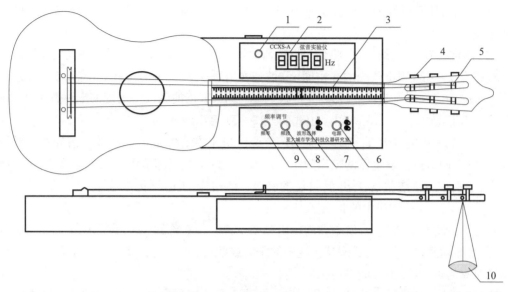

1— 接线柱插孔；2— 频率显示屏；3— 钢质弦线；4— 张力调节旋钮；5— 弦线导轮；
6— 电源开关；7— 波形选择开关；8— 频段选择开关；9— 频率微调旋钮；10— 砝码盘

图 4‐15‐4　实验装置示意图

考察与张力调节旋钮相连的弦线时，可调节张力调节旋钮改变张力，使驻波的波长产生变化.

为了研究问题的方便，当弦线上最终形成稳定的驻波时，我们可以认为波动是从琴码端发出，并沿弦线朝支撑板端方向传播的，称为入射波，再由支撑板端反射，沿弦线朝琴码端传播，称为反射波. 入射波与反射波在同一条弦线上沿相反方向传播时将相互干涉，移动支撑板到合适位置，弦线上就会形成驻波.

在本实验中，由于弦线的两端是固定的，两端点为波节，因此只有当均匀弦线的两端之间的距离（弦长 $L$）等于半波长 $\frac{\lambda}{2}$ 的整数倍时，才能形成驻波.

根据波动理论，波速与弦线的线密度之间的关系为

$$T = \rho v^2,$$

式中 $T$ 为弦线中的张力.

## 【操作步骤】

假设弦音实验仪上的四根钢质弦线由上到下分别为 a,b′,a′,b（弦线 a,a′ 为一种规格，弦线 b,b′ 为另一种规格）.

1. 频率 $f$ 一定，测定两种弦线的线密度 $\rho$ 和波速 $v$.

（1）测定弦线 a′ 的线密度. 将波形选择开关置于连续位置状态，将信号发生器的输出插孔与弦线 a′ 接通. 选取频率为 $f = 300$ Hz，张力 $T$ 由挂在弦线一端的砝码及砝码盘产生，以质量为 150 g 的砝码为起点逐渐增加其质量至 450 g 为止. 在各张力的作用下调节弦长 $L$，使弦线上出现的半波数 $n$ 为 2 或 3. 将相应的 $L$ 记录在表 4‐15‐5 中，由式（4‐15‐8）和

式(4-15-7)计算弦线的线密度 $\rho$ 及波速 $v$,或作 $T$-$\bar{v}^2$ 直线,由直线的斜率亦可求得弦线的线密度.

(2) 测定弦线 b′ 的线密度. 将信号发生器的输出插孔与弦线 b′ 接通. 其他步骤同(1).

2. 张力 $T$ 一定,测定弦线的线密度 $\rho$ 和波速 $v$. 在张力 $T$ 一定的条件下,将频率 $f$ 分别设定为 200 Hz, 250 Hz, 300 Hz, …,移动支撑板,调节弦长 $L$,仍使弦线上出现的半波数 $n$ 为 2 或 3. 将相应的 $L$ 记录在表 4-15-6 中,由式(4-15-7)算出波速 $v$.

3. 测定弦线中的张力 $T$. 选择与张力调节旋钮相连的弦线 a 或 b,将其与信号发生器的输出插孔连接,调节信号发生器的输出频率为 $f = 300$ Hz,适当调节张力调节旋钮,同时移动支撑板,改变弦长 $L$,使弦线上出现明显的驻波. 将相应的 $n, L$ 记录在表 4-15-7 中,应用式(4-15-9)计算弦线中的张力 $T$.

4. 聆听音阶高低. 将信号发生器的输出频率设置为各音阶的频率表(见表 4-15-8)所定的值,由弦振动理论可知,通过调节弦线中的张力或弦长,使弦线上形成稳定的驻波,就能听到与频率对应的声音(要求环境噪声小).

聆听音阶高低时可将波形选择开关置于断续或者连续位置状态,断续波的作用为模拟弹奏时发出的声音.

【数据记录】

砝码盘的质量为 $m = 0.003\ 5$ kg,重力加速度为 $g = 9.8$ m/s$^2$.

1. 频率 $f$ 一定,测定弦线的线密度 $\rho$ 和波速 $v$.

表 4-15-5　频率一定,测定弦线线密度和波速的数据记录表

| | $f = 300$ Hz | | | | | | | | | |
|---|---|---|---|---|---|---|---|---|---|---|
| $T/(9.8\text{ N})$ | $0.150+m$ | | $0.200+m$ | | $0.250+m$ | | $0.300+m$ | | … | |
| 半波数 $n$ | 2 | 3 | 2 | 3 | 2 | 3 | 2 | 3 | 2 | 3 |
| 弦长 $L/(10^{-2}\text{ m})$ | | | | | | | | | | |

2. 张力 $T$ 一定,测定弦线的线密度 $\rho$ 和波速 $v$.

表 4-15-6　张力一定,测定弦线线密度和波速的数据记录表

| | $T = (0.150+m) \times 9.8$ N | | | | | | | | | |
|---|---|---|---|---|---|---|---|---|---|---|
| 频率 $f/$Hz | 200 | | 250 | | 300 | | 350 | | … | |
| 半波数 $n$ | 2 | 3 | 2 | 3 | 2 | 3 | 2 | 3 | 2 | 3 |
| 弦长 $L/(10^{-2}\text{ m})$ | | | | | | | | | | |

3. 测定弦线中的张力 $T$.

表 4-15-7　测定弦线中张力的数据记录表

| $f/$Hz | 半波数 $n$ | 弦长 $L/(10^{-2}\text{ m})$ |
|---|---|---|
| 300 | | |

【数据处理】

1. 应用表 4-15-5 中的数据和式(4-15-7)计算波速 $v$,并得到不同张力下的波速的平均值 $\bar{v}$,作 $T$-$\bar{v}^2$ 直线,由该直线的斜率 $\dfrac{\Delta T}{\Delta(\bar{v}^2)}$ 求出弦线的线密度.

2. 当张力 $T$ 一定时,求出弦线的线密度 $\rho$ 和波速 $v$.

3. 应用表 4-15-7 中的数据和式(4-15-9)求出弦线中的张力.

【注意事项】

1. 在连接接线柱插孔与弦线时,应避免与相邻弦线形成短路.

2. 在改变放在砝码盘中的砝码质量时,要使砝码稳定后再测量.

3. 磁钢不能放置于波节处.

4. 要等驻波稳定后,再记录数据.

【思考题】

1. 当频率与弦长一定时,张力对波腹的产生有什么影响?

2. 弦线的线密度对波速有何影响?

【附录】

当钢质弦线在周期性安培力的激励下发生共振干涉形成驻波时,通过琴码的振动激励共鸣箱的薄板振动,薄板的振动引起吉他音箱的振动,该振动通过释音孔释放,即可听到相应频率的声音.当用间歇脉冲激励时,声音尤为明显.

常见的音阶由 7 个基本音组成,用唱名表示为 do,re,mi,fa,sol,la,si.用 7 个基本音,以及比它们高一个或几个八度的音、低一个或几个八度的音构成的各种组合就成了各种乐器的"曲调".对于每高一个八度的音,其频率升高一倍.

振动的强弱(能量的大小)体现为声音的大小,不同物体的振动体现的声音音色是不同的,而振动的频率 $f$ 则体现为音调的高低. $f = 261.6$ Hz 的音在音乐里用字母 $c^1$ 表示,其相应的音阶表示为 c,d,e,f,g,a,b,在将 c 音唱成 do 时定为 c 调. 人声及器乐中最富有表现力的频率范围为 $60 \sim 1\,000$ Hz. c 调中 7 个基本音的频率以 do 音的频率 $f = 261.6$ Hz 为基准,按十二平均律①的分法,其他各音阶的频率为其倍数,各音阶的频率如表 4-15-8 所示.

表 4-15-8　各音阶的频率表

| 音阶 | c | d | e | f | g | a | b | c |
|---|---|---|---|---|---|---|---|---|
| 频率倍数 | 1 | $(\sqrt[12]{2})^2$ | $(\sqrt[12]{2})^4$ | $(\sqrt[12]{2})^5$ | $(\sqrt[12]{2})^7$ | $(\sqrt[12]{2})^9$ | $(\sqrt[12]{2})^{11}$ | 2 |
| 频率 /Hz | 261.6 | 293.6 | 329.6 | 349.2 | 392.0 | 440.0 | 493.8 | 523.2 |

---

①　常用的音乐律制有五度相生律、纯律(自然律)和十二平均律三种,它们所对应的频率是不同的.五度相生律是根据纯五度来定律的,因此在音的先后结合上自然协调,适用于单音音乐.纯律是根据自然三和弦来定律的,因此在音的同时结合上纯正而和谐,适用于多声音乐.十二平均律是目前世界上最通用的律制,虽然在音的先后结合和同时结合上不是那么纯正、自然,但由于它转调方便,在乐器的演奏和制造上有着许多优点,在管弦乐器和键盘乐器中得到了广泛使用.常见的乐器都是参照表 4-15-8 中的值制造的,如钢琴、竖琴、吉他等.

热敏电阻温度
特性的测量

# 实验十六　热敏电阻温度特性的测量

温度是一个重要的物理量,它是国际单位制中的 7 个基本物理量之一,也是科学实验和生产过程中的主要参数. 在工业生产和科学实验中,常利用导体或半导体作为测温物质,用导体或半导体的电阻随温度的变化来表示温度.

## 【实验目的】

1. 学习用恒电流法测量热敏电阻.
2. 学习用直流电桥法测量热敏电阻.
3. 测量 Pt100 的温度特性.
4. 测量 NTC 热敏电阻的温度特性.

## 【实验仪器】

温度传感器温度特性实验仪(含多种温度传感器,参见附录 1)、电阻箱、多用表.

## 【实验原理】

### 1. 恒电流法测量热敏电阻

恒电流法测量热敏电阻的电路如图 4-16-1 所示,电源采用恒流源,$R_1$ 为已知电阻值的固定电阻,$R_t$ 为热敏电阻,$U_{R_1}$ 为 $R_1$ 上的电压,$U_{R_t}$ 为 $R_t$ 上的电压. 当电路中的电流恒定时,只要测出热敏电阻两端的电压 $U_{R_t}$,即可知道被测热敏电阻的电阻值. 当电路中的电流为 $I_0$,温度为 $t$ 时,热敏电阻 $R_t$ 为

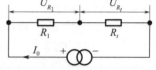

图 4-16-1　恒电流法测量热敏电阻的电路图

$$R_t = \frac{U_{R_t}}{I_0} = \frac{R_1 U_{R_t}}{U_{R_1}}. \qquad (4-16-1)$$

### 2. 直流电桥法测量热敏电阻

直流电桥法(惠斯通(Wheatstone) 电桥) 测量热敏电阻的电路如图 4-16-2 所示,把四个

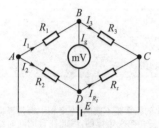

图 4-16-2　直流电桥法测量热敏电阻的电路图

电阻 $R_1, R_2, R_3, R_t$ 连成一个四边形回路 $ABCDA$,每条边称为电桥的一个桥臂. 在四边形的一组对角接点 $A, C$ 之间连入直流电源 $E$,在另一组对角接点 $B, D$ 之间连入电表(指示平衡的仪表),$B, D$ 两点的对角线形成一条桥路,它的作用是将桥路两个端点的电势进行比较,当 $B, D$ 两点的电势相等时,桥路中无电流通过,指示仪表示值为零,电桥达到平衡,此时有 $U_{AB} = U_{AD}$,$U_{BC} = U_{DC}$,$I_g = 0$,流过电阻 $R_1, R_3$ 的电流相等,即 $I_1 = I_3$,同

理可得 $I_2 = I_{R_t}$，因此 $\dfrac{R_1}{R_2} = \dfrac{R_3}{R_t}$，即 $R_t = \dfrac{R_2}{R_1}R_3$. 如果使 $R_1 = R_2$，可得

$$R_t = R_3. \tag{4-16-2}$$

### 3. Pt100 温度传感器

Pt100 温度传感器是一种利用铂金属的电阻值随温度变化而变化的特性制成的温度传感器. 铂的物理、化学性能极稳定,抗氧化能力强,复制性好,易工业化生产,电阻率较高. 铂电阻大多用于工业检测中的精密测温和温度校准. 其缺点是高质量的铂电阻(高级别)的价格十分昂贵,温度系数偏小,受磁场影响较大. 按照国际电工委员会(IEC)的标准,铂电阻的测温范围为 $-200 \sim 650\ ℃$. 铂电阻比 $W(100) = 1.385\ 0$,当温度为 $0\ ℃$ 时,铂电阻的电阻值 $R_0$ 为 $100\ \Omega$ 或 $10\ \Omega$ 时,称为 Pt100 或 Pt10. 其相应的 $R_t$ 与 $t$ 的关系可查阅分度表(见附录 2). 当温度 $t$ 在 $-200 \sim 0\ ℃$ 时,铂电阻的电阻值与温度之间的关系为

$$R_t = R_0\left[1 + At + Bt^2 + C(t-100)t^3\right]; \tag{4-16-3}$$

当温度 $t$ 在 $0 \sim 650\ ℃$ 时,其关系为

$$R_t = R_0(1 + At + Bt^2). \tag{4-16-4}$$

在式(4-16-3)和式(4-16-4)中,$R_t$ 是铂电阻在温度为 $t$ 时的电阻值;$A,B,C$ 是温度系数. 对于常用的工业铂电阻,有 $A = 3.908\ 02 \times 10^{-3}\ ℃^{-1}$,$B = -5.801\ 95 \times 10^{-7}\ ℃^{-2}$,$C = -4.273\ 50 \times 10^{-12}\ ℃^{-3}$. 在 $0 \sim 100\ ℃$ 范围内,$R_t$ 与 $t$ 的关系可近似为

$$R_t = R_0(1 + A_1 t), \tag{4-16-5}$$

式中 $A_1$ 为温度系数,其值近似为 $3.85 \times 10^{-3}\ ℃^{-1}$.

### 4. NTC 热敏电阻

热敏电阻是利用半导体的电阻值随温度变化的特性来测量温度的,按其电阻值随温度升高而减小或增大的特性分为 NTC(负温度系数)热敏电阻、PTC(正温度系数)热敏电阻和 CTR(临界温度)热敏电阻. 热敏电阻的电阻率大,温度系数大,但其非线性大,置换性差,稳定性差,通常只适用于要求不高的温度测量. 以上三种热敏电阻的温度特性曲线如图 4-16-3 所示.

在这三种热敏电阻中,NTC 热敏电阻的应用广泛,如温度的测量与控制、电子电路的温度补偿、真空度与气压测量、开关限流等.

NTC 热敏电阻的导电机理取决于半导体的导电方式,半导体的导电方式包括电子导电和空穴导电. 电子空穴对的数目受温度影响较大,当温度升高时,热振动可以使电子摆脱共价键的束缚,形成电子空穴对,提高温度,因热振动加剧而增加大量的载流子数目,半导体的导电率也随之增加,进而使电阻值明显下降,如图 4-16-3 中的 NTC 曲线所示. 在一定的温度范围内(小于 $450\ ℃$),热敏电阻的电阻值 $R_T$ 与温度 $T$(单位为 K)之间的关系为

$$R_T = R_0 e^{B\left(\frac{1}{T} - \frac{1}{T_0}\right)}, \tag{4-16-6}$$

式中 $R_T,R_0$ 分别是温度为 $T$ 和 $T_0$ 时的电阻值;$B$ 是热敏电阻材料常量,一般情况下为 $2\ 000 \sim 6\ 000$ K.

对一定的热敏电阻而言,$B$ 为常量,对式(4-16-6)两端取对数,则有

$$\ln R_T = B\left(\frac{1}{T} - \frac{1}{T_0}\right) + \ln R_0. \tag{4-16-7}$$

由式(4-16-7)可见,$\ln R_T$ 与 $\dfrac{1}{T}$ 呈线性关系,作 $\ln R_T$-$\dfrac{1}{T}$ 直线,由该直线的斜率可求出常量 $B$.

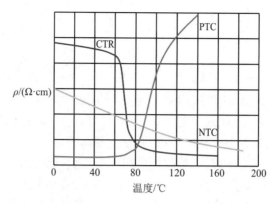

图 4-16-3　热敏电阻的温度特性曲线图

## 【操作步骤】

1. Pt100 温度特性的测量.

1) 恒电流法.

(1) 按恒电流法测量热敏电阻的电路图(见图 4-16-1)连通电路,插上恒流源,令 $R_1 =$ 1.00 kΩ,监测 $R_1$ 上的电流是否为 1 mA($U_{R_1} = 1$ V),可先将多用表接在 $R_1$ 两端观察电压,当电压稳定后,将多用表改接到 $R_t$ 两端来测量电压.

(2) 将 Pt100 温度传感器(A级)插入加热井的中心井,将另一只待测试的 Pt100 温度传感器插入另一井,将温控仪的温度设置在室温至 100 ℃ 之间,然后开启加热开关,从室温开始测量.

(3) 每隔 10 ℃ 测量一次电压,将数据填入表 4-16-1 中,用式(4-16-1)计算 Pt100 的电阻值.

2) 直流电桥法.

(1) 按直流电桥法测量热敏电阻的电路图(见图 4-16-2)连通电路,插上桥路电源(+2 V),将 Pt100 温度传感器(A级)插入加热井的中心井,将另一只待测试的 Pt100 温度传感器插入另一井.

(2) 按图 4-16-2 所示将电表接入 B,D 两点之间,然后开启加热开关,从室温起开始测量.

(3) 将温控仪的温度设置在室温至 100 ℃ 之间,每隔 10 ℃ 重设一次,控温稳定 2 min 后,调整电阻箱 $R_3$ 使输出电压为零,即电桥平衡,将电阻箱 $R_3$ 的电阻值记录在表 4-16-2 中,按式(4-16-2)计算 Pt100 的电阻值.

2. NTC1K(NTC 热敏电阻) 温度特性的测量.

1) 恒电流法.

(1) 与 Pt100 的测量相同,按恒电流法测量热敏电阻的电路图(见图 4-16-1)连通电路,插上恒流源,令 $R_1 = 1.00$ kΩ,监测 $R_1$ 上的电流是否为 1 mA($U_{R_1} = 1$ V),可先将多用表接在 $R_1$ 两端观察电压,当电压稳定后,将多用表改接到 $R_t$ 两端来测量电压.

(2) 将 Pt100 温度传感器(A级)插入加热井的中心井,将另一只待测试的 NTC1K 温度传感器插入另一井,将温控仪的温度设置在室温至 100 ℃ 之间,然后开启加热开关,从室温开始测量.

(3) 每隔 10 ℃ 测量一次电压,将数据填入表 4-16-3 中,用式(4-16-1)计算 NTC1K 的电阻值.

2) 直流电桥法.

(1) 与 Pt100 的测量相同,按直流电桥法测量热敏电阻的电路图(见图 4-16-2)连通电路,插上桥路电源(+2 V),将 Pt100 温度传感器(A 级)插入加热井的中心井,将另一只待测试的 NTC1K 温度传感器插入另一井.

(2) 按图 4-16-2 所示将电表接入 $B,D$ 两点之间,然后开启加热开关,从室温起开始测量.

(3) 将温控仪的温度设置在室温至 100 ℃ 之间,每隔 10 ℃ 重设一次,控温稳定 2 min 后,调整电阻箱 $R_3$ 使输出电压为零,即电桥平衡,将电阻箱 $R_3$ 的电阻值记录在表 4-16-4 中,按式(4-16-2)计算 NTC1K 的电阻值.

【数据记录】

表 4-16-1　恒电流法测量 Pt100 温度特性的数据记录表

| 序号 | $t/℃$ | $U_{R_1}/V$ | $U_{R_t}/V$ | $R_t/\Omega$ |
|---|---|---|---|---|
| 1 | 20 | | | |
| 2 | 30 | | | |
| 3 | 40 | | | |
| 4 | 50 | | | |
| 5 | 60 | | | |
| 6 | 70 | | | |
| 7 | 80 | | | |
| 8 | 90 | | | |
| 9 | 100 | | | |

注意:一般冬季温度范围为 20 ～ 80 ℃,夏季温度范围为 40 ～ 100 ℃.

表 4-16-2　直流电桥法测量 Pt100 温度特性的数据记录表

| 序号 | $t/℃$ | $R_3/\Omega$ | $R_t/\Omega$ |
|---|---|---|---|
| 1 | 20 | | |
| 2 | 30 | | |
| 3 | 40 | | |
| 4 | 50 | | |
| 5 | 60 | | |
| 6 | 70 | | |
| 7 | 80 | | |

续表

| 序号 | $t/℃$ | $R_3/Ω$ | $R_t/Ω$ |
|---|---|---|---|
| 8 | 90 | | |
| 9 | 100 | | |

表 4-16-3　恒电流法测量 NTC1K 温度特性的数据记录表

| 序号 | $t/℃$ | $U_{R_1}/V$ | $U_{R_t}/V$ | $R_t/Ω$ |
|---|---|---|---|---|
| 1 | 20 | | | |
| 2 | 30 | | | |
| 3 | 40 | | | |
| 4 | 50 | | | |
| 5 | 60 | | | |
| 6 | 70 | | | |
| 7 | 80 | | | |
| 8 | 90 | | | |
| 9 | 100 | | | |

表 4-16-4　直流电桥法测量 NTC1K 温度特性的数据记录表

| 序号 | $t/℃$ | $R_3/Ω$ | $R_t/Ω$ |
|---|---|---|---|
| 1 | 20 | | |
| 2 | 30 | | |
| 3 | 40 | | |
| 4 | 50 | | |
| 5 | 60 | | |
| 6 | 70 | | |
| 7 | 80 | | |
| 8 | 90 | | |
| 9 | 100 | | |

## 【数据处理】

1. 根据测量数据,用最小二乘法拟合直线求 Pt100 的温度特性曲线,得出温度系数 $A$ 及相关系数 $r$.

2. 根据测量数据,用最小二乘法进行曲线指数回归拟合,求 NTC1K 的温度特性曲线,得出温度系数 $B$ 及相关系数 $r$.

【思考题】

1.热敏电阻的电阻值与哪些因素有关?
2.怎样测定热敏电阻的温度特性曲线?
3.说明半导体温度计的工作原理.

【附录1】

### 仪 器 介 绍

温度传感器温度特性实验仪由高准确度控温恒温加热系统、恒流源、直流电桥、直流稳压电源、Pt100温度传感器、NTC1K温度传感器、pn结温度传感器、集成电流型温度传感器AD590、集成电压型温度传感器LM35、数字电压表、实验插接线等组成.实验仪面板如图4-16-4所示.

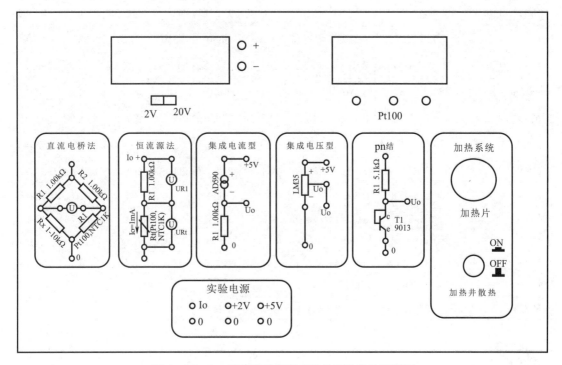

图 4-16-4　温度传感器温度特性实验仪的面板图

(1) 技术指标.电源电压((220±22)V,(50±2.5)Hz,功耗 < 100 W);实验电源(电桥电源(2±0.01)V,0.3 A);恒流源((1±0.005)mA,+5 V,0.5 A);数字电压表(0～(2±0.002)V,0～(20±0.06) V,分辨率为0.000 1 V(2 V),0.001 V(20 V));TCF708智能控温仪(分辨率为0.1 ℃,控温准确度为±0.1 ℃,测温范围为0～100 ℃,测温准确度为±3%);加热井(室温至100 ℃).

(2) 仪器使用注意事项.加热前先调好控温仪(设好预定温度,首次使用时应在60 ℃进行PID自适应整定).按面板电路图指示接好实验电路.

【附录 2】

表 4-16-5 Pt100 分度表(ITS-90)

$R_0 = 100.00\ \Omega$

| $t/℃$ | −200 | −190 | −180 | −170 | −160 | −150 | −140 | −130 | −120 | −110 | −100 |
|---|---|---|---|---|---|---|---|---|---|---|---|
| $R/\Omega$ | 18.52 | 22.83 | 27.10 | 31.34 | 35.54 | 329.72 | 43.88 | 48.00 | 52.11 | 56.19 | 60.26 |
| $t/℃$ | −90 | −80 | −70 | −60 | −50 | −40 | −30 | −20 | −10 | 0 | 10 |
| $R/\Omega$ | 64.30 | 68.33 | 72.33 | 76.33 | 80.31 | 84.27 | 88.22 | 92.16 | 96.09 | 100.00 | 103.90 |
| $t/℃$ | 20 | 30 | 40 | 50 | 60 | 70 | 80 | 90 | 100 | 110 | 120 |
| $R/\Omega$ | 107.79 | 111.67 | 115.54 | 119.40 | 123.24 | 127.08 | 130.90 | 134.71 | 138.51 | 142.29 | 146.07 |
| $t/℃$ | 130 | 140 | 150 | 160 | 170 | 180 | 190 | 200 | 210 | 220 | 230 |
| $R/\Omega$ | 149.83 | 153.58 | 157.33 | 161.05 | 164.77 | 168.48 | 172.17 | 175.86 | 179.53 | 183.19 | 186.84 |
| $t/℃$ | 240 | 250 | 260 | 270 | 280 | 290 | 300 | 310 | 320 | 330 | 340 |
| $R/\Omega$ | 190.47 | 194.10 | 197.71 | 201.31 | 204.90 | 208.48 | 212.05 | 215.61 | 219.15 | 222.68 | 226.21 |
| $t/℃$ | 350 | 360 | 370 | 380 | 390 | 400 | 410 | 420 | 430 | 440 | 450 |
| $R/\Omega$ | 229.72 | 233.21 | 236.70 | 240.18 | 243.64 | 247.09 | 250.53 | 253.96 | 257.38 | 260.78 | 264.18 |
| $t/℃$ | 460 | 470 | 480 | 490 | 500 | 510 | 520 | 530 | 540 | 550 | 560 |
| $R/\Omega$ | 267.56 | 270.93 | 274.29 | 277.64 | 280.98 | 284.30 | 287.62 | 290.92 | 294.21 | 297.49 | 300.75 |
| $t/℃$ | 570 | 580 | 590 | 600 | 610 | 620 | 630 | 640 | 650 | 660 | 670 |
| $R/\Omega$ | 304.01 | 307.25 | 310.49 | 313.71 | 316.92 | 320.12 | 323.30 | 326.48 | 329.64 | 332.79 | 335.93 |
| $t/℃$ | 680 | 690 | 700 | 710 | 720 | 730 | 740 | 750 | 760 | 770 | 780 |
| $R/\Omega$ | 339.06 | 342.18 | 345.28 | 348.38 | 351.46 | 354.53 | 357.59 | 360.64 | 363.67 | 366.70 | 369.71 |
| $t/℃$ | 790 | 800 | 810 | 820 | 830 | 840 | 850 | | | | |
| $R/\Omega$ | 372.71 | 375.70 | 378.68 | 381.65 | 384.60 | 387.55 | 390.84 | | | | |

超声声速的测定

# 实验十七 超声声速的测定

声波是在弹性介质中传播的一种机械波. 振动频率在 20 ~ 20 000 Hz 之间的声波称为可闻声波;频率低于 20 Hz 的声波称为次声波;频率超过 20 000 Hz 的声波称为超声波. 声波特性(如频率、波长、波速、相位等)的测定是声学研究的重要内容. 超声声速的测定在超声定位、超声探伤、超声测距中有广泛的应用. 在石油工业中,常用声波测井获取孔隙度等地层信息,在勘探中常用地震波勘测地层剖面来寻找油层. 在医学中,常用超声波测量骨密质成熟度等. 因此,超声声速的测定具有重要意义.

【实验目的】

1. 学会用驻波法及相位比较法测声速.
2. 了解压电换能器的功能,熟悉频率计、信号发生器及示波器的使用.
3. 掌握用逐差法处理实验数据的方法.
4. 了解声速与介质参数的关系.

【实验仪器】

综合声速测定仪、频率计、信号发生器、示波器.

【实验原理】

1. 理论依据

声波的波速 $v$、频率 $f$ 及波长 $\lambda$ 的关系为

$$v = f\lambda. \tag{4-17-1}$$

可见,只要测得 $f,\lambda$,即可计算 $v$.

2. 压电换能器

超声波的发射和接收一般通过电磁振动与机械振动的相互转换来实现,最常见的方法是利用压电效应和磁致伸缩效应来实现. 本实验采用的是由压电陶瓷制成的压电换能器,这种压电陶瓷可以在机械振动与交流电压之间双向换能. 根据工作方式的不同,可将压电换能器分为纵向振动换能器、径向振动换能器及弯曲振动换能器三种. 声学实验大多采用纵向振动换能器,其结构如图 4-17-1 所示.

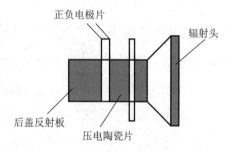

图 4-17-1 纵向振动换能器的结构图

3. 驻波法(共振干涉法)

实验装置如图 4-17-2 所示,图中的 $S_1$ 和 $S_2$ 为两只结构和性能完全相同的压电换能器,$S_1$ 为发射换能器,它被信号发生器输出的交流电信号激励后,由于逆压电效应而发生受迫振动,并向空气中定向发出一近似的平面超声波;$S_2$ 为接收换能器,超声波传至它的接收面上时会被反射. 当 $S_1$ 和 $S_2$ 的表面互相平行时,超声波就在两个平面之间来回反射,当两个平面的间距 $L$ 为半波长的整倍数,即

$$L = n\frac{\lambda}{2} \quad (n = 1, 2, \cdots) \tag{4-17-2}$$

时,相向传播的超声波的波峰与波峰、波谷与波谷正好重叠,形成驻波.

假设在无限声场中,仅有一个声源 $S_1$ 和一个接收面. 当声源发出超声波后,在此声场中只有一个反射面,并且只产生一次反射(见图 4-17-3). 在实验中,根据超声波的传播方式,以及两个压电换能器的截面尺寸与超声波波长之间的关系,可将超声波近似看成平面波.

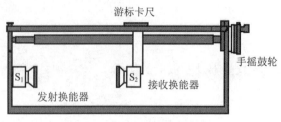

图 4-17-2　实验装置图　　　　图 4-17-3　发射波与接收波

发射波和反射波的波函数分别为

$$\xi_1 = A_1\cos\left(\omega t + \frac{2\pi x}{\lambda}\right), \quad \xi_2 = A_2\cos\left(\omega t - \frac{2\pi x}{\lambda}\right),$$

式中 $A_1$, $A_2$ 分别为两波的振幅,且 $A_1 > A_2$;$\omega$ 为两波的角频率.两列波在反射面相交叠加,则合成波的波函数为

$$\xi_3 = \xi_1 + \xi_2 = A_1\cos\left(\omega t + \frac{2\pi x}{\lambda}\right) + A_2\cos\left(\omega t - \frac{2\pi x}{\lambda}\right)$$

$$= 2A_1\cos\frac{2\pi x}{\lambda}\cos\omega t + (A_2 - A_1)\cos\left(\omega t - \frac{2\pi x}{\lambda}\right).$$

由此可见,合成波在振幅上具有随 $\cos\dfrac{2\pi x}{\lambda}$ 呈周期性变化的特性,在相位上具有随 $\dfrac{2\pi x}{\lambda}$ 呈周期性变化的特性.另外,由于反射波的振幅小于发射波的振幅,因此合成波的振幅即使在波节处也不为零,而是按 $(A_2 - A_1)\cos\left(\omega t - \dfrac{2\pi x}{\lambda}\right)$ 变化.接收换能器 $S_2$ 的表面振动位移可以忽略,驻波的波节和波腹对声压来说分别是波腹和波节.实验中测量的是声压,当形成驻波时,接收换能器的输出会明显增大,从示波器上观察到的电压信号的幅值为极大值(见图 4-17-4),图中各极大值之间的距离均为 $\dfrac{\lambda}{2}$,由于散射和其他损耗,各极大值幅值随距离的增大而逐渐减小,因此只要测出各极大值对应的接收换能器 $S_2$ 的位置,就可以测出波长,再由信号发生器读出超声波的频率后,即可由式(4-17-1)求得声速.

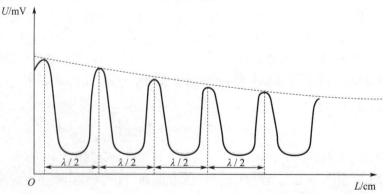

图 4-17-4　各极大值幅值随距离的增大而逐渐减小

### 4. 相位比较法

波是振动状态的传播,也可以说是相位的传播.当沿波传播方向的任意两点的振动状态相同时,这两点之间的距离就是波长的整数倍.利用这个原理可以精确地测定波长,实验装置如图 4-17-2 所示,沿波的传播方向移动接收换能器 $S_2$,总可以找到一个位置,使接收到的信号与发射换能器发出的信号振动状态相同;继续移动接收换能器 $S_2$,当接收到的信号再次与发射换能器发出的信号振动状态相同时,$S_2$ 移动的距离等于声波的波长.

也可以利用李萨如图形来判断相位差.实验中输入示波器的是来自同一信号发生器的信号,它们的频率严格一致,李萨如图形与两信号之间的相位差 $\varphi$ 有关,当两信号之间的相位差 $\varphi$ 为 $k\pi(k=0,1,2,\cdots)$ 时,李萨如图形为直线,如图 4-17-5 所示.

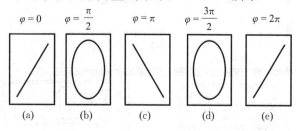

图 4-17-5 用李萨如图形进行观察

发射换能器 $S_1$ 发出的超声波经空气传至接收换能器 $S_2$,$S_2$ 接收到的信号与 $S_1$ 发射的信号之间存在着相位差 $\varphi$,且 $\varphi$ 与 $L$ 满足如下关系:

$$\varphi = \frac{2\pi L}{\lambda}. \tag{4-17-3}$$

将 $S_1$ 发出的信号引入示波器的 Y1 通道,将 $S_2$ 接收到的信号引入示波器的 Y2 通道,则对于确定的间距 $L$,示波器上将显示出两个频率相同、振动方向相互垂直、相位差恒定的振动合成图形.连续移动 $S_2$ 以增大 $L$,当 $L$ 依次使 $\varphi$ 等于 $0,\frac{\pi}{2},\pi,\frac{3\pi}{2},2\pi,\cdots$ 时,示波器将依次显示如图 4-17-5 所示的图形.

注意,从 $\varphi=0$ 变化到 $\varphi=\pi$,即当图形由图 4-17-5(a) 变化到图 4-17-5(c) 时,相应的 $L$ 的改变量为 $\Delta L=\frac{\lambda}{2}$;同理,当图形由图 4-17-5(c) 变化到图 4-17-5(e) 时,$\Delta L$ 也为 $\frac{\lambda}{2}$.因此,连续移动 $S_2$,增大 $L$,使上述特征图形依次出现并记录相应的坐标,由坐标差即可求得波长;由频率计读得超声波频率,即可由式(4-17-1)求出波速 $v$.

【操作步骤】

1. 连接线路.打开示波器和信号发生器,预热 5 min.熟悉综合声速测定仪信号发生器(见图 4-17-6)的各项功能,以及示波器的使用方法,按图 4-17-7 或图 4-17-8 所示接好线路,并将两换能器 $S_1$,$S_2$ 之间的距离 $L$ 调至 3 cm 左右.

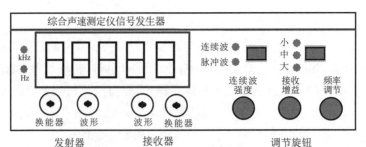

图 4-17-6 综合声速测定仪信号发生器面板图

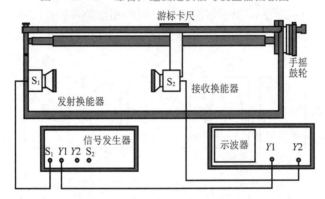

图 4-17-7 驻波法和相位比较法连线图 1

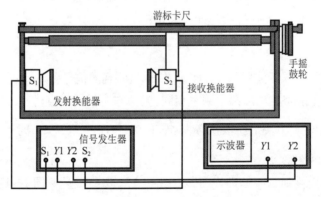

图 4-17-8 驻波法和相位比较法连线图 2

2. 驻波法测定空气中的声速.

(1) 调节信号发生器的发射频率,使在某一频率处(36.0 ~ 40.0 kHz)的电压幅度最大,观察示波器上是否呈现周期性幅值变化的正弦波形;如果波形不稳定,则适当调整扫描频率;如果波形振幅始终很小,则表明发射频率不在换能器的共振频率附近,应适当调整信号发生器的发射频率(这里还要适当调节 L 才能使示波器上观察到的 $S_2$ 的电压幅度最大),直到示波器上出现幅值差别很大且呈周期性变化的正弦波形为止. 此频率即为与换能器 $S_1$,$S_2$ 相匹配的频率(谐振频率).

(2) 移动 $S_2$,逐步增大 L,在示波器上观察 $S_2$ 的输出波形的变化,当输出波形的振幅达到极大值时,将 $S_2$ 的位置 $x_1$(游标卡尺主刻度值加手摇鼓轮副刻度值)和此时信号发生器的频率 $f_1$ 记录在表 4-17-1 中.

（3）继续增大 $L$，达到下一个极大值点，将 $S_2$ 的位置 $x_2$ 和信号发生器的频率 $f_2$ 记录在表 4-17-1 中. 以此类推，共需测 16 个点.

（4）将此次实验前后的室温 $t_1$，$t_2$ 记录在表 4-17-1 中.

3. 相位比较法测定空气中的声速.

（1）将示波器上的水平扫描速度旋钮置于 X-Y 状态（对于 SG4320A 型示波器，要将控制面板左上角的上下拨动开关拨向 X-Y 状态）.

（2）利用李萨如图形来比较发射信号与接收信号之间的相位差. 将 $S_2$ 置于 $S_1$ 附近 3～4 cm 处，略微移动 $S_2$，使示波器上出现一正斜率线段（或负斜率线段），将 $S_2$ 的位置 $x_1$ 及频率计示值 $f_1$ 记录在表 4-17-1 中. 逐渐增大 $L$ 使示波器上交替出现正斜率线段和负斜率线段，依次将出现同方向线段的 $S_2$ 的位置 $x_n$ 及与之相应的频率计示值 $f_n$ 记录在表 4-17-1 中，共需测 16 个点.

（3）将此次实验前后的室温 $t_1$，$t_2$ 记录在表 4-17-1 中.

【数据记录】

表 4-17-1　驻波法（相位比较法）测定声速的数据记录表

$t_1 = \underline{\qquad}$ ℃；　$t_2 = \underline{\qquad}$ ℃；　$t = \frac{1}{2}(t_1+t_2) = \underline{\qquad}$ ℃

| 序号 $n$ | $f_n$/Hz | $x_n$/cm | $l_n(=x_{n+8}-x_n)$/cm |
|---|---|---|---|
| 1 | | | |
| 2 | | | |
| 3 | | | |
| 4 | | | |
| 5 | | | |
| 6 | | | |
| 7 | | | |
| 8 | | | |
| 9 | | | — |
| 10 | | | — |
| 11 | | | — |
| 12 | | | — |
| 13 | | | — |
| 14 | | | — |
| 15 | | | — |
| 16 | | | — |

【数据处理】

1. 用逐差法求超声波的波长 $\bar{\lambda}$，有

$$\bar{l} = \frac{1}{8}\sum_{n=1}^{8} l_n = \underline{\qquad} \text{ cm}, \quad \bar{\lambda} = \frac{1}{4}\bar{l} = \underline{\qquad} \text{ cm}.$$

2.计算超声波的频率 $\overline{f} = \dfrac{1}{16}\sum\limits_{n=1}^{16} f_n = $ _____ Hz.

3.计算空气中的声速的测量值 $v_{测} = \overline{f}\overline{\lambda} = $ _____ m/s.

4.空气中声速的理论值可用下式进行计算：

$$v_{理} = v_0\sqrt{\dfrac{T}{T_0}} = v_0\sqrt{\dfrac{T_0 + t}{T_0}} = v_0\sqrt{1 + \dfrac{t}{T_0}},$$

式中 $T_0 = 273.15\ \mathrm{K}(0\ ℃)$，$v_0 = 331.45\ \mathrm{m/s}$ 为 $T_0$ 时的声速.

5.计算百分误差 $E = \dfrac{|v_{测} - v_{理}|}{v_{理}} \times 100\%$.

## 【思考题】

1.用驻波法测波长时,为什么两只换能器的端面要调到相互平行?

2.用相位比较法测波长时,为什么两只换能器的端面要避免相互平行?

3.在这个实验中,为什么选取驻波的波节而不是波腹作为测量点?

4.为什么要在共振频率条件下进行测量? 如何调节和判断测量系统是否处于谐振状态?

5.用相位比较法测定声速时,选择什么样的李萨如图形进行测量? 为什么?

利用超声光栅测液体中的声速

# 实验十八　利用超声光栅测液体中的声速

超声波作为一种纵波在液体中传播时,其声压使液体分子产生周期性的变化,促使液体的折射率做相应的周期性变化,形成疏密相间的波. 此时,如有单色平行光沿垂直于超声波传播方向通过疏密相间的液体,就会被衍射,这一现象称为超声致光衍射(也称为声光效应). 由于疏密相间的液体类似于光栅,因此被称为超声光栅.

## 【实验目的】

1.了解声对光信号的调制.

2.观察光的衍射现象.

3.利用超声光栅测定声波在液体中的传播速度.

## 【实验仪器】

分光计、汞灯、双平面反射镜、超声信号发生器、液体槽、锆钛酸铅陶瓷片、高频信号连接线.

## 【实验原理】

### 1.超声驻波的形成

超声波在传播时,如被一个平面反射,会反向传播. 在一定条件下,前进波与反射波叠加而形成超声驻波. 由于驻波的振幅可以达到单一行波的两倍,因此加剧了波源和反射面之间液体的疏密变化程度. 某时刻,驻波的任一波节两边的质点都涌向这个节点,使该节点附近成为质点密集区,而相邻的波节处为质点稀疏处;半个周期后,该节点附近的质点又向两边散开变为质点稀疏区,相邻的波节处变为密质点集区.在驻波中,稀疏作用使液体折射率减小,而压缩作用使液体折射率增大,在距离等于驻波波长 $d$ 的两点处,液体的密度相同,折射率也相等,如图 4-18-1 所示.

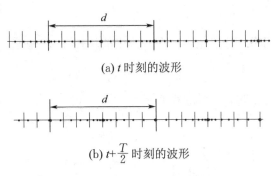

(a) $t$ 时刻的波形

(b) $t+\dfrac{T}{2}$ 时刻的波形

图 4-18-1   液体中的超声驻波

## 2. 超声光栅的衍射原理

波长为 $\lambda$ 的单色平行光沿垂直于超声波传播方向通过疏密相间的液体时,液体折射率的周期性变化使光的波面产生了相应的相位差,如图 4-18-2 所示,同一波面的光经过光密区后的相位改变与经过光疏区后的相位改变有差别(光在光密介质中的传播速度一般小于其在光疏介质中的传播速度,但其频率不变),出射光经透镜聚焦出现衍射条纹.这种现象与单色平行光通过透射光栅的情形相似.因为超声波的波长很短,所以只要盛装液体的液体槽的宽度能够维持平面波(宽度为 $l$),槽中的液体就相当于一个衍射光栅.图 4-18-1 中超声波的波长 $d$ 相当于光栅常量.当满足拉曼-奈斯(Raman-Nath)衍射条件 $\dfrac{2\pi\lambda l}{d^2}\ll 1$ 时,这种衍射类似于平面光栅衍射,光栅方程为

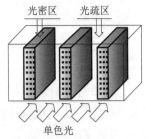

图 4-18-2   液体槽内密度
变化示意图

$$d\sin\theta_k = k\lambda \quad (k=0,\pm 1,\pm 2,\cdots),$$

$$(4-18-1)$$

式中 $k$ 为衍射级次,$\theta_k$ 为第 $k$ 级明纹的衍射角.

## 3. 用超声光栅测定声速的原理

如图 4-18-3 所示,在调好的分光计上,由单色光源和平行光管中的会聚透镜 $L_1$ 与可调狭缝 S 组成平行光系统.当光束垂直通过装有锆钛酸铅陶瓷片(或称为 PZT 晶片)的液体槽(也称为超声池)时,在液体槽的另一侧,用阿贝(Abbe)自准直望远镜中的物镜 $L_2$ 和测微目镜组成测微望远系统.若振荡器使锆钛酸铅陶瓷片发生超声振动,形成稳定的超声驻波,从测微目镜中即可观察到衍射图样.从图 4-18-3 中可以看出,当 $\theta_k$ 很小时,有 $\sin\theta_k\approx\dfrac{L_k}{f}$,式中 $L_k$ 为零级明纹至第 $k$ 级明纹的距离,$f$ 为 $L_2$ 的焦距.超声光栅的光栅常量为

$$d=\frac{k\lambda}{\sin\theta_k}\approx\frac{k\lambda f}{L_k}.$$

$$(4-18-2)$$

对于相邻明纹,有

$$d\sin\theta_{k+1}=(k+1)\lambda,\quad d\sin\theta_k=k\lambda.$$

对上两式相减,可得

$$d(\sin\theta_{k+1} - \sin\theta_k) = \lambda,$$

$$d = \frac{\lambda}{\sin\theta_{k+1} - \sin\theta_k} \approx \frac{\lambda}{\dfrac{L_{k+1}}{f} - \dfrac{L_k}{f}} = \frac{\lambda f}{L_{k+1} - L_k} = \frac{\lambda f}{\Delta L},$$

式中 $\Delta L$ 为相邻明纹的间距. 因此,超声波在液体中的传播速度(声速)为

$$v = d\nu = \frac{\lambda f\nu}{\Delta L},\tag{4-18-3}$$

式中 $\nu$ 为振荡器和锆钛酸铅陶瓷片的共振频率.

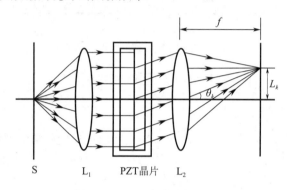

图 4-18-3　超声光栅衍射

【操作步骤】

1. 调节分光计的望远镜筒,使望远镜聚焦于无穷远,对目镜调焦直至能看清分划板刻线. 调节望远镜使其光轴与载物台的中心转轴垂直;调节平行光管使其与望远镜同轴并出射平行光,将狭缝宽度调至最小.

2. 采用低压汞灯作为光源.

3. 将待测液体(如纯净水、乙醇或其他液体)注入液体槽,液面高度以液体槽侧面的液体高度刻线为准.

4. 将液体槽底座卡在分光计的载物台上,并将液体槽平稳地放置在液体槽底座中,使其两侧表面基本垂直于望远镜和平行光管的光轴.

5. 将两根高频信号连接线的一端分别插入液体槽盖板上的两个接线柱,将另一端接入超声信号发生器的高频输出端,然后将液体槽盖板盖在液体槽上.

6. 为保证仪器的正常使用,仪器使用时间不宜过长(见注意事项 4),故在开启超声信号发生器的电源之前,应先选择定时时间. 在定时选择开关上可以选择四挡定时时间:

1 号键向右边时,定时关闭,即不选定时;

1 号键向左边,2 号键向左边时,定时时间选为 60 min;

1 号键和 3 号键向左边,2 号键向右边时,定时时间选为 90 min;

1 号键和 4 号键向左边,2 号键和 3 号键向右边时,定时时间选为 120 min.

7. 开启超声信号发生器的电源,频率显示窗首先会显示被选的定时时间,数秒后显示当前的振动频率. 定时时间到达前 1 min,超声报警灯开始连续闪烁,然后仪器自动停止工作,进入 10 min 倒计时关机保护,此时保护状态指示灯亮;保护状态结束后,仪器将自动关机.

8. 从阿贝目镜中观察衍射条纹,仔细调节频率微调旋钮,使频率达到锆钛酸铅陶瓷片的共振频率,此时,衍射光谱的级次会显著增多且条纹更为明亮.

9. 左右转动液体槽(可转动载物台),使入射液体槽的平行光完全垂直于超声波传播方向,同时观察视场内的衍射条纹的左右级次亮度及对称性,直到从阿贝目镜中观察到稳定而清晰的左右各3～4级的衍射条纹为止.

10. 取下阿贝目镜,换上测微目镜,镜筒在出厂时已装在测微目镜上,对目镜调焦直至能观察到清晰的衍射条纹,利用测微目镜逐级测量各衍射条纹的位置读数(例如,从第－2级到第3级),再用逐差法求出衍射条纹间距的平均值.

11. 实验完毕将液体槽内的液体倒出.

【数据记录】

1. 记录实验用样品名称、实验室温度和超声信号发生器的振动频率. 例如,样品为纯净水,实验室温度为 $t = 24\ ℃$,振动频率为 $\nu = (12.24 \pm 0.02)\ \mathrm{MHz}$.

2. 将测微目镜中衍射条纹的位置读数记录在表 4-18-1 中.

表 4-18-1　超声光栅衍射条纹位置读数的数据记录表　　　　单位:mm

| 条纹颜色 | 条纹位置 | | | | | |
|---|---|---|---|---|---|---|
| | $L_{-2}$ | $L_{-1}$ | $L_0$ | $L_1$ | $L_2$ | $L_3$ |
| 黄 | | | | | | |
| 绿 | | | | | | |
| 蓝 | | | | | | |

【数据处理】

1. 在声速的计算公式 $\upsilon = \dfrac{\lambda f \nu}{\Delta L}$ 中,$f$ 为望远镜物镜的焦距(对于 JJY 型分光计,$f = 170\ \mathrm{mm}$);$\nu$ 为超声信号发生器的频率读数;$\lambda$ 为汞灯光波波长(不确定度忽略不计),其中汞蓝光的波长为 435.8 nm,汞绿光的波长为 546.1 nm,汞黄光的波长为 578.0 nm(双黄线平均波长);$\Delta L$ 为同色光的衍射条纹的间距.

2. 用逐差法计算各色光衍射条纹的平均间距 $\overline{\Delta L}$,有

$$\overline{\Delta L} = \frac{1}{3}\left[\frac{1}{3}(L_1 - L_{-2}) + \frac{1}{3}(L_2 - L_{-1}) + \frac{1}{3}(L_3 - L_0)\right].$$

将计算结果填入表 4-18-2 中.

表 4-18-2　衍射条纹平均间距的数据记录表　　　　单位:mm

| 条纹颜色 | $L_1 - L_{-2}$ | $L_2 - L_{-1}$ | $L_3 - L_0$ | $\overline{\Delta L}$ |
|---|---|---|---|---|
| 黄 | | | | |
| 绿 | | | | |
| 蓝 | | | | |

3. 应用下式计算衍射条纹的平均间距的不确定度(不计 B 类不确定度)、超声波在液体中

的传播速度的平均值及其不确定度：

$$\Delta_{\Delta L} = \sqrt{\frac{\left[\frac{1}{3}(L_1 - L_{-2}) - \overline{\Delta L}\right]^2 + \left[\frac{1}{3}(L_2 - L_{-1}) - \overline{\Delta L}\right]^2 + \left[\frac{1}{3}(L_3 - L_0) - \overline{\Delta L}\right]^2}{3 - 1}},$$

$$\overline{v} = \frac{\lambda f \nu}{\Delta L},$$

$$\Delta_v = \overline{v}\sqrt{\left(\frac{\Delta_\nu}{\nu}\right)^2 + \left(\frac{\Delta_{\Delta L}}{\Delta L}\right)^2}.$$

将计算结果填入表 4-18-3 中.

表 4-18-3　衍射条纹的平均间距和超声波在液体中的传播速度测量结果的数据记录表

| 条纹颜色 | 衍射条纹的平均间距$(\overline{\Delta L} \pm \Delta_{\Delta L})$/mm | 超声波在液体中的传播速度$(\overline{v} \pm \Delta_v)$/(m/s) |
| --- | --- | --- |
| 黄 | | |
| 绿 | | |
| 蓝 | | |

将三种不同的波长所测得的声速取平均得到声速的测量值 $v$ 为

$$v = \frac{1}{3}(\overline{v}_{黄} + \overline{v}_{绿} + \overline{v}_{蓝}).$$

【注意事项】

1. 锆钛酸铅陶瓷片未放入有液体的液体槽前,禁止开启超声信号发生器.

2. 液体槽必须稳定置于载物台上,实验过程中应避免震动,以使液体槽内形成稳定的超声驻波.测量时不能触碰连接液体槽和超声信号发生器的两根高频信号连接线.

3. 锆钛酸铅陶瓷片表面与对应的液体槽壁表面必须平行,此时才会形成较好的表面驻波,因此实验时应将液体槽的盖板盖平.

4. 实验时间不宜过长,原因有两点:其一,时间过长,液体槽内液体的温度可能在小范围内变动,影响测量精度;其二,超声信号发生器在高频条件下工作时间过长可能会使电路过热而损坏.建议将超声信号发生器的定时时间选为 60 min.

5. 放置液体槽时应拿两端面,不要触摸两侧表面的通光部位,以免污染.

6. 实验完毕后应将液体槽内的被测液体倒出,或取走锆钛酸铅陶瓷片并用洁布擦干,不要将锆钛酸铅陶瓷片长时间浸泡在液体槽内.

【思考题】

1. 若要形成超声驻波,液体槽中的锆钛酸铅陶瓷片所在的平面和液体槽壁必须要平行放置,请分析原因.

2. 开启超声信号发生器的电源后,如果从阿贝目镜中只观察到 1～2 级衍射条纹,此时应该怎样调节才能得到更多级次的条纹?

3. 开启超声信号发生器的电源后,从阿贝目镜中可以观察到 3～4 级衍射条纹,但是条纹不清晰,请分析原因.

## 实验十九　　手动单缝衍射光强的测定

观察和研究光的衍射不仅有助于进一步加深对光的波动性和衍射理论的理解,还有助于进一步学习近代光学实验技术.本实验利用光电元件来测定单缝衍射的相对光强分布,并作曲线.

【实验目的】

1. 观察单缝夫琅禾费(Fraunhofer)衍射现象,加深对衍射理论的理解.
2. 学会用光电元件测定单缝衍射的相对光强分布,掌握其分布规律.
3. 学会用衍射法测量微小量.

【实验仪器】

氦氖激光器(输出波长为 632.8 nm,功率为 1.5 mW)、单缝板、光具座、观察屏、硅光电池、测微鼓轮、光电流放大器.

【实验原理】

当光在传播过程中经过障碍物(如不透明物体的边缘、小孔、细线、狭缝等)时,一部分光能传播到几何阴影中去,产生衍射现象.如果障碍物的尺寸与波长相近,就比较容易观察到衍射现象.

根据光源及观察衍射图样的屏幕(观察屏)到产生衍射的障碍物(衍射物)的距离不同,常将衍射分为菲涅耳(Fresnel)衍射和夫琅禾费衍射两种.前者是光源和观察屏到衍射物的距离为有限远时的衍射;后者是光源和观察屏到衍射物的距离为无限远时的衍射.要实现单缝夫琅禾费衍射,必须保证光源至单缝的距离和单缝到观察屏的距离均为无限远(或相当于无限远),即要求照射到单缝上的入射光和衍射光都为平行光.

激光的定向性很好,可视为平行光束.用散射角极小的激光器产生激光束,使激光束通过一条很细的狭缝(宽度 $a$ 为 $0.05 \sim 0.1$ mm),在狭缝后大于 850 mm 的地方放上观察屏,就可以看到衍射条纹,它实际上就是单缝夫琅禾费衍射条纹,如图 4-19-1 所示.

在观察屏位置放上硅光电池,硅光电池可沿垂直于衍射条纹的方向移动,那么与硅光电池相连的检流计所显示的电流大小就与落在硅光电池上的光强成正比,其实验装置如图 4-19-2 所示.

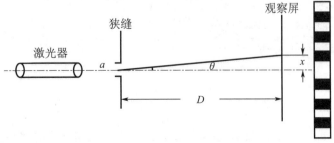

图 4-19-1　单缝夫琅禾费衍射条纹

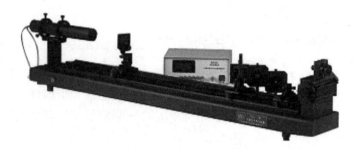

图 4-19-2 单缝衍射实验装置图

由惠更斯(Huygens)-菲涅耳原理可知,单缝衍射图样的光强分布规律为

$$I = I_0 \left( \frac{\sin u}{u} \right)^2,$$

$$u = \frac{\pi a \sin \theta}{\lambda} \approx \frac{\pi a x}{\lambda D}, \tag{4-19-1}$$

式中 $I_0$ 为中央明纹中心点处的光强, $\lambda$ 为入射光的波长, $\theta$ 为衍射角, $D$ 为单缝到硅光电池的距离, $x$ 为衍射条纹的中心位置到测量点的距离, $I$ 为 $x$ 处的光强.

当 $u$ 相同,即 $x$ 相同时,光强相同,在观察屏上得到的光强相同的图像是平行于单缝的条纹. 当 $u = 0$ 时, $x = 0$, $I = I_0$,在整个衍射图样中,此处光强最强,为中央明纹. 当 $u = k\pi$ ($k = \pm 1, \pm 2, \cdots$),即 $x = \frac{k \lambda D}{a}$ ($k = \pm 1, \pm 2, \cdots$) 时, $I = 0$,此处光强为零,为暗纹. 暗纹以光轴为对称轴,呈等间隔、左右对称的分布. 除了中央明纹外,两相邻暗纹之间都有一个明纹,这些明纹的位置在 $u = \pm 1.43\pi, \pm 2.46\pi, \pm 3.47\pi, \cdots$ 处,相对光强依次为 0.047,0.017,0.008,$\cdots$. 单缝夫琅禾费衍射的光强分布曲线如图 4-19-3 所示.

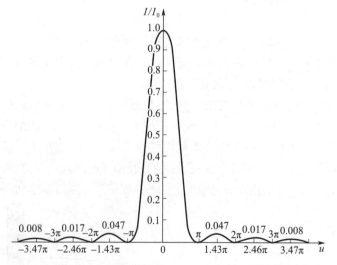

图 4-19-3 单缝夫琅禾费衍射的光强分布曲线图

中央明纹的线宽度 $\Delta x$ 可用 $k = \pm 1$ 的两条暗纹的间距确定, $\Delta x = \frac{2\lambda D}{a}$;某一级暗纹的位置与缝宽 $a$ 成反比, $a$ 变大时, $x$ 减小,各级衍射条纹向中央收缩,当狭缝增大到一定宽度时,衍

射现象便不再明显,只能看到中央位置有一条亮线,这时可以认为光线是沿直线传播的.单缝的宽度可表示为

$$a = \frac{k\lambda D}{x}. \tag{4-19-2}$$

因此,如果测到了第 $k$ 级暗纹的位置 $x$,用式(4-19-2)可以得出单缝的宽度.

　　光的衍射现象是光的波动性的一种表现.研究光的衍射不仅有助于读者加深对光本质的理解,而且能为进一步学好近代光学技术打下基础.衍射使光强在空间重新分布,利用光电元件测量光强的相对变化,是测量光强的方法之一,也是光学精密测量的常用方法.根据巴比涅(Babinet)原理,当光束照射在细丝上时,其衍射效应和单缝一样,在观察屏上可以得到同样的明暗相间的衍射条纹.因此,利用上述原理可以测量细丝直径.

【操作步骤】

　　1.开启氦氖激光器的电源,预热约 10 min,再打开光电流放大器的电源.

　　2.将单缝板移至激光器的激光管前,离管口约 15 cm 处,插入观察屏(白板),并将其移至光电探头前.

　　3.使激光通过单缝,调节单缝板的水平、高度和倾斜度,使衍射图样水平,两边对称.然后旋转单缝板旁的旋钮改变缝宽,观察衍射图样的变化规律.

　　4.移开观察屏,使衍射光射入光电探头.通过旋转测微鼓轮移动光电探头的水平位置,可使光电流放大器数值达到最大,此时中央明纹正对光电探头底部的硅光电池.调节增益旋钮,使其示值为 1 000～1 500.此后不得变动增益旋钮.本实验中,用光电流放大器的示值代替光强值.

　　5.记下最大光强值 $I_0$ 及测微鼓轮刻度位置,此时对应光强曲线的中心点($x=0$).按最后一次旋转方向继续转动测微鼓轮,每转动 0.3 mm(百分鼓轮上的 30 个小格)记一次光强值,直到转动到第 3 级暗纹为止.将相关数据记录在表 4-19-1 中.

　　6.将单缝板到硅光电池的距离 $D$($D=106$ cm－单缝板底座外侧刻度线与光具座直尺所对值(cm))记录在表 4-19-1 中.

【数据记录】

表 4-19-1　单缝衍射测定光强的数据记录表

单缝板到硅光电池的距离 $D=$ _____ cm;　　激光器输出波长 $\lambda=$ _____ nm;　$I_0=$ _____

| 序号 | 1 | 2 | 3 | 4 | 5 | 6 | 7 | ... |
|---|---|---|---|---|---|---|---|---|
| $x$/mm | 0.000 | 0.300 | 0.600 | 0.900 | 1.200 | 1.500 | 1.800 | ... |
| $I$ | | | | | | | | |
| $I/I_0$ | | | | | | | | |

【数据处理】

　　1.中央明纹的光强为 $I_0$,各点相对光强为 $\frac{I}{I_0}$,在坐标纸上作出 $\frac{I}{I_0}$-$x$ 关系曲线(单缝衍射相对光强分布曲线).

　　2.根据记录的暗纹位置和式(4-19-2)计算单缝宽度 $a$,然后求其平均值.

3.从$\frac{I}{I_0} - x$关系曲线中找出光强极大和极小的位置,并和理论值进行比较.

## 【注意事项】

1.切勿用眼睛直视激光.

2.不能用激光直接照射硅光电池.

3.激光器的功率输出或者硅光电池的电流输出有些起伏,仪器要预热 $10 \sim 20$ min.

4.调节单缝宽度时,单缝板旁的旋钮不能超过零位置,以保证刃口不被损坏.

## 【思考题】

1.单缝夫琅禾费衍射应符合什么条件? 实验中是如何满足单缝夫琅禾费衍射条件的?

2.为什么要找出中央明纹的位置?

3.单缝衍射光强是怎么分布的?

# 实验二十　　双缝衍射的光强分布和缝宽的测定

光的干涉与衍射在本质上是一样的,都是光波相干叠加的结果. 一般来说,干涉是指有限个分立的光束的相干叠加;衍射则是连续的无限个子波的相干叠加. 干涉强调的是不同光束相互影响而形成相长或相消的现象;衍射强调的是光线偏离直线而进入阴影区域. 双缝同时存在双缝衍射和双缝干涉效应,若缝间距$d$远大于缝宽$a$,则光波相干叠加的结果以双缝干涉为主;若$d \approx a$,则光波相干叠加的结果以双缝衍射为主.

## 【实验目的】

1.观察双缝衍射现象,并与双缝干涉现象进行比较.

2.利用光电元件测量双缝衍射的相对光强分布,并研究其分布规律.

3.利用光强分布求缝间距和缝宽.

## 【实验仪器】

氦氖激光器(输出波长为 632.8 nm,功率为 1.5 mW)、多缝板、测微鼓轮、光传感器、移动测量架、光具座、光电流放大器、二维调节滑动座、干板架.

## 【实验原理】

当光在传播过程中遇到障碍物(如不透明物体的边缘、小孔、细线、狭缝等) 时,一部分能传播到几何阴影中去,产生衍射现象. 如果障碍物的尺寸与波长相近,就比较容易观察到衍射现象,如图 4 - 20 - 1 所示为双缝衍射原理图.

实验室中的双缝为两个互相平行、靠得很近的直狭缝. 每个狭缝的宽度都等于$a$,缝间距为$d$. 如果把双缝中的一个缝遮住,让光从另一个缝通过,则得到单缝衍射条纹(见

图 4 - 20 - 2).由惠更斯-菲涅耳原理计算可得,垂直入射单缝平面的平行光经单缝衍射后在 $P$ 点处的光强为

$$I = I_0 \left( \frac{\sin u}{u} \right)^2 \quad \left( u = \frac{\pi}{\lambda} a \sin \theta \right),\quad\quad (4-20-1)$$

式中 $u$ 为相邻子波的相位差,$\theta$ 为衍射角,$I_0$ 为中央明纹中心点处的光强.

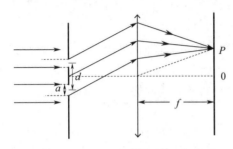 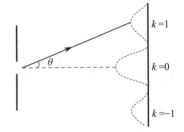

图 4 - 20 - 1　双缝衍射原理图　　　　图 4 - 20 - 2　单缝衍射光强分布

如果让上述光线通过双缝,则光经过两个单缝衍射后的条纹将在观察屏上相干叠加,如图 4 - 20 - 3 所示.实际上,在双缝干涉实验时,每个缝自身也有衍射,只是为了使问题不至于变得复杂,才没有讨论衍射.考虑到每个缝的衍射,可得由双缝出射的光相干叠加后在 $P$ 点处的光强为

$$I = 4I_1 \cos^2 \frac{\Delta \varphi}{2} = 4I_0 \left( \frac{\sin u}{u} \right)^2 \cos^2 \frac{\Delta \varphi}{2},\quad\quad (4-20-2)$$

式中 $\Delta \varphi = \frac{2\pi}{\lambda} d \sin \theta$ 为两个单缝出射光在 $P$ 点处的相位差.式 (4-20-2) 中的 $\left( \frac{\sin u}{u} \right)^2$ 称为衍射因子,$\cos^2 \frac{\Delta \varphi}{2}$ 称为干涉因子.由于缝间距要大于缝宽,衍射因子在空间中的变化比干涉因子要慢一些,因此两者的乘积相当于衍射条纹调制干涉条纹.调制后的双缝衍射光强分布曲线如图 4 - 20 - 4 所示.

从以上分析可知,双缝衍射应同时考虑单缝衍射与缝间干涉.具体来说,双缝衍射既要考虑两个单缝内部无数子波的相干叠加,又要考虑缝与缝之间的相干叠加.

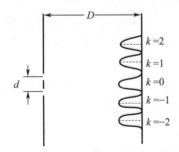 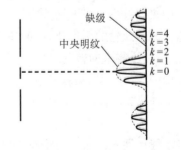

图 4 - 20 - 3　双缝干涉光强分布　　　　图 4 - 20 - 4　双缝衍射光强分布曲线

干涉极大值(明纹)对应的衍射角 $\theta$ 满足

$$d\sin \theta = \pm k\lambda \quad (k = 0,1,2,\cdots).\quad\quad (4-20-3)$$

又因为 $\theta$ 较小,所以有

$$\sin\theta \approx \tan\theta = \frac{x}{D}, \tag{4-20-4}$$

故

$$d = \frac{k\lambda D}{x} \quad (k = 0,1,2,\cdots). \tag{4-20-5}$$

当两缝衍射光的光程差满足

$$d\sin\theta = \pm k\lambda \quad (k = 0,1,2,\cdots) \tag{4-20-6}$$

时,理应出现明纹,但如果单缝衍射的暗纹也正好落在该处,即在该处满足

$$a\sin\theta = \pm k'\lambda \quad (k' = 0,1,2,\cdots), \tag{4-20-7}$$

那么该处的明纹会受到单缝衍射的调制而消失,这种现象称为缺级现象.由此可得

$$\frac{k}{k'} = \pm \frac{d}{a}. \tag{4-20-8}$$

可见,如果缝间距与缝宽成整数比,那么就会发生缺级现象.

【操作步骤】

1. 按图 4-20-5 所示安装好仪器,将多缝板置于氦氖激光器前 3 cm 处并固定.

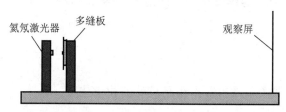

氦氖激光器　多缝板　　　　　　　　　　　　　　观察屏

图 4-20-5　双缝衍射实验装置示意图

2. 开启激光器的电源,预热约 10 min.

3. 选取多缝板上的双缝,调节多缝板的水平、高度和倾斜度,使激光束通过双缝.

4. 在光电探头前,先用观察屏观察衍射图样.

5. 移开观察屏,接通光电流放大器的电源.转动测微鼓轮,使光电探头在水平方向做细微的移动,观察光电流放大器的示值变化.以这个示值作为该点处的光强值.

6. 当中央明纹进入光电探头时,继续转动测微鼓轮,光电流放大器将出现最大值 $I_0$.记下此时示值及测微鼓轮的刻度位置(鼓轮底座上方有一小刻痕可作为参考).此后就按上述方向转动测微鼓轮,不得来回转动.

7. 测微鼓轮每转动一圈,光电探头在水平方向上移动 1 mm.以光强最大值处为起始位置($x=0$),光电探头每移动 0.3 mm(测微鼓轮转动 30 个小格)记录数据一次,直到测完第 4 级暗纹为止.

8. 将多缝板到光电探头的距离 $D$($D = 106$ cm - 多缝板底座外侧刻度线与光具座直尺所对值(cm))记录在表 4-20-1 中.

【数据记录】

表 4-20-1　双缝衍射测定光强的数据记录表

多缝板到光电探头的距离 $D=$ _____ cm；　激光器输出波长 $\lambda=$ _____ nm；　$I_0=$ _____

| 序号 | 1 | 2 | 3 | 4 | 5 | 6 | 7 | ⋯ |
|---|---|---|---|---|---|---|---|---|
| $x$/mm | 0.000 | 0.300 | 0.600 | 0.900 | 1.200 | 1.500 | 1.800 | ⋯ |
| $I$ | | | | | | | | |
| $I/I_0$ | | | | | | | | |

【数据处理】

1. 以中央最大光强处为 $x$ 轴坐标原点,把测得的数据进行归一化处理(把在不同位置上测得的光强除以中央最大光强),然后在坐标纸上作出 $\dfrac{I}{I_0}$-$x$ 关系曲线(双缝衍射相对光强分布曲线).

2. 根据记录的暗纹位置和式(4-20-5)分别计算出缝间距 $d$,然后求其平均值.

3. 根据缺级的级次,由式(4-20-8)计算缝宽 $a$,然后求其平均值.

【注意事项】

1. 切勿用眼睛直视激光.

2. 不能用激光直接照射光电探头.

3. 激光器的功率输出或者光传感器的电流输出有些起伏,仪器要预热 $10 \sim 20$ min.

4. 摆放光路时要爱护光学元件,防止损坏,不能用手触摸光学元件的光学表面.

【思考题】

1. 实验中为什么要找出中央明纹的位置?

2. 双缝衍射和双缝干涉有何区别?

3. 在中央明纹两侧,光强有个很小的起伏,其原因是什么?

# 实验二十一　分光计的调节和使用

分光计的调节和使用

光线入射到平面镜、三棱镜、光栅等光学元件上时会分别发生反射、折射或衍射.分光计是专门用来准确测量入射光和出射光之间的偏转角度的一种仪器,故也称为分光测角仪.分光计是一种具有代表性的基本光学仪器,通过角度的测量可以计算介质折射率、光波波长等相关物理量,检验棱镜的棱角是否合格、玻璃砖的两个表面是否平行,以及间接测量其他物理量等.因此,熟悉分光计的基本结构和掌握它的基本调节要求和方法,对调整和使用其他光学仪器具有普遍的指导意义.

【实验目的】

1. 了解分光计的结构和各部分的作用,学会角游标的读数方法.

2.掌握分光计的基本调节要求和方法.

3.掌握用分光计测量三棱镜顶角的方法.

【实验仪器】

分光计、单色光源、双平面反射镜、三棱镜.

分光计的型号和规格很多,但基本结构都是相同的.任意一台分光计都具备以下四个主要部件:望远镜、平行光管、载物台和读数系统.现以 JJY 型分光计为例进行介绍,其结构如图 4 - 21 - 1 所示.JJY 型分光计的部分组成部件及其用途如表 4 - 21 - 1 所示.

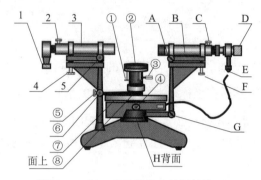

图 4 - 21 - 1　JJY 型分光计的结构图

表 4 - 21 - 1　JJY 型分光计的部分组成部件及其用途

| 主要部件 | 编号 | 名称 | 用途 |
|---|---|---|---|
| 平行光管 | 1 | 狭缝宽度调节手轮 | 调节狭缝宽度(0.02 ~ 2.00 mm) |
| | 2 | 狭缝装置锁紧螺钉 | 松开时,可前后移动狭缝体;调好后锁紧,狭缝装置被固定 |
| | 3 | 平行光管部件 | 调节狭缝体使光源发出的光为平行光 |
| | 4 | 平行光管倾斜度调节螺钉 | 调节平行光管光轴的倾斜度(铅直面上的方位调节,一般用于调节平行光管光轴与载物台的中心轴垂直) |
| | 5 | 平行光管左右偏斜度调节螺钉 | 调节平行光管光轴的左右方位(水平面上的方位调节) |
| 望远镜 | A | 望远镜左右偏斜度调节螺钉 | 调节望远镜光轴的水平方位(水平面上的方位调节) |
| | B | 望远镜部件 | 观察和确定光束的行进方向 |
| | C | 目镜筒锁紧螺钉 | 松开时,目镜筒可自由伸缩、转动(用于物镜调焦);调好后锁紧,目镜筒被固定 |
| | D | 望远镜视度调节手轮 | 目镜调焦 |
| | E | 照明灯 | 照亮全反射棱镜的十字形小窗口 |
| | F | 望远镜倾斜度调节螺钉 | 调节望远镜光轴的倾斜度(铅直面上的方位调节) |
| | G | 望远镜水平微动螺钉 | 锁紧望远镜锁紧螺钉 H 后,调节该螺钉可使望远镜绕分光计的旋转主轴缓慢转动 |
| | H | 望远镜锁紧螺钉 | 松开时,可用手大幅度转动望远镜;锁紧后,望远镜水平微动螺钉 G 才起作用 |

续表

| 主要部件 | 编号 | 名称 | 用途 |
|---|---|---|---|
| 载物台和读数系统 | ① | 载物台调平螺钉(共三个) | 调节载物台的台面水平(本实验中,用来调节双平面反射镜的法线和三棱镜的折射面平行于分光计的旋转主轴) |
| | ② | 载物台 | 放置光学元件 |
| | ③ | 载物台止动螺钉 | 松开时,载物台可单独转动、升降;锁紧后,使载物台与游标盘固联 |
| | ④ | 望远镜和分度盘之间的紧固螺钉 | 松开时,两者可相对转动;锁紧后,两者固联,可以一起转动 |
| | ⑤ | 游标盘止动螺钉 | 松开时,游标盘能单独做大幅度转动;锁紧后,载物台和游标盘微调螺钉⑥才起作用.当游标盘跟着望远镜转动时就说明该螺钉未锁紧 |
| | ⑥ | 载物台和游标盘微调螺钉 | 锁紧游标盘止动螺钉⑤后,调节该螺钉可使游标盘做小幅度转动 |
| | ⑦ | 分度盘 | 测量望远镜转过的角度(分度盘分为360°,分度值为半度(30′),半度以下的角度可借助游标准确读出) |
| | ⑧ | 游标(共两个) | 辅助分度盘进行读数 |

JJY 型分光计的中心有一竖轴,称为分光计的旋转主轴.轴上装有可绕轴转动的望远镜和载物台,读数系统也在与该轴垂直的平面内.现将各部分的构造和使用方法简述如下.

### 1. 望远镜

望远镜是用来接收平行光以确定入射光方向的,其结构如图 4‑21‑2 所示.望远镜由物镜与目镜组成.为了调节和测量,物镜与目镜之间装有分划板 S.

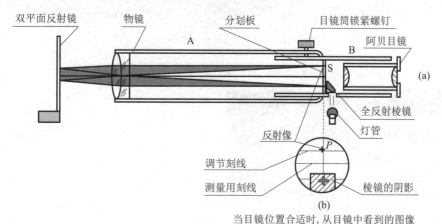

当目镜位置合适时,从目镜中看到的图像

图 4‑21‑2　望远镜系统及其视场

物镜为一消色差的复合透镜,被固定在镜筒 A 的一端.分划板 S 固定在目镜筒 B 内,通过松动目镜筒锁紧螺钉可使目镜筒 B 沿镜筒 A 滑动,以改变分划板与物镜之间的距离.目镜装在目镜筒 B 内,并可通过望远镜视度调节手轮沿目镜筒 B 前后滑动,以及改变目镜和分划板之间的距离. 当分划板调到目镜焦平面上(刻线清晰),同时又被调到物镜焦平面上(通过双平面反射镜反射而得到的绿十字形叉丝像清晰)时,入射到望远镜的平行光经望远镜射出后仍为平行光. 这时称望远镜对无穷远聚焦.

图 4-21-2 所示的望远镜,其目镜筒称为阿贝目镜. 在目镜和分划板之间装有全反射棱镜,但出射面仅留一个十字形小窗口作为透光孔,形成调节用的绿十字形叉丝像. 分划板和棱镜的出射面相贴. 图 4-21-2 下方的小十字形即为十字形窗口.

### 2. 平行光管

平行光管的作用是产生平行光. 它由可相对滑动的两个套筒组成,外套筒的一端装有一消色差的复合透镜,内套筒的一端装有一宽度可调的狭缝,用狭缝宽度调节手轮调节狭缝宽度. 松开狭缝装置锁紧螺钉,可前后移动狭缝体以改变狭缝与透镜之间的距离. 当狭缝位于透镜焦平面上时,平行光管产生平行光. 由于平行光管与分光计的底座连接在一起,因此平行光管不能转动.

### 3. 载物台

载物台用来放置棱镜、光栅等光学元件. 载物台下边的三个载物台调平螺钉可以调节载物台的高度和水平. 载物台可绕其中心轴转动. 当需要大幅度调节载物台的高度时,可先松开载物台止动螺钉,升、降载物台至适当高度后再旋紧载物台止动螺钉.

### 4. 读数系统

读数系统由分度盘和游标盘组成,如图 4-21-3 所示. 分度盘通过望远镜和分度盘之间的紧固螺钉与望远镜相连,能随望远镜一起绕分光计的旋转主轴转动. 分度盘把圆周等分为 720 份,分度值为 30′. 游标的角宽度为 14.5°,等分为 30 份,每小格为 1′,因此游标精度为 1′. 为了消除分光计的分度盘中心与分光计的旋转主轴的几何中心不重合而产生的偏心差,在分度盘某一直径的两端对称地设置两个游标,每次测量分度盘两侧的左、右游标读数. 设游标实际转角为 $\theta$,从分度盘读出的数值分别为 $\beta$ 和 $\beta'$,如图 4-21-4 所示,由几何关系可得

$$\theta = \frac{1}{2}(\beta + \beta').$$

上式说明,用左、右游标分别得到 $\beta$ 和 $\beta'$ 后,再取其平均值即是实际转角.

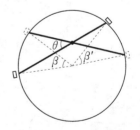

图 4-21-3　读数系统　　　　　　　　图 4-21-4　偏心差

角游标的读数规则是以游标的零线为基准,读出分度盘上的度值和分值 $A$,再找出游标上刚好与分度盘刻线对齐的游标刻线,从游标上读出分值 $B$,$A$ 和 $B$ 之和即为读数值 $N$. 例如,在图 4-21-3 中,游标零线在 328° 到 328.5° 之间,所以读数为 328°,再找出游标上刚好与分度盘刻线对齐的游标刻线,为 16′,因此最终读数即为 328°16′.

**【实验原理】**

测量三棱镜顶角的方法有反射法和自准直法.

*1. 反射法*

如图 4-21-5 所示,由平行光管射出的平行光照射在三棱镜的顶角时,此平行光分别射向三棱镜的两个光学表面 $AB$ 和 $AC$,并被反射. 由反射定律和几何关系可证明光线 1,2 的夹角为

$$\varphi = 2\alpha. \qquad (4-21-1)$$

设光线 1 的两个游标读数分别为 $\beta_1$ 和 $\beta_1'$,光线 2 的两个游标读数分别为 $\beta_2$ 和 $\beta_2'$,则

$$\alpha = \frac{\varphi}{2} = \frac{1}{4}\big[(\beta_1 - \beta_2) + (\beta_1' - \beta_2')\big]. \qquad (4-21-2)$$

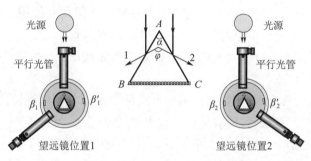

图 4-21-5　反射法光路图

*2. 自准直法*

当物体位于凸透镜的焦平面时,它发出的光线通过凸透镜后将成为一束平行光.若用与主光轴垂直的平面镜将此平行光反射回去,反射光通过凸透镜后会聚于焦平面上而成像,此像称为物体的自准直像.

用自准直法测三棱镜顶角的光路如图 4-21-6 所示.当望远镜已调焦于无穷远时,望远镜自身产生平行光.用灯泡照亮分划板,转动载物台使从 $AB$ 面反射回来的绿十字形叉丝像位于分划板的调节刻线中央,即物体的对称位置上(见图 4-21-2(b) 的 $P$ 点处),记下两个游标的读数 $\beta_1$,$\beta_1'$,然后再测出从 $AC$ 面反射回来的绿十字形叉丝像位于分划板的调节刻线中央时两个游标的读数 $\beta_2$,$\beta_2'$,则

$$\alpha = 180° - \varphi = 180° - \frac{1}{2}\big(|\beta_1 - \beta_2| + |\beta_1' - \beta_2'|\big). \qquad (4-21-3)$$

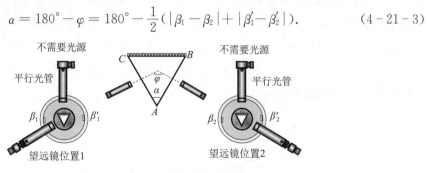

图 4-21-6　自准直法光路图

【操作步骤】

1. 分光计的调节. 用分光计进行实验测量时需使其处在正常工作状态, 分光计的正常工作状态应满足以下三个要求:

（1）平行光管发出平行光, 即在已经调好的望远镜的目镜中可以看到清晰的狭缝像.

（2）望远镜接收平行光, 或称望远镜对无穷远聚焦, 即从目镜中观察分划板上的刻线和绿十字形叉丝像同时清晰.

（3）平行光管和望远镜的光轴与分光计的旋转主轴相互垂直, 即无论载物台转动多少度（一般是每次转 180°）, 绿十字形叉丝像总是落在分划板刻线上, 如图 4 - 21 - 2(b) 所示.

1）调节前的准备工作.

熟悉仪器, 对照分光计的外形图及实物, 熟悉各部分的结构及使用方法. 尤其要弄清各螺钉的功能和作用. 先把分光计的电源接上, 点亮照明灯. 对照图 4 - 21 - 1 将各个螺钉逐一轻轻扭动, 了解其作用. 了解各部分的机械功能后, 就可进行正式调节.

2）目测粗调.

首先将平行光管对准光源, 用眼睛估测的方式使平行光管和望远镜的光轴与载物台的中心轴垂直. 调节载物台调平螺钉, 使载物台大致水平, 并尽量垂直于分光计的旋转主轴. 最终使平行光管、望远镜和载物台大致处于水平状态. 旋紧望远镜锁紧螺钉, 以便进行下一步调节.

目测粗调很重要, 这一步做得好可减小后面细调的盲目性, 使整个调节过程都比较顺利.

3）望远镜调焦.

（1）将分划板上的刻线调清晰. 转动望远镜视度调节手轮, 直至从目镜中清楚地看到分划板上的刻线, 调好后, 不再旋动望远镜视度调节手轮.

（2）将绿十字形叉丝像调清晰. 绿色光源发出的光经物镜后变为平行光, 若用双平面反射镜置于物镜前将平行光反射回来, 就会在分划板上形成绿十字形叉丝像. 如果绿十字形叉丝像是清晰的, 说明入射到望远镜的光是平行光. 具体调节方法是将双平面反射镜放在望远镜的物镜端, 松开目镜筒锁紧螺钉, 推拉目镜筒使绿十字形叉丝像清晰, 调好后锁紧目镜筒锁紧螺钉, 目镜筒被固定（绿十字形叉丝像也被固定）, 分划板上的刻线和绿十字形叉丝像都调清晰了, 望远镜的调焦操作就完成了.

4）调节望远镜的光轴与分光计的旋转主轴垂直.

（1）安放双平面反射镜并使望远镜目镜中看得见绿十字形叉丝像. 将双平面反射镜放在载物台上, 按图 4 - 21 - 7 所示的位置放好双平面反射镜, 若从望远镜的视场中看不到绿十字形叉丝像, 可将载物台转动一个小角度, 如图 4 - 21 - 8 所示. 从望远镜外侧观察绿十字形叉丝像, 调节载物台调平螺钉或望远镜倾斜角调节螺钉将绿十字形叉丝像调往视场中心, 直到能在望远镜的视场中看见它为止.

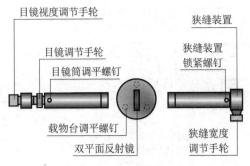

图 4-21-7　双平面反射镜放置示意图

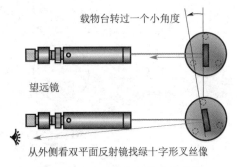

图 4-21-8　载物台转动示意图

(2) 绿十字形叉丝像位置调节. 在望远镜视场中可以看见绿十字形叉丝像,但不在分划板上方的调节刻线上,如图 4-21-9(a) 所示. 要使望远镜的光轴与分光计的旋转主轴垂直需对望远镜和载物台同时进行调节. 具体调节时可能遇到以下三种情况.

① 游标盘连同载物台一起转动 180°,转动前后所看见的绿十字形叉丝像相对于分划板上方的调节刻线中心为一上一下,而且偏离的距离相等.

原因:望远镜的光轴与分光计的旋转主轴垂直,而双平面反射镜的法线与分光计的旋转主轴不垂直.

调节方法:只要调节载物台调平螺钉使绿十字形叉丝像与调节刻线重合即可.

② 游标盘连同载物台一起转动 180°,转动前后所看见的绿十字形叉丝像都在调节刻线的上方(或下方),而且偏离的距离相等.

原因:双平面反射镜的法线与分光计的旋转主轴垂直,而望远镜的光轴与分光计的旋转主轴不垂直.

调节方法:只要调节望远镜倾斜度调节螺钉使绿十字形叉丝像与调节刻线重合即可.

③ 游标盘连同载物台一起转动 180°,转动前后所看到的绿十字形叉丝像相对于调节刻线中心为一上一下,且偏离的距离不等,或都在调节刻线的上方(或下方),且偏离的距离不等.

原因:望远镜的光轴与双平面反射镜的法线和分光计的旋转主轴都不垂直.

调节方法:逐步逼近法(或称为减半法).

逐步逼近法:先调节载物台调平螺钉使绿十字形叉丝像向调节刻线移动一半距离,如图 4-21-9(b) 所示;再调节望远镜倾斜度调节螺钉使绿十字形叉丝像向调节刻线移动剩余的一半距离,如图 4-21-9(c) 所示. 此时望远镜的光轴不一定垂直于分光计的旋转主轴,双平面反射镜的法线也不一定垂直于分光计的旋转主轴,依据三点定一个平面的原理,仍需在另一个方向再调垂直,方法是将游标盘连同载物台一起转动 180°(双平面反射镜也跟着转动 180°),在望远镜中观察绿十字形叉丝像,调节载物台调平螺钉使绿十字形叉丝像向调节刻线移动一半距离,如图 4-21-9(e) 所示;再调节望远镜倾斜度调节螺钉使绿十字形叉丝像向调节刻线移动剩余的一半距离,如图 4-21-9(f) 所示. 反复转动游标盘连同载物台 180°,重复上述调节. 直到双平面反射镜不论哪一面对准望远镜时,反射回来的绿十字形叉丝像都与调节刻线重合,这时望远镜的光轴就垂直于分光计的旋转主轴.

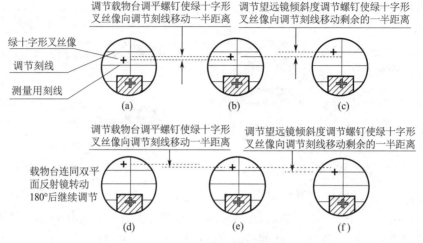

图 4-21-9 绿十字形叉丝像调节示意图

5）平行光管的调节.

（1）调节平行光管使其产生平行光.用光源照亮狭缝,转动望远镜使其对准平行光管.将狭缝转至竖直位置,使狭缝像与分划板的竖刻线平行.松开狭缝装置锁紧螺钉,前后移动狭缝套筒,使狭缝位于物镜的焦平面上,从望远镜中能看到清晰的狭缝像,并且狭缝像与分划板刻线之间无视差.这时,平行光管可发出平行光,且狭缝平行于分光计的旋转主轴.

（2）调节平行光管的光轴与分光计的旋转主轴垂直.以已调好的望远镜的光轴为标准,只要平行光管的光轴与望远镜的光轴平行,则平行光管的光轴与分光计的旋转主轴就一定垂直.调节平行光管倾斜度调节螺钉,使狭缝像位于望远镜分划板的测量用刻线（见图 4-21-9(a)）的上下对称位置,这时平行光管的光轴便垂直于分光计的旋转主轴.

至此,分光计已调整到正常使用状态.注意,上述调节每完成一步,应及时将相应的锁紧螺钉拧紧（不必拧得过紧）.

2.测量三棱镜的顶角.

（1）按图 4-21-5 所示将三棱镜放在载物台上,让三棱镜的光学表面 AB（或 AC）面向望远镜,通过调节载物台调平螺钉,使绿十字形叉丝像与分划板的调节刻线重合,再使另一面 AC（或 AB）面向望远镜,做同样的调节.反复进行几次,直到 AB 面和 AC 面均垂直于望远镜的光轴为止.

（2）任选反射法或自准直法测量三棱镜的顶角 α.要求多次测量,将测量读数记录在表 4-21-2 中.

（3）测量时的注意事项:

① 用反射法测量三棱镜的顶角时,把三棱镜按图 4-21-5 所示放置在载物台上.顶角 A 处在载物台圆心附近且稍偏向平行光管一侧.这样,由平行光管产生的平行光可同时照射到三棱镜顶角 A 两侧的光学表面（AB 和 AC）上,而反射光的方向恰好沿载物台的半径方向.用望远镜容易观察到反射光.

② 转动望远镜时,不能只拿着望远镜镜筒转动,应握住望远镜托架一起转动.禁止拿带电线的光源部分.

③ 望远镜在某位置时,对应的两个游标读数需同时读出.

## 【数据记录】

表 4‑21‑2　　望远镜在不同位置时对应的两个游标读数的数据记录表

| 测量次数 | 望远镜位置 1 反射法:望远镜接收 $AB$ 面的反射光 自准直法:望远镜与 $AB$ 面垂直 | | 望远镜位置 2 反射法:望远镜接收 $AC$ 面的反射光 自准直法:望远镜与 $AC$ 面垂直 | |
|---|---|---|---|---|
| | 左游标读数 $\beta_1$ | 右游标读数 $\beta_1'$ | 左游标读数 $\beta_2$ | 右游标读数 $\beta_2'$ |
| 1 | | | | |
| 2 | | | | |
| 3 | | | | |
| 4 | | | | |
| 5 | | | | |
| 6 | | | | |

## 【数据处理】

1. 三棱镜顶角平均值 $\bar{\alpha}$ 的计算.

反射法:
$$\bar{\alpha} = \frac{1}{4}\left[(\bar{\beta_1} - \bar{\beta_2}) + (\bar{\beta_1'} - \bar{\beta_2'})\right]; \qquad (4\text{‑}21\text{‑}4)$$

自准直法:
$$\bar{\alpha} = 180° - \frac{1}{2}(|\bar{\beta_1} - \bar{\beta_2}| + |\bar{\beta_1'} - \bar{\beta_2'}|). \qquad (4\text{‑}21\text{‑}5)$$

测量过程需转动望远镜寻找反射像,但要注意连同望远镜一起转动的分度盘的零线是否经过了游标零线. 如果经过了游标零线,则必须在相应的读数上加 360° 后再进行计算. 例如,在自准直法中,左游标的读数为 $\beta_1 = 48°25'$,假如分度盘的零线经过了左游标的零线,则应在 $\beta_1$ 上加 360°.

2. 不确定度的计算.

(1) $\beta_1, \beta_2, \beta_1', \beta_2'$ 的 B 类不确定度:$\Delta_{仪} = 1'$,$\Delta_{\beta_1 B} = \Delta_{\beta_2 B} = \Delta_{\beta_1' B} = \Delta_{\beta_2' B} = \dfrac{1'}{\sqrt{3}}$.

(2) $\beta_1, \beta_2, \beta_1', \beta_2'$ 的 A 类不确定度 $\Delta_{\beta_1 A}, \Delta_{\beta_2 A}, \Delta_{\beta_1' A}, \Delta_{\beta_2' A}$ 分别按多次测量的计算方法来计算.

(3) 不确定度的合成:利用不确定度合成公式 $\Delta = \sqrt{\Delta_A^2 + \Delta_B^2}$ 来分别合成 $\beta_1, \beta_2, \beta_1', \beta_2'$ 的不确定度 $\Delta_{\beta_1}, \Delta_{\beta_2}, \Delta_{\beta_1'}, \Delta_{\beta_2'}$.

(4) $\alpha$ 不确定度的计算.

反射法:
$$\Delta_\alpha = \frac{1}{4}\sqrt{\Delta_{\beta_1}^2 + \Delta_{\beta_2}^2 + \Delta_{\beta_1'}^2 + \Delta_{\beta_2'}^2};$$

自准直法:
$$\Delta_\alpha = \frac{1}{2}\sqrt{\Delta_{\beta_1}^2 + \Delta_{\beta_2}^2 + \Delta_{\beta_1'}^2 + \Delta_{\beta_2'}^2}.$$

3. 测量结果表示为

$$\begin{cases} \alpha = \bar{\alpha} \pm \Delta_\alpha, \\ E_\alpha = \dfrac{\Delta_\alpha}{\bar{\alpha}} \times 100\%. \end{cases}$$

【注意事项】

1. 严禁用手触摸光学元件的光学表面,以免弄脏损坏.

2. 不可直视单色光源,以免对眼睛造成损害.

3. 分光计是较为精密的光学仪器,要加倍爱护,不应在望远镜锁紧螺钉锁紧时强行转动望远镜.

4. 在测量数据前必须检查分光计的几个止动螺钉是否锁紧,若未锁紧,测得的数据会不可靠.

5. 在游标读数过程中,由于望远镜可能位于任意方位,因此应注意望远镜在转动过程中是否经过了分度盘的零线.

6. 一定要了解每个螺钉的作用后再调整分光计,不能随便乱拧.掌握各个螺钉的作用可使分光计的调节与使用事半功倍.

【思考题】

1. 分光计由哪几部分组成? 它们各起什么作用?

2. 为什么要同时读取两个游标的读数来计算三棱镜的偏角?

3. 一台处于正常使用状态的分光计应满足什么要求? 如何调节分光计才能满足这些要求?

光栅衍射

# 实验二十二　光栅衍射

光栅是一种重要的分光元件. 它能产生间距较宽的光谱,可制成单色仪、光谱仪等,在研究谱线的结构、测定谱线的波长和强度的工作中有着广泛的应用. 它不仅适用于可见光波段,而且还适用于紫外线、红外线波段,甚至是远红外线波段.

【实验目的】

1. 了解光栅的主要特性,掌握测量光栅常量的实验方法.

2. 掌握用光栅测光波波长的实验方法.

【实验仪器】

分光计及调整配件、透射光栅、汞灯.

【实验原理】

本实验所用的透射光栅相当于一组数目极多的等宽、等距且平行排列的透光狭缝.

根据夫琅禾费衍射理论,当一束单色平行光垂直照射到光栅表面时,如图 4 - 22 - 1 所示,由于光通过每条狭缝均发生衍射,因此所有狭缝的衍射光又彼此发生干涉.从光栅出射的衍射光仍是平行光,但沿各个方向传播.对于沿不同方向传播的衍射光,其衍射角不同,当衍射角满足

$$d\sin\theta_k = k\lambda \quad (k = 0, \pm 1, \pm 2, \cdots) \tag{4-22-1}$$

时,光在对应的方向上出现干涉加强,用透镜聚焦,在透镜焦平面上可以得到明纹,其他方向上的光波几乎完全抵消,在透镜焦平面上表现为暗纹.式(4-22-1)称为光栅公式,式中 $d = a+b$ 称为光栅常量,$a$ 为单个狭缝的宽度,$b$ 为不透光部分的宽度;$\lambda$ 为入射平行光的波长;$k$ 为明纹的级次;$\theta_k$ 为对应第 $k$ 级明纹的衍射角.

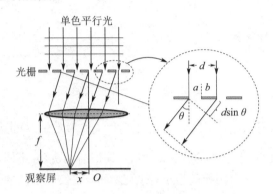

图 4-22-1 光栅衍射示意图

当一束平行光倾斜照射光栅表面时,光栅公式为

$$d(\sin\varphi + \sin\theta_k) = k\lambda \quad (k = 0, \pm 1, \pm 2, \cdots), \tag{4-22-2}$$

式中 $\varphi$ 为入射光与光栅法线的夹角.本实验采用平行光垂直照射光栅表面.

如果入射光不是单色光,由式(4-22-1)可以看出,对于同一级明纹,光的波长不同,其衍射角 $\theta_k$ 也各不相同,而在中央,即 $k = 0,\theta_k = 0$ 处,各色光重叠在一起,形成白色的中央明纹.在中央明纹两侧对称地分布着一系列彩色条纹.这样就把复色光分解成了单色光.

在使用光栅时,入射光要求为平行光,而且从光栅出射的衍射光是沿各个方向的平行光,但可以通过透镜将平行光会聚到透镜的焦平面上,在焦平面上就可以近距离地观察光栅衍射图样.本实验使用分光计的平行光管产生平行光,使用望远镜的透镜组将衍射图样聚焦成像在分划板上,利用望远镜的目镜来观察分划板上的衍射图样.光栅的衍射图样是一些亮线,称为谱线.在 $\theta_k = 0$ 的方向上,可以观察到中央明纹,第1级光谱、第2级光谱……对称地分布在中央明纹两侧,如图 4-22-2 所示.由式(4-22-1)可知,对于同一级光谱,波长越长的光,其谱线对应的衍射角也越大,即偏离中央明纹越远,因此光栅可以按波长大小将光分开,波长较长的谱线在外侧.

透射光栅的基本特性除了用光栅常量来表征外,还用它的角色散率来表征.光栅的角色散率是同一级光谱的两谱线的衍射角之差 $\Delta\theta$ 与它们的波长之差 $\Delta\lambda$ 的比值,即

$$D = \frac{\Delta\theta}{\Delta\lambda}. \tag{4-22-3}$$

对式(4-22-1)求微分,有 $\dfrac{\Delta\theta}{\Delta\lambda} = \dfrac{k}{d\cos\theta_k}$,故式(4-22-3)可写为

$$D = \frac{k}{d\cos\theta_k}. \tag{4-22-4}$$

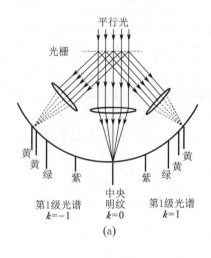

平行光

光栅

黄
黄
绿    紫       紫  绿
黄

第1级光谱          中央        第1级光谱
$k=-1$           明纹          $k=1$
                 $k=0$

(a)

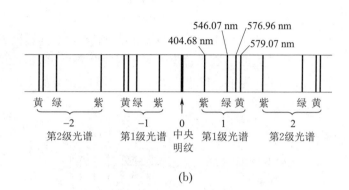

546.07 nm    576.96 nm
404.68 nm        579.07 nm

黄 绿 紫    黄 绿 紫   紫 绿黄   紫   绿 黄
$-2$        $-1$    0    1        2
第2级光谱   第1级光谱  中央  第1级光谱   第2级光谱
                     明纹

(b)

图 4‑22‑2　衍射光谱图

从式(4‑22‑4)可以看出,对于某一级光谱,$k$和$d$均为常量,$D$正比于$\dfrac{1}{\cos\theta_k}$,衍射角$\theta_k$越大,角色散率$D$也就越大. 对于不同的波长$\lambda_1$和$\lambda_2$,其衍射角$\theta_1$,$\theta_2$不同,角色散率也不同,但若两个波长很邻近,它们的衍射角相差就很小,则在这两个波长范围内的角色散率也可以视为相等,而且可以通过测量这两个波长的衍射角来测定角色散率.

【操作步骤】

1. 调节望远镜(参见实验二十一). 调节望远镜对无穷远聚焦:

(1) 将分划板上的调节刻线调清晰. 只需转动望远镜视度调节手轮就可以将调节刻线调清晰,调好后不再旋动此手轮.

(2) 将绿十字形叉丝像调清晰. 将双平面反射镜放在望远镜的物镜端,松开目镜筒锁紧螺钉,伸缩目镜筒使绿十字形叉丝像清晰,调好后锁紧目镜筒锁紧螺钉,目镜筒被固定(绿十字形叉丝像也被固定). 将调节刻线和绿十字形叉丝像都调节清晰后,望远镜的调焦操作就完成了.

2. 调节平行光管(参见实验二十一). 调节平行光管使其产生平行光:

(1) 用光源照亮狭缝,转动望远镜使其对准平行光管. 将狭缝转至竖直位置,使狭缝像与分划板的竖刻线平行.

(2) 松开狭缝装置锁紧螺钉,前后移动狭缝套筒,使狭缝位于物镜的焦平面上,表现为从望远镜中能看到清晰的狭缝像,并且狭缝像与分划板刻线之间无视差. 这时,平行光管可发出平行光,且狭缝平行于分光计的旋转主轴.

3. 放置和调整光栅. 调整光栅位置使光栅平面垂直于平行光管的光轴(使入射光垂直于光栅平面)且光栅刻痕与狭缝平行.

先将分划板的竖刻线对准中央明纹的中心,用一个游标从分度盘上读出入射光的方位(注意,因中央明纹的光强较强,切勿久视,可加白纸来减弱光强),再分别测出中央明纹两侧第1级绿线的方位角,如图4‑22‑3所示,用同一游标从分度盘上读出角度值,分别计算两绿线与入射光的夹角,若两角近似相等,则可认为入射光垂直照射光栅表面.

也可用自准直法调整光栅位置,具体操作如下:

(1) 将光栅正确放置在载物台上(载物台调平螺钉中的一个处在光栅的侧面,另两个对称地分布在光栅的前面和后面),如图 4-22-3 所示.

(2) 转动载物台,在望远镜中寻找由光栅平面反射回来的绿十字形叉丝像(只要求找到一个光栅平面的反射绿十字形叉丝像即可),因偏转角很小,要缓慢微调.

(3) 调节载物台上处在光栅前面(或后面)的载物台调平螺钉,使绿十字形叉丝像与调节刻线重合.注意,调好后不能转动载物台调平螺钉.

(4) 转动望远镜,使望远镜的光轴与平行光管的光轴平行,即让中央明纹与分划板的竖刻线重合,固定望远镜锁紧螺钉;再转动载物台,使光栅平面反射回来的绿十字形叉丝像与调节刻线重合,如图 4-22-4 所示.固定载物台和游标盘微调螺钉,此时从平行光管射出的平行光垂直照射光栅表面.然后松开望远镜锁紧螺钉,转动望远镜进行观察与测量.

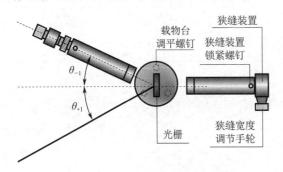

图 4-22-3　光栅放置示意图

图 4-22-4　绿十字形叉丝像

4.测量光栅常量.在测量之前,首先应检查望远镜与分度盘是否固联,游标盘与载物台是否固联且都不能转动.然后分别向左、向右转动望远镜,观察第 1 级谱线和第 2 级谱线,要分清中央明纹、第 1 级谱线和第 2 级谱线,并大致观察一下它们对应的角位置.本实验以汞灯作为光源,汞光谱有四条较明亮的谱线:蓝紫线、绿线和两条黄线.两条黄线间隔很小,若狭缝较宽,或平行光管调焦不当,则两条黄线就分辨不清,此时需要将狭缝调窄,并前后移动狭缝套筒进行调焦,直到从望远镜中看到清晰的两条黄线为止.

已知绿光的波长为 $\lambda = 546.07$ nm,测量第 1 级($k = \pm 1$)绿线的衍射角 $\theta_{\pm 1}$,利用式(4-22-1),求得光栅常量 $d$.方法是转动望远镜找到左侧第 1 级绿线,并与之对齐(使该绿线与分划板的竖刻线重合),记下左游标读数 $\beta_1$ 和右游标读数 $\beta_1'$.再转动望远镜找到右侧第 1 级绿线,并与之对齐,记下左游标读数 $\beta_2$ 和右游标读数 $\beta_2'$.但应注意,测量过程中必须保持光栅平面与平行光管的光轴垂直,即入射角为零,否则式(4-22-1)不适用.重复测量 6 次,并将数据记录在表 4-22-1 中.注意在重复测量过程中不要移动光栅,只需转动望远镜.

5.测定黄线波长及角色散率.用上述绿光测得的光栅常量 $d$,测量第 1 级光谱中的两条黄线(波长分别为 $\lambda_1$ 和 $\lambda_2$)的衍射角(方法与上相同,重复测量 6 次,并将数据记录在表 4-22-1 中).将求得的衍射角代入式(4-22-1),求得 $\lambda_1$ 和 $\lambda_2$,并算出 $\Delta\lambda$,再由式(4-22-3)求出光栅的角色散率 $D$.

【数据记录】

表 4 - 22 - 1    测量衍射角的数据记录表

| 观测谱线 | | | $k=-1$ | | $k=1$ | | $\theta_i$ |
|---|---|---|---|---|---|---|---|
| | | | $\beta_{1i}$ | $\beta'_{1i}$ | $\beta_{2i}$ | $\beta'_{2i}$ | |
| 绿光 | 测量次数 $i$ | 1 | | | | | |
| | | 2 | | | | | |
| | | 3 | | | | | |
| | | 4 | | | | | |
| | | 5 | | | | | |
| | | 6 | | | | | |
| | 平均值 | | | | | | |
| 黄光 $\lambda_1$（内侧、短波长） | 测量次数 $i$ | 1 | | | | | |
| | | 2 | | | | | |
| | | 3 | | | | | |
| | | 4 | | | | | |
| | | 5 | | | | | |
| | | 6 | | | | | |
| | 平均值 | | | | | | |
| 黄光 $\lambda_2$（内侧、短波长） | 测量次数 $i$ | 1 | | | | | |
| | | 2 | | | | | |
| | | 3 | | | | | |
| | | 4 | | | | | |
| | | 5 | | | | | |
| | | 6 | | | | | |
| | 平均值 | | | | | | |

【数据处理】

每个中间数据和结果必须依据计算公式和测量数据获得,因此求每个数据的计算步骤为
(1) 列出计算公式;(2) 将数据代入计算公式;(3) 写出计算结果并给出单位.

1. 基本计算.

(1) 三种谱线衍射角的计算:

$$\theta = \frac{1}{4}(|\beta_1 - \beta_2| + |\beta'_1 - \beta'_2|),$$

$$\bar{\theta} = \frac{\theta_1 + \theta_2 + \theta_3 + \theta_4 + \theta_5 + \theta_6}{6}.$$

(2) 每条谱线 4 个测量角 $\beta_1$,$\beta_2$,$\beta'_1$,$\beta'_2$ 的平均值的计算:

$$\bar{\beta}_i = \frac{\beta_{i1} + \beta_{i2} + \beta_{i3} + \beta_{i4} + \beta_{i5} + \beta_{i6}}{6} \quad (i = 1,2),$$

$$\bar{\beta}'_i = \frac{\beta'_{i1} + \beta'_{i2} + \beta'_{i3} + \beta'_{i4} + \beta'_{i5} + \beta'_{i6}}{6} \quad (i = 1,2).$$

2.用绿光实验数据求光栅常量.

（1）光栅常量的实验值为

$$\bar{d} = \frac{\lambda}{\sin \bar{\theta}}.$$

（2）计算不确定度.

① $\beta_1$，$\beta_2$，$\beta'_1$，$\beta'_2$ 的 B 类不确定度：$\Delta_{仪} = 1'$，$\Delta_{\beta_1 B} = \Delta_{\beta_2 B} = \Delta_{\beta'_1 B} = \Delta_{\beta'_2 B} = \frac{1'}{\sqrt{3}}$.

② $\beta_1$，$\beta_2$，$\beta'_1$，$\beta'_2$ 的 A 类不确定度 $\Delta_{\beta_1 A}$，$\Delta_{\beta_2 A}$，$\Delta_{\beta'_1 A}$，$\Delta_{\beta'_2 A}$ 分别按多次测量的计算方法来进行计算.

③ 不确定度的合成：利用不确定度合成公式 $\Delta = \sqrt{\Delta_A^2 + \Delta_B^2}$ 来分别合成 $\beta_1$，$\beta_2$，$\beta'_1$，$\beta'_2$ 的不确定度 $\Delta_{\beta_1}$，$\Delta_{\beta_2}$，$\Delta_{\beta'_1}$，$\Delta_{\beta'_2}$.

④ $\theta$ 的不确定度为

$$\Delta_\theta = \frac{1}{4}\sqrt{\Delta_{\beta_1}^2 + \Delta_{\beta_2}^2 + \Delta_{\beta'_1}^2 + \Delta_{\beta'_2}^2}.$$

$d$ 的不确定度为

$$\Delta_d = \frac{\lambda \cos \bar{\theta}}{\sin^2 \bar{\theta}} \Delta_\theta.$$

（3）测量结果表示为

$$\begin{cases} d = \bar{d} \pm \Delta_d, \\ E_d = \dfrac{\Delta_d}{\bar{d}} \times 100\%. \end{cases}$$

3.求两条黄线的波长 $\lambda_1$，$\lambda_2$.

（1）两条黄线波长的实验值为

$$\bar{\lambda}_i = \bar{d} \sin \bar{\theta}_i \quad (i = 1,2).$$

（2）参考数据处理 2 的方法分别计算出两条黄线衍射角的不确定度 $\Delta_{\theta_1}$ 和 $\Delta_{\theta_2}$.

（3）两条黄线的波长 $\bar{\lambda}_i$ 的不确定度的计算：

$$\Delta_{\lambda_i} = \bar{d} \cos \bar{\theta}_i \Delta_{\theta_i} \quad (i = 1,2).$$

（4）测量结果表示为

$$\begin{cases} \lambda_1 = \bar{\lambda}_1 \pm \Delta_{\lambda_1}, \\ E_{\lambda_1} = \dfrac{\Delta_{\lambda_1}}{\bar{\lambda}_1} \times 100\%, \end{cases} \qquad \begin{cases} \lambda_2 = \bar{\lambda}_2 \pm \Delta_{\lambda_2}, \\ E_{\lambda_2} = \dfrac{\Delta_{\lambda_2}}{\bar{\lambda}_2} \times 100\%. \end{cases}$$

4.求光栅的角色散率.用公式 $D = \dfrac{\bar{\theta}_2 - \bar{\theta}_1}{\lambda_2 - \lambda_1}$ 和 $D = \dfrac{1}{\bar{d} \cos \bar{\theta}}$（$\bar{\theta}$ 为任意黄线衍射角的平均值）分别进行计算.

【注意事项】

1.严禁用手触摸光栅表面的刻痕,以免弄脏损坏;光栅应放在干燥处保存.

2. 不可直视汞灯,以免对眼睛造成损害.

3. 分光计是较为精密的光学仪器,要加倍爱护,不应在望远镜锁紧螺钉锁紧时强行转动望远镜.

4. 在测量数据前必须检查分光计的几个止动螺钉是否锁紧,若未锁紧,测得的数据会不可靠.

5. 在游标读数过程中,由于望远镜可能位于任意方位,因此应注意望远镜在转动过程中是否经过了分度盘的零线.

6. 一定要了解每个螺钉的作用后再调整分光计,不能随便乱拧.掌握各个螺钉的作用可使分光计的调节与使用事半功倍.

7. 汞灯在使用时不要频繁启闭,否则会降低其使用寿命.

【思考题】

1. 用光栅公式(4-22-1)进行测量的条件是什么?实验中如何实现此条件?
2. 实验中,狭缝宽度对衍射光谱的观测有什么影响?

铁磁质动态磁
滞回线的测量

# 实验二十三　铁磁质动态磁滞回线的测量

铁磁质(如铁、钴、钢、铁-镍合金等)的磁性有两个显著的特点:一是磁导率 $\mu$ 非常高(比顺磁质和抗磁质高 $10^9$ 倍以上),而且 $\mu$ 随磁场的变化而变化;二是磁化过程有磁滞现象,因而铁磁质的磁化规律较为复杂.要具体了解某种铁磁质的磁性,就必须测量它的磁化曲线和磁滞回线,这是设计测量机构和电磁仪表的重要依据之一.

在实验室中,测量磁场强度的基本方法有冲击电流计法和示波器法.前一种方法的准确度较高(测的是铁磁质在直流磁场下所表现的特性),但是操作较复杂;后一种方法虽然准确度稍低(测的是铁磁质在交变磁场下所表现的特性),但是形象直观,简单方便,并能在脉冲磁化下测量,适用于工厂快速检测和对产品分类.本实验采用示波器法测量铁磁质的动态磁滞回线.

## 【实验目的】

1. 了解用示波器法测量铁磁质动态磁滞回线的基本原理.
2. 进一步了解铁磁质的特性,了解磁滞回线上的 $H_m$, $H_c$, $B_m$, $B_r$ 的数量级.

## 【实验仪器】

音频信号发生器、示波器、MF-30 型多用表、标准互感器、电阻、标准电容、被测样品.

## 【实验原理】

### 1. 磁滞回线

磁滞现象是铁磁质在磁化和去磁过程中,其磁感应强度不仅依赖于外磁场强度,还依赖于原来的磁化强度的现象.表示铁磁质磁滞现象的曲线称为磁滞回线,如图 4-23-1 所示,它可通过实验测得.

如图 4-23-1 所示,当磁场强度 $H$ 逐渐增加时,磁感应强度 $B$ 将沿 $OM$ 曲线增加,当磁场强度增加到 $H_m$ 时,磁感应强度不再增加,即达到磁化饱和状态,这时的磁感应强度 $B_m$ 称为饱和磁感应强度,$OM$ 曲线称为起始磁化曲线.如果将磁场强度 $H$ 减小,磁感应强度 $B$ 并不沿原来的曲线减小,而是沿 $MR$ 曲线下降.当磁场强度 $H$ 为零时,铁磁质仍保留一定的磁感应强度 $B_r$(见图 4-23-1 中的 $R$ 点),这种现象叫作磁滞现象.$B_r$ 表示当外磁场为零时的磁感应强度,称为剩余磁感应强度.当反向磁场强度 $H$ 达到某一值时,磁感应强度 $B$ 变为零,此时的反向磁场强度的值 $H_c$ 称为矫顽力.当反向磁场强度继续

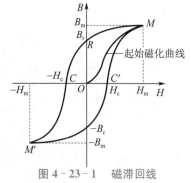

图 4-23-1　磁滞回线

增强,其值很快达到饱和(见图 4-23-1 中的 $M'$ 点),逐渐减小反向磁场强度到零时,磁感应强度将由 $-B_m$ 变为 $-B_r$.当又增加磁场强度时,其值很快达到饱和(见图 4-23-1 中的 $M$ 点).这样重复多次改变磁场强度 $H$,磁感应强度 $B$ 将形成一闭合曲线,该曲线称为磁滞回线.由于铁磁质处在周期性交变磁场中,铁磁质周期性地被磁化,相应的磁滞回线称为交流磁滞回线,它最能反映在交变磁场作用下铁磁质内部的磁状态变化过程.磁滞回线所包围的面积表示铁磁质在通过一个磁化循环时所消耗的能量,叫作磁滞损耗.在交流电器中,必须尽量减小磁滞损耗.

从铁磁质的性质和使用来说,按矫顽力的大小可将其分为软磁材料和硬磁材料两大类.软磁材料的矫顽力小,这意味着磁滞回线狭长,它所包围的面积小,从而在交变磁场中磁滞损耗小,因此适用于电子设备中的各种电感元件、变压器、镇流器中的铁芯等.硬磁材料的矫顽力大,剩余磁感应强度 $B_r$ 也大,这种材料的磁滞回线"肥胖",磁滞特性非常显著,可制成永久磁铁应用于各种电表、扬声器、录音机等中.软磁材料与硬磁材料的磁滞回线如图 4-23-2 所示.

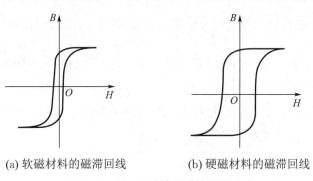

(a) 软磁材料的磁滞回线　　　　(b) 硬磁材料的磁滞回线

图 4-23-2　两种铁磁质的磁滞回线

### 2. $H, B$ 值的获得

用示波器法测量磁滞回线时,必须使示波器的水平($X$ 轴)输入电压正比于被测样品的 $H$,使垂直($Y$ 轴)输入电压正比于被测样品的 $B$,并保持 $B(H)$ 为原有函数关系,这样才能在示波器的荧光屏上如实地显示出被测样品的磁滞回线.

实验电路如图 4-23-3 所示,$N_1, N_2$ 为螺绕环(由被测样品制成)的原线圈与次级线圈的匝数,$R_1, R_2$ 为电阻,$C$ 为电容.

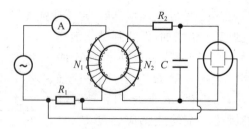

图 4 - 23 - 3　用示波器法测量磁滞回线的电路图

（1）电压 $U_{R_1}$ 正比于 $H$ 的证明. 当原线圈输入交流电压 $U_入$ 时,电路中就产生了交变电流 $i_1$. 根据安培环路定理,被测样品的磁场强度 $H$ 可表示为

$$H = \frac{N_1}{l} i_1, \tag{4-23-1}$$

式中 $l$ 为被测样品的平均周长. 而 $i_1 = \dfrac{U_{R_1}}{R_1}$,所以由式(4-23-1)可得 $H = \dfrac{N_1}{R_1 l} U_{R_1}$ 或

$$U_{R_1} = \frac{R_1 l}{N_1} H, \tag{4-23-2}$$

式中 $R_1$ 为电路中的串联电阻,亦称为取样电阻. 式(4-23-2)表明 $U_{R_1}$ 与 $H$ 成正比.

（2）电压 $U_C$ 正比于 $B$ 的证明. 交变的磁场强度 $\boldsymbol{H}$ 将在被测样品中产生交变的磁感应强度 $\boldsymbol{B}$,假设被测样品的截面积为 $S$,某时刻穿过该截面的磁通量为 $\varPhi = \iint_S \boldsymbol{B} \cdot \mathrm{d}\boldsymbol{S} = B\iint_S \mathrm{d}S = BS$,由法拉第(Faraday)电磁感应定律可知,在次级线圈中将产生感应电动势,其值为

$$\mathscr{E}_i = -N_2 \frac{\mathrm{d}\varPhi}{\mathrm{d}t} = -N_2 S \frac{\mathrm{d}B}{\mathrm{d}t}. \tag{4-23-3}$$

由式(4-23-3)可知,$B = -\dfrac{1}{N_2 S}\displaystyle\int \mathscr{E}_i \mathrm{d}t$,因此只有对 $\mathscr{E}_i$ 积分才能得到 $B$ 的值. 在如图 4-23-3 所示的电路中,$R_2$ 与电容 $C$ 构成了积分电路,由该图可知,在次级回路中,有

$$\mathscr{E}_i = i_2 R_2 + U_C + i_2 \omega L_2, \tag{4-23-4}$$

式中 $i_2$ 为次级线圈中的电流,$U_C$ 为电容两端的电压,$\omega$ 为交变磁场的角频率,$L_2$ 为次级线圈的电感. 通常 $L_2$ 很小,可以忽略不计. 如果 $R_2$,$C$ 的数值取得适当,积分电路的时间常量 $R_2 C$ 将远大于交变磁场的周期,即 $R_2 \gg \dfrac{1}{\omega C}$,则 $U_C$ 相对于 $i_2 R_2$ 可以小到忽略不计,式(4-23-4)可化简为

$$\mathscr{E}_i \approx i_2 R_2.$$

回路电流 $i_2$ 的大小主要由 $R_2$ 决定.

又因 $i_2 = \dfrac{\mathrm{d}Q}{\mathrm{d}t} = C\dfrac{\mathrm{d}U_C}{\mathrm{d}t}$,将此式代入上式,可得

$$\mathscr{E}_i = R_2 C \frac{\mathrm{d}U_C}{\mathrm{d}t}. \tag{4-23-5}$$

将式(4-23-3)和式(4-23-5)联立,可得

$$-N_2 S \frac{\mathrm{d}B}{\mathrm{d}t} = R_2 C \frac{\mathrm{d}U_C}{\mathrm{d}t}. \tag{4-23-6}$$

将式(4-23-6)两端积分,可得

$$B = -\frac{R_2 C}{N_2 S} U_C. \tag{4-23-7}$$

式(4-23-7)说明电容上的电压 $U_C$ 与 $B$ 成正比,故将电容两端的电压作为 $Y$ 轴的输入电压,此电压正比于被测样品中的 $B$,将 $R_1$ 两端的电压作为 $X$ 轴的输入电压,此电压正比于被测样品中的 $H$,这样在荧光屏上显示的图形就能真实地反映被测样品的磁滞回线. 加大磁化磁场使铁磁质达到饱和,即增大磁化磁场时磁滞回线的面积基本不增加,只是磁滞回线的端点向外扩展而已,此时的磁滞回线称为饱和磁滞回线.

3. 示波器 $X,Y$ 轴的标定与 $H,B$ 的计算

为了从荧光屏上记录磁滞回线的 $\pm H_m$,$\pm H_c$,$\pm B_m$ 和 $\pm B_r$,必须对示波器的 $X,Y$ 轴按 $H,B$ 进行标定.

(1) 对示波器的 $X$ 轴进行 $H$ 标定. $H$ 标定的电路如图 4-23-4 所示,拆除 $Y$ 轴输入端与电容的连线,并将 $Y$ 轴输入端对地短路,在原线圈回路中接入电流表,在频率不变的条件下,改变音频信号发生器输出电压的大小,使其恰好等于磁滞回线在荧光屏 $X$ 轴上投影的光迹的长度. 若电流表此时的读数为 $I_1$,其峰值为 $I_{1m} = \sqrt{2} I_1$,根据安培环路定理,有

$$H = \frac{I_{1m} N_1}{l} = \frac{\sqrt{2} N_1 I_1}{l}.$$

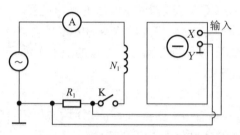

图 4-23-4 $H$ 标定的电路图

(2) 对示波器的 $Y$ 轴进行 $B$ 标定. $B$ 标定的电路如图 4-23-5 所示. 用标准互感器取代被测样品,音频信号发生器的输出频率和 $R_1$,$R_2$,$C$ 均保持原来的数值,闭合开关 K,调节音频信号发生器的输出电压,使荧光屏的 $Y$ 轴长度等于图 4-23-1 中的 $-B_m$ 到 $B_m$ 的长度. 如果电流表的读数为有效值 $I_M$,其峰值为 $I_{Mm} = \sqrt{2} I_M$,根据法拉第电磁感应定律,次级回路的感应电动势为

$$\mathscr{E}_{iM} = -M \frac{\mathrm{d}I_M}{\mathrm{d}t},$$

式中 $M$ 为标准互感器的互感系数. 又因为只有当 $\mathscr{E}_{iM} = \mathscr{E}_i$ 时,电容 $C$ 两端的电压才会相同(式(4-23-5)的值等于式(4-23-3)的值),则

$$M \frac{\mathrm{d}I_M}{\mathrm{d}t} = N_2 S \frac{\mathrm{d}B}{\mathrm{d}t}.$$

对上式两端积分,可得

$$MI_M = N_2 SB,$$

相应有

$$MI_{Mm} = N_2 SB_m,$$

故

$$B_{m} = \frac{MI_{Mm}}{N_2 S} = \frac{\sqrt{2} MI_M}{N_2 S}. \qquad (4-23-8)$$

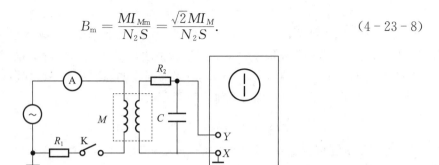

图 4 - 23 - 5　B 标定的电路图

【操作步骤】

示波器的种类很多,它们的操作方法类似,以下以 SG4320A 双踪示波器与 COS-620 双踪示波器为例,简单说明示波器的使用方法.示波器中有些按钮、旋钮的名称和标识不同,以下操作步骤提供了上述两种示波器的操作过程,其中未带括号的内容对应 SG4320A 双踪示波器的操作过程,括号内的内容对应 COS-620 双踪示波器的操作过程.

1. 按图 4-23-3 所示连接好电路.打开示波器的电源开关,将示波器上标有"AC""DC"的耦合方式开关置于 AC 状态,示波器控制面板左上角的上下拨动开关拨向 X - Y 状态(将示波器上的水平扫描速度旋钮置于 X - Y 状态).

2. 将 $R_1$ 的电阻值调为 3 Ω,调节音频信号发生器的输出电压 U(从小到大调节,直至 U 为 2.2 ~ 2.5 V),以及示波器的垂直(Y) 增益和水平(X) 增益旋钮,使磁滞回线具有适当大小且饱和磁滞回线不超过示波器的标尺范围,然后准确读出并记录 $\pm H_m$,$\pm H_c$,$\pm B_m$,$\pm B_r$ 的值(这些量以荧光屏的 X,Y 轴的格数表示),以及示波器垂直(Y) 增益和水平(X) 增益的值.

3. 对示波器的 X 轴进行 H 标定.在严格保持示波器的垂直(Y) 增益和水平(X) 增益不变的条件下,将示波器上的 Y 轴输入接地(GND) 按钮按下(将 Y 轴输入端置于接地 GND 状态),调节音频信号发生器的输出电压 U 的值,分别选取 3 个不同的 U,测出并记下示波器荧光屏上对应的 $-H_m$ 到 $H_m$ 的格数,将数据填入表 4-23-1 中.

4. 对示波器的 Y 轴进行 B 标定.在严格保持示波器的垂直(Y) 增益和水平(X) 增益不变的条件下,将示波器上的 X 轴输入接地(GND) 按钮按下(将 X 轴输入端置于接地 GND 状态),调节音频信号发生器的输出电压 U 的值,分别选取 3 个不同的 U,测出并记下示波器荧光屏上对应的 $-B_m$ 到 $B_m$ 的格数,将数据填入表 4-23-2 中.

【数据记录】

由操作步骤2,示波器荧光屏上显示的磁滞回线上的 $\pm H_m$,$\pm H_c$,$\pm B_m$,$\pm B_r$(以 DIV 为单位) 分别为

$$\pm H_m = \pm \underline{\qquad} \text{DIV}, \quad \pm H_c = \pm \underline{\qquad} \text{DIV},$$
$$\pm B_m = \pm \underline{\qquad} \text{DIV}, \quad \pm B_r = \pm \underline{\qquad} \text{DIV}.$$

表 4-23-1　$H$ 标定的数据记录表

水平$(X)$ 增益 = _____ V/DIV

| 测量次数 $i$ | $U$/V | $-H_{mi} \to H_{mi}$ 的格数 $h_i$/DIV | $U_{R_1 i}$/V | $H_{mi}$/(A/m) |
|---|---|---|---|---|
| 1 | | | | |
| 2 | | | | |
| 3 | | | | |

注意：此表最后一列的 $H_{mi}$ 根据式(4-23-9)进行计算.

表 4-23-2　$B$ 标定的数据记录表

垂直$(Y)$ 增益 = _____ V/DIV

| 测量次数 $i$ | $U$/V | $-B_{mi} \to B_{mi}$ 的格数 $b_i$/DIV | $U_G$/V | $B_{mi}$/T |
|---|---|---|---|---|
| 1 | | | | |
| 2 | | | | |
| 3 | | | | |

注意：此表最后一列的 $B_{mi}$ 根据式(4-23-10)进行计算.

【数据处理】

1. 实验参数.

被测样品的平均周长：$l = 60$ mm；　　　　电容：$C = 20 \times 10^{-6}$ F；

被测样品的截面积：$S = 80$ mm$^2$；　　　　电阻：$R_1 = 3\ \Omega, R_2 = 10 \times 10^3\ \Omega$；

螺绕环原线圈与次级线圈的匝数：$N_1 = 50, N_2 = 150$.

2. $H_{mi}, B_{mi}, U_{R_1 i}$ 与 $U_G$ 的计算：

$$H_{mi} = \frac{N_1 U_{R_1 i}}{l R_1}, \tag{4-23-9}$$

式中 $U_{R_1 i} = \frac{h_i}{2} \times$ 水平$(X)$ 增益；

$$B_{mi} = \frac{R_2 C U_G}{N_2 S}, \tag{4-23-10}$$

式中 $U_G = \frac{b_i}{2} \times$ 垂直$(Y)$ 增益.

3. 根据表 4-23-1 中的数据，计算出 $-H_m$ 到 $H_m$ 长度上示波器荧光屏每格所表示的 $H$ 值.

$H_m$ 的平均长度为 $\overline{h} = \frac{h_1 + h_2 + h_3}{6}$；

$H_m$ 的平均值为 $\overline{H}_m = \frac{H_{m1} + H_{m2} + H_{m3}}{3}$；

每格所表示的 $H$ 值为 $\frac{\overline{H}_m}{\overline{h}} =$ _____ A/(m·DIV).

4. 根据表 4-23-2 中的数据，计算出 $-B_m$ 到 $B_m$ 长度上示波器荧光屏每格所表示的 $B$ 值.

$B_m$ 的平均长度为 $\bar{b} = \dfrac{b_1 + b_2 + b_3}{6}$;

$B_m$ 的平均值为 $\overline{B}_m = \dfrac{B_{m1} + B_{m2} + B_{m3}}{3}$;

每格所表示的 $B$ 值为 $\dfrac{\overline{B}_m}{\bar{b}} = $ _____ T/DIV.

5.由示波器荧光屏每格所表示的 $H$ 值和 $B$ 值计算在磁滞回线上所测得的 $\pm H_m$, $\pm H_c$, $\pm B_m$, $\pm B_r$:

$$\pm H_m = \pm \text{_____} \text{A/m}; \quad \pm H_c = \pm \text{_____} \text{A/m};$$

$$\pm B_m = \pm \text{_____} \text{T}; \quad \pm B_r = \pm \text{_____} \text{T}.$$

6.由在磁滞回线上所测得的 $\pm B_m$, $\pm H_c$, $\pm H_m$, $\pm B_r$ 的值和对示波器的 $X$ 轴、$Y$ 轴进行的 $H$ 标定和 $B$ 标定,在坐标纸上作出被测样品的动态磁滞回线(按 $1:1$ 的比例作图,曲线要光滑).

7.实验中除直接测量的量以外,两个表中,以及上面各个计算公式中的物理量都应该有具体的计算过程.

【思考题】

1.为什么示波器能显示铁磁质的磁滞回线?

2.完成磁滞回线的全部测量前,为什么不能变动示波器面板上的水平($X$)增益和垂直($Y$)增益旋钮?

# 实验二十四　　电子束的偏转

随着近代电子科学技术的发展,带电粒子在电场或磁场中的运动规律已成为掌握现代科学技术必不可少的基础知识.电子束的偏转实验可以让学生理解电子束在电场或磁场中的偏转原理,进而研究带电粒子在电场和磁场中的运动规律,并学会利用外加电场或磁场使电子束偏转的方法.

【实验目的】

1.了解带电粒子在磁场和电场中的运动规律.

2.研究利用外加电场或磁场使电子束偏转的方法.

【实验仪器】

电子束实验仪.

【实验原理】

1.示波管和显像管

示波管是一个具有多个电极的真空管,主要由电子枪、偏转板和荧光屏三部分构成,如

图 4 - 24 - 1 所示.

电子枪由灯丝、阴极、栅极、第一阳极和第二阳极构成,其主要功能是发射一束强度可调、经过聚焦的高速电子流.灯丝通过发热使阴极温度上升而发射电子.栅极相对于阴极加负电压,用于调节电子束的强度.第一阳极和第二阳极相对于阴极分别加几百伏和上千伏的电压,用于聚焦和加速电子束.

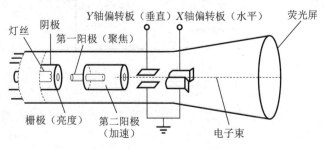

灯丝　阴极　Y轴偏转板（垂直）X轴偏转板（水平）　荧光屏
第一阳极（聚焦）
栅极（亮度）　第二阳极（加速）　电子束

图 4 - 24 - 1　示波管结构图

### 2. 电子束在电场中的偏转原理

电偏转是通过在垂直于电子束运动方向的方向上外加电场来实现的.在第二阳极后面有两对互相垂直的偏转板,每一对都对称地分布在示波管轴线的两侧.任意一对偏转板对电子束的作用原理都是相同的,以其中一对偏转板对电子束的作用为例进行讨论.

电子从阴极发射后,在电子枪中的阳极电场的作用下做加速运动.当从第二阳极射出时,电子具有速度 $v$,其大小 $v$ 取决于第二阳极与阴极的电势差 $U_a$,即加速电压.设电子从阴极发射时的动能近似为零,即忽略电子的初动能,第二阳极与阴极之间的电场对电子所做的功为 $eU_a$.由动能定理可知,加速电压对电子所做的功全部转换成电子的动能,即

$$\frac{1}{2}mv^2 = eU_a, \tag{4-24-1}$$

式中 $m$ 为电子的质量,$e$ 为元电荷.

电子从第二阳极射出后,继续穿过 $Y$ 轴偏转板区域,若两偏转板之间无电势差,则电子将以速度 $v$ 做匀速直线运动,飞向荧光屏中心,形成一个小光点.但若在 $Y$ 轴偏转板上有电势差 $U_{dy}$,即偏转电压,则在两偏转板之间产生了与 $Y$ 轴平行的电场 $E_y$,它作用于电子,使电子做抛物线运动(见图 4 - 24 - 2).电子刚离开 $Y$ 轴偏转板时的运动方向将与 $Z$ 轴(示波管轴线方向)成一角度 $\theta$,设电子沿 $Y$ 轴方向的速度分量为 $v_y$,沿 $Z$ 轴方向的速度分量为 $v$,则有

$$\tan \theta = \frac{v_y}{v}. \tag{4-24-2}$$

若已知 $Y$ 轴偏转板的长度为 $l$,两偏转板之间的距离为 $d$,则两偏转板之间的电场强度的大小为 $E_y = \dfrac{U_{dy}}{d}$,电子在两偏转板之间所受到的电场力大小为 $F = eE_y = e\dfrac{U_{dy}}{d}$,方向向上.设电子通过 $Y$ 轴偏转板的时间为 $\Delta t$,根据动量定理,电场力在 $\Delta t$ 时间内对电子的冲量 $F\Delta t$ 等于电子沿该方向动量的增量 $mv_y$,$Z$ 轴方向上没有动量改变,即

$$mv_y = F\Delta t = e\frac{U_{dy}}{d}\Delta t, \tag{4-24-3}$$

$$v_y = \frac{e}{m}\frac{U_{\mathrm{dy}}}{d}\Delta t. \tag{4-24-4}$$

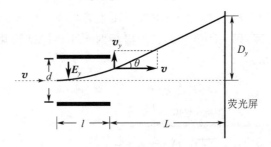

图 4-24-2    电子束在电场中的偏转示意图

与此同时,在 $\Delta t$ 时间内,电子以速度 $v$ 沿 $Z$ 轴通过长度为 $l$ 的距离. 将 $\Delta t = \dfrac{l}{v}$ 代入式(4-24-4),可得

$$v_y = \frac{e}{m}\frac{U_{\mathrm{dy}}}{d}\frac{l}{v}, \tag{4-24-5}$$

于是有

$$\tan\theta = \frac{v_y}{v} = \frac{eU_{\mathrm{dy}}l}{mdv^2}. \tag{4-24-6}$$

由式(4-24-1)和式(4-24-6)可得

$$\tan\theta = \frac{U_{\mathrm{dy}}l}{2U_ad}. \tag{4-24-7}$$

式(4-24-7)表明,$\theta$ 随偏转电压 $U_{\mathrm{dy}}$ 的增加而增大,随 $d$ 和加速电压 $U_a$ 的增加而减小.

电子离开 $Y$ 轴偏转板到荧光屏的过程中,将沿着与 $Z$ 轴成 $\theta$ 角的方向做直线运动. 光点在荧光屏上的垂直偏转距离为 $D_y = \left(\dfrac{l}{2} + L\right)\tan\theta$,式中 $L$ 为偏转板到荧光屏的距离,用式(4-24-7)代替 $\tan\theta$,可得

$$D_y = \left(\frac{l}{2} + L\right)\frac{U_{\mathrm{dy}}}{U_a}\frac{l}{2d}. \tag{4-24-8}$$

显然,根据 $X$ 轴偏转板对电子束的偏移作用也可得到类似的计算公式:

$$D_x = \left(\frac{l}{2} + L\right)\frac{U_{\mathrm{dx}}}{U_a}\frac{l}{2d}. \tag{4-24-9}$$

但应注意,式(4-24-9)中的 $l, d$ 及 $L$ 为对应的 $X$ 轴偏转板的几何量.

在电偏转情况下,电偏转灵敏度定义为当偏转板上加单位电压时所引起的电子束在荧光屏上的位移,即

$$\delta_{\mathrm{E}} = \frac{D}{U_d} = \frac{\left(\dfrac{l}{2} + L\right)l}{2dU_a}. \tag{4-24-10}$$

它是示波管的重要特性参量,其单位为 mm/V. 由式(4-24-10)可知,电偏转灵敏度与加速电压 $U_a$ 成反比. 相对于垂直偏转电压 $U_{\mathrm{dy}}$ 和水平偏转电压 $U_{\mathrm{dx}}$ 分别有垂直电偏转灵敏度 $\delta_{\mathrm{Ey}}$ 和水平电偏转灵敏度 $\delta_{\mathrm{Ex}}$.

### 3. 电子束在磁场中的偏转原理

在磁偏转系统中,电子束的偏转是由流过偏转线圈中的电流所产生的磁场来实现的. 电子束通过磁场时,将受到洛伦兹(Lorentz)力的作用,从而发生偏转,如图 4‑24‑3 所示,设方框内为均匀磁场,磁感应强度为 $\boldsymbol{B}$,方向垂直纸面向外;在方框外,$\boldsymbol{B}=0$. 电子以速度 $v$ 垂直射入磁场,受洛伦兹力 $\boldsymbol{F}$ 的作用,在磁场区域内做匀速圆周运动,轨道半径为 $R$. 电子穿出磁场区域后做匀速直线运动,最后打在荧光屏的 $P$ 点处,光点的偏移量为 $D$.

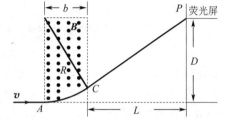

图 4‑24‑3　电子束在磁场中的偏转示意图

由牛顿第二定律,有

$$F = evB = m\frac{v^2}{R}.$$

由上式可得电子做匀速圆周运动的半径为

$$R = \frac{mv}{eB}. \tag{4-24-11}$$

磁场由亥姆霍兹(Helmholtz)线圈产生,磁感应强度的大小为

$$B = KnI, \tag{4-24-12}$$

式中 $n$ 为单位长度的线圈匝数;$I$ 为通过线圈的电流;$K$ 为比例系数,是与线圈形状和有无磁介质有关的常量. 将式(4‑24‑1)和式(4‑24‑11)代入式(4‑24‑12),再根据图 4‑24‑3 的几何关系加以整理和化简,可得到电子束的偏转距离为

$$D = KnIb\left(\frac{b}{2}+L\right)\sqrt{\frac{e}{2mU_a}}. \tag{4-24-13}$$

由式(4‑24‑13)可知,电子束的偏转距离与加速电压的平方根成反比,与偏转线圈的电流成正比.

示波管的磁偏转灵敏度定义为单位电流所引起的电子束在荧光屏上的偏转距离,即

$$\delta_M = \frac{D}{I} = Knb\left(\frac{b}{2}+L\right)\sqrt{\frac{e}{2mU_a}}, \tag{4-24-14}$$

其单位为 mm/A. 由式(4‑24‑14)可知,$\delta_M$ 与加速电压 $U_a$ 的平方根成反比.

### 4. 电偏转与磁偏转的比较

由式(4‑24‑14)可知,磁偏转灵敏度 $\delta_M$ 与加速电压 $U_a$ 的平方根成反比,而在式(4‑24‑10)中,电偏转灵敏度 $\delta_E$ 与加速电压 $U_a$ 成反比. 由此可见,随着加速电压 $U_a$ 的增加,电偏转灵敏度比磁偏转灵敏度下降得更快. 一般在高加速电压的场合(显像管)中,通常采用磁偏转来控制电子束的偏转. 采用磁偏转可以使用较短的管子而不破坏聚焦,但偏转线圈的电感和分布电容较大,功耗也较大,不宜用于高频. 电偏转恰能克服这些缺点,且结构简单,价格低廉,所以在大多数示波管中都采用电偏转来控制电子束的偏转.

【操作步骤】

常用的电子束实验仪是一套将各元件组成积木式结构的综合实验仪器,整个仪器安放在

一个仪器箱内,使用该实验仪时只需配合使用少量的通用仪表,就可以进行电子束在电场和磁场中运动规律研究的实验. 因此要特别注意所连接的线路、所选择的功能开关与选做的实验是否一致.

1. 电子束在电场中的偏转.

(1) 按说明书及实验室要求正确接线,插好示波管,套上坐标片.

(2) 按下电子束实验仪的电源开关,示波管灯丝亮,荧光屏上出现光斑,如未出现光斑则需调节栅极电压 $U_g$ 和加速电压 $U_a$,以及 $X$ 轴和 $Y$ 轴方向上的偏转电压 $U_{dx}$ 和 $U_{dy}$,使光斑出现.

(3) 光点的调焦. 将聚焦选择开关置于点聚焦位置,调节 $U_g$ 及聚焦电压,使荧光屏上的光斑会聚成一细点(注意,光点不要太亮,以免烧坏荧光屏,同时也不利于调焦).

(4) 将电压、电流测量转换开关分别置于 $U_{dx}$ 和 $U_{dy}$,再调整实验仪面板中下部的偏转电压旋钮使 $U_{dx}$ 和 $U_{dy}$ 的示数为零,并进行光点校正,即观察光点是否在方格网中心位置,如不在则需调节 $X,Y$ 的调零旋钮使光点位于方格网中心位置.

(5) 先按要求缓慢调节 $U_{dx}$,使光点偏移,光点每移 1 DIV,记录相应的偏转电压 $U_{dx}$,直至光点偏移 5 DIV 为止. 将相关数据记录在表 4-24-1 中. 数据记录完毕后应把 $U_{dx}$ 的示数归零. 用相同的方法调节 $U_{dy}$,使光点偏移,并将相关数据记录在表 4-24-1 中,数据记录完毕后应把 $U_{dy}$ 的示数归零.

2. 电子束在磁场中的偏转.

(1) 按要求将偏转线圈插入磁偏转插座.

(2) 开启恒流源开关,并将其沿逆时针方向旋到底,使电流为零.

(3) 将电压、电流转换开关置于 200 mA,缓慢调节偏转线圈通过的电流使光点偏移,光点每移 1 DIV,记录相应的电流值,直至光点偏移 5 DIV 为止. 将相关数据记录在表 4-24-2 中(注意,光点的上下由面板上的换向开关控制).

(4) 实验完毕后将恒流源开关沿逆时针方向旋到底,关闭电源.

【数据记录】

表 4-24-1　电偏转的数据记录表

$U_a = $ _____ V；　荧光屏上的方格网：1 DIV = 5.0 mm　　　　单位：V

| $U_d$ | | 1 DIV | 2 DIV | 3 DIV | 4 DIV | 5 DIV |
|---|---|---|---|---|---|---|
| $U_{dy\text{上}}$(光点上移) | $U_{dx\text{左}}$(光点左移) | | | | | |
| $U_{dy\text{下}}$(光点下移) | $U_{dx\text{右}}$(光点右移) | | | | | |
| $\overline{U}_{dy} = \dfrac{U_{dy\text{上}} + U_{dy\text{下}}}{2}$ | $\overline{U}_{dx} = \dfrac{U_{dx\text{左}} + U_{dx\text{右}}}{2}$ | | | | | |

表 4-24-2　磁偏转的数据记录表　　　　　　　　　　单位：mA

| $I$ | 1 DIV | 2 DIV | 3 DIV | 4 DIV | 5 DIV |
|---|---|---|---|---|---|
| $I_{\text{上}}$(光点上移) | | | | | |
| $I_{\text{下}}$(光点下移) | | | | | |
| $\overline{I} = \dfrac{I_{\text{上}} + I_{\text{下}}}{2}$ | | | | | |

**【数据处理】**

1. 根据表 $4-24-1$ 中的数据作 $Y-\overline{U}_{\mathrm{dy}}$ 及 $X-\overline{U}_{\mathrm{dx}}$ 关系曲线（$Y$ 为光点在 $Y$ 轴方向上的偏转距离，$X$ 为光点在 $X$ 轴方向上的偏转距离，用坐标纸作图），用图解法求垂直电偏转灵敏度 $\delta_{\mathrm{Ey}}$ 及水平电偏转灵敏度 $\delta_{\mathrm{Ex}}$.

2. 根据表 $4-24-2$ 中的数据作 $Y-\overline{I}$ 关系曲线（用坐标纸作图），用图解法求磁偏转灵敏度 $\delta_{\mathrm{M}}$.

**【思考题】**

1. 示波管的垂直电偏转灵敏度和水平电偏转灵敏度是否相同？为什么？

2. 在加速电压不变的条件下，偏转距离是否与偏转电压或偏转电流成正比？

3. 在偏转电压或偏转电流不变的条件下，偏转距离与加速电压有什么关系？

# 实验二十五　　用霍尔元件测量磁场

用霍尔元件测量磁场

霍尔（Hall）效应不但是测定半导体材料电学参数的主要手段，而且利用该效应制成的霍尔元件已广泛应用于非电学量的电测量、自动控制和信息处理等方面. 本实验通过霍尔元件测量磁场. 这一方法具有结构简单、探头体积小、测量快和可以直接连续读数等优点，特别适用于测量某点处的磁场和缝隙之间的磁场. 利用霍尔元件还可以测量半导体中的载流子浓度及判别载流子的性质等.

**【实验目的】**

1. 了解霍尔效应的原理.
2. 掌握用霍尔元件测量磁场的基本方法.

**【实验仪器】**

霍尔效应实验仪.

**【实验原理】**

1879 年，霍尔在研究金属的导电机制时发现了霍尔效应. 当电流沿与外磁场方向垂直的方向通过导体时，在垂直于电流和磁场的方向上的两个面将会产生电压. 根据霍尔效应制成的器件称为霍尔元件. 如图 $4-25-1$ 所示，设霍尔元件由均匀的 n 型半导体材料（参与导电的载流子为电子）制成，其长度为 $l$，宽度为 $b$，厚度为 $d$. 如果在 $M,N$ 两端按图 $4-25-1$ 所示加一稳定电压，则有恒定工作电流 $I_{\mathrm{S}}$ 沿 $x$ 轴正方向通过霍尔元件. $M,N$ 两端之间的等势面平行于 $Oyz$ 平面. 因为 $P,S$ 两端未构成闭合回路，沿 $y$ 轴的电流为零. 假定工作电流 $I_{\mathrm{S}}$ 由沿 $x$ 轴负方向、以速度 $v$ 定向运动的自由电子所形成，设自由电子的浓度为 $n$，则工作电流 $I_{\mathrm{S}}$ 可表示为

$$I_{\mathrm{S}} = -\, envbd, \tag{4-25-1}$$

式中 $e$ 为元电荷，负号表示电流的方向与电子的运动方向相反.

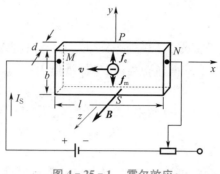

图 4 - 25 - 1    霍尔效应

若在 $z$ 轴正方向加一均匀磁场,磁感应强度为 $\boldsymbol{B}$,则沿 $x$ 轴负方向运动的电子会受到洛伦兹力 $\boldsymbol{f}_m$ 的作用,其大小为

$$f_m = evB, \tag{4-25-2}$$

方向沿 $y$ 轴负方向. 于是,霍尔元件内部的电子将会向下偏移并聚集在下平面上,随着电子向下偏移,上平面只剩余正电荷,因此形成一个沿 $y$ 轴负方向的电场,上、下两个平面之间具有电压 $U_H$,$U_H$ 被称为霍尔电压. 但是,上、下两个平面的电荷不会一直增加,霍尔电压也不会一直增大. 当上、下两个平面聚集的电荷所产生的电场对电子的电场力 $\boldsymbol{f}_e$ (指向 $y$ 轴正方向) 与洛伦兹力 $\boldsymbol{f}_m$ (指向 $y$ 轴负方向) 的大小相等时,电子受一对平衡力的作用,能无偏离地从右向左通过霍尔元件. 这个过程在短暂的 $10^{-13} \sim 10^{-11}$ s 内就能完成,此时

$$f_e = f_m,$$

即

$$e\frac{U_H}{b} = evB.$$

再利用式(4-25-1),可以得到

$$U_H = bvB = -\frac{I_S B}{ned} = KI_S B, \tag{4-25-3}$$

式中 $K = -\dfrac{1}{ned}$ 称为霍尔元件的灵敏度,表示霍尔元件在单位磁感应强度下流过单位电流时的霍尔电压 $U_H$ 的大小. 一般要求 $K$ 越大越好. 同理,如果霍尔元件由 p 型半导体材料(参与导电的载流子为空穴) 制成,则 $K = \dfrac{1}{ned}$,式中 $n$ 为空穴浓度.

由式(4-25-3)可知,霍尔电压 $U_H$ 正比于工作电流 $I_S$ 和外加磁感应强度 $B$. 显然,$P$,$S$ 两端电势的高低既随工作电流 $I_S$ 的换向而换向,也随磁感应强度 $\boldsymbol{B}$ 的换向而换向. 同时还可以看出,霍尔电压 $U_H$ 与 $n$,$d$ 成反比. 由于半导体材料内的载流子浓度远比金属的载流子浓度小,因此采用半导体材料制作霍尔元件,并将此元件做得很薄(一般 $d = 0.2$ mm),从而提高霍尔元件的灵敏度,以便获得易于观测的霍尔电压 $U_H$.

如果霍尔元件的灵敏度 $K$ 已经测定,那么就可以利用式(4-25-3)来测量未知磁感应强度 $\boldsymbol{B}$ 的大小,即有

$$B = \frac{U_H}{KI_S}, \tag{4-25-4}$$

式中 $I_S$ 和 $U_H$ 需用仪表分别测量. 为了准确测量磁感应强度 $\boldsymbol{B}$ 的大小和方向, 流经霍尔元件的电流要稳定, 并且必须缓慢转动霍尔元件, 直至 $U_H$ 具有最大值为止. 此时磁场才垂直于 $Oxy$ 平面, 其方向由 $P,S$ 两端电势的高低、载流子的种类及电流的方向来判断.

应当指出, 式(4-25-3)是在做了一些假定后得到的. 实际测得的 $P,S$ 两端之间的电压并不只是 $U_H$, 还包括其他因素带来的附加电压, 因而根据测得的电压计算出的磁感应强度 $\boldsymbol{B}$ 并不非常准确.

下面讨论影响 $P,S$ 两端电势的原因, 然后指出实验时所采用的减小附加电压的方法.

(1) 不等位电压. 接通工作电流 $I_S$ 后, 如果 $P,S$ 两端位于同一个等势面上, 则当磁场不存在时, $P,S$ 两端没有电势差. 由于从半导体材料不同部位切割制成的霍尔元件本身并不均匀, 其性能稍有差异, 且 $P,S$ 位置是按几何对称确定的, 因此实际上不可能保证 $P,S$ 两端位于同一等势面上. 所以霍尔元件或多或少都存在由于 $P,S$ 两端的电势不相等而造成的不等位电压 $U_0$. 显然, $U_0$ 随工作电流 $I_S$ 的换向而换向, 而 $\boldsymbol{B}$ 的换向对 $U_0$ 的方向没有影响.

(2) 埃廷斯豪森(Ettingshausen)效应. 1887年, 埃廷斯豪森发现, 霍尔元件中载流子的速度有大有小, 对于速度大的载流子, 洛伦兹力起主导作用; 而对于速度小的载流子, 电场力起主导作用. 这样, 速度大的载流子和速度小的载流子将分别向 $P,S$ 两端偏转, 偏转的载流子的动能将转化为热能, 使两端的温升不同. $P,S$ 两端由于有温度差而出现温差电压 $U_t$. 不难看出, $U_t$ 既随 $\boldsymbol{B}$ 也随 $I_S$ 的换向而换向.

(3) 能斯特(Nernst)效应. 由于电流引线的焊接点 $M,N$ 处的电阻不相等, 因此通电后 $M,N$ 两端发热程度不同, 存在温度差, 于是在 $M,N$ 两端之间出现热扩散电流. 在磁场的作用下, $P,S$ 两端出现电场 $\boldsymbol{E}_y$, 由此产生附加电压 $U_a$. $U_a$ 随 $\boldsymbol{B}$ 的换向而换向, 而与 $I_S$ 的换向无关.

(4) 里吉-勒迪克(Righi-Leduc)效应. 上述热扩散电流的各个载流子的速度并不相同, 根据埃廷斯豪森效应, $P,S$ 两端将出现温差电压 $U_s$. $U_s$ 随 $\boldsymbol{B}$ 的换向而换向, 而与 $I_S$ 的换向无关.

综上所述, 在确定的磁感应强度 $\boldsymbol{B}$ 和工作电流 $I_S$ 的条件下, 实际测得的 $P,S$ 两端之间的电压 $U$ 不只是 $U_H$, 还包括了 $U_0, U_t, U_a, U_s$, 是5种电压的代数和. 例如, 假设 $\boldsymbol{B}$ 和 $I_S$ 的大小不变, 方向如图4-25-1所示. 又设 $P,S$ 两端的电压 $U_0$ 为正, $N$ 端的温度比 $M$ 端的温度高, 测得的 $P,S$ 两端之间的电压为 $U_1$, 则

$$U_1 = U_H + U_0 + U_t + U_a + U_s. \tag{4-25-5}$$

若 $\boldsymbol{B}$ 不变, $I_S$ 换向, 则测得的 $P,S$ 两端之间的电压为

$$U_2 = -U_H - U_0 - U_t + U_a + U_s. \tag{4-25-6}$$

若 $\boldsymbol{B}$ 换向, $I_S$ 不变, 则测得的 $P,S$ 两端之间的电压为

$$U_3 = -U_H + U_0 - U_t - U_a - U_s. \tag{4-25-7}$$

若 $\boldsymbol{B}$ 和 $I_S$ 同时换向, 则测得的 $P,S$ 两端之间的电压为

$$U_4 = U_H - U_0 + U_t - U_a - U_s. \tag{4-25-8}$$

由以上4个等式可以得到

$$U_1 - U_2 - U_3 + U_4 = 4(U_H + U_t),$$

$$U_H = \frac{1}{4}(U_1 - U_2 - U_3 + U_4) - U_t. \tag{4-25-9}$$

考虑到 $U_t$ 一般比 $U_H$ 小得多,在误差范围内可以略去,所以霍尔电压 $U_H$ 为

$$U_{\mathrm{H}} = \frac{1}{4}\,|U_1 - U_2 - U_3 + U_4|. \qquad (4\text{-}25\text{-}10)$$

通过分析可知,改变 $\boldsymbol{B}$ 和 $I_\mathrm{S}$ 的方向,测量不同组合下的 4 个电压可减小附加电压,消除副效应的影响.

【操作步骤】

本实验的任务是测量电磁铁磁极之间的磁感应强度,并观察霍尔电压 $U_H$ 随工作电流 $I_\mathrm{S}$ 的变化.在图 4-25-2 中,电磁铁的励磁电流 $I_\mathrm{M}$ 由稳压电源提供;霍尔元件的工作电流 $I_\mathrm{S}$ 由两节干电池串联(3 V)提供,$R_2$ 为滑动变阻器,工作电流由串联的毫安表测量;霍尔电压用数字毫伏表测量.电路中使用了 3 个换向开关,通过将开关合向不同的方向,可以方便地改变励磁电流、工作电流的方向,以及霍尔电压的正负极.

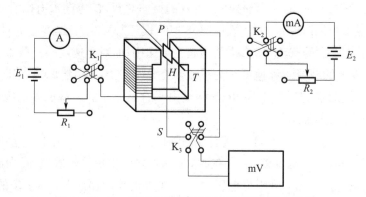

图 4-25-2　用霍尔元件测量磁感应强度的电路图

1.按图 4-25-2 所示连接好电路.

2.接通电源前,检查 $I_\mathrm{S}$,$I_\mathrm{M}$ 调节旋钮旋钮是否在零位,如不在,逆时针将 $I_\mathrm{S}$,$I_\mathrm{M}$ 调节旋钮旋至零位.

3.将霍尔元件放至电磁铁的中心位置(在工作电流 $I_\mathrm{S}$ 一定的情况下,霍尔电压 $U_H$ 的最大处),并将相关参数记录在表 4-25-1 中.

4.测量霍尔电压.

(1) 将 $I_\mathrm{S}$-$I_\mathrm{M}$ 测量选择按键按下,将 $I_\mathrm{M}$ 调节旋钮顺时针旋到 $I_\mathrm{M} = 0.350$ A(不能过大)处,在后面的测量过程中不再改变此值.

(2) 将 $I_\mathrm{S}$-$I_\mathrm{M}$ 测量选择按键弹起,将 $I_\mathrm{S}$ 调节旋钮顺时针旋到 $I_\mathrm{S} = 7.00$ mA 处,并保持工作电流 $I_\mathrm{S}$ 不变.在 $K_1$,$K_2$,$K_3$(在整个测量过程中,$K_3$ 保持不变)处于初始位置时,读出 $U_H$ 输出屏上的读数 $U_1$;将 $K_2$ 换向($I_\mathrm{S}$ 换向),保持 $K_1$ 不变($\boldsymbol{B}$ 的方向不变),读出 $U_H$ 输出屏上的读数 $U_2$;保持 $K_2$ 不变,将 $K_1$ 换向,读出 $U_H$ 输出屏上的读数 $U_3$;将 $K_1$,$K_2$ 同时换向,读出 $U_H$ 输出屏上的读数 $U_4$.将相关数据记录在表 4-25-1 中.

(3) 保持 $I_\mathrm{M}$ 不变,将工作电流 $I_\mathrm{S}$ 依次取为 6.00 mA,5.00 mA,4.00 mA,3.00 mA,2.00 mA,1.00 mA,按步骤(2)得到相应 $U_1$,$U_2$,$U_3$,$U_4$ 的值,记录在表 4-25-1 中,并由式(4-25-10)计算出对应的霍尔电压.

## 【数据记录】

### 表 4‑25‑1　测量磁感应强度的数据记录表

霍尔元件型号_____；　灵敏度 $K =$ _____；　励磁电流 $I_M =$ _____ A

| 测量次数 $i$ | 1 | 2 | 3 | 4 | 5 | 6 | 7 |
|---|---|---|---|---|---|---|---|
| 工作电流 $I_{Si}$/mA | 7.00 | 6.00 | 5.00 | 4.00 | 3.00 | 2.00 | 1.00 |
| $U_{1i}$/mV | | | | | | | |
| $U_{2i}$/mV | | | | | | | |
| $U_{3i}$/mV | | | | | | | |
| $U_{4i}$/mV | | | | | | | |
| $U_{Hi}$/mV | | | | | | | |
| $B_i = \dfrac{U_{Hi}}{KI_{Si}}$/T | | | | | | | |
| $\overline{B}$/T | | | | | | | |

## 【数据处理】

1. 以 $U_H$ 为纵坐标，$I_S$ 为横坐标，在坐标纸上作出 $U_H$‑$I_S$ 关系曲线，考察该曲线是否为过坐标原点的一条直线.

2. 求出 $U_H$‑$I_S$ 关系曲线的斜率，并根据给定的 $K$ 值(此值贴在霍尔效应实验仪的励磁线圈上)和式(4‑25‑4)计算出电磁铁磁极之间的磁感应强度的大小 $B$. 将相关数据填入表 4‑25‑1 中.

3. 计算 A 类不确定度：$\Delta_{BA} = \sqrt{\dfrac{\sum\limits_{i=1}^{7}(B_i - \overline{B})^2}{7-1}}$；不计 B 类不确定度，则磁感应强度的不确定度为 $\Delta_B = \Delta_{BA}$.

4. 磁感应强度的测量结果表示为

$$\begin{cases} B = \overline{B} \pm \Delta_B, \\ E_B = \dfrac{\Delta_B}{\overline{B}} \times 100\%. \end{cases}$$

## 【注意事项】

1. 目前，测磁仪表常以高斯(Gs)为单位，1 Gs $= 10^{-4}$ T.

2. 霍尔元件质脆，引线的接头较细，使用时不可碰压、扭弯，要轻拿轻放. 在将霍尔元件置于磁场中时，不要触碰或振动霍尔探头.

3. 霍尔元件的工作电流不得超过额定值，否则元件会因过热而损坏. 为避免励磁线圈过热，应尽量减少通电时间，不测量时要断开 $K_1$；测量完成后，要迅速断开电源.

## 【思考题】

1. 测量霍尔电压时，如何消除副效应的影响？

2. 为什么霍尔元件要用半导体材料制作而不用金属材料?

# 实验二十六 RLC 电路的暂态过程

*RLC* 电路的暂态过程

电阻、电容和电感是最常见、最基本、使用最广泛的电子元件. 电阻、电容、电感与晶体管、集成电路等电子元件的不同组合,可以构成不同的电路,实现多种功能. 所有的电子仪器设备、通信器材、家用电器等,其电路无一不是从最基本的电阻、电容、电感的组合开始. 因此,有必要对电阻、电容、电感的最基本的组合方式进行研究,以便了解它们在不同电路中所具有的基本的物理特性.

## 【实验目的】

1. 研究 $RC$,$RL$,$LC$,$RLC$ 电路的暂态过程,学习并掌握各电路中各种物理量的变化规律及波形.

2. 学习双踪示波器及信号发生器的使用方法. 通过实验理解 $R$,$L$,$C$ 各元件在不同电路中的性能及其在暂态过程中的作用,同时理解时间常量 $\tau$ 的概念.

## 【实验仪器】

$RLC$ 电路实验仪(由电阻、电容、电感、信号发生器等集成)、双踪示波器.

## 【实验原理】

$R$,$L$,$C$ 元件的不同组合,可以构成 $RC$,$RL$,$LC$ 和 $RLC$ 电路. 这些不同的电路在接通或断开直流电源的瞬间(相当于给电路施加近似的阶跃电压),对阶跃电压的响应是不同的,从而有一个从一种平衡态转变到另一种平衡态的过程,这个转变过程即为暂态过程.

### 1. RC 电路

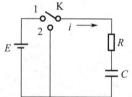

图 4-26-1 RC 电路图

在由电阻 $R$ 及电容 $C$ 组成的直流串联电路中,暂态过程即是电容的充放电过程(见图 4-26-1). 当把开关 K 拨到位置 1 时,电源对电容 $C$ 充电,直到其两端的电压等于电源电动势 $E$. 在充电过程中,回路方程为

$$\frac{\mathrm{d}V_C}{\mathrm{d}t} + \frac{1}{RC}V_C = \frac{E}{RC}, \tag{4-26-1}$$

式中 $V_C$ 为电容 $C$ 两端的电压. 考虑到初始条件 $t=0$ 时,$V_C=0$,得到方程(4-26-1)的解为

$$\begin{cases} V_C = E(1-\mathrm{e}^{-\frac{t}{\tau}}), \\ V_R = E\mathrm{e}^{-\frac{t}{\tau}}, \\ i = \dfrac{E}{R}\mathrm{e}^{-\frac{t}{\tau}}, \end{cases} \tag{4-26-2}$$

式中 $V_R$ 为电阻 $R$ 两端的电压;$\tau = RC$ 为电路的时间常量,$\tau$ 具有时间量纲,是表征暂态过程进行快慢的一个重要的物理量. 为了求得时间常量 $\tau$,往往测量 $RC$ 电路的半衰期 $T_{1/2}$,它与 $\tau$ 的

关系为

$$T_{1/2} = \tau\ln 2. \tag{4-26-3}$$

可见,如果测出 $RC$ 电路的半衰期 $T_{1/2}$,即可求出时间常量.

当把开关 K 拨到位置 2 时,电容 $C$ 通过电阻 $R$ 放电,回路方程为

$$\frac{\mathrm{d}V_C}{\mathrm{d}t} + \frac{1}{RC}V_C = 0. \tag{4-26-4}$$

考虑到初始条件 $t = 0$ 时,$V_C = E$,得到方程(4-26-4)的解为

$$\begin{cases} V_C = E\mathrm{e}^{-\frac{t}{\tau}}, \\ V_R = -E\mathrm{e}^{-\frac{t}{\tau}}, \\ i = -\dfrac{E}{R}\mathrm{e}^{-\frac{t}{\tau}}. \end{cases} \tag{4-26-5}$$

从上面的分析可知,在暂态过程中,各物理量均按指数规律变化,变化的快慢由时间常量 $\tau$ 来度量. 在放电过程中,$V_R$,$i$ 前面的负号表示放电电流与充电电流的方向相反. $RC$ 电路的充、放电曲线如图 4-26-2 所示.

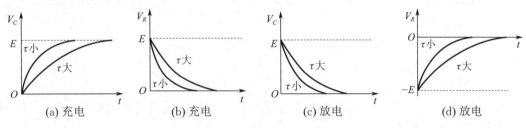

(a) 充电　　　　(b) 充电　　　　(c) 放电　　　　(d) 放电

图 4-26-2　$RC$ 电路的充、放电曲线图

### 2. $RL$ 电路

在由电阻 $R$ 及电感 $L$ 组成的直流串联电路中(见图4-26-3),当把开关 K 拨到位置 1 时,电路两端的电压从 0 突变为 $E$,但由于电感 $L$ 的自感作用,回路中的电流不会瞬间突变,而是逐渐增加到最大值 $\dfrac{E}{R}$($R$ 应包括电阻及电感的损耗电阻),回路方程为

$$L\frac{\mathrm{d}i}{\mathrm{d}t} + iR = E. \tag{4-26-6}$$

考虑到初始条件 $t = 0$ 时,$i = 0$,得到方程(4-26-6)的解为

$$\begin{cases} i = \dfrac{E}{R}\left(1 - \mathrm{e}^{-\frac{tR}{L}}\right), \\ V_L = E\mathrm{e}^{-\frac{tR}{L}}, \\ V_R = E\left(1 - \mathrm{e}^{-\frac{tR}{L}}\right), \end{cases} \tag{4-26-7}$$

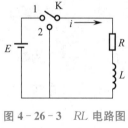

图 4-26-3　$RL$ 电路图

式中 $V_L$,$V_R$ 分别为电感 $L$ 和电阻 $R$ 两端的电压. 可见,回路电流 $i$ 经过一指数增长过程,逐渐达到稳定值 $\dfrac{E}{R}$. $i$ 增长的快慢由时间常量 $\tau = \dfrac{L}{R}$ 决定(见图4-26-4(a),(b)),$\tau$ 和 $RL$ 电路的半衰期的关系与式(4-26-3)相同.

当把开关 K 拨到位置 2 时,回路电流 $i$ 从 $\dfrac{E}{R}$ 逐渐减小为 0,回路方程为

$$L\frac{\mathrm{d}i}{\mathrm{d}t} + iR = 0. \tag{4-26-8}$$

考虑到初始条件 $t = 0$ 时，$i = \dfrac{E}{R}$，得到方程(4-26-8)的解为

$$\begin{cases} i = \dfrac{E}{R}\mathrm{e}^{-\frac{t}{\tau}}, \\ V_L = -E\mathrm{e}^{-\frac{t}{\tau}}, \\ V_R = E\mathrm{e}^{-\frac{t}{\tau}}. \end{cases} \tag{4-26-9}$$

可见，将电源断开后，$i$，$V_L$ 和 $V_R$ 也按指数规律变化，变化的快慢由时间常量 $\tau = \dfrac{L}{R}$ 来表征，如图 4-26-4(c)，(d) 所示.

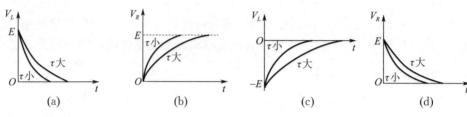

图 4-26-4　*RL* 电路对阶跃电压的响应图

### 3. *LC* 电路

由电感 $L$ 和电容 $C$ 组成的直流串联电路如图 4-26-5 所示，当把开关 K 拨到位置 1 时，电源对电容 $C$ 充电，回路方程为

$$LC\frac{\mathrm{d}^2 i}{\mathrm{d}t^2} + i = 0. \tag{4-26-10}$$

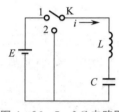

图 4-26-5　*LC* 电路图

这是简谐振动的动力学方程. 考虑到初始条件 $t = 0$ 时，$i = 0$，$V_C = 0$，得到方程(4-26-10)的解为

$$\begin{cases} i = \dfrac{E}{\sqrt{L/C}}\sin \omega t, \\ V_L = E\cos \omega t, \\ V_C = E(1 - \cos \omega t), \end{cases} \tag{4-26-11}$$

式中 $\omega = \dfrac{1}{\sqrt{LC}}$ 为 *LC* 电路的振荡角频率. 可见，在电源对电容 $C$ 充电时，由于电感 $L$ 的作用，回路电流 $i$ 和电容、电感上的压降将发生周期性变化，因此形成电磁振荡，振荡曲线如图 4-26-6(a)，(b) 所示.

当把开关 K 拨到位置 2 时，电容放电，回路方程为

$$LC\frac{\mathrm{d}^2 i}{\mathrm{d}t^2} + i = 0. \tag{4-26-12}$$

方程(4-26-12)与方程(4-26-10)在形式上相同，只是此时的初始条件有了改变，当 $t = 0$ 时，$i = 0$，$V_C = E$，所以方程(4-26-12)的解为

$$\begin{cases} i = \dfrac{E}{\sqrt{L/C}} \sin \omega t, \\ V_L = -E\cos \omega t, \\ V_C = E\cos \omega t. \end{cases} \qquad (4-26-13)$$

可见,电容在放电过程中,电路中的各物理量($i,V_L,V_C$)以同样的角频率$\dfrac{1}{\sqrt{LC}}$做电磁振荡,振荡曲线如图 $4-26-6$ (c),(d) 所示.

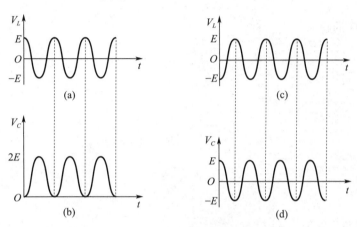

图 $4-26-6$ $LC$ 电路对阶跃电压的响应图

### 4. $RLC$ 电路

以上讨论的都是理想化的情况,即认为电容和电感中都没有电阻,实际上不仅电容和电感本身都有电阻,而且回路中也存在回路电阻,这些电阻会对电路产生影响. 电阻是耗散性元件,将使电能单向转化为热能,可以想象,电阻的主要作用就是把阻尼项引入方程的解中.

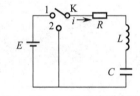

图 $4-26-7$ $RLC$ 串联电路图

在一个由电阻 $R$、电容 $C$ 及电感 $L$ 组成的直流串联电路(见图 $4-26-7$)中,当把开关 K 拨到位置 1 时,电源对电容充电,电容上的电压随时间变化,回路方程为

$$L\frac{\mathrm{d}i}{\mathrm{d}t} + iR + \frac{Q}{C} = E. \qquad (4-26-14)$$

对方程($4-26-14$)求关于 $t$ 的导数,可得

$$LC\frac{\mathrm{d}^2 i}{\mathrm{d}t^2} + RC\frac{\mathrm{d}i}{\mathrm{d}t} + i = 0. \qquad (4-26-15)$$

当电容被充电到 $E$ 时,把开关 K 拨到位置 2,则电容在闭合的 $RLC$ 回路中放电. 由于电感 $L$ 的作用,电路中的电流将发生周期性变化,回路方程为

$$L\frac{\mathrm{d}i}{\mathrm{d}t} + iR + \frac{Q}{C} = 0. \qquad (4-26-16)$$

令 $\lambda = \dfrac{R}{2}\sqrt{\dfrac{C}{L}}$ 为电路的阻尼系数,充放电过程的初始条件为:充电时,$t=0, i=0$, $V_C = 0$;放电时,$t=0, V_C = E$. 方程($4-26-15$)和方程($4-26-16$)的解可以有以下三种形式:

(1) 弱阻尼状态，$\lambda < 1$，即 $R^2 < 4\dfrac{L}{C}$，此时方程 $(4-26-15)$ 的解为

$$
\begin{cases}
i = \sqrt{\dfrac{4C}{4L - R^2 C}} E e^{-\frac{t}{\tau}} \sin \omega t, \\[3mm]
V_L = \sqrt{\dfrac{4C}{4L - R^2 C}} E e^{-\frac{t}{\tau}} \cos(\omega t + \varphi), \\[3mm]
V_C = E\left[ 1 - \sqrt{\dfrac{4C}{4L - R^2 C}} e^{-\frac{t}{\tau}} \cos(\omega t + \varphi) \right];
\end{cases}
\qquad (4-26-17)
$$

方程 $(4-26-16)$ 的解为

$$
\begin{cases}
i = -\sqrt{\dfrac{4C}{4L - R^2 C}} E e^{-\frac{t}{\tau}} \sin \omega t, \\[3mm]
V_L = -\sqrt{\dfrac{4C}{4L - R^2 C}} E e^{-\frac{t}{\tau}} \cos(\omega t + \varphi), \\[3mm]
V_C = \sqrt{\dfrac{4C}{4L - R^2 C}} E e^{-\frac{t}{\tau}} \cos(\omega t - \varphi),
\end{cases}
\qquad (4-26-18)
$$

式中时间常量

$$
\tau = \frac{2L}{R}; \qquad (4-26-19)
$$

振荡角频率和周期分别为

$$
\omega = \frac{1}{\sqrt{LC}} \sqrt{1 - \frac{R^2 C}{4L}}, \quad T = \frac{2\pi}{\omega} = \frac{2\pi \sqrt{LC}}{\sqrt{1 - \dfrac{R^2 C}{4L}}}; \qquad (4-26-20)
$$

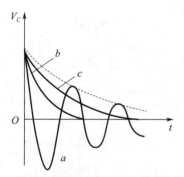

图 $4-26-8$　$RLC$ 电路对阶跃电压的响应（放电过程）

$\varphi$ 满足

$$
\tan \varphi = \sqrt{\frac{R^2 C}{4L - R^2 C}}. \qquad (4-26-21)
$$

可见，此电路的各物理量均呈现振荡特性. 电阻 $R$ 的作用是加上阻尼项，使振荡幅度呈指数衰减，衰减的快慢由时间常量 $\tau$ 决定. 图 $4-26-8$ 中的曲线 $a$ 为阻尼较小时放电过程中的 $V_C$ 随时间 $t$ 的变化规律，这种情况称为弱阻尼振荡状态.

(2) 临界阻尼状态，$\lambda = 1$，即 $R^2 = 4\dfrac{L}{C}$，此时方程 $(4-26-15)$ 的解为

$$
\begin{cases}
i = \dfrac{E}{L} t e^{-\frac{t}{\tau}}, \\[3mm]
V_L = E\left(1 - \dfrac{t}{\tau}\right) e^{-\frac{t}{\tau}}, \\[3mm]
V_C = E\left[1 - \left(1 + \dfrac{t}{\tau} e^{-\frac{t}{\tau}}\right)\right];
\end{cases}
\qquad (4-26-22)
$$

方程 $(4-26-16)$ 的解为

$$
\begin{cases}
i = -\dfrac{E}{L}t\,\mathrm{e}^{-\frac{t}{\tau}}, \\[2mm]
V_L = -E\left(1 - \dfrac{t}{\tau}\right)\mathrm{e}^{-\frac{t}{\tau}}, \\[2mm]
V_C = E\left(1 + \dfrac{t}{\tau}\right)\mathrm{e}^{-\frac{t}{\tau}}.
\end{cases}
\qquad (4-26-23)
$$

当电阻达到一定的临界值,使得 $\lambda = 1$ 时, $\omega = \dfrac{1}{LC}\sqrt{1 - \dfrac{R^2C}{4L}} = 0$. 此时电路中各物理量的变化过程不再具有周期性,这便是临界阻尼状态,这时的电阻值称为临界阻尼电阻. 图 $4-26-8$ 中的曲线 $b$ 即为临界阻尼放电过程中的 $V_C$ 随时间 $t$ 的变化规律.

(3) 过阻尼状态, $\lambda > 1$,即 $R^2 > 4\dfrac{L}{C}$,此时方程($4-26-15$)的解为

$$
\begin{cases}
i = \sqrt{\dfrac{4C}{R^2C - 4L}}\,E\mathrm{e}^{-\frac{t}{\tau}}\,\mathrm{sh}\,\beta t, \\[3mm]
V_L = \sqrt{\dfrac{4L}{R^2C - 4L}}\,E\mathrm{e}^{-\frac{t}{\tau}}\,\mathrm{sh}(-\beta t + \varphi), \\[3mm]
V_C = E\left[1 - \sqrt{\dfrac{4L}{R^2C - 4L}}\,\mathrm{e}^{-\frac{t}{\tau}}\,\mathrm{sh}(\beta t + \varphi)\right];
\end{cases}
\qquad (4-26-24)
$$

方程($4-26-16$)的解为

$$
\begin{cases}
i = -\sqrt{\dfrac{4C}{R^2C - 4L}}\,E\mathrm{e}^{-\frac{t}{\tau}}\,\mathrm{sh}\,\beta t, \\[3mm]
V_L = -\sqrt{\dfrac{4L}{R^2C - 4L}}\,E\mathrm{e}^{-\frac{t}{\tau}}\,\mathrm{sh}(-\beta t + \varphi), \\[3mm]
V_C = \sqrt{\dfrac{4L}{R^2C - 4L}}\,E\mathrm{e}^{-\frac{t}{\tau}}\,\mathrm{sh}(\beta t + \varphi),
\end{cases}
\qquad (4-26-25)
$$

式中 $\beta = \dfrac{1}{LC}\sqrt{\dfrac{R^2C}{4L} - 1}$, $\varphi$ 满足 $\tan\varphi = \beta t$. 此时为阻尼较大的情况,电路中各物理量的变化过程不再具有周期性,而是缓慢地趋向平衡值(见图 $4-26-8$ 中的曲线 $c$),且变化率比临界阻尼状态下的变化率要小.

综上所述,电路在充放电过程中,物理量的变化规律类似,只是最后所趋向的平衡态不同.

【操作步骤】

1. 方波调整. 用方波信号发生器产生阶跃电压代替前述电路中的直流电源和开关,方波的波形如图 $4-26-9$ 所示,其周期为 $T$. 当 $t = 0$ 时,相当于接通电源;当 $t = \dfrac{T}{2}$ 时,相当于断开电源.

按图 $4-26-10$ 所示连接线路,将 $RLC$ 电路实验仪上的波形、频率选择开关置于方波 $50-1\ \mathrm{kHz}$ 处,旋转频率调节旋钮,使方波信号发生器的输出频率为 $f = 500\ \mathrm{Hz}$;将双踪示波器的水平扫描速度旋钮置于 $1\ \mathrm{ms}$ 挡,将垂直(Y)增益旋钮置于 $1\ \mathrm{V}$ 挡,并将它们中间的微调旋钮关闭(顺时针旋到底);旋转幅度调节旋钮,使方波信号的电压峰-峰值为 $V_{\mathrm{PP}} = 2\ \mathrm{V}$,即方波的高电平线与低电平线相距两大格. 调节垂直位移旋钮,使方波的低电平在 $0\ \mathrm{V}$ 位置. 观察并

记录方波波形.

注意,在后面实验中不再转动幅度调节旋钮(保持前述电路中的直流电源的输出电压为$E = 2$ V).

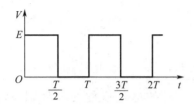

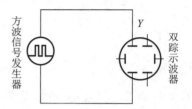

图 4 - 26 - 9　周期为 $T$ 的方波波形图　　图 4 - 26 - 10　　观察方波的实验接线图

2. 研究 $RC$ 电路的暂态过程. 在每一个完整的方波周期作用下,电容都要进行一次充电和放电过程. 如此反复不断地进行充电、放电,就可以很方便地在双踪示波器上观察电容(或电阻)上的周期性变化的充、放电曲线(见图 4 - 26 - 11).

(1) 观察电容上的电压随时间的变化关系. 按图 4-26-12 所示连接线路,电容 $C$ 取 0.05 $\mu$F. 改变 $R_1$ 的电阻值,使得 $\tau$ 分别满足 $\tau \ll \frac{T}{2}$($R_1$ 取 1～2 k$\Omega$),$\tau < \frac{T}{2}$($R_1$ 取 10～15 k$\Omega$),$\tau \geq \frac{T}{2}$($R_1$ 取 20～25 k$\Omega$),观察并记录这三种情况下 $V_C$ 的波形,并分别解释 $V_C$ 的变化规律.

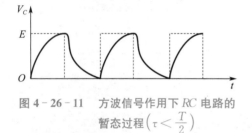

图 4 - 26 - 11　方波信号作用下 $RC$ 电路的暂态过程 $\left(\tau < \frac{T}{2}\right)$

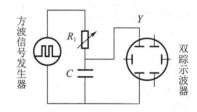

图 4 - 26 - 12　　观察 $RC$ 电路的实验接线图

*(2) 测量时间常量 $\tau$. 先以 XD-8 型信号发生器为标准信号来校准双踪示波器的 $X$ 轴时基,测量每种情况下的 $\tau$ 值,用作图法讨论 $\tau$ 随 $R$ 的变化规律,并与 $\tau$ 的定义 $\tau = RC$ 进行比较. 这里应注意,$R = R_1 + R_i$,式中 $R_i$ 为信号发生器的内阻.

*(3) 观察电阻上的电压随时间的变化关系. 如要记录电阻上的电压波形,请思考应如何改变电路连线. $R_1$ 的取值范围见步骤(1),观察并记录在 $\tau \ll \frac{T}{2}$,$\tau < \frac{T}{2}$,$\tau \geq \frac{T}{2}$ 这三种情况下 $V_R$ 的波形,并分析其变化规律.

*3. 研究 $LC$ 电路的暂态过程. 按图 4 - 26 - 13 所示连接线路,固定方波的频率为 $f = 500$ Hz,电压峰-峰值为 $V_{pp} = 2$ V,电感 $L$ 为 12 mH. 测量电感的损耗电阻 $R_L$(在频率不太高的情况下,可用多用表测出其直流电阻),参照操作步骤 2 中的步骤观测三种情况下 $V_C$ 的波形,分别解释 $V_C$ 的变化规律,并与理论公式进行比较.

4. 研究 $RLC$ 电路的暂态过程.

(1) 电路连接如图 4 - 26 - 14 所示,用双踪示波器

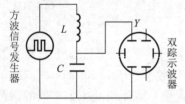

图 4 - 26 - 13　观察 $LC$ 电路的实验接线图　观察 $V_C$.

　　为了清楚地观察到 $RLC$ 阻尼振荡的全过程,需要将双踪示波器的水平扫描速度旋钮置于 $0.5$ ms 挡或 $0.2$ ms 挡. 电感 $L$ 取 $12$ mH(或 $10$ mH),电容 $C$ 取 $0.05$ μF,计算三种不同阻尼状态下对应的电阻范围.

　　(2) 观察弱阻尼状态. 选择合适的 $R_1$(约为 $100$ Ω),使双踪示波器上出现完整的阻尼振荡波形.

　　① 测量振荡周期 $T$ 及时间常量 $\tau$. 从双踪示波器上测量阻尼振荡时任意两个同一侧的振幅值 $V_{C1}$,$V_{C2}$ 及其对应的时间 $t_1$,$t_2$,以及在 $t_1 \sim t_2$ 时间间隔内振荡的次数 $n$(见图 $4 - 26 - 15$),则可求出 $T$ 及 $\tau$,即

$$T = \frac{t_2 - t_1}{n}, \quad \tau = \frac{t_2 - t_1}{\ln \dfrac{V_{C1}}{V_{C2}}}.$$

将此测量结果与式 $(4 - 26 - 20)$ 和式 $(4 - 26 - 19)$ 计算出来的值进行比较.

　　② 改变 $R_1$ 的值,观察阻尼振荡波形的变化情况并加以讨论.

　　*(3) 观察临界阻尼状态. 逐步增大 $R_1$ 的值,当 $V_C$ 的波形刚好不出现振荡,即处于临界阻尼状态时,此时回路的总电阻就是临界电阻,与用公式 $R^2 = \dfrac{4L}{C}$ 所计算出来的电阻值进行比较.

　　*(4) 观察过阻尼状态. 在步骤(3)的基础上继续增大 $R_1$ 的值,即处于过阻尼状态,观察不同大小的 $R_1$ 对 $V_C$ 波形的影响.

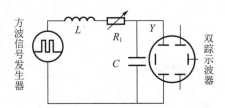

图 $4 - 26 - 14$　观察 $RLC$ 电路的实验接线图

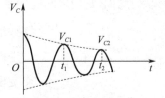

图 $4 - 26 - 15$　阻尼振荡波形

## 【数据处理】

1. 在坐标纸上作出所观测到的方波、$RC$ 电路的暂态过程、$RLC$ 弱阻尼振荡等波形.

2. 计算 $RLC$ 弱阻尼振荡波形的振荡周期 $T$ 及时间常量 $\tau$.

## 【思考题】

1. 在 $RC$ 电路中,固定方波的频率 $f$ 而改变 $R_1$ 的电阻值,为什么会有各种不同的波形? 若固定 $R_1$ 的电阻值而改变方波的频率 $f$,会得到类似的波形吗? 为什么?

2. 在 $RLC$ 电路中,如何由弱阻尼振荡波形来测量 $RLC$ 电路的振荡周期 $T$? 振荡周期 $T$ 与角频率 $\omega$ 的关系会因方波频率的变化而发生变化吗?

# 实验二十七　$RL$,$RC$ 串联电路的稳态过程

　　电阻、电感、电容元件与其他电子元件的组合可以构成放大电路、振荡电路、选频电路、滤

波电路…… 这些电路是许多电子仪器设备及家用电器的基本电路模块. 因此, 研究 $RL$, $RC$ 串联电路及其稳态过程, 在物理学及工程技术上都很有意义.

【实验目的】

1. 研究 $RL$, $RC$ 串联电路对正弦交流信号的稳态响应.
2. 学习并掌握测量两个波形相位差的方法.

【实验仪器】

电阻箱、电容、电感、信号发生器、双踪示波器.

【实验原理】

当把正弦交流电压 $v_i$ 输入到 $RC$ (或 $RL$) 串联电路中时, 电容或电阻两端的输出电压 $v_o$ 的幅度及相位将随输入电压频率的变化而变化. 回路电流和各元件上的电压的幅值与输入信号频率之间的关系, 称为幅频特性; 回路电流和各元件上的电压的幅值与输入信号的相位差、频率的关系, 称为相频特性.

1. 交流电路中各元件的特性

任意一个正弦交流变量都可以由三个参数完全确定. 这三个参数分别为振幅、频率 $\left(\text{或角频率、周期, 它们之间的关系为} \omega = \dfrac{2\pi}{T} = 2\pi f\right)$ 和相位. 例如,

$$\begin{cases} \text{交变电动势} \quad e(t) = E\cos(\omega t + \varphi_e), \\ \text{交变电压} \quad\quad v(t) = V\cos(\omega t + \varphi_v), \\ \text{交变电流} \quad\quad i(t) = I\cos(\omega t + \varphi_i), \end{cases} \quad (4-27-1)$$

式中 $E$, $V$, $I$ 分别为交变电动势、电压和电流的峰值. 在实际应用中, 几乎所有的交流电表都是按正弦信号的有效值来标度的. 正弦交流信号的有效值与峰值之间的关系为有效值等于峰值的 $\dfrac{1}{\sqrt{2}}$, 例如 $V_{有效} = \dfrac{1}{\sqrt{2}} V$. 式 $(4-27-1)$ 中的 $\omega t + \varphi$ 称为相位, $\varphi$ 称为初相位. 正弦电压、电流之间除了存在量值大小外, 还存在着相位差. 与直流电路不同, 在交流电路中, 反映某一元件上的电压 $v(t)$ 与其电流 $i(t)$ 的关系, 需要两个量: 一个是电压、电流峰值(或有效值)之比, 称为阻抗, 即

$$Z = \frac{V}{I} = \frac{V_{有效}}{I_{有效}}; \quad (4-27-2)$$

另一个是两者的相位差, 即

$$\varphi = \varphi_v - \varphi_i. \quad (4-27-3)$$

$Z$ 和 $\varphi$ 两个量代表着元件本身的特性.

对于电阻元件, 阻抗 $Z_R = R$, $\varphi = 0$, 说明电阻上的电压与电流同相位, 其阻抗就是电阻值 $R$.

对于电容元件, 容抗 $Z_C = \dfrac{1}{\omega C}$, $\varphi = -\dfrac{\pi}{2}$, 说明容抗与角频率和电容成反比, 角频率越高或电容越大, 则容抗越小. 在电容上, 电压的相位落后于电流的相位 $\dfrac{\pi}{2}$.

对于电感元件,感抗 $Z_L = \omega L$, $\varphi = \dfrac{\pi}{2}$, 说明感抗随角频率线性增长,并正比于电感 $L$. 在电感上,电压的相位超前于电流的相位 $\dfrac{\pi}{2}$.

以上分析说明,电容、电感元件的特性均与角频率有关,且具有相反的性质,而电阻则介于两者之间.

### 2. $RC$ 串联电路

在如图 $4-27-1$ 所示的 $RC$ 串联电路中,若输入的信号为正弦交流信号,即 $v_i(t) = V_i\cos\omega t$, 根据基尔霍夫(Kirchhoff)定律,回路方程为

$$V_i\cos\omega t = RC\frac{\mathrm{d}v_C}{\mathrm{d}t} + v_R,$$

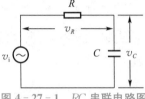

图 $4-27-1$　$RC$ 串联电路图

式中 $v_C$, $v_R$ 分别为电容、电阻上的电压. 这是一个一阶常系数非齐次线性微分方程,它的特解描述了 $RC$ 串联电路对正弦交流信号的稳态响应,其特解为

$$\begin{cases} v_C = Z_C\dfrac{V_i}{Z}\cos(\omega t + \varphi_c) = V_C\cos(\omega t + \varphi_c), \\[2mm] i = C\dfrac{\mathrm{d}v_C}{\mathrm{d}t} = \dfrac{V_i}{Z}\cos(\omega t + \varphi_c) = I\cos(\omega t + \varphi_i), \\[2mm] v_R = iR = \dfrac{V_i}{Z}R\cos(\omega t + \varphi_i) = V_R\cos(\omega t + \varphi_i), \end{cases} \quad (4-27-4)$$

式中 $i$ 为回路电流; $Z$ 为该电路的总阻抗,即

$$Z = \sqrt{R^2 + Z_C^2} = \sqrt{R^2 + \left(\frac{1}{\omega C}\right)^2}; \quad (4-27-5)$$

$v_C$ 与 $v_i(t)$ 之间的相位差为

$$\varphi_c = \arctan\omega RC; \quad (4-27-6)$$

$i$(或 $v_R$)与 $v_i(t)$ 之间的相位差为

$$\varphi_i = \frac{\pi}{2} + \varphi_c. \quad (4-27-7)$$

从上面的分析可以得出以下结论:

(1) $RC$ 串联电路对正弦交流信号的响应仍是正弦的.

(2) 当输入信号的频率变化时,元件上各物理量的峰值将随之改变. 由于电容上的电压 $v_C$ 随频率的增加而减小,因此电阻上的电压 $v_R$ 增加.

(3) 若输入信号含有不同的频率成分,则高频成分将更多地降落在电阻上,而低频成分将更多地降落在电容上,从而可以把不同频率的信号分开. 利用 $RC$ 串联电路的这种特性,可以制成无线电、广播、通信等技术领域中广泛使用的高、低通滤波器.

(4) 相位差 $\varphi_c < 0$, 表示电容上的电压的相位落后于输入信号的相位;而 $\varphi_i > 0$, 则表示回路电流及电阻上的电压的相位超前于输入信号的相位. $\varphi_c$ 随 $\omega$ 的变化规律如图 $4-27-2$ 所示. 当 $\omega \to 0$ 时, $\varphi_c \to 0$, $\varphi_i \to \dfrac{\pi}{2}$; 当 $\omega \to \infty$ 时, $\varphi_c \to -\dfrac{\pi}{2}$, $\varphi_i \to 0$; 另外, $\varphi_c$, $\varphi_i$ 是 $R$, $C$ 的函数,可以通过选择合适的 $R$, $C$, 使 $\varphi_c$(或 $\varphi_i$)的值满足实际应用的要求,这就是 $RC$ 串联电路的移相作

用. 如图 4-27-3 所示为 $RC$ 串联电路的电压矢量图.

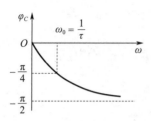

图 4-27-2 $RC$ 串联电路的相频特性曲线

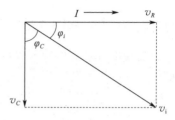

图 4-27-3 $RC$ 串联电路的电压矢量图

### 3. $RL$ 串联电路

在如图 4-27-4 所示的 $RL$ 串联电路中,设输入信号的电压为 $v_i(t) = V_i\cos\omega t$,则回路方程为

$$V_i\cos\omega t = L\frac{\mathrm{d}i}{\mathrm{d}t} + iR. \tag{4-27-8}$$

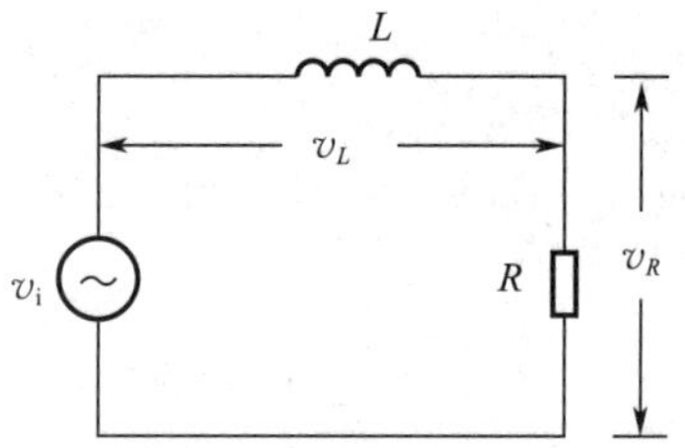

$RL$ 串联电路对正弦信号的稳态响应的特解为

$$\begin{cases} i = \dfrac{V_i}{Z}\cos(\omega t + \varphi_i) = I\cos(\omega t + \varphi_i), \\[2mm] v_R = iR = \dfrac{V_i}{Z}R\cos(\omega t + \varphi_i) = V_R\cos(\omega t + \varphi_i), \\[2mm] v_L = L\dfrac{\mathrm{d}i}{\mathrm{d}t} = Z_L\dfrac{V_i}{Z}\cos(\omega t + \varphi_L) = V_L\cos(\omega t + \varphi_L), \end{cases}$$

$$\tag{4-27-9}$$

图 4-27-4 $RL$ 串联电路图

式中 $v_R, v_L$ 分别为电阻、电感上的电压;$i$ 为回路电流;$Z$ 为电路总阻抗,即

$$Z = \sqrt{R^2 + Z_L^2} = \sqrt{R^2 + (\omega L)^2};$$

$i$(或 $v_R$)与 $v_i(t)$ 之间的相位差为

$$\varphi_i = \arctan\frac{\omega L}{R}; \tag{4-27-10}$$

$v_L$ 与 $v_i(t)$ 之间的相位差为

$$\varphi_L = \varphi_i + \frac{\pi}{2}. \tag{4-27-11}$$

通过上面的分析可以得到以下结论:

(1) $RL$ 串联电路对正弦交流信号的响应仍是正弦的.

(2) $RL$ 串联电路的幅频特性与 $RC$ 串联电路的相反. 当角频率 $\omega$ 增加时,回路电流 $i$、电阻上的电压 $v_R$ 将减小,而电感上的电压 $v_L$ 将增大. 利用 $RL$ 串联电路的这种特性,同样可以制成各种滤波器.

(3) $\varphi_i < 0$,表示回路电流及电阻上的电压的相位落后于输入信号的相位;而 $\varphi_L > 0$,则表示电感上的电压的相位超前于输入信号的相位(见图 4-27-5),这一点与 $RC$ 串联电路相反.

(4) $RL$ 串联电路的相频特性. 如图 4-27-6 所示,当 $\omega \rightarrow 0$ 时,$\varphi_i \rightarrow 0$,$\varphi_L \rightarrow \dfrac{\pi}{2}$;当 $\omega \rightarrow \infty$

时,$\varphi_i \to -\dfrac{\pi}{2}$,$\varphi_L \to 0$.

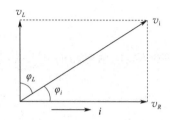

图 4 - 27 - 5　$RL$ 串联电路的电压矢量图

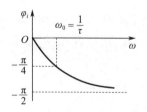

图 4 - 27 - 6　$RL$ 串联电路的相频特性曲线

【操作步骤】

1.$RC$ 串联电路特性的观测.

（1）按图 4 - 27 - 7 所示连接线路,$R$ 取 650 Ω,$C$ 取 0.5 μF,信号发生器输出一频率固定（如 $f = 1$ kHz）、峰值为 4 V 的交流信号作为 $RC$ 串联电路的输入信号. 将此输入信号（$v_i$）和电容上的输出信号（$v_C$）分别接到双踪示波器的 Y1,Y2 输入端,观察 $RC$ 串联电路对正弦输入电压的频率响应. 注意,$D$ 点为信号发生器及示波器各输入端的公共地端（思考:若要测量电阻上的电压 $v_R$,接线方式应如何改动）.

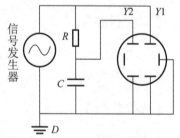

图 4 - 27 - 7　观测 $RC$ 串联电路的实验装置图

（2）幅频特性观测. 首先要正确判断荧光屏上哪个波形是输入信号 $v_i$,哪个波形是输出信号 $v_C$,然后从荧光屏上测量相关数据,并与用式（4 - 27 - 4）计算出来的理论值进行比较,分析所得的结果.

改变输入信号的频率 $f$,使之在 50 Hz ～ 10 kHz 范围内变动,保持信号的峰值不变,观察 $v_C$ 和 $v_R$ 随 $f$ 的变化,分析观察到的现象,并给出定性的结论,从而尝试写出滤波电路的原理.

（3）相频特性观测. 观察 $v_C$ 与 $v_i$ 的相位,判断哪个波形超前. 保持输入信号的峰值不变,改变信号的频率 $f$,观察相位差 $\varphi_C$ 随 $f$ 的变化,选择 5 ～ 7 个合适的 $f$ 值,通过示波器测量 $\varphi_C$ 的值,作 $\tan \varphi_C - f$ 关系曲线.

*（4）如果用李萨如图形法测量相位差 $\varphi_C$,接线应如何调整? 请画出接线图并对 $\varphi_C$ 进行测量,与步骤（4）的结果进行对比.

*（5）观测 $RC$ 串联电路的移相作用. 固定输入信号的频率 $f$,改变电阻值,观测 $\varphi_C$ 随 $R$ 的变化规律. 选择合适的 $R$,使相移刚好为 $\varphi_C = \dfrac{\pi}{4}$,将此值与由式（4 - 27 - 6）计算出来的值进行比较,分析误差来源.

2.$RL$ 串联电路特性的观测. 参考操作步骤 1 进行实验,$R$ 的取值范围为 0 ～ 650 Ω,$L$ 取 0.2 H,观测 $RL$ 串联电路的幅频特性和相频特性.

【数据处理】

1.在坐标纸上作出所观测到的 $RC$ 串联电路的幅频特性曲线和相频特性曲线.

2.在坐标纸上作出所观测到的 $RL$ 串联电路的幅频特性曲线和相频特性曲线.

3. 由 $\tan \varphi_C$ - $f$ 关系曲线的斜率求出 $RC$ 的值,并与理论计算得出的 $RC$ 值进行比较.

【思考题】

1. 分析 $RC$, $RL$ 串联电路的异同点.

2. 把一个峰值为 $V_i$、角频率为 $\omega = \dfrac{1}{RC}$ 的正弦电压加在 $RC$ 串联电路的输入端,若 $R = 1$ k$\Omega$, $C = 0.5$ $\mu$F,试计算 $v_C$, $v_R$, $\left|\dfrac{v_C}{v_i}\right|$ 及 $\varphi_C$,并用矢量图表示.

非均匀磁场的测量

# 实验二十八　非均匀磁场的测量

圆电流周围存在着非均匀磁场,通过测量通电圆线圈和亥姆霍兹线圈的磁场分布,可以了解其磁场的轴向分布和径向分布的特征,明确磁场的矢量性和叠加原理.

【实验目的】

1. 明确磁场的矢量性,并验证磁场的叠加原理.
2. 测量亥姆霍兹线圈的磁场分布.

【实验仪器】

亥姆霍兹磁场实验仪由励磁线圈架(见图 4 - 28 - 1)和磁场测量仪(见图 4 - 28 - 2)两部分组成.

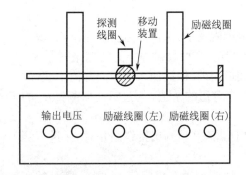

图 4 - 28 - 1　励磁线圈架

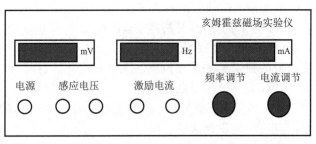

图 4 - 28 - 2　磁场测量仪

【实验原理】

对于一个半径为 $R$、电流为 $I$ 的圆线圈,其轴线上某一点处的磁感应强度为

$$B = \frac{\mu_0 N_0 I R^2}{2(x^2 + R^2)^{3/2}}, \tag{4-28-1}$$

式中 $N_0$ 为圆线圈的匝数,$x$ 为该点到圆心 $O$ 的距离,$\mu_0 = 4\pi \times 10^{-7}$ H/m 为真空磁导率. 轴线上的磁场分布如图 4 - 28 - 3 所示.

亥姆霍兹线圈由彼此平行且共轴的两个相同线圈组成,使线圈通以相同方向的电流 $I$,由理论计算可得,当线圈间距 $a$ 等于线圈半径 $R$ 时,其轴线上的磁场分布如图 4-28-4 所示.实验原理如图 4-28-5 所示.

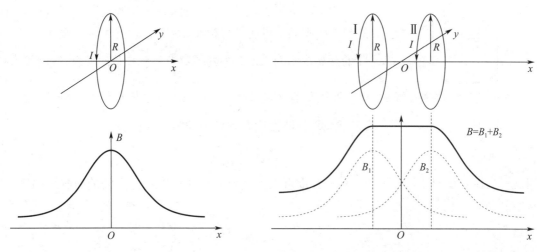

图 4-28-3 单个圆线圈轴线上的磁场分布　　　图 4-28-4 亥姆霍兹线圈轴线上的磁场分布

设由交流信号驱动的线圈所产生的交变磁场,其磁感应强度瞬时值为

$$B_i = B_m \sin \omega t,$$

式中 $B_m$ 为磁感应强度的峰值,其有效值记作 $B$;$\omega$ 为角频率. 设将一个探测线圈放在该磁场中,通过探测线圈的磁通量为

$$\Phi = NSB_m \cos \theta \sin \omega t,$$

式中 $N$ 为探测线圈的匝数,$S$ 为该线圈所围的面积,$\theta$ 为线圈法向单位矢量 $\boldsymbol{n}$ 与 $\boldsymbol{B}$ 之间的夹角,如图 4-28-6 所示.探测线圈产生的感应电动势为

$$\mathscr{E} = -\frac{\mathrm{d}\Phi}{\mathrm{d}t} = -NS\omega B_m \cos \theta \cos \omega t = -\mathscr{E}_m \cos \omega t,$$

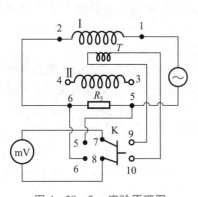

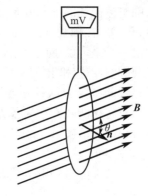

图 4-28-5 实验原理图　　　　　　图 4-28-6 探测线圈方位图

式中 $\mathscr{E}_m = NS\omega B_m \cos \theta$ 为探测线圈法向单位矢量和磁场成 $\theta$ 角时,感应电动势的幅值. 当 $\theta = 0$ 时,$\mathscr{E}_m = NS\omega B_m$,这时感应电动势的幅值最大. 如果用数字毫伏表测量探测线圈的电动势,则毫伏表的示值(有效值)$U$ 为 $\frac{\mathscr{E}_m}{\sqrt{2}}$,于是

$$B = \frac{B_m}{\sqrt{2}} = \frac{U}{NS\omega}. \qquad (4-28-2)$$

图 4 - 28 - 7　探测线圈
尺寸示意图

实验中由于磁场的不均匀性,要求探测线圈尽可能小. 实际的探测线圈又不可能做得很小,否则会影响测量灵敏度. 一般设计的探测线圈的长度 $L$ 和外径 $D$ 有 $L = \frac{2}{3}D$ 的关系,线圈的内径 $d$ 与外径 $D$ 有 $d \leqslant \frac{3}{D}$ 的关系,尺寸示意图如图 4 - 28 - 7 所示. 经理论计算,探测线圈在磁场中的等效面积为

$$S = \frac{13}{108}\pi D^2. \qquad (4-28-3)$$

用这样的探测线圈测得的平均磁感应强度可以近似看成探测线圈中心点处的磁感应强度. 将式(4 - 28 - 3)代入式(4 - 28 - 2),可得

$$B = \frac{54}{13\pi^2 ND^2 f}U. \qquad (4-28-4)$$

本实验中,$D = 0.012$ m,$N = 1\,000$ 匝. 将测得的频率 $f$ 和 $U$ 代入式(4 - 28 - 4)就可得到 $B$ 的值.

【操作步骤】

1. 打开磁场测量仪的电源开关,预热 10 min 后,再对励磁线圈架和磁场测量仪进行连线. 将磁场测量仪上的激励电流接线柱和励磁线圈架上的励磁线圈(左)接线柱相连接,将励磁线圈架上的输出电压和磁场测量仪上的感应电压接线柱相连接. 将磁场测量仪上的电流频率调为 200 Hz,将电流大小调为 80 mA.

2. 测量圆电流磁场的径向分布. 以励磁线圈(左)的中心点为坐标原点 $O$,以轴线方向为 $y$ 轴,向右为正方向,以半径方向为 $x$ 轴,垂直纸面向里为正方向. 通过励磁线圈架上的移动装置将探测线圈在轴线方向上移至 $y = -50$ mm 处,在半径方向上从 $x = -20$ mm 移至 $x = 20$ mm 处,每移 5 mm,通过转动探测线圈测出一个最大的感应电压,并将数据记录在表 4 - 28 - 1 中.

3. 测量圆电流磁场的轴向分布. 通过励磁线圈架上的移动装置将探测线圈在半径方向上移至 $x = 0$ mm 处,在轴线方向上从 $y = -100$ mm 移至 $y = 0$ mm 处,每移 10 mm,通过转动探测线圈测出一个最大的感应电压,并将数据记录在表 4 - 28 - 2 中.

4. 测量两圆线圈 Ⅰ 和 Ⅱ 的磁场的轴向分布. 将磁场测量仪上的激励电流接线柱与励磁线圈架上的励磁线圈(左)接线柱相连接,以两圆线圈轴线上的中点为坐标原点. 通过励磁线圈架上的移动装置将探测线圈在半径方向上移至 $x = 0$ mm 处,在轴线方向上从 $y = -50$ mm 移至 $y = 50$ mm 处,每移 10 mm,通过转动探测线圈测出一个最大的感应电压,并将数据记录在表 4 - 28 - 3 中.

将磁场测量仪上的激励电流接线柱与励磁线圈架上的励磁线圈(右)接线柱相连接,重复上述步骤.

5. 测量亥姆霍兹线圈磁场的轴向分布,验证磁场的矢量叠加原理. 将励磁线圈架的两组励磁线圈串接起来(注意,极性不要接反),然后与磁场测量仪上的激励电流接线柱相连接. 调节磁场测量仪的输出功率,使激励电流的有效值仍为 100 mA. 通过励磁线圈架上的移动装置将探测线圈在轴线方向上从 $y = -50$ mm 移至 $y = 50$ mm 处,每移 10 mm,通过转动探测线圈测出一个最大的感应电压,并将数据记录在表 4 - 28 - 4 中.

## 【数据记录】

表 4-28-1 圆电流磁场径向分布的数据记录表

| $x$/mm | -20 | -15 | -10 | -5 | 0 | 5 | 10 | 15 | 20 |
|---|---|---|---|---|---|---|---|---|---|
| $U$/mV | | | | | | | | | |
| $B$/($10^{-3}$ T) | | | | | | | | | |

表 4-28-2 圆电流磁场轴向分布的数据记录表

| $y$/mm | -100 | -90 | -80 | -70 | -60 | -50 | -40 | -30 | -20 | -10 | 0 |
|---|---|---|---|---|---|---|---|---|---|---|---|
| $U$/mV | | | | | | | | | | | |
| $B$/($10^{-3}$ T) | | | | | | | | | | | |

表 4-28-3 两圆线圈的磁场轴向分布的数据记录表

| | $y$/mm | -50 | -40 | -30 | -20 | -10 | 0 | 10 | 20 | 30 | 40 | 50 |
|---|---|---|---|---|---|---|---|---|---|---|---|---|
| 圆线圈 I | $U$/mV | | | | | | | | | | | |
| | $B$/($10^{-3}$ T) | | | | | | | | | | | |
| 圆线圈 II | $U$/mV | | | | | | | | | | | |
| | $B$/($10^{-3}$ T) | | | | | | | | | | | |
| 叠加结果 | $B$/($10^{-3}$ T) | | | | | | | | | | | |

表 4-28-4 亥姆霍兹线圈磁场轴向分布的数据记录表

| $y$/mm | -50 | -40 | -30 | -20 | -10 | 0 | 10 | 20 | 30 | 40 | 50 |
|---|---|---|---|---|---|---|---|---|---|---|---|
| $U$/mV | | | | | | | | | | | |
| $B$/($10^{-3}$ T) | | | | | | | | | | | |

## 【数据处理】

1. 应用式(4-28-4)计算 $B$ 的值并填入各表中.
2. 由表4-28-1中的数据作出圆电流沿径向的磁场分布曲线.
3. 由表4-28-2中的数据作出圆电流沿轴向的磁场分布曲线.
4. 由表4-28-3中的数据分别作出圆线圈 I 和圆线圈 II 沿轴向的磁场分布曲线,并作出其叠加后的磁场分布曲线.
5. 由表4-28-4中的数据作出亥姆霍兹线圈沿轴向的磁场分布曲线,并与圆线圈 I,II 的叠加磁场分布曲线进行比较.

## 【思考题】

1. 将探测线圈放入磁场后,不同方向上毫伏表的示值不同,哪个方向最大? 如何测准 $U$ 的值? 示值最小表示什么?
2. 在实验过程中,为什么通过圆线圈的励磁电流应保持不变?

pn 结物理特性及
弱电流的测量

# 实验二十九　pn 结物理特性及弱电流的测量

pn 结既是电子和电工技术中的常见元件,又是构成二极管、三极管的重要部分,其伏安特性是基本的研究内容. 运算放大器也是电子和电工技术中的常见元件,其放大原理和工作方式有不同的类型,并有极其广泛的应用.

## 【实验目的】

1. 在室温下,测量 pn 结的伏安特性.
2. 在一定温度条件下,测量玻尔兹曼(Boltzmann)常量.
3. 学习用运算放大器组成电流-电压变换器来测量弱电流.
4. 测量 pn 结温度传感器电压与温度的关系,并求出其灵敏度.
5. 计算在 0 K 时,半导体硅材料的近似禁带宽度.

## 【实验仪器】

pn 结物理特性综合实验仪.

## 【实验原理】

### 1. pn 结伏安特性及玻尔兹曼常量的测量

由半导体物理学可知,pn 结的正向电流与电压的关系为

$$I = I_0 (e^{\frac{eU}{kT}} - 1), \tag{4-29-1}$$

式中 $I$ 为通过 pn 结的正向电流;$I_0$ 为反向饱和电流,在温度恒定时为常量;$T$ 为热力学温度;$e$ 为元电荷;$U$ 为 pn 结的正向电压;$k$ 为玻尔兹曼常量. 由于在常温(300 K)时,$\frac{kT}{e} \approx 2.6 \times 10^{-2}$ V,而 pn 结的正向电压在 $0 \sim 1$ V 之间,因此 $e^{\frac{eU}{kT}} \gg 1$,于是有

$$I = I_0 e^{\frac{eU}{kT}}, \tag{4-29-2}$$

即 pn 结的正向电流随正向电压按指数规律变化. 若测得 pn 结的正向 $I$-$U$ 关系值,则可以求出 $\frac{e}{kT}$. 在测得温度 $T$ 后,就可以得到 $\frac{e}{k}$,将元电荷 $e$ 作为已知值代入,即可求得玻尔兹曼常量 $k$.

在实际测量中,pn 结的正向 $I$-$U$ 关系虽然能较好地满足指数关系,但求得的玻尔兹曼常量 $k$ 往往偏小. 这是因为通过 pn 结的正向电流不只是扩散电流,还有其他电流. 通过 pn 结的电流一般包括三个部分:一是扩散电流,其值严格遵循式(4-29-2);二是耗尽层复合电流,其值正比于 $e^{\frac{U}{2kT}}$;三是表面电流,它是由 Si 和 $SiO_2$ 界面中的杂质引起的,其值正比于 $e^{\frac{U}{mkT}}$,一般 $m > 2$. 因此,为了验证式(4-29-2)及求出准确的玻尔兹曼常量,不宜采用二极管,而应采用三极管接成共基极线路,因为此时集电极与基极短接,集电极中的电流仅仅是扩散电流. 耗尽层复合电流主要在基极出现,在测量集电极电流时,将没有耗尽层复合电流. 本实验选取性能良好的三极管(TIP31 型),实验中所加的正向电压较低,这样表面电流的影响也可以忽略,所

以此时集电极电流与电压将满足式(4-29-2).实验电路如图4-29-1所示.

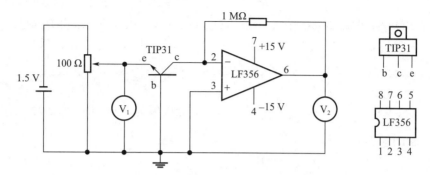

图 4-29-1　pn 结伏安特性及玻尔兹曼常量测量电路图

### 2.弱电流的测量

运算放大器(简称为运放)是具有很高放大倍数的电路单元.高输入阻抗运算放大器性能优良、价格低廉,用它组成电流-电压变换器(也称为弱电流放大器),可用来测量弱电流信号,具有输入阻抗低、电流灵敏度高、温漂小、线性好、设计制作简单、结构牢靠等优点,因而被广泛应用于物理测量中.

LF356 是一个高输入阻抗运算放大器,用它组成的电流-电压变换器如图4-29-2所示.其中虚线框内的电阻 $Z_R$ 为电流-电压变换器的等效输入阻抗.由图4-29-2可得运算放大器的输出电压 $U_o$ 为

$$U_o = -K_0 U_i,　　　　　　　(4-29-3)$$

式中 $U_i$ 为输入电压; $K_0$ 为运算放大器的开环增益,即图4-29-2中的反馈电阻 $R_f \to \infty$ 时的电压增益,对于 LF356 运算放大器,其开环增益 $K_0 = 2 \times 10^5$.因为理想运算放大器的输入阻抗 $r_i \to \infty$,所以输入电流 $I_i$ 只流经由反馈网络所构成的通路,因而有

$$I_i = \frac{U_i - U_o}{R_f} = \frac{U_i(1 + K_0)}{R_f}.　　　　(4-29-4)$$

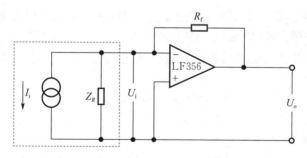

图 4-29-2　电流-电压变换器原理图

由式(4-29-4)可得电流-电压变换器的等效输入阻抗 $Z_R$ 为

$$Z_R = \frac{U_i}{I_i} = \frac{R_f}{1 + K_0} \approx \frac{R_f}{K_0}.　　　　(4-29-5)$$

由式(4-29-3)可知,电流-电压变换器的输入电流 $I_i$ 与输出电压 $U_o$ 之间的关系为

$$I_{i} = -\frac{U_{o}}{K_{0}}\frac{1+K_{0}}{R_{f}} = -\frac{U_{o}}{R_{f}}\left(1+\frac{1}{K_{0}}\right) \approx -\frac{U_{o}}{R_{f}}. \qquad (4-29-6)$$

由式(4-29-6)可知,只要测得输出电压 $U_{o}$ 和已知 $R_{f}$ 的值,即可求得 $I_{i}$ 的值.LF356 运算放大器的输入阻抗 $r_{i} \approx 10^{12}$ Ω.若取 $R_{f} = 1.00$ MΩ,则由式(4-29-5)可得

$$Z_{R} = \frac{1.00 \times 10^{6}}{1+2 \times 10^{5}} \text{ Ω} \approx 5 \text{ Ω}.$$

若选用 $4\frac{1}{2}$ 位,量程为 200 mV 的数字电压表,它的分度值为 0.01 mV,那么用上述电流-电压变换器能显示的最小电流值为

$$I_{\min} = \frac{0.01 \times 10^{-3}}{1 \times 10^{6}} \text{A} = 1 \times 10^{-11} \text{ A}.$$

可见,由运算放大器组成的电流-电压变换器可用来测量弱电流,具有输入阻抗小、灵敏度高的优点.

3. pn 结的电压 $U$ 与热力学温度 $T$ 的关系的测量

当 pn 结通过恒定小电流(通常电流为 $I = 1$ mA)时,由半导体理论可得 $U$ 与 $T$ 的近似关系为

$$U = ST + U_{\text{go}}, \qquad (4-29-7)$$

式中 $S \approx -2.3$ mV/K 为 pn 结温度传感器的灵敏度,$U_{\text{go}}$ 为绝对零度时 pn 结材料的导带底和价带顶的电势差.由 $U_{\text{go}}$ 可求出温度为 0 K 时 pn 结材料的近似禁带宽度 $E_{\text{go}} = eU_{\text{go}}$.硅材料的 $E_{\text{go}}$ 约为 1.20 eV.

【操作步骤】

1. 测量玻尔兹曼常量.实验电路如图 4-29-1 所示,图中 $V_{1}$ 为 $3\frac{1}{2}$ 位数字电压表,位于 pn 结物理特性综合实验仪的左端,用于测量式(4-29-2)中的正向电压 $U$,将其读数记作 $U_{1}$;$V_{2}$ 为 $4\frac{1}{2}$ 位数字电压表,位于实验仪的中部,用于测量式(4-29-6)中的输出电压 $U_{o}$(相当于测量式(4-29-2)中的电流 $I$),将其读数记作 $U_{2}$;TIP31 型为带散热板的功率三极管,调节电压的分压器为多圈电位器,为保持 pn 结与周围环境一致,把 TIP31 型三极管浸没在盛有变压器油的干井槽中.变压器油的温度用铂电阻进行测量,其数据显示于实验仪右端的数字温度计上.

(1)按图 4-29-1 所示连接线路.注意不要按实验仪的加热开关键和风扇开关键.

(2)测量室温 $t_{1}$.按下数字温度计下面的复位键,数字温度计显示屏左侧的字母 R 表示室温,后面的数字表示温度值,其单位为 ℃.

(3)测量 $U_{1}$ 和 $U_{2}$.将实验仪左端的电压调节旋钮逆时针旋转到底,这时电压表 $V_{1}$ 和 $V_{2}$ 的示数都应为零;然后顺时针缓慢旋转电压调节旋钮,观察电压表 $V_{1}$ 和 $V_{2}$ 的示数变化;最后进行测量:使 $U_{1}$ 从 0.310 V 变化至 0.420 V,当 $U_{1}$ 每变化 0.010 V 时,记录 $U_{2}$,共测 12 个数据点,并将数据填入表 4-29-1 中.

(4)再次测量室温 $t_{2}$.

*2. 测量 pn 结温度传感器的灵敏度和 pn 结材料在 0 K 时的近似禁带宽度.实验电路如

图 4-29-3 所示,测温电路如图 4-29-4 所示.图 4-29-4 中的数字电压表 $V_2$ 通过开关控制, 既作测温电桥指零用,又作监测 pn 结电流用,以保持电流 $I = 100\ \mu A$.

(1) 按照图 4-29-3 和图 4-29-4 所示连接线路.

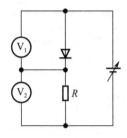 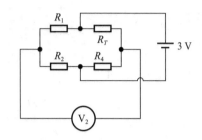

图 4-29-3　pn 结的电压与温度关系测量的实验电路图　　　　图 4-29-4　测温电路图

(2) 旋转实验仪左端的电压调节旋钮,调节图 4-29-3 所示电路中的电源电压,使电阻 $R$ 两端的电压保持 1 V 不变,即电流 $I = 100\ \mu A$.从电压表 $V_1$ 读出电压值 $U$.

(3) 用电桥测量铂电阻 $R_T$ 的电阻值,通过查铂电阻值与温度关系表,可得恒温器的实际温度.

(4) 将温度升高 $5 \sim 10\ ℃$.重复步骤(2),(3),至少测量 6 次.将数据填入表 4-29-2 中.

【数据记录】

表 4-29-1　测量玻尔兹曼常量的数据记录表

室温:$t_1 = $ ＿＿＿＿＿ ℃;　$t_2 = $ ＿＿＿＿＿ ℃　　　　　　　　　　　　单位:V

| 测量次数 | 1 | 2 | 3 | 4 | 5 | 6 |
|---|---|---|---|---|---|---|
| $U_1$ | 0.310 | 0.320 | 0.330 | 0.340 | 0.350 | 0.360 |
| $U_2$ | | | | | | |
| 测量次数 | 7 | 8 | 9 | 10 | 11 | 12 |
| $U_1$ | 0.370 | 0.380 | 0.390 | 0.400 | 0.410 | 0.420 |
| $U_2$ | | | | | | |

表 4-29-2　测量 pn 结温度传感器的灵敏度的数据记录表

| 测量次数 | $R_T/\Omega$ | $\theta/℃$ | $T/K$ | $U/V$ |
|---|---|---|---|---|
| 1 | | | | |
| 2 | | | | |
| 3 | | | | |
| 4 | | | | |
| 5 | | | | |
| 6 | | | | |
| 7 | | | | |
| 8 | | | | |

## 【数据处理】

1. 计算玻尔兹曼常量. 由于 $U_2$ 和 $I$ 是线性关系,有 $I = AU_2$,式中 $A$ 为电流转换为电压的转换系数. 将 $I$ 代入式(4-29-2),可得

$$AU_2 = I_0 \mathrm{e}^{\frac{eU_1}{kT}}.$$

对上式两端取对数,可得

$$\ln U_2 = \ln I_0 + \frac{eU_1}{kT} - \ln A.$$

令 $b = \dfrac{e}{kT}$,上式可写为

$$\ln U_2 = \ln I_0 - \ln A + bU_1.$$

(1) 室温:

$$t = \frac{t_1 + t_2}{2}, \quad T = t + 273.15.$$

(2) 用逐差法计算系数 $b$:

$$b_i = \frac{\ln \dfrac{U_{2,i+6}}{U_{2,i}}}{U_{1,i+6} - U_{1,i}} \quad (i = 1,2,3,4,5,6).$$

(3) 计算玻尔兹曼常量:

$$k_i = \frac{e}{b_i T}, \quad \overline{k} = \frac{\sum\limits_{i=1}^{6} k_i}{6}.$$

(4) 计算不确定度,只要求计算 A 类不确定度.

(5) 对测量结果进行表示.

(6) 与玻尔兹曼常量的公认值进行比较,计算绝对误差和百分误差.

*2. 用作图法求出 pn 结温度传感器的灵敏度 $S$,并求得温度为 0 K 时 pn 结材料的近似禁带宽度 $E_{\mathrm{go}}$.

## 【注意事项】

1. 对于扩散电流太小(起始状态),以及扩散电流接近或达到饱和时的数据,在处理数据时应删去,因为这些数据可能偏离式(4-29-2).

2. 必须观察数字温度计的读数,待 TIP31 型三极管的温度恒定(处于热平衡)时,才能记录数据.

3. 用本实验仪做实验时,TIP31 型三极管可采用的温度范围为 0 ~ 50 ℃. 若要在 −120 ~ 0 ℃ 温度范围内做实验,则必须有低温恒温装置.

4. 由于各种运算放大器性能有些差异,因此在使用 LF356 时,同一台仪器达到的饱和电压

值有可能不同.

5.本实验仪的电源具有短路自动保护.若运算放大器以15 V接反或地线漏接,实验仪也有保护装置,一般情况下集成电路不易损坏.请勿将二极管保护装置拆除.

【思考题】

1.实验中为什么用三极管代替pn结进行测量?

2.在测量玻尔兹曼常量时,影响测量误差的因素有哪些?

## 实验三十　　非线性电路混沌实验

非线性电路混沌实验

混沌研究是20世纪物理学的重大事件.长期以来,物理学用两类体系描述物质世界:以经典力学为核心的确定论描述确定的物质及其运动图像,过去、现在和未来都按照确定的方式稳定而有序地运行;以统计物理和量子力学为核心的概率论描述复杂的系统,它们遵循一定的统计规律.混沌研究最先起源于美国气象学家洛伦兹研究天气预报时用到的三个动力学方程.1963年,洛伦兹在分析天气预报模型时,首先发现空气动力学中的混沌现象,该现象只能用非线性动力学来解释.1975年,混沌作为一个新的科学名词首次出现在科学文献中.从此,非线性动力学迅速发展,并成为有丰富内容的研究领域.混沌通常对应于不规则或非周期性,这是由非线性系统的本质所产生的.后来的研究表明,无论是复杂系统(如气象系统、太阳系等)还是简单系统(如钟摆、滴水龙头等),皆因存在着内在随机性而出现类似无规则但实际上是非周期性的有序运动,即混沌现象.如今混沌研究涉及的领域包括数学、物理学、生物学、化学、天文学、经济学和工程技术等,并对这些学科的发展产生了深远影响.本实验将引导读者建立一个非线性电路,从实验上对混沌现象进行一些探讨.

【实验目的】

1.了解混沌的一些基本概念.

2.测量有源非线性负阻的伏安特性.

3.通过研究一个简单的非线性电路,了解混沌现象和产生混沌现象的原因.

【实验仪器】

电路混沌实验仪、双踪示波器.

【实验原理】

实验电路如图4-30-1所示,图中有一个非线性元件$R$,它是一个有源非线性负阻元件.电感$L$和电容$C_1$组成一个损耗可以忽略的谐振回路;可变电阻$R_0$和电容$C_2$串联,将振荡回路产生的正弦信号移相输出. 本实验所用的非线性负阻 $R$ 是一个分段线性元件. 如图 $4-30-2$ 所示为该元件的伏安特性曲线, 可以看出加在此非线性负阻上的电压与通过它的电流极性是相反的. 由于加在此元件上的电压增加时, 通过它的电流却减小, 因此将此元件称为非线性负阻元件. 在图 $4-30-1$ 中, 电路的非线性动力学方程为

$$\begin{cases} C_1 \dfrac{\mathrm{d}U_{C_1}}{\mathrm{d}t} = G(U_{C_2} - U_{C_1}) - i_L, \\ C_2 \dfrac{\mathrm{d}U_{C_2}}{\mathrm{d}t} = G(U_{C_1} - U_{C_2}) - f(U_{C_2}), \\ L \dfrac{\mathrm{d}i_L}{\mathrm{d}t} = -U_{C_2}, \end{cases} \qquad (4-30-1)$$

式中 $U_{C_1}, U_{C_2}$ 分别为 $C_1, C_2$ 上的电压; $i_L$ 为电感 $L$ 上的电流; $G = \dfrac{1}{R_0}$ 为电导; $f(U_{C_2})$ 为非线性负阻 $R$ 的特征函数, 它的表达式为

$$f(U_{C_2}) = \begin{cases} m_0 U_{C_1} + (m_1 - m_0)B_p & (U_{C_1} > B_p), \\ m_1 U_{C_1} & (|U_{C_1}| \leqslant B_p), \\ m_0 U_{C_1} - (m_1 - m_0)B_p & (U_{C_1} < -B_p), \end{cases} \qquad (4-30-2)$$

这里 $m_0, m_1$ 均为常量, 量纲与电导相同; $B_p$ 为分段点对应的电压值.

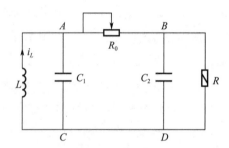

图 $4-30-1$ 非线性电路原理图

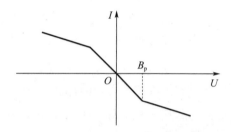

图 $4-30-2$ 非线性负阻的伏安特性曲线

如果 $R$ 是线性的, $G$ 是常量, 那么图 $4-30-1$ 中的电路就是一般的振荡电路, 方程 $(4-30-1)$ 的解为正弦函数, 可变电阻 $R_0$ 的作用是调节 $C_1$ 和 $C_2$ 的相位差, 把 $C_1$ 和 $C_2$ 两端的电压分别输入双踪示波器的 $X$ 轴和 $Y$ 轴, 则显示的图形是椭圆. 请思考如果 $R$ 是非线性的, 在双踪示波器中会看到什么现象.

非线性负阻 $R$ 是产生混沌现象的必要条件, 实验中用于产生非线性负阻的方法很多, 如含有单结晶体管、变容二极管和运算放大器等的电路. 为了使选用的非线性负阻的伏安特性曲线接近图 $4-30-2$ 的形状, 实验中选用如图 $4-30-3$ 所示的一个运算放大器作为产生非线性负阻的电路, 其伏安特性曲线如图 $4-30-4$ 所示. 比较图 $4-30-2$ 和图 $4-30-4$, 可以认为这个电路在分段线性方面与图 $4-30-2$ 要求的理论特性相近, 而当外加电压 $U$ 过大或过小时都出现了负阻抗向正阻抗的转折. 这是由于外加电压超过了运算放大器工作在线性区所要求的电

压值(接近电源电压)后而出现的非线性现象,这个特性导致在电路中产生了附加的周期轨道,但对混沌电路产生吸引子和鞍形周期轨道没有影响.

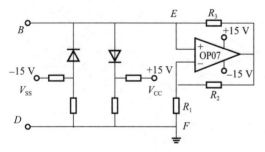

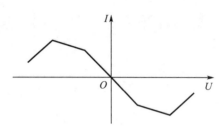

图 4-30-3　产生非线性负阻的电路　　　图 4-30-4　非线性负阻的伏安特性曲线

　　实验要研究的是该非线性负阻元件对整个电路的影响,而非线性负阻元件的作用是使振动周期产生分岔和混沌等一系列非线性现象.将图 4-30-1 和图 4-30-3 合成图 4-30-5,图 4-30-5 为非线性电路混沌实验电路图.电路中的 $L$, $C_1$ 并联构成振荡电路, $C_2$ 的作用是分相,使从 $A$, $B$ 两处输入到双踪示波器的信号产生相位差,可得到两个信号的合成图像.实验时 CH1 接 $Y$ 轴,CH2 接 $X$ 轴,同心电缆的零线接地.

　　运算放大器 OP07 的前级和后级正负反馈同时存在,正反馈的强弱与比值 $\dfrac{R_3}{R_0}$ 有关,负反馈的强弱与比值 $\dfrac{R_2}{R_1}$ 有关,当正反馈大于负反馈时,$LC$ 振荡电路才能维持振荡.若调节 $R_0$,正反馈就会发生变化.因此,运算放大器 OP07 处于振荡状态是一种非线性应用.从 $B$, $D$ 两点看,OP07 与电阻和二极管的组合等效于一个非线性负阻.

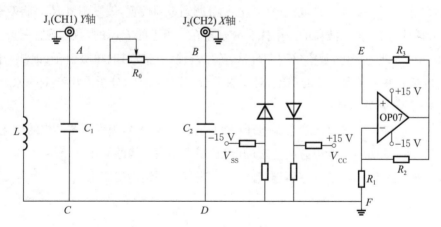

图 4-30-5　非线性电路混沌实验电路图

　　如图 4-30-6 所示为非线性负阻 $R$ 的伏安特性测量电路,由于 $R$ 是负电阻,为了保证运算放大器的负载为一正电阻,将该负电阻并联一个比它小的正电阻,实验时调节电位器 $R_W$ 的大小,使得运算放大器输出连续变化,当电压加到待测非线性负阻网络时,通过直流电流表和直流电压表可得到 $R$ 的电流和电压,从而可得图 4-30-4 所示的伏安特性曲线.

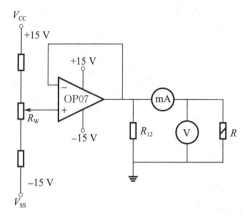

图 4-30-6 非线性负阻的伏安特性测量电路图

【操作步骤】

1. 复习双踪示波器基本功能的使用.

2. 观察和测量非线性负阻 $R$ 的伏安特性. 按图 4-30-7(见附录)所示接好线路,把测试电源模块中的 $V_{CC}$,$V_{SS}$ 和实验仪上的电源 $V_{CC}$,$V_{SS}$ 相连,调节电源电位器,使电源输出的电压最大. 调节 $R_{W3}$ 使电源输出的电压最小. 然后调节 $R_{W3}$ 使电源输出的电压升高,每隔 0.5 V 记录一次电流值,记录时应注意电流的方向,将实验所得数据填入表 4-30-1 中.

3. 按图 4-30-8(见附录)所示接好线路,将实验仪面板上的振荡电路中的电感 $L$ 两端分别和其下方的电阻和电容相连(电阻、电容各任选一个),将 $C_4$ 的两端和非线性负阻电路的两端相连,这就组成了一个非线性混沌电路,把 $R_{W1}$ 调到中间位置,缓慢调节 $R_{W2}$,将双踪示波器旋至 X-Y 模式,然后把示波器的两个探头分别接在面板上的 $R_{W1}$ 的两端,观察所产生的混沌现象(观察相图周期的变化,观察倍周期分岔、阵发混沌、三倍周期、单吸引子(混沌)和双吸引子(混沌)现象),并记录观察到的现象,对现象进行探讨和说明,分析混沌产生的原因. 混沌相图参考图 4-30-9(见附录).

4. 固定 $R_{W1}$ 和 $R_{W2}$,缓慢改变电源电压(从 1 V 至 ±13 V),观察相图结构的变化.

5. 固定 $R_{W1}$ 和 $R_{W2}$,改变电感所连接的电阻,观察相图结构的变化.

6. 固定 $R_{W1}$ 和 $R_{W2}$,改变电感所连接的电容,观察相图结构的变化.

【数据记录】

表 4 - 30 - 1    实验数据记录表

| 电压 /V | 电流 /mA | 电压 /V | 电流 /mA | 电压 /V | 电流 /mA | 电压 /V | 电流 /mA |
| --- | --- | --- | --- | --- | --- | --- | --- |
| −11.0 | | −5.0 | | 0.0 | | 6.0 | |
| −10.5 | | −4.5 | | 0.5 | | 6.5 | |
| −10.0 | | −4.0 | | 1.0 | | 7.0 | |
| −9.5 | | −3.5 | | 1.5 | | 7.5 | |
| −9.0 | | −3.0 | | 2.0 | | 8.0 | |
| −8.5 | | −2.5 | | 2.5 | | 8.5 | |
| −8.0 | | −2.0 | | 3.0 | | 9.0 | |
| −7.5 | | −1.5 | | 3.5 | | 9.5 | |
| −7.0 | | −1.0 | | 4.0 | | 10.0 | |
| −6.5 | | −0.5 | | 4.5 | | 10.5 | |
| −6.0 | | 0.0 | | 5.0 | | 11.0 | |
| −5.5 | | | | 5.5 | | | |

【数据处理】

1.写出操作步骤 4,5,6 中观察到的结果(50 字以上的表述)以及实验中获得的二倍周期、三倍周期和双吸引子等的示意图.

2.根据表 4 - 30 - 1 中的数据绘制非线性负阻的伏安特性曲线.坐标分度要反映实验数据的精度.

【注意事项】

1.实验开始前,务必熟悉实验电路图及实验方法.

2.实验接线前,必须断开仪器总电源及各路分电源开关,严禁带电接线.接线完毕,需检查无误后,才能进行实验.

3.实验中,实验仪的面板要保持清洁,不要随意放置杂物(特别是导电物件和多余的导线),以免发生短路故障.

4.实验完毕后,应及时关闭各电源开关,并及时清理实验仪,整理好导线并放置到规定的位置.

5.实验时用到的外部交流供电仪器(如双踪示波器等) 的外壳应妥善接地.

【思考题】

1.负电阻与正电阻有何不同?

2.为什么混沌电路中要采用非线性负阻?

3.电阻 $R_0$(实验仪面板上的 $R_{w1}$) 的大小有什么物理意义?

【附录】

1. 实验接线图

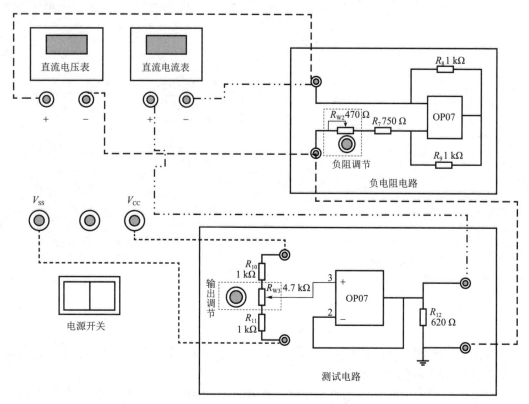

图 4-30-7　实验接线图 1

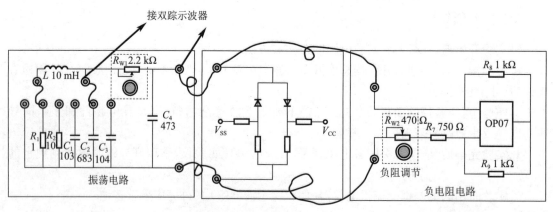

图 4-30-8　实验接线图 2

2. 倍周期现象、周期性窗口、单吸引子和双吸引子

缓慢调节 $R_{W2}$，双踪示波器中的曲线做倍周期变化，曲线由一倍周期增为二倍周期（见图 4-30-9），由二倍周期增为四倍周期 …… 直至出现一系列难以计数的无首尾的环状曲

线,这是一个单涡旋吸引子集,再细微调节 $R_{W2}$,单吸引子突然变成双吸引子,环状曲线在两个向外涡旋的吸引子之间不断地填充与跳跃,这就是混沌研究中所描述的"蝴蝶"图像,也是一种奇怪吸引子,它的特点是整体上的稳定性和局域上的不稳定性同时存在.利用这个电路,还可以观察到周期性窗口,仔细调节 $R_{W2}$,有时原先的混沌吸引子不是倍周期变化,却突然出现了一个三倍周期图像,再微调 $R_{W2}$,又出现混沌吸引子,这一现象称为出现了周期性窗口.混沌现象的另一个特征是对于初值的敏感性.

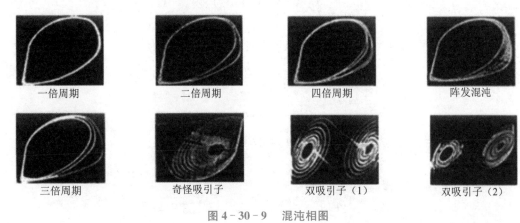

| 一倍周期 | 二倍周期 | 四倍周期 | 阵发混沌 |
| 三倍周期 | 奇怪吸引子 | 双吸引子(1) | 双吸引子(2) |

图 4 - 30 - 9　混沌相图

# 实验三十一　　方波的傅里叶合成实验

方波的傅里叶合成实验

　　任意一个周期函数都可以用傅里叶(Fourier)级数来表示,这种用傅里叶级数展开并进行分析的方法在数学、物理、工程技术等领域都有广泛的应用.例如,要消除某些电器、仪器或机械的噪声,就要分析这些噪声的主要频谱,从而找出消除噪声的方法;又如,要得到某种特殊的周期性电信号,就可以利用傅里叶级数合成,将一系列正弦波合成所需的电信号等.本实验利用串联谐振电路,对方波电信号进行频谱分析,测量基频和各阶倍频信号的振幅,以及它们之间的相位关系.然后将此过程逆转,利用加法器将一组频率倍增而振幅和相位均可调节的正弦波电信号合成方波电信号.要求通过实验加深对傅里叶分解和合成的物理意义的理解,了解串联谐振电路的某些基本特性及其在选频电路中的应用.

【实验目的】

　　1.将一组振幅与相位可调的正弦波电信号由加法器合成为方波电信号.
＊2.了解傅里叶分析的物理含义和分析方法.

【实验仪器】

傅里叶分解合成仪、双踪示波器.

【实验原理】

任意周期为 $T$ 的函数 $f(t)$ 都可以表示为三角函数所构成的级数之和,即

$$f(t) = \frac{a_0}{2} + \sum_{n=1}^{\infty} (a_n \cos n\omega t + b_n \sin n\omega t), \qquad (4-31-1)$$

式中 $\omega = \dfrac{2\pi}{T}$ 为角频率,$\dfrac{a_0}{2}$ 为直流分量.

周期函数的傅里叶分解就是将周期函数展开成直流分量、基波和所有 $n$ 阶谐波的叠加.

如图 4-31-1 所示的方波的表达式可以表示为

$$f(t) = \begin{cases} h & (0 \leqslant t < T/2), \\ -h & (-T/2 \leqslant t < 0). \end{cases} \qquad (4-31-2)$$

此方波为奇函数,它没有常数项. 数学上可以证明此方波可以表示为

$$f(t) = \frac{4h}{\pi} \left( \sin \omega t + \frac{1}{3} \sin 3\omega t + \frac{1}{5} \sin 5\omega t + \frac{1}{7} \sin 7\omega t + \cdots \right)$$

$$= \frac{4h}{\pi} \sum_{n=1}^{\infty} \frac{1}{2n-1} \sin(2n-1)\omega t. \qquad (4-31-3)$$

同样,如图 4-31-2 所示的三角波可以表示为

$$f(t) = \begin{cases} \dfrac{4h}{T} t & (-T/4 \leqslant t < T/4), \\ 2h \left(1 - \dfrac{2t}{T}\right) & (T/4 \leqslant t < 3T/4) \end{cases}$$

或

$$f(t) = \frac{8h}{\pi^2} \left( \sin \omega t - \frac{1}{3^2} \sin 3\omega t + \frac{1}{5^2} \sin 5\omega t - \frac{1}{7^2} \sin 7\omega t + \cdots \right)$$

$$= \frac{8h}{\pi^2} \sum_{n=1}^{\infty} (-1)^{n-1} \frac{1}{(2n-1)^2} \sin(2n-1)\omega t. \qquad (4-31-4)$$

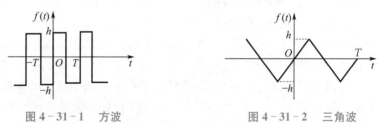

图 4-31-1　方波　　　　　　　　　图 4-31-2　三角波

傅里叶分解合成仪提供振幅和相位连续可调的,频率为 1 kHz,3 kHz,5 kHz,7 kHz 的四组正弦波. 如果将这四组正弦波的初相位和振幅按一定要求调节好,输入加法器中,叠加后就可以分别合成方波、三角波等近似波形.

【操作步骤】

1. 方波的合成. 由式(4-31-3)可知,方波由一系列正弦波(奇函数)合成. 这一系列正弦波(频率分别为 1 kHz,3 kHz,5 kHz,7 kHz,$\cdots$)的振幅比为 $1 : \dfrac{1}{3} : \dfrac{1}{5} : \dfrac{1}{7} : \cdots$,它们的初相位相同. 如图 4-31-3 和图 4-31-4 所示分别为前两列正弦波和前三列正弦波叠加的图形. 前四列正弦波叠加的实验步骤如下:

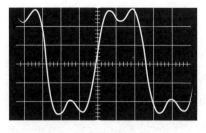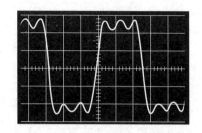

图 4 - 31 - 3　频率为 1 kHz, 3 kHz　　　图 4 - 31 - 4　频率为 1 kHz, 3 kHz,
的正弦波的叠加　　　　　　　　　　5 kHz 的正弦波的叠加

（1）用李萨如图形反复调节傅里叶分解合成仪上的各组移相器，使频率分别为 1 kHz，3 kHz，5 kHz，7 kHz 的正弦波同相位. 调节方法是在双踪示波器的 X 轴输入频率为 1 kHz 的正弦波，而在其 Y 轴输入频率为 1 kHz, 3 kHz, 5 kHz, 7 kHz 的正弦波，调节各组移相器使示波器显示如图 4 - 31 - 5 所示的波形，此时基波（频率为 1 kHz 的正弦波）和各阶谐波的初相位相同.

Y 轴输入　1 kHz　　3 kHz　　5 kHz　　　7 kHz

图 4 - 31 - 5　波形相位 1

也可以用双踪示波器调节频率为 1 kHz, 3 kHz, 5 kHz, 7 kHz 的正弦波，使它们的初相位相同.

（2）调节傅里叶分解合成仪，使频率为 1 kHz, 3 kHz, 5 kHz, 7 kHz 的正弦波的振幅比为 $1 : \frac{1}{3} : \frac{1}{5} : \frac{1}{7}$，如图 4 - 31 - 6 所示. 7 kHz 的波形未画出.

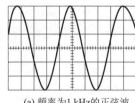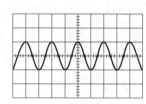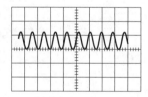

(a) 频率为1 kHz的正弦波　　(b) 频率为3 kHz的正弦波　　(c) 频率为5 kHz的正弦波

图 4 - 31 - 6　波形

（3）将频率为 1 kHz, 3 kHz, 5 kHz, 7 kHz 的正弦波逐次输入加法器，输出接双踪示波器，观察合成波形的变化，最后可看到近似的方波图形.

从傅里叶级数迭加过程可以得出：

① 合成的方波的振幅与它的基波的振幅比为 $1 : \frac{4}{\pi}$；

② 基波上迭加的谐波越多，合成的波形越趋近于方波；

③ 基波上迭加的谐波越多，合成方波的前沿、后沿越陡直.

2. 三角波的合成. 三角波的傅里叶级数的表示式为

$$f(t) = \frac{8h}{\pi^2}\left(\frac{\sin \omega t}{1^2} - \frac{\sin 3\omega t}{3^2} + \frac{\sin 5\omega t}{5^2} - \frac{\sin 7\omega t}{7^2} + \cdots\right).$$

三角波的合成步骤如下:

(1) 将频率为 1 kHz 的正弦波从双踪示波器的 X 轴输入,而其 Y 轴输入频率为 1 kHz,3 kHz,5 kHz,7 kHz 的正弦波,用李萨如图形法调节各阶谐波的移相器,使示波器显示如图 4-31-7 所示的波形,此时基波和各阶谐波的初相位相同.

(2) 调节傅里叶分解合成仪,使基波和各阶谐波的振幅比为 $1:\dfrac{1}{3^2}:\dfrac{1}{5^2}:\dfrac{1}{7^2}$.

(3) 将基波和各阶谐波逐次输入加法器,输出接双踪示波器,可看到合成的三角波图形(见图 4-31-8).

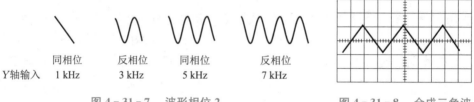

| Y轴输入 | 同相位 1 kHz | 反相位 3 kHz | 同相位 5 kHz | 反相位 7 kHz |

图 4-31-7　波形相位 2　　　　　图 4-31-8　合成三角波

**【数据处理】**

1. 将合成方波的振幅和与它的基波的振幅比记录在表 4-31-1 中.
2. 测量各阶谐波的振幅,并将数据填入表 4-31-1 中.
3. 测绘出由频率为 1 kHz,3 kHz,5 kHz,7 kHz 的正弦波所合成的方波,并将其画在坐标纸上.

表 4-31-1　方波合成记录与计算表

| 频率 /kHz | 1 | 1,3 | 1,3,5 | 1,3,5,7 |
|---|---|---|---|---|
| 示波器测得的合成方波的振幅 | | | | |
| 振幅比 | 1 | | | |
| 各阶谐波的振幅 | | | | |
| 获得方波前沿、后沿陡直的途径 | | | | |

**【注意事项】**

在合成方波过程中,当发现无法将频率为 5 kHz 或 7 kHz 的正弦波调至同相位时,可以改变频率为 1 kHz 或 3 kHz 的正弦波的相位,重新调节最终使基波和各阶谐波达到同相位.

**【思考题】**

1. 通过对本实验现象的观察,指出获得理想方波的途径.

2. 证明合成的方波的振幅与它的基波的振幅比为 $1:\dfrac{4}{\pi}$.

3. 指出获得方波前沿、后沿陡直的途径.

# 实验三十二　　用磁聚焦法测定电子的荷质比

带电粒子的电荷量与质量的比值称为荷质比,这是带电粒子的基本参量之一.荷质比的测定在近代物理学的发展中具有重大意义,是研究物质结构的基础.测定荷质比的方法很多,本实验采用磁聚焦法.

## 【实验目的】

1. 了解带电粒子在磁场和电场中的聚焦原理.
2. 观察磁聚焦现象,并学会用磁聚焦法测定电子的荷质比.

## 【实验仪器】

电子荷质比测定仪、稳压电源.

## 【实验原理】

电子荷质比 $\dfrac{e}{m}$ 是描述电子性质的重要物理量.物理学上首先测定了电子的荷质比,然后测定了电子的电荷量,从而得到了电子的质量.

在均匀磁场 $\boldsymbol{B}$ 中,以速度 $v$ 运动的电子受到的洛伦兹力 $\boldsymbol{F}$ 为

$$\boldsymbol{F} = -e\boldsymbol{v} \times \boldsymbol{B}, \tag{4-32-1}$$

式中 $e$ 为元电荷.

当 $v$ 与 $\boldsymbol{B}$ 平行时,$\boldsymbol{F}$ 等于零,电子的运动不受磁场的影响,仍以速度 $v$ 做匀速直线运动.当 $v$ 与 $\boldsymbol{B}$ 垂直时,$\boldsymbol{F}$ 垂直于速度 $v$ 和磁感应强度 $\boldsymbol{B}$,电子在垂直于磁感应强度 $\boldsymbol{B}$ 的平面内做匀速圆周运动,如图 $4-32-1$(a) 所示.

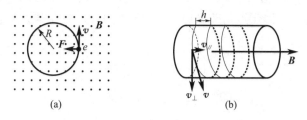

(a)　　　　　(b)

图 $4-32-1$　电子在磁场中的运动

维持电子做匀速圆周运动的向心力就是洛伦兹力,即

$$F = evB = m\frac{v^2}{R}, \tag{4-32-2}$$

因此电子做匀速圆周运动的半径为

$$R = \frac{mv}{eB}, \tag{4-32-3}$$

电子运动一周所需的时间（周期）$T$ 为

$$T = \frac{2\pi R}{v} = \frac{2\pi m}{eB}. \tag{4-32-4}$$

由式（4-32-3）和式（4-32-4）可知，周期 $T$ 和电子的运动速度 $v$ 无关，即在均匀磁场中以不同速度运动的电子的周期是相同的. 但速度大的电子所绕圆周的半径也大. 因此，在同一点出发的电子绕一个圆周后又将会聚到一点.

当 $v$ 与 $B$ 成一夹角时，电子将做螺旋运动，如图 4-32-1(b) 所示. 此时可将 $v$ 分解为与 $B$ 平行的轴向速度 $v_{\parallel}$ 和与 $B$ 垂直的径向速度 $v_{\perp}$. $v_{\parallel}$ 使电子沿轴向做匀速直线运动，而 $v_{\perp}$ 在洛伦兹力的作用下使电子绕轴做匀速圆周运动，合成的电子的运动轨迹为一螺旋线，其螺距为

$$h = v_{\parallel}T = \frac{2\pi m}{eB}v_{\parallel}. \tag{4-32-5}$$

对于从同一点出发的不同电子，虽然径向速度 $v_{\perp}$ 和运动轨迹的半径 $R$ 不同，但是只要轴向速度 $v_{\parallel}$ 相等，并选择合适的轴向速度 $v_{\parallel}$ 和磁感应强度 $B$（通过调节加速电压 $U$ 可改变 $v_{\parallel}$ 的大小，通过调节螺线管中的励磁电流 $I$ 可改变 $B$ 的大小），当电子经过的路程恰好为整数个螺距时，电子又将会聚到一点，这就是电子的磁聚焦.

将示波管安装在长直螺线管内部，使两管中心轴重合. 当示波管灯丝通电加热后，阴极发射的电子经阴极和阳极之间的加速电压 $U$ 的作用从阳极小孔射出时，可获得一个与管轴平行的速度 $v_1$，由动能定理，有

$$\frac{1}{2}mv_1^2 = eU,$$

则电子的轴向速度的大小为

$$v_1 = \sqrt{\frac{2eU}{m}}. \tag{4-32-6}$$

在 $Y$ 轴偏转板上加一交变电压，则电子在通过该偏转板时获得一个与管轴垂直的速度 $v_2$. 因此，通过 $Y$ 轴偏转板的电子，既具有与管轴平行的速度 $v_1$，又具有与管轴垂直的速度 $v_2$，这时若给螺线管通以励磁电流，使其内部产生磁场，则电子将在该磁场的作用下做螺旋运动. 这里的 $v_1$ 相当于 $v_{\parallel}$，$v_2$ 相当于 $v_{\perp}$. 通过改变励磁电流来调节磁感应强度 $B$ 的大小，使螺距正好等于电子发射的第一聚焦点与荧光屏之间的距离 $H$，这时在荧光屏上的光斑将聚焦成一个小亮点，于是

$$H = h = \frac{2\pi mv_1}{eB}.$$

将式（4-32-6）代入上式，可得

$$\frac{e}{m} = \frac{8\pi^2 U}{H^2 B^2}. \tag{4-32-7}$$

如继续增大磁感应强度 $B$，使电子的旋转周期相继减小为原来的 $\frac{1}{2}$，$\frac{1}{3}$，…，则相应的电子在磁场的作用下旋转 2 周、3 周 …… 后聚焦于荧光屏上，这些过程称为第二次聚焦、第三次聚焦 …… 对于第 $n$ 次聚焦，电子的荷质比 $\frac{e}{m}$ 的计算公式为

$$\frac{e}{m} = n^2 \frac{8\pi^2 U}{H^2 B^2}. \tag{4-32-8}$$

螺线管中的磁感应强度以 $B = \dfrac{\mu_0 NI}{\sqrt{L^2 + D^2}}$（式中 $L, D$ 分别为螺线管的长度和直径；$\mu_0$ 为真空磁导率；$N$ 为螺线管的匝数）进行计算，将 $B$ 代入式（4-32-8），可得

$$\frac{e}{m} = n^2 \frac{8\pi^2 U(L^2 + D^2)}{\mu_0^2 N^2 H^2 I^2}, \qquad (4-32-9)$$

式中 $N = 7\,000, L = 22.00 \text{ cm}, D = 9.25 \text{ cm}, H = 17.00 \text{ cm}$. 因此,测得 $I$ 和 $U$ 后,就可求得电子的荷质比 $\dfrac{e}{m}$.

当保持加速电压 $U$ 不变时,电子第一次聚焦的励磁电流为 $I_1$;电子第二次聚焦的励磁电流为 $I_2 = 2I_1$,磁感应强度 $B$ 增加一倍,电子绕管轴两周后聚焦;电子第三次聚焦的励磁电流为 $I_3 = 3I_1$,磁感应强度 $B$ 增加两倍,电子绕管轴三周后聚焦.

【操作步骤】

1. 连接电路,选定加速电压 $U$.

2. 打开示波管电源,再分别调节 X, Y 调零电位器,使光点居中. 调节聚焦电压,使光点散焦,打开磁场电源开关,观察纵向磁场对电子束的作用,改变励磁电流,观察荧光屏上的光点随励磁电流的改变而出现的散焦、聚焦等现象.

3. 调节加速电压 $U$,此时荧光屏上出现一条亮线,观察当励磁电流改变时,荧光屏上的亮线逆时针旋转、缩小,并由不清晰到清晰（聚焦）,且重复出现的现象. 如果发现在改变励磁电流时,突然看不到亮线,可适当调节 X, Y 调零电位器,使亮线出现即可.

4. 为了减小测量误差,可进行三次聚焦. 用细调电位器精确测量并记录每次聚焦时的励磁电流和加速电压. 改变加速电压（每次改变 100 V）,用同样的方法做 6 次实验,并将数据填入表 4-32-1 中.

【数据记录】

表 4-32-1　测定电子荷质比的数据记录表

| 加速电压 $U/V$ | | | | | | |
|---|---|---|---|---|---|---|
| 第一次聚焦时的励磁电流 $I_1/A$ | | | | | | |
| 第二次聚焦时的励磁电流 $I_2/A$ | | | | | | |
| 第三次聚焦时的励磁电流 $I_3/A$ | | | | | | |

【数据处理】

1. 将第一次、第二次、第三次聚焦时的励磁电流 $I_1, I_2, I_3$ 折算为第一次聚焦时的平均励磁电流 $I$,即 $I = \dfrac{I_1 + I_2 + I_3}{1 + 2 + 3}$.

2. 给出电子荷质比的实验值,并和理论值进行比较,分析实验结果.

【注意事项】

1. 线路中有高压,请小心操作.

2.聚焦光点要尽量小,但不要太亮.

【思考题】

1.测定电子的荷质比有什么物理意义?
2.用磁聚焦法测定电子的荷质比的原理是什么?
3.这个实验设计有何精妙之处?有何不足之处?

## 实验三十三　　非平衡电桥的原理和设计应用

电桥可分为平衡电桥和非平衡电桥,非平衡电桥也称为不平衡电桥或微差电桥.通过它可以测量一些变化的非电学量,这就把电桥的应用范围扩展到了很多领域.例如,在工程测量中,非平衡电桥也得到了广泛应用.

### 【实验目的】

1.掌握非平衡电桥的工作原理,以及其与平衡电桥的异同.
2.掌握利用非平衡电桥的输出电压来测量变化电阻的原理和方法.
3.设计一个数字温度计,掌握用非平衡电桥测量温度的方法,并类推至测量其他非电学量.

### 【实验仪器】

非平衡电桥、温度传感实验装置或热学实验仪(含 2.7 kΩ 热敏电阻).

### 【实验原理】

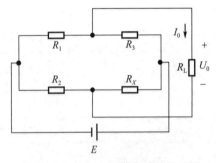

图 4 - 33 - 1　非平衡电桥的原理图

如图 4-33-1 所示为非平衡电桥的原理图.非平衡电桥在构成形式上与平衡电桥相似,但在测量方法上有很大差别.平衡电桥是调节 $R_3$ 使 $I_0 = 0$,从而得到 $R_X = \dfrac{R_2}{R_1}R_3$,非平衡电桥则是使 $R_1,R_2,R_3$ 保持不变, $R_X$ 变化时 $U_0$ 也变化,再根据 $U_0$ 与 $R_X$ 的函数关系,通过测量 $U_0$ 的变化从而测得 $R_X$.由于可以测量连续变化的 $U_0$,因此可以测量连续变化的 $R_X$,进而测量连续变化的非电学量.

1.非平衡电桥的桥路形式

(1)等臂电桥.电桥的 4 个桥臂电阻的电阻值相等,即 $R_1 = R_2 = R_3 = R_{X0}$,式中 $R_{X0}$ 为 $R_X$ 的初始值,这时电桥处于平衡状态, $U_0 = 0$.

(2)卧式电桥(也称为输出对称电桥).电桥的 4 个桥臂电阻的电阻值对称于输出端,即 $R_1 = R_3,R_2 = R_{X0}$,但 $R_1 \neq R_2$.

(3)立式电桥(也称为电源对称电桥).从电桥的电源端看,桥臂电阻的电阻值对称且相等,即 $R_1 = R_2, R_3 = R_{X0}$,但 $R_1 \neq R_3$.

(4) 比例电桥.电桥的 4 个桥臂电阻的电阻值成一定的比例关系,即

$$R_1 = KR_2, \quad R_3 = KR_{X0}$$

或

$$R_1 = KR_3, \quad R_2 = KR_{X0},$$

式中 $K$ 为比例系数.实际上这是一般形式的非平衡电桥.

2. 非平衡电桥的输出电压

根据戴维南(Thevenin)定理,图 4-33-1 所示的桥路可等效为如图 4-33-2(a) 所示的二端口网络,其中 $U_{0C}$ 为等效电源,$R_i$ 为等效内阻.由图 4-33-1 可知,在 $R_L = \infty$ 时,等效电源的电压为

$$U_{0C} = E\left(\frac{R_X}{R_2 + R_X} - \frac{R_3}{R_1 + R_3}\right).$$

根据戴维南定理,将图 4-33-1 中的电源 $E$ 短路,得到如图 4-33-2(b) 所示的电路,据此可求出电桥的等效内阻为

$$R_i = \frac{R_2 R_X}{R_2 + R_X} + \frac{R_1 R_3}{R_1 + R_3}.$$

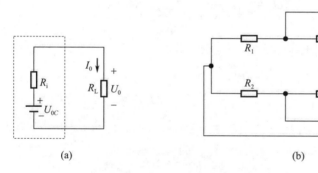

(a)                                      (b)

图 4-33-2    非平衡电桥电路图

根据图 4-33-2(a) 所示的电路,得到电桥接有负载 $R_L$ 时的输出电压为

$$U_0 = \frac{R_L}{R_i + R_L}\left(\frac{R_X}{R_2 + R_X} - \frac{R_3}{R_1 + R_3}\right)E. \tag{4-33-1}$$

在 $R_L \to \infty$ 时,有

$$U_0 = \left(\frac{R_X}{R_2 + R_X} - \frac{R_3}{R_1 + R_3}\right)E. \tag{4-33-2}$$

根据式(4-33-1),可进一步分析电桥的输出电压和被测电阻之间的关系.令

$$R_X = R_{X0} + \Delta R,$$

式中 $R_X$ 为被测电阻,$\Delta R$ 为电阻变化量.将上式代入式(4-33-1),可得

$$U_0 = \frac{R_L}{R_i + R_L}\left(\frac{R_{X0} + \Delta R}{R_2 + R_{X0} + \Delta R} - \frac{R_3}{R_1 + R_3}\right)E$$

$$= \frac{R_L}{R_i + R_L} \frac{(R_{X0} + \Delta R)(R_1 + R_3) - R_3(R_2 + R_{X0} + \Delta R)}{(R_2 + R_{X0} + \Delta R)(R_1 + R_3)}E$$

$$= \frac{R_L}{R_i + R_L} \frac{R_1 R_{X0} - R_2 R_3 + R_1 \Delta R}{(R_2 + R_{X0} + \Delta R)(R_1 + R_3)}E.$$

因为 $R_{X0}$ 为 $R_X$ 的初始值,此时电桥平衡,有 $R_1 R_{X0} = R_2 R_3$,所以

$$U_0 = \frac{R_L}{R_i + R_L} \frac{R_1 \Delta R}{(R_2 + R_{X0} + \Delta R)(R_1 + R_3)} E. \qquad (4-33-3)$$

当 $R_L = \infty$ 时,有

$$U_0 = \frac{R_1}{R_1 + R_3} \frac{\Delta R}{R_2 + R_{X0} + \Delta R} E.$$

因为 $R_1 R_{X0} = R_2 R_3$,所以 $R_1 = \dfrac{R_2 R_3}{R_{X0}}$,将此式代入上式,有

$$U_0 = \frac{R_2}{R_2 + R_{X0}} \frac{E}{\dfrac{R_2 + R_{X0} + \Delta R}{R_2 + R_{X0}}(R_2 + R_{X0})} \Delta R$$

$$= \frac{R_2}{(R_2 + R_{X0})^2} \frac{E}{1 + \dfrac{\Delta R}{R_2 + R_{X0}}} \Delta R. \qquad (4-33-4)$$

式(4-33-3)和式(4-33-4)就是一般形式的非平衡电桥的输出电压与被测电阻的函数关系.

特殊地,对于等臂电桥和卧式电桥,式(4-33-4)可化简为

$$U_0 = \frac{1}{4} \frac{E}{R_{X0}} \frac{1}{1 + \dfrac{\Delta R}{2R_{X0}}} \Delta R. \qquad (4-33-5)$$

立式电桥和比例电桥的输出电压与式(4-33-4)相同.

当 $\Delta R \ll R_{X0}$ 时,式(4-33-4)可化简为

$$U_0 = \frac{R_2 E}{(R_2 + R_{X0})^2} \Delta R, \qquad (4-33-6)$$

式(4-33-5)可进一步化简为

$$U_0 = \frac{1}{4} \frac{E}{R_{X0}} \Delta R, \qquad (4-33-7)$$

这时 $U_0$ 与 $\Delta R$ 呈线性关系.

### 3. 用非平衡电桥测量电阻的方法

习惯上,把 $R_L = \infty$ 的非平衡应用的电桥称为非平衡电桥;把具有负载 $R_L$ 的非平衡应用的电桥称为功率电桥.下述的"非平衡电桥"都是指 $R_L = \infty$ 的非平衡应用的电桥.

(1)将被测电阻(传感器)接入非平衡电桥,并进行初始平衡,这时电桥的输出电压为 $U_0 = 0$. 改变被测电阻的电阻值,这时电桥的输出电压 $U_0 \neq 0$. 测出电桥的输出电压后,可根据式(4-33-4)或式(4-33-5)计算得到 $\Delta R$. 对于 $\Delta R \ll R_{X0}$ 的情况,可根据式(4-33-6)或式(4-33-7)计算得到 $\Delta R$.

(2)根据测量结果求得 $R_X = R_{X0} + \Delta R$,并可作出 $U_0 - \Delta R$ 关系曲线,曲线的斜率就是非平衡电桥的测量灵敏度. 根据所得曲线,可由 $U_0$ 的值得到 $\Delta R$ 的值,也就是可根据电桥的输出电压 $U_0$ 得到被测电阻 $R_X$ 的值.

### 4. 用非平衡电桥测量温度的方法

(1)用线性电阻测量温度. 一般来说,金属的电阻随温度的变化可表示为

$$R_X = R_{X0}(1 + \alpha t + \beta t^2), \tag{4-33-8}$$

式中 $\alpha, \beta$ 为电阻温度系数; $t$ 为温度(单位为 ℃). 例如,对于铜电阻, $R_{X0} = 50 \ \Omega$ ($t = 0$ ℃ 时的电阻值), $\alpha = 4.289 \times 10^{-1}$ ℃$^{-1}$, $\beta = -2.133 \times 10^{-7}$ ℃$^{-1}$.

一般分析时,在温度不是很高的情况下,忽略温度二次项 $\beta t^2$,可将金属的电阻随温度的变化视为线性变化,即

$$R_X = R_{X0}(1 + \alpha t) = R_{X0} + \alpha t R_{X0},$$

所以 $\Delta R = \alpha t R_{X0}$,将此式代入式(4-33-4),有

$$U_0 = \frac{R_2}{(R_2 + R_{X0})^2} \frac{E}{1 + \frac{\alpha t R_{X0}}{R_2 + R_{X0}}} \alpha t R_{X0}, \tag{4-33-9}$$

式中 $\alpha R_{X0}$ 的值可由以下方法测得:在温度 $t_1, t_2$ 下,测得金属的电阻为 $R_{X1}, R_{X2}$,则

$$\alpha R_{X0} = \frac{R_{X2} - R_{X1}}{t_2 - t_1}.$$

这样就可根据式(4-33-9),由电桥的输出电压 $U_0$ 求得相应的温度 $t$.

特殊地,当 $\Delta R \ll R_{X0}$ 时,式(4-33-9)可化简为

$$U_0 = \frac{R_2 E \alpha}{(R_2 + R_{X0})^2} t R_{X0}, \tag{4-33-10}$$

这时 $U_0$ 与 $t$ 呈线性关系.

(2)用热敏电阻测量温度.热敏电阻具有负的电阻温度系数,电阻值随温度的升高而迅速下降,这是因为热敏电阻由一些金属氧化物(如 $Fe_3O_4$, $MgCr_2O_4$ 等)制成,在这些金属氧化物内部,自由电子的数目随温度的升高迅速增加,导电能力也很快增强,虽然原子振动也会加剧并阻碍电子的运动,但是这种作用对导电性能的影响远小于电子被释放对导电性能的影响,所以温度上升会使热敏电阻的电阻值迅速下降.

热敏电阻的电阻温度特性可以表示为

$$R_T = A e^{\frac{B}{T}}, \tag{4-33-11}$$

式中 $A$ 为与热敏电阻材料的性质和几何形状有关的常量; $B$ 为与材料的半导体性质有关的常量,对于常用的热敏电阻, $B$ 为 $1\,500 \sim 5\,000$ K; $T$ 为热力学温度.

为了求得准确的 $A$ 和 $B$,可将式(4-33-11)两端取对数,得

$$\ln R_T = \ln A + \frac{B}{T}. \tag{4-33-12}$$

选取不同的温度 $T$,可得到不同的 $R_T$.根据式(4-33-12),当 $T = T_1$ 时,有

$$\ln R_{T_1} = \ln A + \frac{B}{T_1};$$

当 $T = T_2$ 时,有

$$\ln R_{T_2} = \ln A + \frac{B}{T_2}.$$

将上两式相减后可得

$$B = \frac{\ln R_{T_1} - \ln R_{T_2}}{\frac{1}{T_1} - \frac{1}{T_2}}. \tag{4-33-13}$$

在不同的温度 $T$ 下, $R_T$ 有不同的值,电桥的输出电压 $U_0$ 也会有相应的变化.可根据 $U_0$ 与 $T$ 的

函数关系,经标定后,用 $U_0$ 测量 $T$,但这时 $U_0$ 与 $T$ 的关系是非线性的. 这就需要对热敏电阻进行线性化. 线性化的方法有很多,常见的有以下几种:

① 串联法. 选取一个合适的低电阻温度系数的电阻与热敏电阻串联,就可使温度与电阻的倒数呈线性关系;再用恒压源构成测量电源,就可使电流与温度呈线性关系.

② 串并联法. 在热敏电阻两端串并联电阻. 总电阻是温度的函数,在选定的温度点进行泰勒(Taylor)级数展开,并令展开式的二次项为零,忽略高次项,从而求得串并联电阻的电阻值,这样就可使总电阻与温度成正比,展开温度常为测量范围的中间温度,详细推导略去,可由读者自行推导完成.

③ 非平衡电桥法. 选择合适的电桥参数,可使电桥的输出电压与温度在一定的范围内呈近似的线性关系.

④ 用运算放大器进行转换,使电桥的输出电压与温度在一定范围内呈近似的线性关系.

这里重点讲述用非平衡电桥进行线性化设计的方法.

在图 4-33-1 中,$R_1$,$R_2$,$R_3$ 为桥臂测量电阻,具有很小的电阻温度系数,$R_X$ 为热敏电阻,由于只检测非平衡电桥的输出电压,因此 $R_L$ 开路,由式(4-33-2)和式(4-33-11)可得

$$U_0 = \left( \frac{Ae^{\frac{B}{T}}}{R_2 + Ae^{\frac{B}{T}}} - \frac{R_3}{R_1 + R_3} \right) E. \qquad (4-33-14)$$

可见,$U_0$ 是温度 $T$ 的函数,将 $U_0$ 在需要测量的温度范围的中点温度 $T_1$ 处,按泰勒级数展开,即

$$U_0 = U_{01} + U_0'(T_1)(T - T_1) + U_n, \qquad (4-33-15)$$

式中 $U_{01}$ 为电桥的输出电压在温度为 $T_1$ 时的值;$U_0'(T_1)(T - T_1)$ 为线性项;$U_n$ 代表所有的非线性项,其表达式为

$$U_n = \frac{1}{2} U_0''(T_1)(T - T_1)^2 + \sum_{n=3}^{\infty} \frac{1}{n!} U_0^{(n)}(T_1)(T - T_1)^n.$$

$U_n$ 的值越小越好,为此令 $U_0'' = 0$,则 $U_n$ 的三次项可看作非线性项,从 $U_n$ 的四次项开始数值很小,可以忽略不计.

由式(4-33-14)可得 $U_0$ 的一阶导数为

$$U_0' = -\frac{BR_2 Ae^{\frac{B}{T}}}{(R_2 + Ae^{\frac{B}{T}})^2 T^2} E;$$

$U_0$ 的二阶导数为

$$U_0'' = \left[ -\frac{BR_2 Ae^{\frac{B}{T}}}{(R_2 + Ae^{\frac{B}{T}})^2 T^2} E \right]' = \frac{BR_2 Ae^{\frac{B}{T}}}{(R_2 + Ae^{\frac{B}{T}})^3 T^4} [R_2(B + 2T) - (B - 2T)Ae^{\frac{B}{T}}] E.$$

令 $U_0'' = 0$,可得

$$R_2(B + 2T) - (B - 2T)Ae^{\frac{B}{T}} = 0,$$

即

$$Ae^{\frac{B}{T}} = \frac{B + 2T}{B - 2T} R_2$$

或

$$R_X = \frac{B + 2T}{B - 2T} R_2.$$

根据以上分析,将式(4-33-15)写为

$$U_0 = \lambda + m(t-t_1) + n(t-t_1)^3,$$ (4-33-16)

式中 $t$ 和 $t_1$ 分别为 $T$ 和 $T_1$ 对应的摄氏温度,式(4-33-16)的线性部分为

$$\lambda + m(t-t_1),$$ (4-33-17)

式中 $\lambda$ 为电桥的输出电压 $U_0$ 在温度为 $T_1$ 时的值,即

$$\lambda = \left(\frac{Ae^{\frac{B}{T_1}}}{R_2 + Ae^{\frac{B}{T_1}}} - \frac{R_3}{R_1+R_3}\right)E.$$

将 $Ae^{\frac{B}{T_1}} = \frac{B+2T_1}{B-2T_1}R_2$ 代入上式,可得

$$\lambda = \left(\frac{B+2T_1}{2B} - \frac{R_3}{R_1+R_3}\right)E.$$ (4-33-18)

式(4-33-17)中的 $m$ 为 $U_0'$ 在温度为 $T_1$ 时的值,即

$$m = U_0'(T_1) = -\frac{BR_2 Ae^{\frac{B}{T_1}}}{(R_2 + Ae^{\frac{B}{T_1}})^2 T_1^2}E.$$

将 $Ae^{\frac{B}{T_1}} = \frac{B+2T_1}{B-2T_1}R_2$ 代入上式,可得

$$m = \frac{4T_1^2 - B^2}{4BT_1^2}E.$$ (4-33-19)

式(4-33-16)的非线性部分为 $n(t-t_1)^3$,此部分为系统误差,可忽略不计.

根据给定的温度范围确定 $T_1$ 的值,一般为所给温度范围的中间值,例如,设计一个测温范围为30.0~50.0 ℃ 的数字温度计(这个范围的温度在人的体温附近,又叫作体温温度计,要求温度范围不大,但灵敏度要高,用热敏电阻设计是非常合适的),则 $T_1$ 为 313.0 K,即 $t_1 = $ 40.0 ℃. $B$ 可根据式(4-33-13)求得.

根据非平衡电桥的表头适当选取 $\lambda$ 和 $m$ 的值,可使表头的示值正好为摄氏温度值,$\lambda$ 为数字温度计测量范围的中心温度,$m$ 是测温的灵敏度.

确定 $m$ 的值后,$E$ 的值可由式(4-33-19)求得,即

$$E = \frac{4BT_1^2}{4T_1^2 - B^2}m.$$ (4-33-20)

由 $R_X = \frac{B+2T}{B-2T}R_2$,可得

$$R_2 = \frac{B-2T}{B+2T}R_X.$$

$R_2$ 的值可用 $T_1$ 温度时的 $R_{X(T_1)}$ 进行计算,即

$$R_2 = \frac{B-2T_1}{B+2T_1}R_{X(T_1)}.$$ (4-33-21)

由式(4-33-18)可得

$$\frac{R_1}{R_3} = \frac{2BE}{(B+2T_1)E - 2B\lambda} - 1.$$ (4-33-22)

可见,当选定 $\lambda$ 后,就可求得 $R_1$ 与 $R_3$ 的比值.选好 $R_1$ 与 $R_3$ 的比值后,根据 $R_1$ 与 $R_3$ 的电阻值可调范围,确定 $R_1$ 与 $R_3$ 的值.

【操作步骤】

1. 用非平衡电桥测量铜电阻.

(1) 预调电桥平衡. 起始温度可以选室温或测量范围内的其他温度.

选等臂电桥或卧式电桥做一组 $U_0$, $\Delta R$ 数据. 将 DHW-1/DHW-2 型温度传感实验装置或 DHT-2 型热学实验仪上的铜电阻端接到非平衡电桥的输入端. 调节合适的桥臂电阻, 使 $U_0 = 0$, 测出 $R_{X0} = \underline{\qquad}$ Ω, 并记下初始温度 $t_0 = \underline{\qquad}$ ℃.

(2) 调节控温仪, 使铜电阻升温, 根据数字温度计的显示温度, 读取相应的电桥的输出电压 $U_0$. $\Delta R$ 的值可根据式(4-33-5)求得: $\Delta R = \dfrac{4R_{X0}U_0}{E - 2U_0}$. 每隔一定温度测量一次, 并将相关数据填入表 4-33-1 中.

*(3) 用立式电桥或比例电桥重复以上步骤, 并将数据填入表 4-33-2 中, $\Delta R$ 的值可根据式(4-33-4)求得: $\Delta R = \dfrac{(R_2 + R_{X0})^2 U_0}{R_2 E - (R_2 + R_{X0})U_0}$.

2. 用非平衡电桥测量温度. 选 2.7 kΩ 的热敏电阻, 设计的测温范围为 $30 \sim 50$ ℃(夏天室温较高时, 也可以将测温范围适当提高, 例如改为 $35 \sim 55$ ℃, $35 \sim 45$ ℃ 等).

(1) 在测量温度之前, 首先要获得热敏电阻的温度特性. 为了获得较为准确的电阻测量值, 可以用单臂电桥测量不同温度下的热敏电阻.

将温度传感实验装置或热学实验仪上的热敏电阻端接到非平衡电桥的 $R_X$ 端, 用单电桥测量, 一般取五位有效数字即可. 调节控温仪, 使热敏电阻的环境温度升高. 每隔一定温度, 测出 $R_X$, 并将相应的温度 $t$ 填入表 4-33-3 中.

(2) 根据非平衡电桥的表头, 选择 $\lambda$ 和 $m$. 根据式(4-33-19)可知 $m$ 为负值, 相应的 $\lambda$ 也为负值. 本实验如使用 2 V 表头, 可选 $m$ 为 $-10$ mV/℃, $\lambda$ 为 $-400$ mV, 这样, 该数字温度计的分辨率为 0.01 ℃.

(3) 按式(4-33-20)求得 $E = \underline{\qquad}$ V. 调节电压调节旋钮, 将数字表输入端用导线接至电源输出端, 接通 G 按钮, 用表头的合适量程进行测量, 调节电源电压 $E$ 为所需值. 保持电位器位置不变, 将数字表输入端用导线接至电桥的输出端, 即面板上的 G 按钮两端的插孔中, 这时非平衡电桥的 $E$ 已调好.

(4) 按式(4-33-21)求得 $R_2 = \underline{\qquad}$ Ω. 按式(4-33-22)求得 $\dfrac{R_1}{R_3} = \underline{\qquad}$, 根据 $R_1$, $R_3$ 的电阻值可调范围确定 $R_1 = \underline{\qquad}$ Ω(可选 100 Ω), $R_3 = \underline{\qquad}$ Ω.

(5) 按求得的 $R_1$, $R_2$, $R_3$ 的值, 接好非平衡电桥电路. 设定温度为 $t = 40$ ℃, 待温度稳定后, 电桥的输出电压为 $U_0 = -400$ mV. 如果不为 $-400$ mV, 再微调 $R_2$, $R_3$ 的值. 调节之后的电阻值分别为 $R_1 = \underline{\qquad}$ Ω, $R_2 = \underline{\qquad}$ Ω, $R_3 = \underline{\qquad}$ Ω.

(6) 在 $30 \sim 50$ ℃ 的测温范围内测量 $U_0$ 与 $t$ 的关系, 并将所得数据记录在自拟表格中.

【数据记录】

表 4 - 33 - 1　数字温度计的数据记录表

| 温度 $t/℃$ | | | | | | | | |
|---|---|---|---|---|---|---|---|---|
| $U_0/mV$ | | | | | | | | |
| $\Delta R/\Omega$ | | | | | | | | |
| 铜电阻 $R_X/\Omega$ | | | | | | | | |

表 4 - 33 - 2　非平衡电桥的数据记录表

| 温度 $t/℃$ | | | | | | | | |
|---|---|---|---|---|---|---|---|---|
| $U_0/mV$ | | | | | | | | |
| $\Delta R/\Omega$ | | | | | | | | |
| 铜电阻 $R_X/\Omega$ | | | | | | | | |

表 4 - 33 - 3　热敏电阻的数据记录表

| 温度 $t/℃$ | 30 | 35 | 40 | 45 | 50 |
|---|---|---|---|---|---|
| 热敏电阻 $R_X/\Omega$ | | | | | |

【数据处理】

1. 根据表 4 - 33 - 1 和表 4 - 33 - 2 中的数据计算 $R_X$,并将计算结果填入相关表中.

2. 根据数字温度计的测量结果作 $R_X$-$t$ 关系曲线,若该曲线为直线,可通过其斜率求出 $\alpha$. 试用该值与理论值进行比较,并求出铜电阻在_____ ℃ 时的电阻值为 $R_X =$ _____ Ω.

3. 根据非平衡电桥的测量结果作 $R_X$-$t$ 关系曲线,并与数据处理 2 所得曲线进行比较.

4. 分析以上测量的误差大小,并讨论原因.

5. 根据前面的实验结果,由式(4 - 33 - 9)可得

$$t = \frac{(R_2 + R_{X0})^2}{R_2 E - (R_2 + R_{X0})U_0} \frac{U_0}{\alpha R_{X0}}. \tag{4 - 33 - 23}$$

用等臂电桥或卧式电桥实验时,式(4 - 33 - 23)可化简为

$$t = \frac{4}{E - 2U_0} \frac{U_0}{\alpha}. \tag{4 - 33 - 24}$$

实际的 $\alpha$ 可根据 $\alpha R_{X0} = \dfrac{R_{X2} - R_{X1}}{t_2 - t_1}$ 求得,即

$$\alpha = \frac{R_{X2} - R_{X1}}{(t_2 - t_1)R_{X0}}.$$

取两个温度 $t_1$, $t_2$ 下测得的铜电阻的值 $R_{X1}$, $R_{X2}$,则可求得 $\alpha$. 这样可根据式(4 - 33 - 23)或式(4 - 33 - 24),由非平衡电桥的输出电压 $U_0$ 求得相应的温度 $t$. 根据非平衡电桥的测量结果作 $U_0$-$t$ 关系曲线.

6. 根据表 4 - 33 - 3 中的数据绘制 $\ln R_T$-$\dfrac{1}{T}$ 关系曲线(式中 $R_T$ 为热敏电阻在热力学温度

$T$ 下的电阻值),并根据式(4-33-13)和式(4-33-11)求得 $A =$ _____,$B =$ _____.

7. 根据非平衡电桥的数据作 $U_0 - t$ 关系曲线,并进行直线拟合,检查该温度测量系统的线性和误差.

8. 在 $30 \sim 50$ ℃ 的测温范围内任意设定几个温度点作为未知温度,用热敏电阻制成的数字温度计测量这些未知温度,并计算误差.

## 【思考题】

1. 非平衡电桥与平衡电桥有何异同?

2. 用非平衡电桥设计和热敏电阻制作的数字温度计有什么特点? 其测温范围受哪些因素限制?

磁悬浮动力学基础实验

## 实验三十四　　磁悬浮动力学基础实验

随着科技的发展,磁悬浮技术的应用已成为技术研究的热点,如磁悬浮列车等. 永磁悬浮技术作为一种低能耗的磁悬浮技术,也受到了广泛关注. 本实验使用的是永磁悬浮技术,该技术是在由磁悬浮导轨与磁浮滑块产生的两组带状磁场产生的斥力作用下,使磁浮滑块浮起来,从而减小运动的阻力. 通过实验,读者可以接触到磁悬浮的物理思想和技术,拓宽知识面,加深对牛顿运动定律等动力学知识的了解.

本实验所使用的磁悬浮导轨实验智能测试仪可构成不同倾斜角的斜面,通过磁浮滑块的运动来研究匀变速直线运动的规律、加速度的测量、物体所受外力与加速度的关系等.

## 【实验目的】

1. 学习磁悬浮导轨实验智能测试仪的调整和使用.

2. 测量重力加速度 $g$,学习消减系统误差的方法.

3. 探索动摩擦力与速度的关系,掌握物体运动时所受外力与加速度的关系.

## 【实验仪器】

磁悬浮导轨实验智能测试仪、水平仪、钢卷尺.

## 【实验原理】

### 1. 磁悬浮原理

磁悬浮导轨实验智能测试仪如图 4-34-1 所示,磁悬浮导轨实际上是一个槽轨,长约 1.2 m,其截面如图 4-34-2 所示,在槽轨底部中心轴线处嵌入钕铁硼磁铁,在其上方的磁浮滑块底部也嵌入磁铁,形成两组带状磁场. 由于两组带状磁场极性相反,因此其上下之间产生斥力,使磁浮滑块悬浮在导轨上运行.

在导轨的基板上安装了角度尺. 根据实验要求,可把导轨设置成不同角度的斜面.

1—手柄；2—第一光电门；3—磁浮滑块；4—第二光电门；
5—导轨；6—标尺；7—角度尺；8—基板；9—计时器

图 4 - 34 - 1　磁悬浮导轨实验智能测试仪

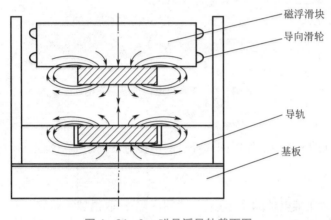

图 4 - 34 - 2　磁悬浮导轨截面图

### 2. 仪器系统

计时器按模式功能进行操作(见附录).

每条导轨配有两个磁浮滑块,用来研究运动规律. 每个滑块上有两个挡光片,滑块在导轨中运动时,挡光片对光电门进行挡光,每挡光一次,光电转换电路便产生一个电脉冲信号,来控制计时器的开和关(计时的开始和停止).

导轨上有两个光电门,计时器测定并存储了磁浮滑块上的两个挡光片通过第一光电门的时间间隔 $\Delta t_1$ 和通过第二光电门的时间间隔 $\Delta t_2$,以及滑块从第一光电门到第二光电门所经历的时间间隔 $t'$. 根据两挡光片的间距参数 $\Delta x$,即可算出滑块通过第一光电门时的平均速度 $\overline{v}_1 = \dfrac{\Delta x}{\Delta t_1}$,以及通过第二光电门时的平均速度 $\overline{v}_2 = \dfrac{\Delta x}{\Delta t_2}$.

调整导轨,使之和基板之间成一夹角 $\theta$,则导轨成一斜面,斜面倾斜角为 $\theta$,其正弦值 $\sin \theta$ 为导轨高度 $h$ 和标尺读数 $L$ 的比值,磁浮滑块从斜面上端开始下落,则其重力 $G$ 在斜面方向的分量为 $G\sin \theta$.

为使测量结果更加精准,该仪器在时间上已做处理(见图 4 - 34 - 3),即从 $\overline{v}_1$ 增加到 $\overline{v}_2$ 所需

的时间已修正为 $t = t' - \dfrac{1}{2}\Delta t_1 + \dfrac{1}{2}\Delta t_2$. 根据测得的 $\Delta t_1, \Delta t_2, t$ 和挡光片的间隔参数 $\Delta x$，经计时器测量并运算，得 $\overline{v}_1, \overline{v}_2, a_0$（滑块的加速度）. 计时器中显示的 $t_1, t_2, t_3$ 对应上述的 $\Delta t_1, \Delta t_2, t$.

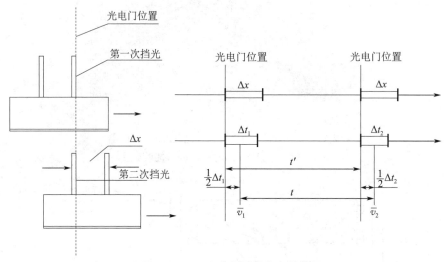

图 4-34-3　光电门挡光示意图

3. 瞬时速度的测量

一个做直线运动的物体，在 $\Delta t$ 时间内经过的位移为 $\Delta s$，则该物体在 $\Delta t$ 时间内的平均速度为

$$\overline{v} = \frac{\Delta s}{\Delta t}.$$

为了精确地描述物体在某点处的实际速度，时间间隔 $\Delta t$ 取得越小越好，$\Delta t$ 越小，所求得的平均速度越接近于实际速度. 当 $\Delta t \to 0$ 时，平均速度趋近于一个极限，即

$$v = \lim_{\Delta t \to 0} \frac{\Delta s}{\Delta t} = \lim_{\Delta t \to 0} \overline{v}, \tag{4-34-1}$$

这就是物体在该点处的瞬时速度.

但在实验时，直接用式（4-34-1）来测量某点处的瞬时速度是极其困难的，因此，一般在一定的误差范围内，且适当的修正时间间隔（见图 4-34-3）的情况下，可以用历时极短的时间间隔内的平均速度近似代替瞬时速度.

4. 匀变速直线运动

对于沿光滑斜面下滑的物体，在忽略空气阻力的情况下，可视作其在做匀变速直线运动. 匀变速直线运动的速度公式、位移公式、速度和位移的关系分别为

$$v = v_0 + at, \tag{4-34-2}$$

$$s = v_0 t + \frac{1}{2}at^2, \tag{4-34-3}$$

$$v^2 = v_0^2 + 2as. \tag{4-34-4}$$

在斜面上，物体从同一位置 $P$ 处由静止开始下滑，用计时器测得物体在不同位置 $P_0, P_1, P_2, \cdots$ 处的速度 $v_0, v_1, v_2, \cdots$ 和从 $P_0$ 到 $P_i$ 的时间 $t_1, t_2, \cdots$. 以 $t$ 为横坐标，$v$ 为纵坐标作

$v$-$t$ 关系曲线,如果该曲线为一条直线,则证明该物体做的是匀变速直线运动,直线的斜率即为加速度 $a$,截距即为 $v_0$.

同样,取 $s_i = P_i - P_{i-1}$,作 $\dfrac{s}{t}$-$t$ 关系曲线和 $v^2$-$s$ 关系曲线,若两关系曲线都为直线,也证明物体做的是匀变速直线运动,两直线的斜率分别为 $\dfrac{1}{2}a$ 和 $2a$,截距分别为 $v_0$ 和 $v_0^2$.

物体在磁悬浮导轨上运动时,摩擦力和磁场的不均匀性对物体可产生作用力,对运动物体有阻碍作用,用 $F_f$ 来表示,即 $F_f = ma_f$,式中 $a_f$ 为加速度的修正值. 在实验时,把磁悬浮导轨设置成水平状态,将磁浮滑块放至导轨上,用手轻推一下滑块,让其以一定的初速度从左到右运动,依次通过两光电门,测出其加速度 $a_f$.重复多次,用不同力度推动滑块,测出其加速度 $a_f$,比较每次测量的结果,查看其规律. 将测量结果取平均值得到滑块的阻力加速度 $\overline{a_f}$.

设置磁悬浮导轨成一斜面,斜面倾斜角为 $\theta$. 保持系统质量不变,改变系统所受外力,考察动摩擦力的大小及其与外力的关系. 磁浮滑块在磁悬浮导轨上运动时,将其所受的动摩擦力用 $F_f$ 来表示. 根据牛顿第二定律,可得

$$ma = mg\sin\theta - F_f,$$

则有

$$F_f = mg\sin\theta - ma. \tag{4-34-5}$$

已知重力加速度 $g = 9.80 \text{ m/s}^2$ 及磁浮滑块的质量,通过测量不同倾斜角 $\theta$ 时的滑块加速度 $a$,可以求得相应的动摩擦力.

作 $F_f$-$F$ 关系曲线,考察 $F_f$ 与 $F$ 的关系.

5. 重力加速度的测定及消减系统误差的方法

令 $F_f = ma_f$,式(4-34-5)可写为

$$a = g\sin\theta - a_f, \tag{4-34-6}$$

式中 $a_f$ 为与动摩擦力有关的加速度修正值. 对于不同的斜面倾斜角,有

$$a_1 = g\sin\theta_1 - a_{f1}, \tag{4-34-7}$$

$$a_2 = g\sin\theta_2 - a_{f2}, \tag{4-34-8}$$

$$a_3 = g\sin\theta_3 - a_{f3}, \tag{4-34-9}$$

$$\cdots\cdots$$

根据前面得到的动摩擦力 $F_f$ 与 $F$ 的关系可知,在一定的小角度范围内,磁浮滑块所受的动摩擦力 $F_f$ 近似相等,且 $F_f \ll mg\sin\theta$,即

$$a_{f1} \approx a_{f2} \approx a_{f3} \approx \cdots \approx \overline{a_f} \ll g\sin\theta.$$

由式(4-34-7)、式(4-34-8)和式(4-34-9)可得

$$g \approx \frac{a_2 - a_1}{\sin\theta_2 - \sin\theta_1} \approx \frac{a_3 - a_2}{\sin\theta_3 - \sin\theta_2} \approx \cdots. \tag{4-34-10}$$

6. 保持系统质量不变,改变系统所受外力,考察加速度 $a$ 和外力 $F$ 的关系

根据牛顿第二定律,可得 $a = \dfrac{1}{m}F$,即

$$a = kF. \tag{4-34-11}$$

设置不同倾斜角 $\theta_1, \theta_2, \cdots$ 的斜面,测出物体运动的加速度 $a_1, a_2, \cdots$,作 $a$-$F$ 拟合直线,求出该

直线的斜率 $k$,由 $k = \dfrac{1}{m}$ 可求得物体的质量为 $m = \dfrac{1}{k}$.

【操作步骤】

1. 检查磁悬浮导轨的水平度及实验前的准备工作. 把磁悬浮导轨设置成水平状态. 水平度调整有两种方法:一是把配置的水平仪放在磁悬浮导轨上,调整导轨一端的支撑脚,使导轨水平;二是把磁浮滑块放到导轨上,让滑块以一定的初速度从左到右运动,测出其加速度的值,然后让滑块反方向运动,再次测出其加速度的值,若导轨水平,则滑块左右运动减速情况相近,即测出的 $a$ 相近.

检查磁悬浮导轨上的第一光电门和第二光电门是否与计时器的光电门 I 和光电门 II 相连. 开启电源,检查计时器显示的参数值是否与挡光片的间距参数相符,否则必须加以修正,修正方法参见附录,并检查加速度指示灯是否亮起.

2. 匀变速直线运动规律的研究. 调整磁悬浮导轨为成一定倾斜角 $\theta$(不小于 $2°$ 为宜)的斜面. 将磁浮滑块每次都从同一位置 $P$ 处由静止开始下滑,将第一光电门置于 $P_0$ 处,将第二光电门分别置于 $P_1, P_2, \cdots$ 处,用计时器测量 $\Delta t_0, \Delta t_1, \Delta t_2, \cdots$ 和速度 $v_0, v_1, v_2, \cdots$,依次记录 $P_0$,$P_1, P_2, \cdots$ 的位置和速度 $v_0, v_1, v_2, \cdots$,以及由 $P_0$ 到 $P_i$ 的时间 $t_i$,并在表 $4-34-1$ 中记录相关的数据.

3. 重力加速度 $g$ 的测量. 固定两光电门之间的距离 $s$,改变磁悬浮导轨的倾斜角 $\theta$,将磁浮滑块每次都由同一位置滑下,依次经过两个光电门,记录其加速度 $a_i$,并将实验数据记录在表 $4-34-2$ 中.

4. 保持系统质量不变,改变系统所受外力,考察加速度 $a$ 和外力 $F$ 的关系. 称量磁浮滑块质量的标准值 $m_{标}$,利用操作步骤 3 的实验数据,计算磁悬浮导轨在不同倾斜角时系统所受外力 $F = m_{标} g \sin \theta$.

【数据记录】

1. 匀变速直线运动规律的研究.

表 $4-34-1$　研究匀变速直线运动的数据记录表

$P_0 =$ _____ cm;　$\Delta x =$ _____ cm;　$\theta =$ _____ °

| $i$ | $P_i$/cm | $s_i (= P_i - P_0)$/cm | $\Delta t_0$/s | $v_0$/(m/s) | $\Delta t_i$/s | $v_i$/(m/s) | $t_i$/s |
|---|---|---|---|---|---|---|---|
| 1 | | | | | | | |
| 2 | | | | | | | |
| 3 | | | | | | | |
| 4 | | | | | | | |
| 5 | | | | | | | |
| 6 | | | | | | | |

2. 重力加速度 $g$ 的测量与加速度 $a$ 和外力 $F$ 关系的考察.

表 4-34-2　测量重力加速度与考察加速度 $a$ 与外力 $F$ 关系的数据记录表

$\Delta x=$ _____ cm;　$s=s_2-s_1=$ _____ cm;　$a_{\mathrm{f}}=$ _____ m/s$^2$

| $i$ | $\theta_i/(°)$ | $a_i/(\mathrm{m/s}^2)$ | $\sin\theta_i$ | $g_i/(\mathrm{m/s}^2)$ | $F_i(=m_{标}g_i\sin\theta_i)/\mathrm{N}$ |
|---|---|---|---|---|---|
| 1 | | | | | |
| 2 | | | | | |
| 3 | | | | | |
| 4 | | | | | |
| 5 | | | | | |
| 6 | | | | | |

注意：$g_i=\dfrac{a_{i+1}-a_i}{\sin\theta_{i+1}-\sin\theta_i}$.

【数据处理】

1. 根据表 4-34-1 中的数据分别作 $v$-$t$ 关系曲线和 $\dfrac{s}{t}$-$t$ 关系曲线,若所得关系曲线均为直线,则表明滑块做匀变速直线运动,由直线的斜率与截距可求出 $a$ 与 $v_0$,将 $v_0$ 与表 4-34-1 中的 $v_0$ 的平均值进行比较,并加以分析和讨论.

2. 根据式(4-34-10)计算重力加速度 $g_i$ 和外力 $F_i$,并填入表 4-34-2 中.将根据计算得到的重力加速度的平均值 $\bar{g}$ 与当地重力加速度 $g_{标}$ 进行比较,求出百分误差.

3. 根据表 4-34-2 中的数据作 $a$-$F$ 拟合直线,求出该直线的斜率 $k$,再由 $k=\dfrac{1}{m}$ 求出磁浮滑块的质量 $m$.比较 $m$ 和 $m_{标}$,并求出百分误差.

【注意事项】

1. 称量磁浮滑块的质量时,请将非铁材料放于滑块下方,防止磁铁与电子天平相互作用,从而影响称量的准确性.

2. 磁浮滑块不可长时间放在导轨中,实验做完后,应及时将其取出,防止滑块被磁化.

【思考题】

1. 光电门的位置对加速度的测量有影响吗?

2. 光电门的顺序可以改变吗?

【附录】

DHSY-1 型磁悬浮导轨实验智能测试仪使用说明书

1. 工作条件

(1) 电源电压及频率:$(220\pm22)$V,$(50\pm2.5)$Hz.

(2) 视在功率 ≤ 20 VA.

(3) 工作温度范围:0 ～ 40 ℃.

## 2. 技术指标

(1) 磁悬浮导轨几何尺寸:130.0 cm × 9.0 cm × 21.0 cm.

(2) 磁场强度:200 mT.

(3) 磁浮滑块几何尺寸:15.4 cm × 6.8 cm × 6.0 cm.

(4) 其他仪器参数见表 4-34-3.

表 4-34-3    仪器参数

| 测量值 | 范围 | 测量精度 |
|---|---|---|
| 光电门挡光时间 $t_1$, $t_2$/ms | 0.00 ～ 99 999.99 | 0.01 |
| 两次挡光时间差 $t_3$/ms | 0.00 ～ 99 999.99 | 0.01 |
| 速度 $v_1$, $v_2$/(cm/s) | 0.00 ～ 600.00 | 0.01 |
| 加速度 $a$/(cm/s²) | 0.00 ～ 600.00 | 0.01 |

## 3. 计时器面板

计时器面板如图 4-34-4 所示.

图 4-34-4    计时器面板图

## 4. 操作

\* 约定:在加速度测量时,将首先经过的光电门定为第一光电门;在碰撞测量时,小车 A 位于小车 B 左侧,将导轨左侧的光电门定为第一光电门.

1) 加速度测量.

(1) 按功能按钮,选择加速度模式,使加速度指示灯亮.

(2) 按翻页按钮,可选择需存储的组号或查看各组数据.最高位数码管显示"0"～"9",表示存储的组号.

(3) 按开始按钮,即开始一次加速度测量过程,测量结束后数据会自动保存在当前组中.

(4) 测量数据依次显示,顺序为"t1 → v1 → t2 → v2 → t3 → a",对应的指示灯会依次亮起,每个数据显示的时间为 2 s.

（5）按复位按钮可清除所有数据.

2）碰撞测量.

（1）按功能按钮，选择碰撞模式，使碰撞指示灯亮. 最高位数码管显示"1"～"C"，对应 12 种碰撞模式.

（2）按开始按钮，即开始一次碰撞测量过程，测量结束后数据会自动保存在当前组中.

（3）测量数据依次显示，顺序为"At1 → Av1 → At2 → Av2 → Bt1 → Bv1 → Bt2 → Bv2"，对应的指示灯会依次亮起，每个数据显示的时间为 2 s.

3）挡光片间距参数设置.

（1）按功能按钮，选择工作模式，使计时器显示"00"，等待数秒，加速度和碰撞指示灯都灭后开始设置.

（2）按翻页按钮，设置十位数字，按开始按钮，设置个位数字. 设定范围为 0～99 mm，默认值为 30 mm.

（3）低二位数码管显示当前设定的间距参数.

# 实验三十五　　波尔共振实验

波尔共振实验

共振是一种既普遍又重要的运动形式，在日常生活及物理学、无线电学和各种工程技术领域中都会见到. 许多仪器和装置都是利用共振原理设计制作的. 在利用共振现象的同时，也要防止共振现象引起的破坏，如共振引起建筑物垮塌、电器元件烧毁等. 因此，研究受迫振动很有必要且具有重大意义.

本实验采用波尔（Bohr）共振仪来定量研究物体在周期性外力作用下做受迫振动的幅频特性和相频特性，并采用频闪法来测定相位差.

## 【实验目的】

1. 研究波尔共振仪中的弹性摆轮做受迫振动的幅频特性和相频特性.
2. 研究不同阻尼力矩对受迫振动的影响，观察共振现象.
3. 学习用频闪法测定相位差.
4. 学习系统误差的修正.

## 【实验仪器】

波尔共振仪由振动仪与电器控制箱两部分组成.

振动仪的结构如图 4-35-1 所示，铜质摆轮 A 安装在机架转轴上，可绕转轴转动. 蜗卷弹簧 B 的一端与摆轮相连，另一端与摇杆 M 相连. 当摆轮自由振动时，摇杆不动，蜗卷弹簧对摆轮施加与角位移成正比的弹性回复力矩. 摆轮下方装有阻尼线圈 K，电流通过线圈会产生磁场. 当摆轮在磁场中运动时，摆轮中会形成局部涡电流，涡电流磁场与线圈磁场相互作用，形成大小与摆轮角速度成正比、方向指向平衡位置的电磁阻尼力矩. 开启电动机，电动机将带动偏心轮及传动连杆 E,使摇杆摆动,产生强迫力矩.此力矩通过蜗卷弹簧传递给摆轮,强迫摆轮做受迫振动.

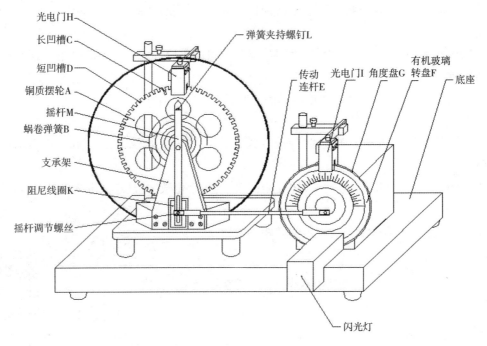

图 4‑35‑1　振动仪结构图

在铜质摆轮的圆周上,每隔 2° 开有一凹槽,其中一个凹槽(用白漆线标志)比其他凹槽长出许多.摆轮正上方的光电门架上装有两个光电门 H:一个对准长凹槽 C,在一个振动周期中长凹槽两次通过该光电门,电气控制箱由该光电门的开关时间来测量摆轮的周期,并予以显示;另一个对准短凹槽 D,电气控制箱由一个振动周期中通过该光电门的凹槽个数可得出摆轮的振幅,并予以显示.光电门的测量精度为 2°.

电动机轴上装有固定的角度盘 G 和随电动机一起转动的有机玻璃转盘 F,转盘指针上方有挡光片.调节电气控制箱上的电动机转速调节旋钮,可以精确地改变加在电动机上的电压,使电动机的转速在实验范围(30 ～ 45 r/min)内连续可调.由于电路中采用特殊的稳速装置,以及电动机采用惯性很小的、带有测速发电机的特种电机,因此有机玻璃转盘的转速极为稳定.在角度盘正上方装有光电门 I,有机玻璃转盘的转动使挡光片通过该光电门,电气控制箱记录光电门的开关时间,测量强迫力矩的周期.

当摆轮受迫振动时,摆轮角位移与强迫力矩的相位差是利用小型闪光灯来测量的.置于角度盘下方的闪光灯受对准长凹槽的光电门的控制,当摆轮上的长凹槽通过平衡位置时,该光电门接收光,引起闪光,这一现象称为频闪现象.受迫振动达到稳定状态时,在闪光灯的照射下可以看到有机玻璃转盘指针好像一直"停在"某一刻度处(实际上,转盘指针一直在匀速转动).所以,从角度盘上直接读出摇杆相位超前于摆轮相位的数值,其负值为相位差 $\varphi$.

电器控制箱的前面板和后面板分别如图 4‑35‑2 和图 4‑35‑3 所示.

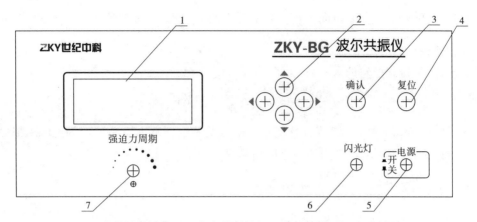

1— 液晶显示屏幕;2— 方向控制键;3— 确认按键;4— 复位按键;
5— 电源开关;6— 闪光灯开关;7— 强迫力周期调节电位器

图 4‑35‑2　电器控制箱前面板示意图

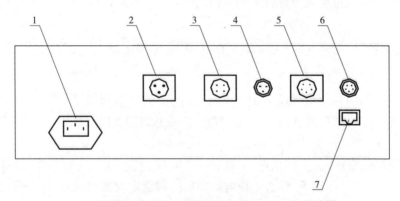

1— 电源插座(带保险);2— 闪光灯接口;3— 阻尼线圈;
4— 电动机接口;5— 振幅输入;6— 周期输入;7— 通信接口

图 4‑35‑3　电器控制箱后面板示意图

电动机转速调节旋钮可改变强迫力矩的周期.

通过电器控制箱可以控制阻尼线圈通过的直流电流的大小,达到改变摆轮系统的阻尼系数的目的.阻尼挡位可通过电器控制箱进行控制,共分为 3 挡,分别是"阻尼 1""阻尼 2"和"阻尼 3",实验时根据不同情况进行选择(可先选择在阻尼 2 处,若共振时振幅太小,则可改用阻尼 1),振幅在 150° 左右.

闪光灯开关用来控制闪光与否,当按住闪光灯开关时,铜质摆轮长凹槽通过平衡位置时便产生闪光,从角度盘上读出相位差(为使闪光灯的灯管不易损坏,采用按钮开关,仅在测量相位差时才按下此开关).

电器控制箱与闪光灯之间通过各种专业电缆相连接,不会出现接线错误等现象.

【实验原理】

物体在周期性外力的持续作用下发生的振动称为受迫振动,这种周期性外力称为强迫力.本实验中,由铜质摆轮和蜗卷弹簧组成弹性摆轮,可绕转轴摆动.摆轮在摆动过程中受到

大小与角位移 $\theta$ 成正比、方向指向平衡位置的弹性回复力矩,大小与角速度 $\dfrac{\mathrm{d}\theta}{\mathrm{d}t}$ 成正比、方向与摆轮运动方向相反的电磁阻尼力矩,以及按简谐运动规律变化的强迫力矩 $M_0\cos\omega t$ 的作用. 根据转动规律,可得到摆轮的运动方程为

$$J\frac{\mathrm{d}^2\theta}{\mathrm{d}t^2} = -k\theta - b\frac{\mathrm{d}\theta}{\mathrm{d}t} + M_0\cos\omega t, \tag{4-35-1}$$

式中 $J$ 为摆轮的转动惯量,$-k\theta$ 为弹性回复力矩,$k$ 为弹性回复力矩系数,$b$ 为电磁阻尼力矩系数,$M_0$ 为强迫力矩的幅值,$\omega$ 为强迫力矩的角频率.

令 $\omega_0^2 = \dfrac{k}{J}$,$2\beta = \dfrac{b}{J}$,$m = \dfrac{M_0}{J}$,则方程(4-35-1)可写为

$$\frac{\mathrm{d}^2\theta}{\mathrm{d}t^2} + 2\beta\frac{\mathrm{d}\theta}{\mathrm{d}t} + \omega_0^2\theta = m\cos\omega t. \tag{4-35-2}$$

当强迫力矩为零,即方程(4-35-2)等号右端为零时,方程(4-35-2)就变为了二阶常系数齐次线性微分方程,根据微分方程的相关理论,当 $\omega_0 \gg \beta$ 时,方程(4-35-2)的解为

$$\theta = \theta_1 \mathrm{e}^{-\beta t}\cos(\omega_1 t + \alpha). \tag{4-35-3}$$

此时摆轮做阻尼振动,振幅 $\theta_1 \mathrm{e}^{-\beta t}$ 随时间 $t$ 衰减,振动频率为

$$\omega_1 = \sqrt{\omega_0^2 - \beta^2},$$

式中 $\omega_0$ 称为系统的固有角频率,$\beta$ 为阻尼系数. 当 $\beta$ 也为零时,摆轮以角频率 $\omega_0$ 做简谐振动.

当强迫力矩不为零时,方程(4-35-2)为二阶常系数非齐次线性微分方程,其解为

$$\theta = \theta_1 \mathrm{e}^{-\beta t}\cos(\omega_1 t + \alpha) + \theta_2\cos(\omega t + \varphi), \tag{4-35-4}$$

式中等号右端的第一部分表示阻尼振动,经过一段时间后衰减消失;第二部分为稳态解,说明振动系统在强迫力矩的作用下,经过一段时间即可达到稳定的振动状态. 如果强迫力矩以余弦函数形式进行变化,那么物体在稳定状态时的运动是与强迫力矩同频率的简谐振动,具有稳定的振幅 $\theta_2$,并与强迫力矩之间有一个确定的相位差 $\varphi$.

将 $\theta = \theta_2\cos(\omega t + \varphi)$ 代入方程(4-35-2),要使方程在任意时间都恒成立,则 $\theta_2$ 与 $\varphi$ 需满足一定的条件,由此解得稳定受迫振动的幅频特性及相频特性的表达式分别为

$$\theta_2 = \frac{m}{\sqrt{(\omega_0^2 - \omega^2)^2 + 4\beta^2\omega^2}}, \tag{4-35-5}$$

$$\varphi = \arctan\frac{-2\beta\omega}{\omega_0^2 - \omega^2} = \arctan\frac{-\beta T_0^2 T}{\pi(T^2 - T_0^2)}. \tag{4-35-6}$$

由式(4-35-5)和式(4-35-6)可知,在受迫振动达到稳定状态时,振幅和相位差保持恒定,振幅与相位差的数值取决于 $\beta$,$\omega_0$,$m$ 和 $\omega$,而与受迫振动的起始状态无关. 当强迫力矩的角频率 $\omega$ 与振动系统的固有角频率 $\omega_0$ 相同时,相位差为 $-90°$.

由于受到电磁阻尼力矩的作用,受迫振动的相位总是滞后于强迫力矩的相位,即式(4-35-6)中的 $\varphi$ 应为负值,而反正切函数的取值范围为 $(-90°, 90°)$,当由式(4-35-6)计算得出的角度数值为正时,应减去 $180°$ 将其换算成负值.

图 4-35-4 和图 4-35-5 分别表示 $\beta$ 取不同值时,物体稳定受迫振动的幅频特性曲线和相频特性曲线.

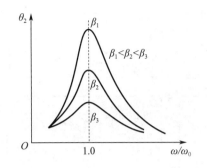

图 4-35-4 稳定受迫振动的幅频特性曲线

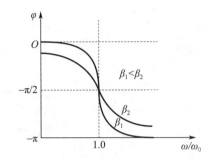

图 4-35-5 稳定受迫振动的相频特性曲线

由式(4-35-5),将 $\theta_2$ 对 $\omega$ 求极值,可得出:当强迫力矩的角频率为 $\omega = \sqrt{\omega_0^2 - 2\beta^2}$ 时,$\theta_2$ 有极大值,此时产生共振. 若共振时的角频率和振幅分别用 $\omega_r, \theta_r$ 表示,则有

$$\omega_r = \sqrt{\omega_0^2 - 2\beta^2},\tag{4-35-7}$$

$$\theta_r = \frac{m}{2\beta\sqrt{\omega_0^2 - \beta^2}}.\tag{4-35-8}$$

将式(4-35-7)代入式(4-35-6),得到共振时的相位差为

$$\varphi_r = \arctan\frac{-\sqrt{\omega_0^2 - 2\beta^2}}{\beta}.\tag{4-35-9}$$

式(4-35-7)、式(4-35-8)和式(4-35-9)表明,阻尼系数 $\beta$ 越小,共振时的角频率 $\omega_r$ 越接近于系统的固有角频率 $\omega_0$,振幅 $\theta_r$ 越大,共振时的相位差越接近于 $-90°$.

由图 4-35-4 可知,$\beta$ 越小,$\theta_r$ 越大,$\theta_2$ 随 $\omega$ 偏离 $\omega_0$ 衰减得越快,幅频特性曲线越陡. 在峰值附近,$\omega \approx \omega_0$,$\omega_0^2 - \omega^2 \approx 2\omega_0(\omega_0 - \omega)$,而式(4-35-5)可近似表示为

$$\theta_2 \approx \frac{m}{2\omega_0\sqrt{(\omega_0 - \omega)^2 + \beta^2}}.\tag{4-35-10}$$

由式(4-35-10)可知,当 $|\omega_0 - \omega| = \beta$ 时,振幅降为峰值的 $\dfrac{1}{\sqrt{2}}$,根据幅频特性曲线的相应点可确定 $\beta$.

【操作步骤】

1. 实验准备. 按下电源开关后,液晶显示屏幕上显示欢迎界面,其中"NO. 0000X"为电器控制箱与计算机主机相连的编号. 数秒后屏幕上显示如图 4-35-6(a)所示的"按键说明"字样,符号"◀"为向左移动;符号"▶"为向右移动;符号"▲"为向上移动;符号"▼"为向下移动.

**注** 为保证使用安全,三芯电源线需可靠接地.

2. 选择实验方式. 根据是否连接计算机选择联网模式或单机模式. 这两种模式下的操作完全相同,故不再重复介绍.

3. 自由振动——测量摆轮振幅 $\theta$ 与自由振动周期 $T$ 的对应关系. 自由振动实验的目的是测量摆轮的振幅 $\theta$ 与自由振动周期 $T$ 的关系.

液晶显示屏在图 4-35-6(a)所示的状态下,按确定按键屏幕显示如图 4-35-6(b)所示,默认选中项为"自由振动",字体反白为选中. 再按确定按键屏幕显示如图 4-35-6(c)所示.

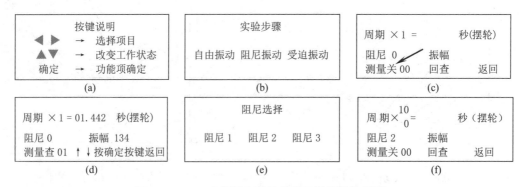

图 4 - 35 - 6　电器控制箱液晶显示屏幕操作界面 1

用手转动铜质摆轮 160°左右,放开手后按▲键或▼键,测量状态由"关"变为"开",电器控制箱开始记录实验数据,振幅的有效数值范围为 50°～160°(振幅小于 160°时测量状态为"开",小于 50°时测量自动关闭). 当测量状态显示"关"时,此时数据已保存并发送至计算机主机.

查询实验数据,可按◀键或▶键,选中"回查",再按确认按键屏幕显示如图 4 - 35 - 6(d)所示,表示第 1 次记录的振幅为 $\theta_0 = 134°$,对应的周期为 $T = 1.442$ s,然后按▲键或▼键查看所有数据,该数据为每次测量振幅时相对应的周期数值,回查完毕,按确定按键,屏幕显示返回到如图 4 - 35 - 6(c)所示的状态. 此法可得到振幅 $\theta$ 与周期 $T$ 的对应表,该对应表将在测定受迫振动的幅频特性和相频特性中使用. 将表中的相关数据填入表 4 - 35 - 1 中,并计算 $\omega_0$. 由于此时阻尼很小,因此测出的周期非常接近摆轮的固有周期 $T_0$.

若需要进行多次测量,则本次实验完成后,选中"返回",按确定按键屏幕显示回到如图 4 - 35 - 6(b)所示的状态,之后再进行其他实验.

由于电器控制箱只记录每次摆轮周期变化时所对应的振幅值,因此有时转盘转过光电门几次,测量才记录一次(其间能看到振幅变化). 当回查数据时,有的振幅数值被自动剔除了(当摆轮周期的第 5 位有效数字发生变化时,电器控制箱记录对应的振幅值,但是电器控制箱上只显示 4 位有效数字,因此无法看到第 5 位有效数字的变化情况).

4. 测定阻尼系数 $\beta$. 液晶显示屏在如图 4 - 35 - 6(b)所示的状态下,根据实验要求,按▶键,选中"阻尼振动",按确定按键屏幕显示如图 4 - 35 - 6(e)所示. 阻尼分为 3 挡,阻尼 1 最小,根据实验要求选择阻尼挡位,例如选择阻尼 2,按确定按键屏幕显示如图 4 - 35 - 6(f)所示.

首先将有机玻璃转盘的指针放在 0 位置,用手转动铜质摆轮 160°左右,按▲键或▼键,测量状态由"关"变为"开",并记录数据,仪器记录 10 组数据后,测量自动关闭,此时振幅大小还在变化,但仪器已经停止计数.

阻尼振动的回查与自由振动类似,请参照上面的操作.

从液晶显示屏幕读出摆轮做阻尼振动时的振幅数值 $\theta_1, \theta_2, \cdots, \theta_n$,并逐一填入表 4 - 35 - 2 中,然后利用

$$\ln \frac{\theta_i}{\theta_{i+n}} = \ln \frac{\theta_1 e^{-\beta t}}{\theta_1 e^{-\beta(t+nT)}} = n\beta\overline{T} \qquad (4 - 35 - 11)$$

求出 $\beta$ 值,式中 $n$ 为阻尼振动的周期次数;$\theta_i$ 为第 $i$ 次振动时的振幅;$\overline{T}$ 为阻尼振动周期的平均值,此值可以测出 10 个摆轮振动的周期,然后取其平均值. 一般阻尼系数需测量 2～3 次.

5.测定受迫振动的幅频特性曲线和相频特性曲线.在进行受迫振动前必须先做阻尼振动,否则无法实验.

液晶显示屏幕在如图 4-35-6(b) 所示的状态下,选中"受迫振动",按确定按键屏幕显示如图 4-35-7(a) 所示,在默认状态选中"电动机".将强迫力周期调节电位器调至 4~6,将闪光灯放在角度盘下方.

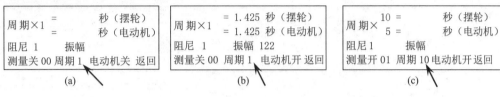

图 4-35-7    电器控制箱液晶显示屏幕操作界面 2

按▲键或▼键,让电动机启动.此时保持周期为 1,待摆轮和电动机的周期相同,特别是振幅已稳定(周期变化不大于 1)时,表明两者已经稳定了,屏幕显示如图 4-35-7(b) 所示,此时方可开始测量.打开闪光灯开关,在有机玻璃转盘上观察转动的挡光杆被闪光灯照亮的位置,即受迫振动角位移和强迫力矩之间的相位差.

测量前应先选中"周期",按▲键或▼键把周期由 1(见图 4-35-7(a))改为 10(见图 4-35-7(c))(目的是减少误差,若不改周期,测量开关无法打开).再选中"测量",按下▲键或▼键,测量状态显示"开",并记录数据.

一次测量完成,测量状态显示"关"后,读取摆轮的振幅和周期,并利用闪光灯测定受迫振动角位移与强迫力矩之间的相位差.

调节强迫力周期调节电位器,改变电动机的转速,即改变强迫力矩的角频率 $\omega$,从而改变电动机的转动周期.

每次改变强迫力矩的周期后,都需要等待系统稳定,约需 2 min,即液晶显示屏幕返回到如图 4-35-7(b) 所示的状态,等待摆轮和电动机的周期相同后,再进行测量,并将相关数据填入表 4-35-3 中.

在共振点附近,由于曲线变化较大,因此测量数据相对密集些,此时电动机转速的极小变化都会引起相位差发生很大的改变.电动机转速调节旋钮上的读数是一参考数值,建议在不同 $\omega$ 时都记下此值,以便重新测量时参考.

因为本仪器中采用石英晶体作为计时部件,所以测量周期(角频率)的误差可以忽略不计,误差主要来自阻尼系数 $\beta$ 的测定和系统的固有角频率 $\omega_0$ 的确定,且后者对实验结果影响较大,应用表 4-35-1 中的数据对此做修正,因此表 4-35-3 中的 $\omega_0$ 应根据自由振动测量的不同振幅用不同的 $\omega_0$ 代入.表 4-35-3 中的 $\theta_r$ 为共振点的振幅值.

受迫振动测量完毕后,按◀键或▶键,选中"返回",按确定按键,屏幕显示重新回到如图 4-35-6(b) 所示的状态.

6.关机.当屏幕显示在如图 4-35-6(b) 所示的状态下,按住复位按键保持不动,数秒后仪器自动复位,此时所做实验数据全部清除,然后按下电源开关,结束实验.

## 【数据记录】

表 4-35-1　测定摆轮振幅 $\theta$ 不同时的固有角频率 $\omega_0$ 的数据记录表

| $\theta/(°)$ | $T_0/s$ | $\omega_0/(rad/s)$ | $\theta/(°)$ | $T_0/s$ | $\omega_0/(rad/s)$ | $\theta/(°)$ | $T_0/s$ | $\omega_0/(rad/s)$ |
|---|---|---|---|---|---|---|---|---|
| | | | | | | | | |
| | | | | | | | | |
| | | | | | | | | |
| | | | | | | | | |
| | | | | | | | | |
| | | | | | | | | |
| | | | | | | | | |
| | | | | | | | | |
| | | | | | | | | |
| | | | | | | | | |
| | | | | | | | | |
| | | | | | | | | |
| | | | | | | | | |

表 4-35-2　测定阻尼系数的数据记录表

阻尼挡位_____；　$10T = $ _____ s；　$\overline{T} = $ _____ s

| 测量次数 $i$ | 振幅 $\theta_i/(°)$ | 测量次数 $i$ | 振幅 $\theta_i/(°)$ | $\ln\dfrac{\theta_i}{\theta_{i+5}}$ |
|---|---|---|---|---|
| 1 | | 6 | | |
| 2 | | 7 | | |
| 3 | | 8 | | |
| 4 | | 9 | | |
| 5 | | 10 | | |
| $\ln\dfrac{\theta_i}{\theta_{i+5}}$ 的平均值 | | | | |

表 4‑35‑3　测定幅频特性和相频特性曲线的数据记录表

阻尼电流挡_____

| $10T/\text{s}$ | $\omega = \dfrac{2\pi}{T}/(\text{rad/s})$ | 相位差测量值 $\varphi/(°)$ | $\theta/(°)$ | $\left(\dfrac{\theta}{\theta_{\text{r}}}\right)^2$ | $\dfrac{\omega}{\omega_0}$ | 相位差理论值 $\varphi_{\text{m}}\left( = \arctan\dfrac{2\beta\omega}{\omega_0^2 - \omega^2}\right)/(°)$ |
|---|---|---|---|---|---|---|
| | | | | | | |
| | | | | | | |
| | | | | | | |
| | | | | | | |
| | | | | | | |

**【数据处理】**

1. 作幅频特性曲线 $\left(\dfrac{\theta}{\theta_{\text{r}}}\right)^2 - \dfrac{\omega}{\omega_0}$，从曲线中也可求出阻尼系数 $\beta$. 在阻尼系数较小（满足 $\beta^2 \ll \omega_0^2$）和共振位置附近（$\omega = \omega_0$）时，由于 $\omega_0 + \omega = 2\omega_0$，因此从式(4‑35‑5)和式(4‑35‑8)可以得出

$$\left(\frac{\theta}{\theta_{\text{r}}}\right)^2 = \frac{4\beta^2\omega_0^2}{4\omega_0^2(\omega - \omega_0)^2 + 4\beta^2\omega_0^2} = \frac{\beta^2}{(\omega - \omega_0)^2 + \beta^2}.$$

当 $\theta = \dfrac{1}{\sqrt{2}}\theta_{\text{r}}$，即 $\left(\dfrac{\theta}{\theta_{\text{r}}}\right)^2 = \dfrac{1}{2}$ 时，由上式可得

$$\omega - \omega_0 = \pm\beta,$$

此 $\omega$ 对应于幅频特性曲线中的 $\left(\dfrac{\theta}{\theta_{\text{r}}}\right)^2 = \dfrac{1}{2}$ 的两个值 $\omega_1, \omega_2$. 由此可以得出

$$\beta = \frac{\omega_2 - \omega_1}{2}.$$

2. 作相频特性曲线 $\varphi - \dfrac{\omega}{\omega_0}$.

**【注意事项】**

1. 在受迫振动实验中，调节电器控制箱前面板上的强迫力周期调节电位器可改变电动机的转动周期，该实验必须做 10 次以上，其中必须包括电动机转动周期与自由振动实验时的自由振动周期相同的数值.

2. 在受迫振动实验中，需待电动机与摆轮的周期相同（末位数差异不大于 2），即系统稳定后，方可记录实验数据，且每次改变强迫力矩的周期后，都需要等待系统稳定后再进行测量.

3. 因为闪光灯的高压电路及强光会干扰光电门采集数据，所以需待一次测量完成，显示测量"关"后，才可使用闪光灯读取相位差.

**【思考题】**

1. 铜质摆轮上方的光电门为什么能同时测出摆轮转动的振幅与周期？

2. 如果实验中的阻尼电流不稳定，会有什么影响？

# 第五章 双语教学实验

## 实验三十六　牛顿环测曲率半径

牛顿环是一种用分振幅法实现的等厚干涉现象,最早为牛顿所发现.为了研究薄膜的颜色,牛顿曾经仔细研究过由凸透镜和平板玻璃组成的实验装置,他发现通过测量牛顿环的半径就可以算出凸透镜和平板玻璃之间对应位置空气层的厚度.但由于牛顿主张光的微粒说而未能对牛顿环做出正确的解释.直到 19 世纪初,托马斯·杨(Thomas Young)才用光的干涉现象解释了牛顿环,并参考牛顿的测量结果计算了不同颜色的光对应的波长和频率.

干涉现象在科学研究和工业技术上有着广泛的应用,如测量光的波长、长度、厚度和角度,检验试件表面的光洁度,研究机械零件内应力的分布,以及在半导体技术中测量硅片上的氧化层的厚度等.

### 【实验目的】

1. 观察牛顿环,加深对干涉现象的理解.
2. 利用牛顿环测量平凸透镜的曲率半径.
3. 学习读数显微镜的使用方法.

### 【实验仪器】

牛顿环装置、读数显微镜、低压钠灯.

### 【实验原理】

将一块曲率半径较大的平凸透镜的凸面放在一块光学平板玻璃(平晶)上,便构成了牛顿环装置,其框架边上有三个螺钉,用来调节平凸透镜凸面与平板玻璃之间的接触状态,如图 5-36-1 所示.图 5-36-2 为牛顿环测曲率半径的实验装置图.

图 5-36-1　牛顿环装置

图 5-36-2　牛顿环测曲率半径的实验装置图

　　平凸透镜的凸面与平板玻璃之间的空气层厚度从中心到边缘逐渐增加,如图 5-36-3 所示.若将平行单色光垂直照射到牛顿环装置上,经空气层上、下表面反射的两束光存在光程差,它们相遇后将发生干涉,干涉图样是以平凸透镜凸面与平板玻璃的接触点为中心的一系列明暗相间的圆环,称为牛顿环,如图 5-36-4 所示.由于同一干涉圆环上各处对应的空气层厚度相同,因此牛顿环属于等厚条纹.

平行单色光

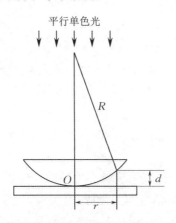

图 5-36-3　牛顿环几何关系图

图 5-36-4　牛顿环

　　设平凸透镜的曲率半径为 $R$,与接触点 $O$ 相距为 $r$ 处的空气层的厚度为 $d$,则由图 5-36-3 可知

$$R^2 = (R-d)^2 + r^2 = R^2 - 2Rd + d^2 + r^2.$$

由于 $R \gg d$,可以略去 $d^2$,因此得

$$d = \frac{r^2}{2R}. \qquad (5-36-1)$$

由于入射光垂直入射,又考虑到光在平板玻璃上反射会有半波损失,因此经空气层上、下表面反射的两束光的光程差为

$$\delta = 2d + \frac{\lambda}{2}, \qquad (5-36-2)$$

式中 $\lambda$ 为入射光的波长.暗环处的光程差满足

$$\delta = (2k+1)\frac{\lambda}{2} \quad (k = 0,1,2,\cdots), \qquad (5-36-3)$$

式中 $k$ 为暗环的级次. 由式(5-36-1)、式(5-36-2)和式(5-36-3)可得,第 $k$ 级暗环的半径为

$$r_k = \sqrt{kR\lambda}. \qquad (5-36-4)$$

由式(5-36-4)可知,如果已知入射光的波长 $\lambda$,测出第 $k$ 级暗环的半径 $r_k$,即可得到平凸透镜的曲率半径 $R$;反之,如果 $R$ 已知,测出 $r_k$ 后,就可计算入射光的波长 $\lambda$.

但是利用此测量关系式在实测时会产生很大的误差,这是由于平凸透镜的凸面和平板玻璃相接触时,接触压力会引起局部形变,使接触处成为一个不规则的面,牛顿环中心不为一点而成为一暗斑. 此外,若接触处有尘埃,则会产生附加光程差,牛顿环中心则可能为一亮(或暗)斑. 这些都将造成牛顿环的几何中心无法确定. 因此在实际测量中,可以通过测量距牛顿环中心较远的两个暗环的直径 $D_m$ 和 $D_n$ 的平方差来计算曲率半径 $R$. 由式(5-36-4),有

$$r_m^2 = mR\lambda, \quad r_n^2 = nR\lambda.$$

将上述两式相减可得

$$r_m^2 - r_n^2 = (m-n)R\lambda,$$

所以

$$R = \frac{r_m^2 - r_n^2}{(m-n)\lambda} = \frac{D_m^2 - D_n^2}{4(m-n)\lambda}. \qquad (5-36-5)$$

由式(5-36-5)可知,只要测出 $D_m$ 与 $D_n$ 的值,就能算出 $R$ 或 $\lambda$. 这样就避免了实验中暗纹的级次难以确定的困难,同时还可以解决牛顿环中心位置难以确定的问题.

【操作步骤】

1.仪器调节.

(1)调整牛顿环装置,使平凸透镜的凸面和平板玻璃接触点处的暗斑位于牛顿环中心,且牛顿环为圆形. 注意,螺钉的松紧要适度. 使用低压钠灯作为光源.

(2)将牛顿环装置置于读数显微镜的观察平台上,调整光源与读数显微镜45°反光板的相对位置,使光源发出的光经反射后垂直照射牛顿环装置.

(3)调节读数显微镜的目镜至看清十字形叉丝,然后调节显微镜镜筒对牛顿环调焦,使得从显微镜中能够清晰地观察到牛顿环.

2.测量方法.

(1)调整读数显微镜,使十字形叉丝与牛顿环中心大致重合.

(2)转动测微鼓轮,使十字形叉丝的交点移近某级暗环,当竖直叉丝与暗纹相切时(观察时要注意视差),即可从主尺和测微鼓轮上读取该暗纹的位置 $x$.

3.数据测量. 将十字形叉丝调到第24级暗环处,然后倒回到第22级暗环,读取其位置. 接着,依次测出第21级,第20级……直到第7级暗环的位置. 然后越过牛顿环中心,测量其另一侧第7级到第22级暗环的位置. 将数据填入表5-36-1中.

## 【数据记录】

表 5‑36‑1　测量曲率半径的数据记录表

| 暗环级次 $m$ | 读数显微镜读数 | | 直径 $D_m$/mm | 暗环级次 $n$ | 读数显微镜读数 | | 直径 $D_n$/mm | $\Delta D_i^2$ $(= D_m^2 - D_n^2)/(\text{mm})^2$ |
|---|---|---|---|---|---|---|---|---|
| | 环心左侧/mm | 环心右侧/mm | | | 环心左侧/mm | 环心右侧/mm | | |
| 22 | | | | 14 | | | | |
| 21 | | | | 13 | | | | |
| 20 | | | | 12 | | | | |
| 19 | | | | 11 | | | | |
| 18 | | | | 10 | | | | |
| 17 | | | | 9 | | | | |
| 16 | | | | 8 | | | | |
| 15 | | | | 7 | | | | |

## 【数据处理】

用逐差法处理数据.

1. 计算 $\Delta D_i^2 = D_m^2 - D_n^2$.

2. 求出 $\overline{\Delta D^2}$，将其代入式 (5‑36‑5) 中，求出曲率半径的平均值 $\overline{R}$.

3. 计算 $\Delta D^2$ 的 A 类不确定度：

$$\Delta_A = \sqrt{\frac{\sum_{i=1}^{8}(\Delta D_i^2 - \overline{\Delta D^2})^2}{8-1}};$$

不计其 B 类不确定度. 因此，其不确定度为 $\Delta = \Delta_A$.

4. 计算 $R$ 的不确定度：

$$\Delta_R = \frac{\Delta}{4(m-n)\lambda},$$

式中 $\lambda = 589.3$ nm.

5. 完整地表示测量结果：

$$\begin{cases} R = \overline{R} \pm \Delta_R, \\ E_R = \dfrac{\Delta_R}{\overline{R}} \times 100\%. \end{cases}$$

## 【注意事项】

1. 为避免回程误差，读数显微镜的测微鼓轮在测量过程中只能向一个方向旋转，中途不能反转.

2. 当调节读数显微镜的镜筒对牛顿环装置调焦时，为防止损坏显微镜物镜，正确的调节方法是将镜筒移离牛顿环装置（提升镜筒）.

【思考题】

1. 牛顿环中心在什么情况下是暗的？在什么情况下是亮的？
2. 如何用等厚干涉原理检验光学平面的表面质量？

# Experiment 36　Measuring radius of curvature with Newton's rings

牛顿环测曲率半径

Newton's rings are a phenomenon of equal-thickness interference achieved through interferometry of dividing amplitude, first discovered by Isaac Newton. To examine the color of thin-film, Newton once studied an experimental setup consisting of a convex lens and a flat glass and found that by measuring the radius of Newton's rings, he could calculate the thickness of the air layer at the corresponding place between the convex lens and the flat glass. But Newton did not give a correct explanation of these Newton's rings since he upheld the light corpuscle theory. It was not until the early 19th century that Thomas Young explained Newton's rings in terms of the interference phenomenon of light and calculated the wavelengths and frequencies of the light of varied colors by referring to Newton's measurements.

In the field of scientific research and industrial technology, the interference phenomenon is widely used for measuring the wavelength, length, thickness and angle, checking the surface finesse of test pieces, examining the distribution of internal stresses in mechanical parts, and measuring the thickness of oxide layers on silicon wafers in semiconductors.

## Aim of experiment

1. Observe Newton's rings to deepen the understanding of the interference phenomenon.
2. Use Newton's rings to measure the radius of curvature of the plano-convex lens.
3. Learn to use the reading microscope.

## Apparatus required

Newton's rings apparatus, reading microscope, low-pressure sodium lamp.

## Principle

A Newton's rings apparatus is formed by placing the convex side of a plano-convex lens with a large radius of curvature on an optical flat glass (flat crystal). On the edge of the apparatus, there are three screws for adjusting the contact between the convex side of the lens and the flat glass, as shown in Fig. 5-36-1. The experimental setup for measuring the radius of curvature with Newton's rings is shown in Fig. 5-36-2.

Fig. 5-36-1 Newton's rings apparatus

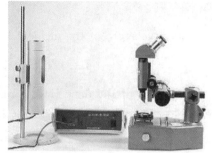

Fig. 5-36-2 Experimental setup for measuring the radius
of curvature with Newton's rings

The thickness of the air layer between the convex side of the plano-convex lens and the flat glass increases gradually from the center to the edge, as shown in Fig. 5-36-3. If collimated monochromatic light is shining vertically on Newton's rings apparatus, the two beams of light reflected from the upper and lower surfaces of the air layer will have an optical path difference (OPD), and interference will occur. The interference pattern consisting of bright- and dark-colored fringes, called Newton's rings, centers on the contact point between the convex side of the plano-convex lens and the flat glass, as shown in Fig. 5-36-4. Since the thickness of the air layer at all corresponding places on the same interference fringe is identical, Newton's rings are equal-thickness fringes.

Collimated monochromatic light

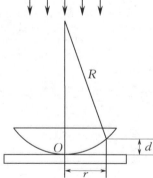

Fig. 5-36-3 Geometric illustration of Newton's rings

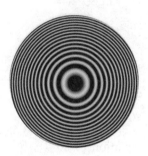

Fig. 5-36-4 Newton's rings

Suppose the radius of curvature of the plano-convex lens is $R$, the thickness of the air layer at distance $r$ from contact point $O$ is $d$, then from Fig. 5-36-3 we know that

$$R^2 = (R-d)^2 + r^2 = R^2 - 2Rd + d^2 + r^2.$$

Since $R \gg d$, $d^2$ may be omitted, we have

$$d = \frac{r^2}{2R}. \tag{5-36-1}$$

As the incident light is shining vertically, and there is half-wave loss when light is reflected from the flat glass, the OPD between the two beams reflected from the upper and lower surfaces of the air layer is

$$\delta = 2d + \frac{\lambda}{2}, \tag{5-36-2}$$

where $\lambda$ is the wavelength of the incident light. Then the OPD at dark ring satisfies

$$\delta = (2k+1)\,\frac{\lambda}{2} \quad (k=0,1,2,\cdots), \tag{5-36-3}$$

where $k$ is the order of the dark ring. From equations (5-36-1), (5-36-2) and (5-36-3) we know that the radius of the $k$-th dark ring is

$$r_k = \sqrt{kR\lambda}. \tag{5-36-4}$$

Based on Equation (5-36-4), if the wavelength $\lambda$ of the incident light is known and the radius of $k$-th dark ring is measured, we can calculate the radius of curvature $R$ of the plano-convex lens. Conversely, if $R$ is known, and $r_k$ is measured, we can calculate the wavelength $\lambda$ of the incident light.

However, the use of this measurement equation will produce a large error in actual measurement, because when the convex side of the plano-convex lens touches the flat glass, the contact pressure will cause local deformation, making the contact area an irregular surface and the center of Newton's rings is not a point but a dark spot. In addition, if there is dust at the contact area, there will be an additional OPD and the center of Newton's rings may be a bright (or dark) spot. All of this will result in an undetermined geometric center of Newton's rings. Therefore, in actual measurement, we can first measure the square difference between the diameters $D_m$ and $D_n$ of two dark rings which are far away from the center of Newton's rings and then calculate the radius of curvature $R$. From Equation (5-36-4) we get

$$r_m^2 = mR\lambda, \quad r_n^2 = nR\lambda.$$

Subtract $r_n^2$ from $r_m^2$ we get

$$r_m^2 - r_n^2 = (m-n)R\lambda,$$

then

$$R = \frac{r_m^2 - r_n^2}{(m-n)\lambda} = \frac{D_m^2 - D_n^2}{4(m-n)\lambda}. \tag{5-36-5}$$

From Equation (5-36-5), it is possible to calculate $R$ or $\lambda$ by measuring the values of $D_m$ and $D_n$. This avoids the difficulty in determining the order of dark fringes in the experiment and also solves the problem of locating the center of Newton's rings.

### Procedures

1. Adjust the apparatus.

(1) Adjust Newton's rings apparatus so that the dark spot at the contact area between the convex side of the plano-convex lens and the flat glass is located at the center of Newton's rings and that the rings are circular. Note that the screws are appropriately tightened. Use a low-pressure sodium lamp as the light source.

(2) Place Newton's rings apparatus on the observation platform of the reading

microscope, adjust the relative position of the light source and the 45° reflector of the reading microscope, so that the light emitted by the light source is reflected and then shines vertically on Newton's rings apparatus.

(3)Adjust the eyepiece of the reading microscope until the cross-shaped spider line is visible, and then adjust the microscope lens to focus on Newton's rings, so that the rings can be observed from the reading microscope.

2. Measurement methods.

(1)Adjust the reading microscope so that the cross-shaped spider line approximately coincides with the center of Newton's rings.

(2)Turn the micro-drum wheel so that the intersection of the cross-shaped spider line moves closer to the dark ring of a certain order, and when the vertical spider line is tangent to the dark ring (pay attention to the parallax when observing), the position $x$ of the dark ring can be read from the main ruler and the micro-drum wheel.

3. Data measurement. Set the cross-shaped spider line to the 24th dark ring, and then back up to the 22nd dark ring to read its position. Then, measure the position of the 21st, the 20th, ... , up to the 7th dark ring in turn. Then cross the center of Newton's rings and measure the position of the 7th to 22nd dark rings on the other side of Newton's rings. Fill the data into Table 5-36-1.

Datasheet

Table 5-36-1　Datasheet for measuring the radius of curvature

| Order of dark ring $m$ | Reading of reading microscope | | Diameter $D_m$ /mm | Order of dark ring $n$ | Reading of reading microscope | | Diameter $D_n$ /mm | $\Delta D_i^2$ $(= D_m^2 - D_n^2)/(\text{mm})^2$ |
|---|---|---|---|---|---|---|---|---|
| | Distance to the center from the left /mm | Distance to the center from the right /mm | | | Distance to the center from the left /mm | Distance to the center from the right /mm | | |
| 22 | | | | 14 | | | | |
| 21 | | | | 13 | | | | |
| 20 | | | | 12 | | | | |
| 19 | | | | 11 | | | | |
| 18 | | | | 10 | | | | |
| 17 | | | | 9 | | | | |
| 16 | | | | 8 | | | | |
| 15 | | | | 7 | | | | |

Data processing

Use the successive difference method to process data.

1. Calculate $\Delta D_i^2 = D_m^2 - D_n^2$.

2. Work out $\overline{\Delta D^2}$, then substitute it into Equation (5-36-5) to get the average value $\overline{R}$ of the radius of curvature.

3. Calculate the type-A uncertainty of $\Delta D^2$: $\Delta_A = \sqrt{\dfrac{\sum\limits_{i=1}^{8} (\Delta D_i^2 - \overline{\Delta D^2})^2}{8-1}}$; neglect its type-B uncertainty. Thus, the uncertainty is $\Delta = \Delta_A$.

4. Calculate the uncertainty of $R$: $\Delta_R = \dfrac{\Delta}{4(m-n)\lambda}$, where $\lambda = 589.3$ nm.

5. Express the complete measurement result：
$$\begin{cases} R = \overline{R} \pm \Delta_R, \\ E_R = \dfrac{\Delta_R}{\overline{R}} \times 100\%. \end{cases}$$

## Notes

1. To avoid retrace errors, the micro-drum wheel of the reading microscope can only be rotated in one direction, instead of being reversed, during the measurement.

2. When adjusting the reading microscope's lens to focus on the Newton's rings apparatus, the correct way to protect the microscope's objective from being damaged is to move the lens away from the Newton's rings apparatus (i. e., to lift the lens).

## Questions

1. Under what conditions is the center of Newton's rings dark? And under what conditions is it bright?

2. How should we check the surface quality of an optical flat by employing the principle of equal-thickness interference?

## 实验三十七　偏　振　光

马吕斯(Malus)在实验中发现了光的偏振现象,并于1809年首次提出了偏振光这一术语;之后,麦克斯韦(Maxwell)建立了光的电磁理论,从本质上说明了光的偏振现象. 根据电磁波理论,光是横波,它的振动方向与光的传播方向垂直. 偏振现象的研究在光学发展史中有很重要的地位,光的偏振使人们对光的传播(反射、折射、吸收和散射)规律有了新的认识,并在光学计量、晶体性质研究和实验应力分析等领域有广泛应用.

### 【实验目的】

1. 了解偏振光的产生原理和检测方法.
2. 学会用光电转换法测量光信号.

## 【实验仪器】

光源、偏振片(起偏器、检偏器)、$\frac{1}{4}$ 波片、光电探测器、检流计.

自然光通过偏振片(见图 5-37-1(a))后会变成线偏振光,这是因为偏振片只允许沿其透光轴方向的光矢量通过.用以产生线偏振光的偏振片称为起偏器,用以检测线偏振光的偏振片称为检偏器.

将各向异性晶体制成片状,且令其光轴与晶体表面平行.当自然光入射到这样的晶体后,由于晶体的双折射作用,将使该自然光分解成振动方向分别垂直于光轴和平行于光轴的 o 光和 e 光,则两束光沿着入射方向传播.由于它们在晶体中的传播速度不同,因此当其通过厚度为 $d$ 的晶体后将产生一定的相位差.这种能使振动方向相互垂直的两束线偏振光产生一定相位差的晶体称为波片.当 o 光和 e 光之间的相位差为 $\Delta\varphi = (2m+1)\frac{\pi}{2}$ $(m=0,\pm1,\pm2,\cdots)$ 时,其对应的光程差为 $\delta = (2m+1)\frac{\lambda}{4}$ $(m=0,\pm1,\pm2,\cdots)$,这样的波片称为 $\frac{1}{4}$ 波片(见图 5-37-1(b)).

(a)

(b)

图 5-37-1　偏振片和 $\frac{1}{4}$ 波片

## 【实验原理】

### 1. 偏振光

光是电磁波,而且是横波.光的横波性表明了光矢量的方向与光的传播方向垂直.在与光的传播方向垂直的面内,光矢量 $E$ 可能有各式各样的振动状态,我们将其称为光的偏振态.光按偏振态的不同,大体可以分为自然光、部分偏振光和完全偏振光(包括线偏振光、圆偏振光和椭圆偏振光).

光矢量的振动方向随时间完全无规则地随机分布,这就是自然光的情形.普通光源(如太阳、电灯等)发出的光即为自然光.由于它是由大量原子、分子自发辐射产生的,因此光矢量的振动方向是杂乱无章的,呈现出随机性.但是从宏观来看,自然光中包含了所有方向的振动,而且从统计角度来看,无论哪个方向的振动都不比其他方向的振动更占优势,如图 5-37-2(a)所示.部分偏振光虽然也是各个方向的光矢量都有,但是不同方向上的光矢量的强度不等,光矢量沿某一方向的振动比其他方向的振动占优势,这就是部分偏振光,如图 5-37-2(b)所示.

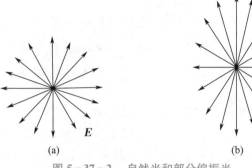

图 5‑37‑2　自然光和部分偏振光

光矢量 $E$ 的振动方向随时间呈规律性变化,这就是完全偏振光的情形. 按光矢量端点轨迹的不同,可以将完全偏振光分为三种类型:线偏振光、圆偏振光和椭圆偏振光. 在光的传播过程中,光矢量的大小发生变化,振动方向不随时间变化,即振动面在空间保持一确定方位的光是线偏振光,其光矢量的端点轨迹为一直线,如图 5‑37‑3(a) 所示;若光矢量的大小不变,振动方向规则变化,且其端点轨迹为一个圆的光是圆偏振光,如图 5‑37‑3(b) 所示;光矢量的大小和振动方向均规则变化,且其端点轨迹为一个椭圆的光是椭圆偏振光,如图 5‑37‑3(c) 所示.

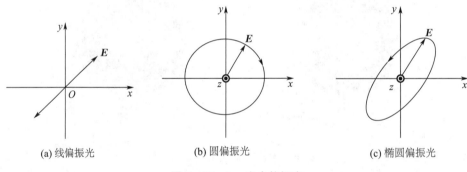

(a) 线偏振光　　　　　　(b) 圆偏振光　　　　　　(c) 椭圆偏振光

图 5‑37‑3　完全偏振光

### 2. 线偏振光的产生与检测

线偏振光的产生与检测中所用到的光学元件是起偏器和检偏器.

根据马吕斯定律,当光强为 $I_0$ 的线偏振光通过检偏器后,其光强变为

$$I = I_0 \cos^2 \theta, \tag{5-37-1}$$

式中 $\theta$ 为入射线偏振光的振动方向和检偏器透光轴方向之间的夹角. 当 $\theta = 0$ 时,透射光强最大;当 $\theta = 90°$ 时,透射光强最小(称为消光). 由此可以旋转检偏器,改变夹角 $\theta$,通过透射光强的变化来区分自然光、部分偏振光和线偏振光.

### 3. 椭圆偏振光的产生与检测

椭圆偏振光的产生需要利用的光学元件是起偏器、检偏器和 $\dfrac{1}{4}$ 波片,如图 5‑37‑4 所示.

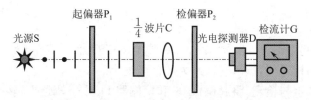

图 5‑37‑4　椭圆偏振光的产生与检测

光源发出的光经过起偏器 $P_1$ 后转化为线偏振光. 当线偏振光入射到 $\frac{1}{4}$ 波片上时, 设线偏振光的振动方向与 $\frac{1}{4}$ 波片的光轴之间的夹角为 $\theta$. 线偏振光进入 $\frac{1}{4}$ 波片后, 分解为 o 光和 e 光. 当 o 光和 e 光通过 $\frac{1}{4}$ 波片后, 由于两个分量的传播速度不同, 造成两者之间存在着 $\frac{\pi}{2}$ 的相位差, 因此出射后的两个分量可以写为

$$\begin{cases} E_\text{o} = A\sin\theta\cos\omega t, \\ E_\text{e} = A\cos\theta\cos\left(\omega t + \dfrac{\pi}{2}\right), \end{cases} \tag{5-37-2}$$

式中 $A$ 为线偏振光的振幅, $\omega$ 为其振动角频率. 将上面的两个分量合成, 即可得到出射光的偏振状态. 表 5‑37‑1 给出了线偏振光通过 $\frac{1}{4}$ 波片后的偏振态的变化.

表 5‑37‑1　线偏振光通过 $\frac{1}{4}$ 波片后的偏振态的变化

| 入射光 | $\frac{1}{4}$ 波片的光轴与入射光振动方向之间的夹角 | 出射光 |
|---|---|---|
| 线偏振光 | $\theta = 0$ 或 $90°$ | 线偏振光 |
| | $\theta = 45°$ | 圆偏振光 |
| | 其他角度 | 椭圆偏振光 |

当利用检偏器 $P_2$ 检测椭圆偏振光时, 透过 $P_2$ 的光强将随 $P_2$ 旋转角度的变化而变化. 以 e 光所在位置为 $x$ 轴, 设检偏器的透光轴 N 与 $x$ 轴的夹角为 $\varphi$, 如图 5‑37‑5 所示, 则透射光强为

$$I(\varphi) = A^2\cos^2\theta\cos^2\varphi + A^2\sin^2\theta\sin^2\varphi. \tag{5-37-3}$$

由于光电流正比于光强, 对比椭圆的极坐标方程, 因此可以得到椭圆偏振光的光矢量与测得的光电流之间的关系为

$$E(\varphi) \propto \sqrt{\frac{i_x \times i_y}{i(\varphi)}}, \tag{5-37-4}$$

式中 $i_x, i_y$ 分别为椭圆长轴、短轴相对应的光电流.

当偏振片的透光轴 N 沿着椭圆的长轴或短轴时, 光电流有极值 $i_x$ 和 $i_y$. 测得不同角度的光电流 $i(\varphi)$, 根据式 (5‑37‑4) 可以确定椭圆偏振光的形状和方位.

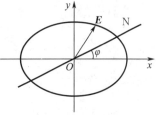

图 5‑37‑5　椭圆偏振光的检测

【操作步骤】

1. 光路调节. 将起偏器 $P_1$、光源 S、光电探测器 D 和检流计 G 置于轨道上,打开光源,调节光源与光电探测器的相对位置,以获得最大的信号输出.

2. 线偏振光的产生与检测. 将起偏器 $P_1$ 和检偏器 $P_2$ 置于轨道上,转动 $P_2$,观察输出光电流的变化情况.

3. 椭圆偏振光的产生与检测.

(1) 将起偏器 $P_1$ 的透光轴置于 0 的位置,转动检偏器 $P_2$,使两者处于消光位置(输出光电流达到极小值的位置).

(2) 在 $P_1$ 和 $P_2$ 之间插入 $\frac{1}{4}$ 波片 C,再转动 C,直至输出光电流再次达到极小值. 消光现象的出现说明入射波片的线偏振光的振动方向和 $\frac{1}{4}$ 波片 C 的光轴重合.

(3) 将 $\frac{1}{4}$ 波片 C 转过 30°,即入射波片的线偏振光的振动方向与 C 的光轴之间的夹角为 30°,则从 C 中出射的光为椭圆偏振光.

(4) 椭圆偏振光的检测. 转动检偏器 $P_2$ 一周,观察检流计 G 所示的光电流的变化规律. 从 0 开始,检偏器 $P_2$ 每转 15° 记录一次光电流的大小,直到检偏器 $P_2$ 转过 360° 为止,并将记录的数据填入表 5 - 37 - 2 中.

(5) 实验完成. 切断光源 S,将检流计 G 关闭.

【数据记录】

表 5 - 37 - 2　椭圆偏振光检测的数据记录表

$P_1$ 的角度值 = _____°;　C 的角度值 = _____°

| $P_2$ 的角度值 /(°) | 0 | 15 | 30 | 45 | 60 | 75 | 90 | 105 | 120 | 135 | 150 | 165 | 180 |
|---|---|---|---|---|---|---|---|---|---|---|---|---|---|
| 光电流值 /A | | | | | | | | | | | | | |
| $P_2$ 的角度值 /(°) | 195 | 210 | 225 | 240 | 255 | 270 | 285 | 300 | 315 | 330 | 345 | 360 | |
| 光电流值 /A | | | | | | | | | | | | | |

【数据处理】

1. 找出与椭圆的长轴、短轴相对应的光电流值 $i_x$ 和 $i_y$,取平均值:

$$\bar{i}_x = \frac{i_{x1} + i_{x2}}{2}, \quad \bar{i}_y = \frac{i_{y1} + i_{y2}}{2}.$$

2. 根据式 $E(\varphi) \propto \sqrt{\dfrac{\bar{i}_x \times \bar{i}_y}{i(\varphi)}}$ 计算椭圆偏振光的光矢量.

3. 在极坐标系中作出 $E(\varphi)$ 的关系曲线.

【注意事项】

1. 起偏器与光源不能靠太近,以免温度过高损坏起偏器.

2.光电探测器严禁用强光照射.

3.在测量完成后,要及时断开光电探测器的连线,并将检流计关闭.

【思考题】

1.波片的作用是什么?

2.怎样检测椭圆偏振光的形状?

3.实验中如何消除背景光和杂散光的影响?

4.怎样才能获得圆偏振光?

# Experiment 37　Polarized light

偏振光

Etienne L. Malus discovered the phenomenon of light polarization in experiments and took the lead in coining the term "polarized light" in 1809. Then James C. Maxwell established the electromagnetic theory of light, giving an essential explanation of polarized light. According to the electromagnetic wave theory, light is a transverse wave, with the direction of vibration perpendicular to the direction of propagation. The study of polarized light occupies an important place in the history of optics, since polarized light has updated people's understanding of the laws of light propagation (reflection, refraction, absorption and scattering), and it has been applied in a variety of fields such as optical metrology, crystal properties study and experimental stress analysis.

## Aim of experiment

1. Understand the generation principle and detection method of polarized light.

2. Learn to measure light signals by employing the photoelectric conversion method.

## Apparatus required

Light sources, polaroid sheet (polarizer, polarization analyzer), quarter-wave plate, photoelectric detector, galvanometer.

Natural light will become linear polarized light after passing through the polaroid sheet (see Fig. 5-37-1(a)). This is because the polaroid sheet only allows the light vector along its euphotic axis to pass through. The polaroid sheet used to generate linear polarized light is called polarizer, and the polaroid sheet used to detect linear polarized light is called polarization analyzer.

(a)

(b)

Fig. 5-37-1  Polaroid sheet（a）and quarter-wave plate（b）

The anisotropic crystal is made into a plate, and its optical axis is parallel to the crystal surface. When natural light is incident on such a crystal, due to its birefringence, it is decomposed into light o and light e whose vibration directions are perpendicular to the optical axis and parallel to the optical axis, respectively. The two lights propagate along the incident direction. Because of their different propagation velocity in crystal, there will be a certain phase difference when they pass through the crystal with a thickness of $d$. This kind of crystal which makes the two beams of linear polarized light, whose vibration directions are perpendicular to each other, produce a certain phase difference is called wave plate. When the phase difference between light o and light e is $\Delta\varphi = (2m+1)\dfrac{\pi}{2}(m = 0, \pm 1, \pm 2, \cdots)$, its corresponding OPD is $\delta = (2m+1)\dfrac{\lambda}{4}(m = 0, \pm 1, \pm 2, \cdots)$. This type of wave plate is called quarter-wave plate (see Fig. 5-37-1(b)).

## Principle

### 1. Polarized light

Light is an electromagnetic wave, and a transverse wave. Such nature as a transverse wave nature indicates that the direction of light vector is perpendicular to the direction of light propagation. In the plane perpendicular to the direction of light propagation, the light vector $E$ may have various vibration states, which are known as polarization states of light. Polarized light can be roughly divided into natural light, partially polarized light and fully polarized light (including linear polarized light, circular polarized light and elliptical polarized light) according to the different polarization states.

The vibration direction of light vector is randomly distributed with time, completely out of order, which is the case of natural light. The light emitted by ordinary light sources (e. g. , the sun, electric lamps) is natural light. Because it is produced by the spontaneous radiation of a large number of atoms and molecules, the vibration direction of light vector is disorderly and random. But from a macro perspective, natural light contains vibrations in all directions. And statistics tell us no vibration in one direction is more dominant than vibration in other directions, as shown in Fig. 5-37-2(a). Although partially polarized light also has light vector of all directions, the intensity of light vector is different in these directions. The partially polarized light is that the vibration of light vector along a certain direction is stronger than others, as shown in Fig. 5-37-2(b).

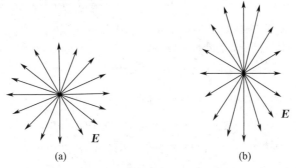

Fig. 5-37-2　Natural light (a) and partially polarized light (b)

The vibration direction of light vector $E$ changes regularly with time, which is the case of fully polarized light. According to the different trajectories of light vector, fully polarized light can be divided into three types: linear polarized light, circular polarized light, and elliptical polarized light. During the propagation of light, the magnitude of light vector changes, but the vibration direction does not change with time, that is, the light whose vibration surface maintains a certain orientation in space is linear polarized light, and the trajectory of its light vector is a straight line, as shown in Fig. 5-37-3(a). In the case that the magnitude of light vector does not change, but the vibration direction changes regularly and the trajectory is a circle, the light is circular polarized light, as shown in Fig. 5-37-3(b). If both the magnitude and vibration direction of light vector change regularly, and the trajectory is an ellipse, then the light is elliptical polarized light, as shown in Fig. 5-37-3(c).

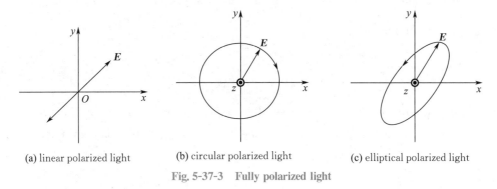

(a) linear polarized light　　(b) circular polarized light　　(c) elliptical polarized light

Fig. 5-37-3　Fully polarized light

2. Generation and detection of linear polarized light

The optical elements used for the generation and detection of linear polarized light include polarizer and polarization analyzer.

According to Malus' law, when a linear polarized light with light intensity $I_0$ passes through a polarization analyzer, its intensity becomes

$$I = I_0 \cos^2\theta, \tag{5-37-1}$$

where $\theta$ is the included angle between the direction of the incident linear polarized light and the direction of the polarization analyzer's euphotic axis. When $\theta = 0$, the intensity of transmission light is maximal. When $\theta = 90°$, the intensity of transmission light is minimal (i. e. , extinction). Thus, we can rotate the polarization analyzer to change the included angle $\theta$, and discriminate natural light, partially polarized light and linear polarized light by comparing the varying intensity of transmission light.

### 3. Generation and detection of elliptical polarized light

The optical elements used for the generation of elliptical polarized light include polarizer, polarization analyzer and quarter-wave plate, as shown in Fig. 5-37-4.

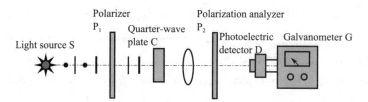

Fig. 5-37-4　Generation and detection of elliptical polarized light

The light is converted into linear polarized light after it passes through polarizer $P_1$. When the linear polarized light is incident on the quarter-wave plate, suppose the included angle between polarized orientation of linear polarized light and the optical axis of the quarter-wave plate is $\theta$, it will be decomposed into light o and light e. When the two beams of light pass through the quarter-wave plate, due to the difference in propagation velocity of these two components, it creates a $\dfrac{\pi}{2}$ phase difference. Thus, the two components of emitting light can be written as

$$\begin{cases} E_o = A\sin\theta\cos\omega t, \\ E_e = A\cos\theta\cos\left(\omega t + \dfrac{\pi}{2}\right), \end{cases} \tag{5-37-2}$$

where $A$ is the amplitude of linear polarized light and $\omega$ is the angular vibration frequency of the light. By combining the above two components, we can get the polarization state of exit light. Table 5-37-1 shows the changes of polarization state after linear polarized light passes through the quarter-wave plate.

**Table 5-37-1   Changes of polarization state after linear polarized light passes through the quarter-wave plate**

| Incident light | Included angle between the optical axis of quarter-wave plate and the vibration direction of incident light | Exit light |
|---|---|---|
| Linear polarized light | $\theta = 0°$ or $90°$ | Linear polarized light |
| | $\theta = 45°$ | Circular polarized light |
| | Other angles | Elliptical polarized light |

When elliptical polarized light is detected with the polarization analyzer $P_2$, the intensity of the light transmitting through $P_2$ will change with the varying rotation angle of $P_2$. Take the position of light e as the $x$-axis and set the included angle between the polarization analyzer's euphotic axis N and the $x$-axis as $\varphi$, as shown in Fig. 5-37-5, then the intensity of transmission light is

$$I(\varphi) = A^2 \cos^2\theta \cos^2\varphi + A^2 \sin^2\theta \sin^2\varphi. \quad (5\text{-}37\text{-}3)$$

As photocurrent is directly proportional to light intensity, through comparison with the polar coordinate equation of the ellipse, the relation between the light vector of elliptical polarized light and the measured photocurrent can be expressed as

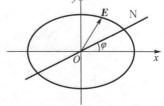

Fig. 5-37-5   Detection of elliptical polarized light

$$E(\varphi) \propto \sqrt{\frac{i_x \times i_y}{i(\varphi)}}, \quad (5\text{-}37\text{-}4)$$

where $i_x$ and $i_y$ indicate the photocurrent corresponding to the major and minor axes of the ellipse, respectively.

When the euphotic axis N of polaroid sheet is along the major or minor axis of the ellipse, photocurrent will have extreme values $i_x$ and $i_y$. Measure the photocurrent $i$ at different angles $\varphi$, and in reference to Equation (5-37-4), we can determine the shape and orientation of elliptical polarized light.

## Procedures

1. Lightpath adjustment. Place the polarizer $P_1$, light source S, photoelectric detector D and galvanometer G on the track, turn on the light source, and adjust the relative position of the light source and photoelectric detector, so as to obtain the maximum output signal.

2. Generation and detection of linear polarized light. Place the polarizer $P_1$ and polarization analyzer $P_2$ on the track, turn $P_2$, and then observe the changes in output photocurrent.

3. Generation and detection of elliptical polarized light.

(1) Set the euphotic axis of polarizer $P_1$ to 0, and turn the polarization analyzer $P_2$, so as to place the two at the extinction position (where output photocurrent represents a minimum value).

(2)Insert a quarter-wave plate C between $P_1$ and $P_2$ and turn C until the output photocurrent reaches its minimum value again. The occurrence of extinction shows that the linear polarized light's vibration direction of incident wave plate overlaps with the optical axis of the quarter-wave plate C.

(3)Turn the quarter-wave plate C for 30°, that is, make the included angle between the linear polarized light's vibration direction of incident wave plate and the optical axis of C at 30°, and then the light emitted from C is elliptical polarized light.

(4)Detection of elliptical polarized light. Turn the polarization analyzer $P_2$ for 360°, observe the change regularity of photocurrent on galvanometer, record the magnitude of photocurrent from 0° to 360° for every turn of 15°, and then fill the data into Table 5-37-2.

(5)Experiment finished. Cut off light source S and switch off galvanometer G.

## Datasheet

Table 5-37-2  Datasheet for the detection of elliptical polarized light

Angle of $P_1$ = _____ °;  Angle of C = _____ °

| Angle of $P_2$/(°) | 0 | 15 | 30 | 45 | 60 | 75 | 90 | 105 | 120 | 135 | 150 | 165 | 180 |
|---|---|---|---|---|---|---|---|---|---|---|---|---|---|
| Photocurrent/A | | | | | | | | | | | | | |
| Angle of $P_2$/(°) | 195 | 210 | 225 | 240 | 255 | 270 | 285 | 300 | 315 | 330 | 345 | 360 | |
| Photocurrent/A | | | | | | | | | | | | | |

## Data processing

1. Calculate the average values of photocurrent $i_x$ and $i_y$ that respectively correspond to the major and minor axes of the ellipse:

$$\bar{i}_x = \frac{i_{x1} + i_{x2}}{2}, \quad \bar{i}_y = \frac{i_{y1} + i_{y2}}{2}.$$

2. Based on the equation $E(\varphi) \propto \sqrt{\dfrac{\bar{i}_x \times \bar{i}_y}{i(\varphi)}}$, calculate the light vector of elliptical polarized light.

3. Plot the relation curve of $E(\varphi)$ in the polar coordinate system.

## Notes

1. Do not place the polarizer too close to the light source, so as to protect it from being damaged by overtemperature.

2. Exposure of the photoelectric detector to strong light is strictly forbidden.

3. After the measurement is finished, disconnect the photoelectric detector immediately and switch off the galvanometer.

## Questions

1. What is the function of wave plate?

2. How can we detect the shape of elliptical polarized light?

3. How can we eliminate the influence of background light and stray light in experiment?

4. How can we get circular polarized light?

# 实验三十八　　光电效应及普朗克常量的测定

1887 年,德国物理学家赫兹(Hertz)发现了光电效应. 此后,人们对光电效应进行了长时间的研究. 1905 年,爱因斯坦(Einstein)根据普朗克(Planck)的能量子假说,提出了光子理论,从而正确解释了光电效应. 光电效应基本规律的发现及光子理论的提出,标志着物理学的发展进入了一个全新的阶段. 随着科技的发展,基于半导体光电效应的大量光电子器件已广泛应用于现代高新科学技术的各个领域.

## 【实验目的】

1. 观察光电效应,加深对光子特性的理解.

2. 测量光电管的伏安特性曲线,学会截止电压的测定方法.

3. 验证爱因斯坦的光电效应方程,并测定普朗克常量.

## 【实验仪器】

普朗克常量测试仪,其结构如图 5 - 38 - 1 所示.

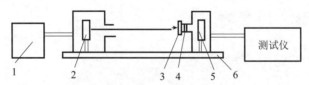

1— 汞灯电源;2— 高压汞灯;3— 滤光片;4— 光阑;5— 光电管;6— 基准平台

图 5 - 38 - 1　普朗克常量测试仪的结构简图

(1) 光源. 本实验的光源为高压汞灯,其光谱范围为 320. 3 ～ 872. 0 nm,其可用的强谱线有 365. 0 nm,404. 7 nm,435. 8 nm,546. 1 nm,578. 0 nm 五条. 仪器配以相应的五种滤光片.

(2) 光电管. 由于采用了新型的阴、阳极材料,加之可防止光直接照射到阳极的特殊结构,因此大大降低了光电管的阳极反向光电流.

(3) 测试仪. 该装置提供了两组光电管工作电源($-2 ～ 2$ V,$-2 ～ 30$ V),两组工作电源均连续可调,最小分辨率为 0. 01 V. 测试仪测量微电流的范围为 $10^{-13} ～ 10^{-8}$ A.

## 【实验原理】

### 1. 光电效应和光电效应方程

金属和金属化合物在光的照射下有电子逸出的现象称为光电效应,逸出的电子称为光电子. 光的经典电磁理论无法解释光电效应. 1905 年,爱因斯坦根据普朗克的能量子假说,提出了光子理论. 该理论认为从光源发出的频率为 $\nu$ 的光是以光子的形式一份一份地向外辐射的.

因此,可以把光看作一种微粒 —— 光子. 频率为 $\nu$ 的光子所具有的能量为

$$\varepsilon = h\nu, \tag{5-38-1}$$

式中 $h$ 为普朗克常量.

根据光子理论,当光照射到金属表面时,金属中的电子会吸收光子,并获得光子的全部能量 $h\nu$. 如果这一能量大于电子摆脱金属表面约束所需要的逸出功 $W$,电子就会从金属中逸出. 由能量守恒定律可得

$$h\nu = W + \frac{1}{2}mv_{\mathrm{m}}^2, \tag{5-38-2}$$

式中 $\frac{1}{2}mv_{\mathrm{m}}^2$ 为光电子逸出金属表面时的最大初动能. 式(5-38-2)就是著名的爱因斯坦光电效应方程.

2. 光电管的伏安特性曲线和截止电压

如图 5-38-2 所示为光电效应实验原理图,频率为 $\nu$ 的单色光照射到光电管的阴极 K 上,瞬间有光电子逸出. 从金属中逸出的具有初动能的光电子可以到达阳极 A 从而形成光电流.

若在阳极 A 和阴极 K 之间加上电压 $U_{\mathrm{AK}}$,当两电极之间的电压 $U_{\mathrm{AK}}$ 改变时,光电流 $I$ 的大小也将发生变化,反映这一变化的光电管伏安特性曲线如图 5-38-3 所示. 当 $U_{\mathrm{AK}}$ 为正向电压时,它对从光电管阴极逸出的光电子起加速作用. 随着 $U_{\mathrm{AK}}$ 的增大,光电流也越来越大. 当 $U_{\mathrm{AK}}$ 增加到一定数值后,光电流不再增大而达到某一饱和值 $I_{\mathrm{M}}$,$I_{\mathrm{M}}$ 的大小与入射光的光强 $P$ 成正比. 当 $U_{\mathrm{AK}}$ 为反向电压时,它对从光电管阴极逸出的光电子起阻碍作用. 随着 $U_{\mathrm{AK}}$ 的增加,到达阳极的光电子数越来越少. 当 $U_{\mathrm{AK}}$ 达到某一电压值 $U_0$ 时,就能阻止所有的光电子飞向阳极,光电流 $I$ 降为零. 这一电压值 $U_0$ 称为截止电压.

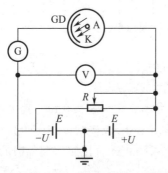

图 5-38-2　光电效应实验原理图

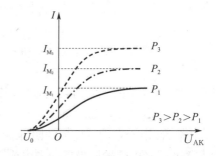

图 5-38-3　光电管伏安特性曲线

在实际测量中,存在由阳极光电效应所引起的反向光电流和无光照射时的暗电流,因此测得的电流值包括上述两种电流和由阴极光电效应所产生的正向光电流三个部分. 要测定截止电压,还必须根据所使用光电管的特性来决定. 通常采用的方法有以下两种:

(1) 交点法. 如果光电管的阳极用逸出功较大的材料制作,那么制作过程中应尽量防止阴极材料蒸发,实验中避免入射光直接照射到阳极上,这样就可以大大减少其反向光电流,因此其伏安特性曲线与图 5-38-3 十分接近,则曲线与横轴交点对应的电压值近似等于截止电压 $U_0$.

(2) 拐点法. 当光电管阳极反向光电流较大但能较快进入饱和时,伏安特性曲线在反向光电流进入饱和段后有着明显的拐点. 此拐点对应的电压值即为截止电压 $U_0$.

### 3. 红限频率和普朗克常量的测定

由于截止电压是使光电流降为零时的电压,这就意味着它所建立的电场抵消掉了光电子的初动能,因此有

$$eU_0 = \frac{1}{2}mv_{\rm m}^2,\tag{5-38-3}$$

式中 $e$ 为元电荷. 将式(5-38-3)代入式(5-38-2),有

$$eU_0 = h\nu - W.\tag{5-38-4}$$

由式(5-38-4)可知,截止电压 $U_0$ 和光的频率 $\nu$ 之间为线性关系,如图5-38-4所示. 图中直线与横轴的交点 $\nu_0$ 称为红限频率. 将 $U_0 = 0$ 代入式(5-38-4),有 $W = h\nu_0$,即频率为 $\nu_0$ 的光子所具有的能量刚好等于逸出功,使逸出的光电子无多余的动能. 因此,对于逸出功一定的金属材料,只有频率高于 $\nu_0$ 的光子才能激发光电子,产生光电效应. 由图5-38-4中的直线的斜率 $k$,可以求得普朗克常量为

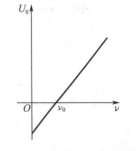

图 5-38-4 $U_0$-$\nu$ 关系曲线

$$h = ke.\tag{5-38-5}$$

### 【操作步骤】

1. 仪器预热. 将高压汞灯和光电管暗箱的遮光盖盖上,然后接通测试仪及汞灯电源,预热 10 min.

2. 观察光电效应. 转动滤光片,使得365.0 nm的滤光片处于光电管暗箱光输入口处. 将两电极之间的电压调为零,观察光电流的数值变化.

3. 测量光电管的伏安特性曲线.

(1) 将电压选择按键置于 $-2 \sim 2$ V;将电流量程选择开关置于 $10^{-11}$ A挡.

(2) 用电压调节旋钮从低($-2$ V)到高(2 V)调节电压. 电压每变化一定值,就将该电压所对应的光电流记录在表5-38-1中. 注意观察光电流的变化趋势.

(3) 换上435.8 nm和546.1 nm的滤光片,重复步骤(2)的操作,并将数据填入表5-38-1中.

### 【数据记录】

表 5-38-1　测量光电管伏安特性曲线的数据记录表

| 365.0 nm 的滤光片 | $U_{\rm AK}/{\rm V}$ | | | | | | | |
|---|---|---|---|---|---|---|---|---|
| | $I/(10^{-11}\,{\rm A})$ | | | | | | | |
| 435.8 nm 的滤光片 | $U_{\rm AK}/{\rm V}$ | | | | | | | |
| | $I/(10^{-11}\,{\rm A})$ | | | | | | | |
| 546.1 nm 的滤光片 | $U_{\rm AK}/{\rm V}$ | | | | | | | |
| | $I/(10^{-11}\,{\rm A})$ | | | | | | | |

### 【数据处理】

本实验采用作图法处理数据.

1. 根据表 5-38-1 中的数据,在坐标纸上分别画出在不同频率的光照射下的光电管伏安特性曲线 $I$-$U_{AK}$.

2. 根据 $I$-$U_{AK}$ 关系曲线,采用交点法确定截止电压. 分别找出不同频率光的截止电压 $U_0$,并将数据填入表 5-38-2 中.

表 5-38-2 截止电压的数据记录表

| 波长 /nm | 365.0 | 435.8 | 546.1 |
|---|---|---|---|
| 频率 $\nu$/($10^{14}$ Hz) | | | |
| 截止电压 $U_0$/V | | | |

3. 根据表 5-38-2 中的数据,作 $U_0$-$\nu$ 关系曲线,并由此曲线求出红限频率 $\nu_0$ 和普朗克常量 $h$.

### 【注意事项】

1. 高压汞灯关闭后,不要立即开启电源,必须待灯丝冷却后再开启,否则会影响汞灯的使用寿命.

2. 为了保护光电管,不要让高压汞灯的光直接照射光电管窗口,必须经滤光片后方能照射.

3. 要保持滤光片的清洁,禁止用手触摸其光学表面.

4. 实验结束后,将高压汞灯和光电管暗箱的遮光盖盖好.

### 【思考题】

1. 为何会出现阳极反向光电流? 如何减少阳极反向光电流?

2. 从 $U_0$-$\nu$ 关系曲线中,能确定阴极材料的逸出功吗?

3. 如何解释当光强一定时,加速电压增大,光电流随之增大,之后又达到饱和呢?

光电效应及普朗克
常量的测定

# Experiment 38 Photoelectric effect and measurement of Planck constant

In 1887, German physicist Heinrich R. Hertz discovered the photoelectric effect. Since then, people have conducted long-term research in this field. In 1905, Albert Einstein proposed the photon theory based on Planck's quantum of energy hypothesis, giving a correct explanation of the photoelectric effect. The discovery of the fundamental laws of photoelectric effect and the proposal of photon theory mark that the development of physics has entered a new stage. With the development of science and technology, a large number of optoelectronic devices based on the semiconductor photoelectric effect have been used in various fields of modern science and technology.

## Aim of experiment

1. Observe the photoelectric effect and deepen the understanding of the characteristics of

photons.

2. Measure the *V-I* characteristic curve of phototube and learn how to measure cut-off voltage.

3. Verify Einstein's photoelectric equation and determine Planck constant.

## Apparatus required

Planck constant tester. Its structural sketch is shown in Fig. 5-38-1.

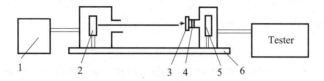

1—Power supply;2—High-pressure mercury lamp;

3—Filter;4—Diaphragm ;5—Phototube;6—Benchmark platform

**Fig. 5-38-1  Structural sketch of Planck constant tester**

(1) Light source. The light source in this experiment is a high-pressure mercury lamp. Within a spectral range of 320. 3 $\sim$ 872. 0 nm, there are five available enhanced lines which are 365. 0 nm, 404. 7 nm, 435. 8 nm, 546. 1 nm and 578. 0 nm, respectively. The tester is equipped with five corresponding filters.

(2) Phototube. Due to the use of new cathode and anode materials, and a unique structure that prevents light from directly illuminating the anode, the anode reverse photocurrent of phototube is significantly reduced.

(3) Tester. This device provides two sets of continuously adjustable working power ($-2 \sim 2$ V, $-2 \sim 30$ V) for the phototube. Their minimum resolution is 0. 01 V. The microcurrent measuring range of the tester is $10^{-13} \sim 10^{-8}$ A.

## Principle

### 1. Photoelectric effect and photoelectric equation

The phenomenon that metals and metal compounds escape electrons under the illumination of light is called the photoelectric effect, and the escaped electrons are photoelectrons. The classical electromagnetic theory of light cannot explain the photoelectric effect. In 1905, Einstein proposed the photon theory based on Planck's quantum of energy hypothesis. This theory suggests that the light with frequency $\nu$ emitted from the light source radiates outward in the form of photons one by one. Therefore, light can be regarded as a kind of particle, i. e. , photon. The energy of the photons with frequency $\nu$ is

$$\varepsilon = h\nu,\qquad(5\text{-}38\text{-}1)$$

where $h$ is Planck constant.

According to the photo theory, when light shines on metal surface, electrons in the metal will absorb photons and get the full energy $h\nu$ from these photons. If this energy is larger than the work function $W$ required for the electrons to get rid of the confinement of the metal surface, then the electrons will escape from the metal. According to the law of conservation of energy, we can get

$$h\nu = W + \frac{1}{2}mv_{\mathrm{m}}^2, \tag{5-38-2}$$

where $\frac{1}{2}mv_{\mathrm{m}}^2$ is the maximum initial kinetic energy of photoelectrons when they escape from the metal surface. Equation (5-38-2) is the famous Einstein's photoelectric equation.

### 2. V-I characteristic curve and cut-off voltage of phototube

Fig. 5-38-2 illustrates the principle of photoelectric effect experiment. When the monochromatic light with frequency $\nu$ shines on the cathode K of the phototube, photoelectrons will escape from the metal instantly. The escaped photoelectrons with initial kinetic energy can reach anode A to form photocurrent.

If the voltage $U_{\mathrm{AK}}$ is applied between the anode A and the cathode K, when $U_{\mathrm{AK}}$ changes, the magnitude of the photocurrent $I$ will also change. The V-I characteristic curve of phototube that reflects this change is shown in Fig. 5-38-3. It shows that when $U_{\mathrm{AK}}$ is forward voltage, it will accelerate the photoelectrons that escape from the phototube cathode. As $U_{\mathrm{AK}}$ increases, the photocurrent will become larger and larger. When $U_{\mathrm{AK}}$ rises to a certain value, the photocurrent will no longer increase but reach a certain saturation value $I_{\mathrm{M}}$. The magnitude of $I_{\mathrm{M}}$ is directly proportional to the light intensity $P$ of incident light. When $U_{\mathrm{AK}}$ is reverse voltage, it will hinder the photoelectrons that escape from the phototube cathode. As $U_{\mathrm{AK}}$ increases, the quantity of photoelectrons that reach the anode will decrease. When $U_{\mathrm{AK}}$ reaches a certain voltage value $U_0$, it can prevent all photoelectrons from flying to the anode, then the voltage value $U_0$ at which the photocurrent $I$ drops to zero is called cut-off voltage.

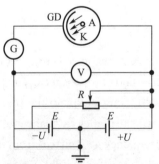

Fig. 5-38-2　Illustration of the principle of photoelectric effect experiment

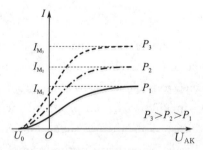

Fig. 5-38-3　V-I characteristic curve of phototube

In actual measurement, there exist reverse photocurrent caused by the anode photoelectric effect and dark current without lighting. Therefore, the measured current value includes the aforesaid two currents and the forward photocurrent generated by the cathode photoelectric effect. To determine the cut-off voltage for each part, the characteristics of phototube must be taken into account. Two common methods are introduced as follows:

(1) Intersection point method. If the phototube anode is made of a material with a large work function, try to prevent the cathode material from evaporating during the manufacturing process. In the process of experiment, avoid direct exposure of anode to incident light, so that the reverse photocurrent can be greatly reduced. Therefore, the $V\text{-}I$ characteristic curve will be very close to that shown in Fig. 5-38-3, and the voltage value corresponding to the intersection point between the curve and the horizontal axis is approximately equal to the cut-off voltage $U_0$.

(2) Inflection point method. When the reverse photocurrent at the phototube anode is large and able to get saturated quickly, the $V\text{-}I$ characteristic curve will have an obvious inflection point after the reverse photocurrent enters the saturation section. The voltage value corresponding to this inflection point is the cut-off voltage $U_0$.

### 3. Determine ending frequency and Planck constant

The cut-off voltage is the voltage at which the photocurrent drops to zero, meaning that the electric field built by it cancels out the initial kinetic energy of photoelectrons, so we can get

$$eU_0 = \frac{1}{2}mv_{\mathrm{m}}^2, \tag{5-38-3}$$

where $e$ is elementary charge. Substitute Equation (5-38-3) into Equation (5-38-2), we can get

$$eU_0 = h\nu - W. \tag{5-38-4}$$

Based on Equation (5-38-4), cut-off voltage $U_0$ has linear relation with light frequency $\nu$ (see Fig. 5-38-4). The intersection point $\nu_0$ between the straight line and the horizontal axis in the figure is called ending frequency. Substitute $U_0 = 0$ into Equation (5-38-4), there is $W = h\nu_0$, that is, the energy of photons with frequency $\nu_0$ is exactly equal to the work function, so that the escaped photoelectrons have no excess kinetic energy. Therefore, for a metal material with a certain work function, only photons with a frequency higher than $\nu_0$ can

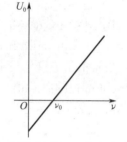

Fig. 5-38-4　$U_0$-$\nu$ **relation curve**

excite photoelectrons and produce the photoelectric effect. With the slope $k$ of the straight line in Fig. 5-38-4, Planck constant can be calculated, that is

$$h = ke. \tag{5-38-5}$$

## Procedures

1. Warm up. Close the shades of both the high-pressure mercury lamp and the phototube's dark box, turn on the power supply of the tester and the lamp, and have them preheated for 10 minutes.

2. Observe the photoelectric effect. Turn the filter to place the 365.0 nm filter at the light input port of phototube's dark box. Adjust the voltage between the two electrodes to zero, and then observe the changes in the value of photocurrent.

3. Measure the $V$-$I$ characteristic curve of phototube.

(1) Set the voltage select button to the range $-2 \sim 2$ V, and set the current range select switch to $10^{-11}$ A.

(2) Use the voltage adjusting knob to adjust the voltage from low $(-2$ V$)$ to high $(2$ V$)$. Every time the voltage changes at a certain value, record the corresponding photocurrent in Table 5-38-1. Pay attention to the variation trend of photocurrent.

(3) Put on the 435.8 nm and 546.1 nm filters, repeat the operation in step 2, and fill the data into Table 5-38-1.

## Datasheet

Table 5-38-1　Datasheet for measuring $V$-$I$ characteristic curve of phototube

| 365.0 nm filter | $U_{AK}/V$ | | | | | | | | | | | |
|---|---|---|---|---|---|---|---|---|---|---|---|---|
| | $I/(10^{-11}$ A$)$ | | | | | | | | | | | |
| 435.8 nm filter | $U_{AK}/V$ | | | | | | | | | | | |
| | $I/(10^{-11}$ A$)$ | | | | | | | | | | | |
| 546.1 nm filter | $U_{AK}/V$ | | | | | | | | | | | |
| | $I/(10^{-11}$ A$)$ | | | | | | | | | | | |

## Data processing

Plotting method is employed for data processing in this experiment.

1. Based on the data in Table 5-38-1, plot $V$-$I$ characteristic curve $I$-$U_{AK}$ of phototube under incident light with varied frequencies on coordinate paper.

2. Based on $I$-$U_{AK}$ relation curve, adopt intersection point method to determine cut-off voltage. Find the cut-off voltage $U_0$ under incident light with varied frequencies, and fill the data into Table 5-38-2.

Table 5-38-2　Datasheet for recording cut-off voltage

| Wavelength/nm | 365.0 | 435.8 | 546.1 |
|---|---|---|---|
| Frequency $\nu/(10^{14}$ Hz$)$ | | | |
| Cut-off voltage $U_0/V$ | | | |

3. Based on the data in Table 5-38-2, plot $U_0$-$\nu$ relation curve and calculate ending frequency $\nu_0$ and Planck constant $h$.

## Notes

1. After the high-pressure mercury lamp is turned off, do not turn on the power immediately. It cannot be turned on until the filament gets cooled, otherwise, it will affect the service life of the lamp.

2. In order to protect the phototube, do not let the light of the high-pressure mercury

lamp illuminate the phototube window directly, instead, the light must first pass through the filter.

3. Keep the filter clean, and do not touch its optical surface with your hands.

4. After the experiment is finished, close the shades of both the high-pressure mercury lamp and the phototube's dark box.

Questions

1. Why is there anode reverse photocurrent? How can we reduce anode reverse photocurrent?

2. Can we determine the work function of the cathode material from the $U_0$-$\nu$ relation curve?

3. Where light intensity is constant, if the accelerating voltage goes up, the photocurrent will increase accordingly, and then reach the state of saturation. How can we explain this phenomenon?

# 实验三十九　　迈克耳孙干涉仪的调节与使用

迈克耳孙(Michelson)干涉仪是美国物理学家迈克耳孙为研究"以太"漂移速度而设计的. 之后,他和美国物理学家莫雷(Morley)合作,进一步用实验否定了以太的存在,为爱因斯坦建立狭义相对论奠定了有力的实验基础. 此后迈克耳孙又用它做了两个重要的实验,首次系统地研究了光谱线的精细结构,以及直接用光谱线的波长来标定标准米尺,为近代物理和近代计量技术做出了重要的贡献. 由于迈克耳孙发明了迈克耳孙干涉仪,以及借助其所做的基本度量学上的研究,他于 1907 年获得诺贝尔物理学奖. 后人利用该干涉仪的原理又研制出了各种形式的干涉测量仪器,如用于检测棱镜的特外曼-格林(Twyman-Green)干涉仪,用于研究光谱分布的傅里叶干涉分光计等.

【实验目的】

1. 了解迈克耳孙干涉仪的原理、结构及调整方法.
2. 通过实验观察等倾干涉、等厚干涉的形成条件和条纹形状特点.
3. 利用迈克耳孙干涉仪测定光波波长及透明薄膜的厚度.

【实验仪器】

迈克耳孙干涉仪、氦氖激光器、扩束镜、白光光源、校准柱.

如图 5-39-1 所示为迈克耳孙干涉仪的结构图,平面反射镜 $M_1$ 在精密丝杆的转动下可沿导轨前后移动,平面反射镜 $M_2$ 也可以通过螺旋测微器在小范围内移动. $M_1$ 与 $M_2$ 的镜架背面各有两个调节螺钉,用来调节平面反射镜的法向方向. 一般把$M_1$的位置固定不动,移动$M_2$,其移动距离根据杠杆比例(20∶1)和螺旋测微器的读数装置来确定. 由于螺旋测微器的最小刻度为 0.01 mm,因此这种干涉仪的测量精度可达到 0.000 5 mm.

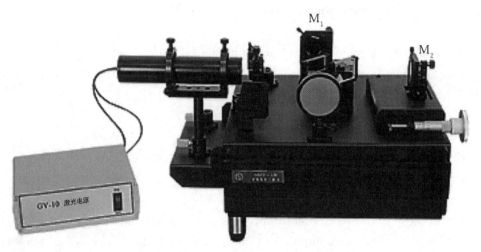

图 5-39-1 迈克耳孙干涉仪的结构图

## 【实验原理】

### 1. 迈克耳孙干涉仪的光路

迈克耳孙干涉仪的光路如图 5-39-2 所示. 从扩展光源 S 的某点发出的、以 $i$ 角入射的光,被平板玻璃 $G_1$(又称为分光板)的半反射镜面 A 分成相互垂直的光束 1 和光束 2,两束光分别

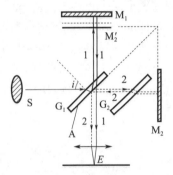

图 5-39-2 迈克耳孙干涉仪的光路图

经过平面反射镜 $M_1$ 和 $M_2$ 反射,再通过 A 形成相互平行的两束光,两束光相遇后产生干涉,在接收屏上呈现出干涉图样. 应该指出的是,经过平面反射镜 $M_1$ 反射的光束 1 两次通过 $G_1$,而经过平面反射镜 $M_2$ 反射的光束 2 未通过 $G_1$. 为了补偿这一光程差,把一块材料和厚度与 $G_1$ 完全相同的平板玻璃 $G_2$(又称为补偿板),以与 $G_1$ 严格平行的位置加到光束 2 的光路中. 在 E 点处向 $G_1$ 看,不仅能看到平面反射镜 $M_1$,还能看到被 $G_1$ 反射的 $M_2$ 的虚像 $M_2'$. 光束 2 就好像是从 $M_2'$ 反射而来的. 显然光线经过 $M_2$ 反射到达 E 点的光程与经过 $M_2'$ 反射到达 E 点的光程严格相等,故在 E 点处观察到的干涉现象可以认为是由存在于 $M_1$ 和 $M_2'$ 之间的空气薄膜产生的.

### 2. 等倾干涉的产生和单色光源波长的测定

当 $M_1$ 和 $M_2'$ 平行($M_1$ 与 $M_2$ 垂直)时,入射角为 $i$ 的光线经 $M_1$ 和 $M_2'$ 反射所形成的光束 1 和光束 2 相互平行,它们在无穷远处相交,形成干涉图样. 如图 5-39-3 所示,这两束光的光程差为

$$\delta = 2d\cos i, \tag{5-39-1}$$

式中 $d$ 为 $M_1$ 与 $M_2'$ 的间距.

当 $M_1$ 与 $M_2'$ 的间距 $d$ 一定时,所有入射角相同的光线都具有相同的光程差,干涉情况完全相同. 由扩展光源 S 发出的相同倾角的光线将会聚于以光轴为中心的圆周上,形成等倾条纹.

由于扩展光源发出各种倾角的发散光,因此在接收屏上形成明暗相间的同心圆环,如图 5-39-4 所示.明环的形成条件为

$$2d\cos i = m\lambda \quad (m = 1, 2, \cdots),\qquad (5\text{-}39\text{-}2)$$

式中 $m$ 为明环的级次.

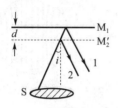

图 5-39-3　等倾干涉光路图

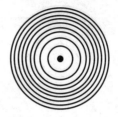

图 5-39-4　等倾干涉图样

当 $d$ 一定时,入射角 $i$ 越小,$\cos i$ 越大,$m$ 就越大,即干涉条纹的级次越高.对于干涉条纹的圆心处,入射角 $i = 0$,其干涉条纹具有最高的级次.由此可知,由圆心向外,干涉条纹的级次逐渐降低.

移动 $M_2$ 使 $d$ 逐渐增大,对于第 $m$ 级明环而言,$\cos i$ 应逐渐减小,对应的入射角 $i$ 变大,即该明环的半径将逐渐变大,继续增大 $d$,观察者将看到干涉环一个接一个地由中心"涌"出来.反之,使 $d$ 逐渐减小时,便会观察到干涉环一个接一个地向中心"陷"进去.对于圆心处的干涉环,入射角 $i = 0$,由式(5-39-2)可得

$$d = m\frac{\lambda}{2}.\qquad (5\text{-}39\text{-}3)$$

由式(5-39-3)可知,每陷进或涌出一个干涉环,对应于 $M_1$ 被移近或移远的距离为半个波长.若观察到 $\Delta m$ 个干涉环的变化,则 $M_1$ 与 $M_2'$ 的距离 $d$ 变化了 $\Delta d$.由式(5-39-3)可得

$$\Delta d = \Delta m \frac{\lambda}{2},$$

$$\lambda = \frac{2\Delta d}{\Delta m}.\qquad (5\text{-}39\text{-}4)$$

由式(5-39-4)可知,只要测出 $M_2$ 移动的距离 $\Delta d$,并数出陷进或涌出的干涉环数目 $\Delta m$,便可以算出入射单色光的波长.

### *3. 等厚条纹的形成和薄膜厚度的测定

如果 $M_1$ 与 $M_2$ 和半反射镜面 A 的距离大致相等,且 $M_1$ 与 $M_2$ 存在一个很小的夹角 $\theta$,则 $M_1$ 与 $M_2'$ 便形成劈形空气膜,在接收屏上可观察到等厚条纹.如图 5-39-5 所示,由扩展光源 S 发出的、以 $i$ 角入射的光束 1 和光束 2,经 $M_1$ 和 $M_2'$ 反射后在 $M_1$ 附近相交,其光程差可近似为

$$\delta = 2d\cos i = 2d\left(1 - 2\sin^2\frac{i}{2}\right) \approx 2d\left(1 - \frac{i^2}{2}\right) = 2d - di^2.\qquad (5\text{-}39\text{-}5)$$

可见,当 $M_1$ 与 $M_2'$ 的夹角一定时,对于同一厚度上的各点,干涉条件完全一样,从而形成等厚条纹.

当 $M_1$ 与 $M_2'$ 相交时,在交线上 $d = 0$,故 $\delta = 0$,但光束 1 在半反射镜面 A 反射时有半波损失,使两束相干光出现半个波长的光程差,因此在交线上出现暗纹,称为中央条纹.在交线两侧

是两个劈尖干涉,当 $i$ 很小时,$di^2$ 可以忽略,光程差为 $\delta = 2d$,干涉条纹可近似为平行于中央条纹的直条纹.离中央条纹较远处,$di^2$ 影响增大,干涉条纹发生弯曲,突向中央条纹,离交线越远,干涉条纹越弯曲,如图 5-39-6 所示.

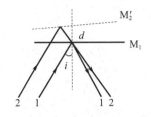 

图 5-39-5　等厚干涉光路图　　　　　　图 5-39-6　等厚干涉图样

　　由于干涉条纹的明暗取决于光程差 $\delta$ 与光源波长的关系,当用白光作为光源时,各种波长的光产生的干涉条纹相互重叠.只有中央条纹两侧可以看到几条清晰的彩色直条纹.在较远处,只能看到较弱的黑白相间的条纹.

　　利用迈克耳孙干涉仪的光路分为两支这一特点,可在一支光路上加入被研究的物质.例如,加入气体盒来测定气体的折射率,加入透明薄板来研究薄板的光学均匀性等.本实验将测定透明薄膜的厚度.用扩展白光作为光源,当透明薄膜置于一支光路上时,由于光程差的变化,中央条纹将被移出视场中央,设薄膜厚度为 $t$,折射率为 $n$,空气折射率为 $n_0$,则光程差变化了 $2t(n-n_0)$.调节 $M_2$ 的位置,使中央条纹重新出现在原来位置,即视场中央,此时因 $M_2$ 移动而引起的光程差为 $2d'n_0$,这恰好与插入薄膜所引起的光程差相等,即

$$2d'n_0 = 2t(n-n_0),$$

故

$$t = \frac{d'n_0}{n-n_0}. \tag{5-39-6}$$

可见,测得 $M_2$ 的移动距离 $d'$,即可算出薄膜的厚度 $t$.

【操作步骤】

　　1. 迈克耳孙干涉仪的调节.

　　(1) 调节氦氖激光器的支架,使光源产生的光通过校准柱.

　　(2) 在接收屏上可以看到由平面反射镜 $M_1$ 和 $M_2$ 反射的多个像,用 $M_1$ 与 $M_2$ 镜架背面的调节螺钉,细心调整镜面方位,使最亮的两个像重合.

　　(3) 在光源后移入扩束镜,就可以在接收屏上看到干涉条纹.

　　(4) 微调调节螺钉即可使得干涉条纹的亮度和形状满足实验需要.

　　2. 观察等倾干涉现象,测定氦氖激光的波长.

　　(1) 按照上述方法调节仪器,使接收屏上呈现干涉环(等倾条纹).

　　(2) 旋转螺旋测微器的微调手轮,移动 $M_2$,观察干涉环的变化.

　　(3) 慢慢转动螺旋测微器的微调手轮,使 $M_2$ 从某一位置(记录起点位置读数)开始移动,以改变 $M_1$ 和 $M_2$ 的距离 $d$,同时对干涉环的变化计数,测定每陷进(或涌出)50 个干涉环时 $M_2$ 移动的距离 $\Delta d$,连续测量 6 次,并将数据填入表 5-39-1 中.为了避免回程误差,测量过程中,

微调手轮应沿同一方向转动.

*3.观察白光干涉现象,测定透明薄膜厚度.

(1)采用扩展白光光源(日光灯)照明.

(2)移动 $M_2$,使 $M_1$ 与 $M_2$ 至半反射镜面 A 的距离基本相等.

(3)在光源上作出调节标记(如"+"),通过分光板观察.调整 $M_1$ 与 $M_2$ 镜架背后的调节螺钉,使标记的像重合,即可出现干涉条纹.再微调调节螺钉即可使干涉条纹的亮度和形状满足实验需要.

(4)转动螺旋测微器的微调手轮,使干涉条纹渐渐平直,直至中央条纹出现在视场中央,将 $M_2$ 的位置读数记录在表 5-39-2 中.

(5)将待测透明薄膜置于 $M_2$ 之前,则中央条纹被移出视场.调节微调手轮,使中央条纹重新出现在视场中央,将 $M_2$ 的位置读数记录在表 5-39-2 中.连续测量 6 次.

【数据记录】

1.氦氖激光波长的测定.

表 5-39-1    测定氦氖激光波长的数据记录表

| 测量次数 $i$ | 1 | 2 | 3 | 4 | 5 | 6 |
|---|---|---|---|---|---|---|
| $M_2$ 起点位置读数 $x_i$/mm | | | | | | |
| $M_2$ 终点位置读数 $x_i'$/mm | | | | | | |

*2.透明薄膜厚度的测定.

表 5-39-2    测定透明薄膜厚度的数据记录表

| 测量次数 $i$ | 1 | 2 | 3 | 4 | 5 | 6 |
|---|---|---|---|---|---|---|
| $M_2$ 初始位置读数 $x_i$/mm | | | | | | |
| $M_2$ 调整后位置读数 $x_i'$/mm | | | | | | |

【数据处理】

1.氦氖激光波长的测定.

(1)根据读数系统的读数,求出 $M_2$ 的移动距离 $\Delta d$(注意,杠杆比例为 $20:1$,即读数:实际移动距离 $= 20:1$).

(2)根据式(5-39-4),计算氦氖激光的波长 $\lambda$,并求出其平均值 $\bar{\lambda}$.

(3)计算 $\lambda$ 的 A 类不确定度: $\Delta_{\lambda A} = \sqrt{\dfrac{\sum\limits_{i=1}^{6}(\lambda_i - \bar{\lambda})^2}{6-1}}$ ;不计其 B 类不确定度.因此, $\lambda$ 的不确定度为 $\Delta_\lambda = \Delta_{\lambda A}$.

(4)将测量结果表示为

$$\begin{cases} \lambda = \bar{\lambda} \pm \Delta_\lambda, \\ E_\lambda = \dfrac{\Delta_\lambda}{\bar{\lambda}} \times 100\%. \end{cases}$$

* 2.透明薄膜厚度的测定.

(1) 根据读数系统的读数,求出 $M_2$ 的移动距离 $d'$.

(2) 根据式(5-39-6)计算薄膜厚度 $t$,并求出其平均值 $\bar{t}$. 薄膜折射率由实验室给出,空气折射率在本实验中的取值为 $n_0 = 1.000\,3$.

(3) 计算 $t$ 的 A 类不确定度: $\Delta_{tA} = \sqrt{\dfrac{\sum\limits_{i=1}^{6}(t_i - \bar{t})^2}{6-1}}$ ;不计 B 类不确定度. 因此,$t$ 的不确定度为 $\Delta_t = \Delta_{tA}$.

(4) 将测量结果表示为

$$\begin{cases} t = \bar{t} \pm \Delta_t, \\ E_t = \dfrac{\Delta_t}{\bar{t}} \times 100\%. \end{cases}$$

## 【注意事项】

1. 不要让激光直射眼睛.

2. 不能用手触摸各光学元件的光学表面.

3. 调节 $M_1$ 与 $M_2$ 镜架背后的调节螺钉时应缓缓旋转.

## 【思考题】

1. 试根据迈克耳孙干涉仪的光路,说明各光学元件的作用,并简要叙述调出等倾条纹、等厚条纹和白光干涉条纹的条件及步骤.

2. 如何利用干涉条纹陷进和涌出现象测定单色光的波长?

3. 试总结迈克耳孙干涉仪的调节要点.

4. 在观察等倾条纹时,使 $M_1$ 与 $M_2'$ 逐渐接近,干涉条纹将越来越稀疏,试描述并说明在光程差为零处所观察到的现象.

迈克耳孙干涉仪
的调节与使用

# Experiment 39　Adjustment and use of Michelson interferometer

The Michelson interferometer was designed by the American physicist Albert A. Michelson for the purpose of studying the drift velocity of ether. Later, in cooperation with the American physicist Edward Morley, Michelson disproved the existence of ether with further experiments, laying a solid foundation for Einstein to establish the theory of special relativity. Later, Michelson carried out two important experiments with this interferometer, becoming the first to systematically study the fine structure of spectral lines and use the wavelength of spectral lines to calibrate the prototype meter, and making great contributions to modern physics and modern measurement technique. For his invention of Michelson interferometer and other studies in fundamental metrology with this interferometer, Michelson won the Nobel Prize in Physics in 1907. Afterwards, generations have developed a variety of interference measuring sets by following the principle of Michelson interferometer, such as Twyman-Green interferometer for prism detection, and Fourier interferometric spectrometer for studying spectral distribution.

## Aim of experiment

1. Understand the principle, structure and adjustment method of Michelson interferometer.

2. Observe the formation conditions and fringe shape characteristics of equal inclination interference and equal thickness interference.

3. Measure the wavelength of light and the thickness of transparent thin-film with Michelson interferometer.

## Apparatus required

Michelson interferometer, helium-neon laser, beam expander, white light source, calibration column.

Fig. 5-39-1 shows the structure diagram of Michelson interferometer. The plane reflective mirror $M_1$ can be moved back and forth along a guide rail by the rotation of a precision lead screw. The plane reflective mirror $M_2$ can also be moved in a small area by the use of a micrometer caliper. There are two adjusting screws on the back of the $M_1$ and $M_2$ frames to adjust the normal direction of the mirror. Generally, the position of $M_1$ is fixed, while $M_2$ is moved, and the moving distance is determined according to the lever ratio $20 : 1$ and the reading device of the micrometer caliper. Since the minimum scale of the micrometer caliper is 0. 01 mm, the measurement accuracy of this interferometer can reach 0. 000 5 mm.

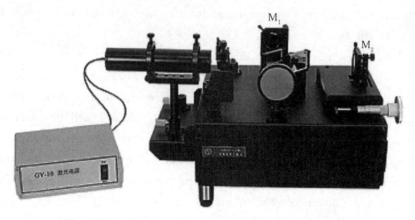

Fig. 5-39-1　Structure diagram of Michelson interferometer

## Principle

### 1. Lightpath of Michelson interferometer

The lightpath of Michelson interferometer is shown in Fig. 5-39-2. The light emitted at an incident angle $i$ from a point in the extended light source S is divided into orthogonal beam

1 and beam 2 by flat glass $G_1$ (also known as splitting plate). The two beams are first

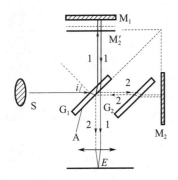

reflected by plane reflective mirrors $M_1$ and $M_2$, respectively, then pass through A to form two parallel beams. After their encounter leads to interference, an interference pattern appears on the receiving screen. It should be noted that beam 1 reflected by $M_1$ passes through $G_1$ twice, while beam 2 reflected by $M_2$ does not pass through $G_1$. To compensate for this OPD, a flat glass $G_2$ (also known as compensating plate) of exactly the same material and thickness as $G_1$ is added into the lightpath of beam 2 in a position strictly parallel to

Fig. 5-39-2　Lightpath of Michelson interferometer

$G_1$. When looking at $G_1$ at point $E$, we can see plane reflective mirror $M_1$, and the virtual image $M_2'$ of $M_2$ reflected by $G_1$. It seems that beam 2 is reflected from $M_2'$. It is clear that the lightpath reflected from $M_2$ to $E$ is exactly the same as the lightpath reflected from $M_2'$ to $E$. Therefore, the interference phenomenon observed at point $E$ can be assumed to be caused by a thin film of air existing between $M_1$ and $M_2'$.

## 2. Generation of equal inclination interference and measurement of wavelength of

### monochromatic light source

When $M_1$ is parallel to $M_2'$ ($M_1$ is perpendicular to $M_2$), beam 1 and beam 2, formed by the reflection of the light emitted at an incident angle $i$ from $M_1$ and $M_2'$, are parallel to each other, and then intersect at infinity to form an interference pattern. As shown in Fig. 5-39-3, the OPD between the two beams is

$$\delta = 2d\cos i, \tag{5-39-1}$$

where $d$ is the distance between $M_1$ and $M_2'$.

When the distance between $M_1$ and $M_2'$ is constant, all beams of light with the same incident angle will have the same OPD, and their interference will be exactly the same. Beams of the same inclination angle emitted from the extended light source S will converge on a circle centered on the optical axis, and form equal inclination fringes. Since divergent lights of various inclination angles are emitted from the extended light source, bright and dark concentric rings will appear on the receiving screen (see Fig. 5-39-4). The formation condition of bright rings is

$$2d\cos i = m\lambda \quad (m = 1, 2, \cdots), \tag{5-39-2}$$

where $m$ is the order of bright rings.

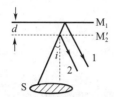

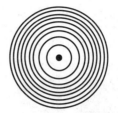

Fig. 5-39-3    Lightpath of equal
inclination interference

Fig. 5-39-4    Pattern of equal
inclination interference

When $d$ is constant, the smaller the incident angle $i$ is, the larger $\cos i$ is and the larger $m$ is, that is, the higher the order of interference fringes will be. At the center of the interference fringe, incident angle $i = 0$, meaning that the interference fringes have the highest order. It can be seen that the order of interference fringes decreases gradually from the center of the circle outward.

Move $M_2$ to increase $d$ gradually. For $m$-th bright ring, $\cos i$ should decrease gradually, then the corresponding incident angle $i$ becomes larger, that is, the radius of this bright ring will gradually increase. Keep increasing $d$, the observer will see interference rings "gush" out of the center one by one. Conversely, as $d$ decreases continuously, interference rings will "sink" into the center one by one. For the interference ring at the center of the circle, the incident angle $i = 0$, then based on Equation (5-39-2), we can get

$$d = m \frac{\lambda}{2}. \tag{5-39-3}$$

According to Equation (5-39-3), whenever each interference ring sinks or gushes, its distance corresponding to $M_1$, either being moved closer or farther, will be half a wavelength. If changes of $\Delta m$ interference rings are observed, it can be inferred that the distance $d$ between $M_1$ and $M_2'$ has changed by $\Delta d$. Based on Equation (5-39-3), we can get

$$\Delta d = \Delta m \frac{\lambda}{2},$$

$$\lambda = \frac{2\Delta d}{\Delta m}. \tag{5-39-4}$$

Based on Equation (5-39-4), as long as we measure the moving distance $\Delta d$ of $M_2$, and count the number of interference rings $\Delta m$ that either sink or gush, then we can calculate the wavelength of monochromatic light.

 * 3. Formation of equal thickness fringes and measurement of thin-film thickness

If $M_1$ and $M_2$ have roughly the same distance from semi-reflective mirror A, and $M_1$ and $M_2$ have a small included angle $\theta$, then $M_1$ and $M_2'$ will form a wedge-shaped air film, and equal thickness fringes can be observed on the receiving screen (see Fig. 5-39-5). Beam 1 and beam 2, emitted at incident angle $i$ from the extended light source S, intersect near $M_1$ after being reflected by $M_1$ and $M_2'$. Their OPD can be approximated as

$$\delta = 2d\cos i = 2d\left(1 - 2\sin^2\frac{i}{2}\right) \approx 2d\left(1 - \frac{i^2}{2}\right) = 2d - di^2. \qquad (5\text{-}39\text{-}5)$$

It can be seen that, when the included angle between $M_1$ and $M_2'$ is constant, the interference conditions are exactly the same for each point of the same thickness, thus forming equal thickness fringes.

When $M_1$ intersects $M_2'$, $d = 0$ at the line of intersection, so $\delta = 0$, but beam 1 has half-wave loss when reflected from semi-reflective mirror A, so that two beams of coherent light have half wavelength OPD, therefore, dark fringes appear on the intersection line and they are called central fringes. On either side of the intersection line are two wedge interferences, when $i$ is small, $di^2$ can be ignored, the OPD is $\delta = 2d$, interference fringes can be approximated as straight fringes parallel to the central fringe. Farther from the central fringe, the influence of $di^2$ increases, interference fringes are curved and protrude towards the central fringe. The farther away from the intersection line, the more curved the interference fringes, as shown in Fig. 5-39-6.

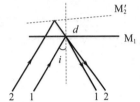

Fig. 5-39-5    Lightpath of interference
of equal thickness

Fig. 5-39-6    Pattern of interference
of equal thickness

The brightness and darkness of interference fringes are determined by the relation between the OPD and wavelength of light source. When white light is used as a source, interference fringes generated by light of various wavelengths overlap each other. Only a few straight colored fringes can be seen clearly on either side of the central fringe. At a distance, only faint black and white fringes can be seen.

Since the lightpath of Michelson interferometer can be divided into two beams, the substance to be studied may be added to a lightpath, e. g. , a gas cartridge can be added to determine the refractive index of a gas, and a transparent thin plate can be added to study the optical uniformity of the plate. This experiment will measure the thickness of transparent thin-film. Use extended white light as the light source, when the transparent thin-film is placed on a lightpath, the changes in OPD will cause the central fringe to be removed from the center of the field of view. Set the thin-film thickness as $t$, the refractive index as $n$, and the refractive index of air as $n_0$, then the OPD changes by $2t(n - n_0)$. Adjust the position of $M_2$ so that the central fringe reappears in its original position, that is, the center of the field of view. At this time, the OPD caused by $M_2$ movement is $2d'n_0$, which is exactly equal to the OPD caused by the insertion of the thin-film, that is

$$2d'n_0 = 2t(n - n_0).$$

Therefore,

$$t = \frac{d'n_0}{n - n_0}. \tag{5-39-6}$$

It can be seen that the film thickness $t$ can be calculated by measuring the moving distance $d'$ of $M_2$.

## Procedures

1. Adjustment of Michelson interferometer.

(1) Adjust the support of the helium-neon laser, so that the light generated by the light source will pass through the calibration column.

(2) Multiple images reflected by plane reflective mirrors $M_1$ and $M_2$ can be seen on the receiving screen. Use the adjusting screw at the back of $M_1$ and $M_2$ frames to adjust the mirror orientation carefully so that the two brightest images can coincide.

(3) Interference fringes can be seen on the receiving screen by moving the beam expander behind the light source.

(4) The brightness and shape of interference fringes can be satisfied by twisting adjusting screws.

2. Observe equal inclination interference and measure the wavelength of helium-neon laser.

(1) Adjust the instrument according to the above method so that interference fringes (equal inclination fringes) can appear on the receiving screen.

(2) Turn the fine tuning handwheel of the micrometer caliper and move $M_2$ to observe the changes of interference fringes.

(3) Slowly turn the fine tuning handwheel of the micrometer caliper so that $M_2$ moves from a certain position (record the reading at the starting point) to change the distance $d$ between $M_1$ and $M_2$. At the same time, count the changes of interference fringes, and measure the moving distance $\Delta d$ of $M_2$ for every 50 interference fringes sinking or gushing. Make this measurement 6 times in a row and fill the data into Table 5-39-1. In order to avoid retrace error, the fine tuning handwheel should rotate in the same direction during measurement.

\* 3. Observe white light interference and measure the thickness of transparent thin-film.

(1) Use the extended white light source (fluorescent lamp) for illumination.

(2) Move $M_2$ so that $M_1$ and $M_2$ have approximately the same distance from semi-reflective mirror A.

(3) Mark the adjustment on the light source (e.g., $+$), and observe through the splitting plate. Twist the adjusting screws at the back of $M_1$ and $M_2$ frames to make the marked image coincide, then interference fringes can appear. Twist the adjusting screws again so that the brightness and shape of interference fringes can satisfy the experimental requirements.

(4) Turn the fine tuning handwheel of the micrometer caliper to straighten interference fringes. Keep adjusting until the central fringe appears in the center of the field of view, and

record the position readout of $M_2$ in Table 5-39-2. Make this measurement 6 times in a row.

(5)When the transparent thin-film to be measured is placed before $M_2$, the central fringe is removed from the field of view. Turn the fine tuning handwheel so that the central fringe reappears in the middle of the field of view. Record the position readout of $M_2$ in Table 5-39-2. Make this measurement 6 times in a row.

## Datasheet

1. Measure the wavelength of helium-neon laser.

Table 5-39-1  Datasheet for measuring the wavelength of helium-neon laser

| Times of measurement $i$ | 1 | 2 | 3 | 4 | 5 | 6 |
|---|---|---|---|---|---|---|
| Starting point readout of $M_2$ $x_i$/mm | | | | | | |
| End point readout of $M_2$ $x_i'$/mm | | | | | | |

* 2. Measure the thickness of transparent thin-film.

Table 5-39-2  Datasheet for measuring the thickness of transparent thin-film

| Times of measurement $i$ | 1 | 2 | 3 | 4 | 5 | 6 |
|---|---|---|---|---|---|---|
| Starting point readout of $M_2$ $x_i$/mm | | | | | | |
| End point readout of $M_2$ $x_i'$/mm | | | | | | |

## Data processing

1. Measure the wavelength of helium-neon laser.

(1)According to the readings on the instrument, calculate the moving distance $\Delta d$ of $M_2$ (note that the leverage ratio is 20 : 1, i. e. , the reading : actual moving distance = 20 : 1).

(2)Based on Equation (5-39-4), calculate the wavelength $\lambda$ of helium-neon laser, and its average value $\bar{\lambda}$.

(3)Calculate the type-A uncertainty of $\lambda$: $\Delta_{\lambda A} = \sqrt{\dfrac{\sum\limits_{i=1}^{6} (\lambda_i - \bar{\lambda})^2}{6-1}}$ ;do not count in its type-B uncertainty. Therefore, the uncertainty of $\lambda$ is $\Delta_\lambda = \Delta_{\lambda A}$.

(4) The measurement result is expressed as

$$\begin{cases} \lambda = \bar{\lambda} \pm \Delta_\lambda, \\ E_\lambda = \dfrac{\Delta_\lambda}{\bar{\lambda}} \times 100\%. \end{cases}$$

* 2. Measure the thickness of transparent thin-film.

(1) According to the readings on the instrument, calculate the moving distance $d'$ of $M_2$.

(2) Based on Equation (5-39-6), calculate the film thickness $t$, and its average value $\bar{t}$. The refractive index of the film is given in the laboratory, and the value of refractive index of air in this experiment is $n_0 = 1.000\ 3$.

(3) Calculate the type-A uncertainty of $t$: $\Delta_{tA} = \sqrt{\dfrac{\sum\limits_{i=1}^{6}(t_i - \bar{t})^2}{6-1}}$ ; do not count in its type-B

uncertainty. Therefore, the uncertainty of $t$ is $\Delta_t = \Delta_{tA}$.

(4) The measurement result is expressed as

$$\begin{cases} t = \bar{t} \pm \Delta_t, \\ E_t = \dfrac{\Delta_t}{\bar{t}} \times 100\%. \end{cases}$$

## Notes

1. Keep the laser out of your eyes.

2. Do not touch the optical surface of each optical element by hand.

3. The adjusting screws behind the $M_1$ and $M_2$ frames should be rotated slowly.

## Questions

1. In reference to the lightpath of Michelson interferometer, explain the functions of each optical element, and brief on the forming conditions and experimental procedures of adjusting equal inclination fringes, equal thickness fringes and white-light interference fringes.

2. How can we determine the wavelength of monochromatic light based on the sinking and gushing of interference fringes?

3. Summarize the major points in adjustment by Michelson interferometer.

4. When observing equal inclination fringes, make $M_1$ and $M_2'$ gradually approach each other, then interference fringes will become more and more sparse. Describe and explain the phenomenon observed in the case of zero OPD.

# 附录 A  基本物理常量

| 物理量 | 符号 | 数值 |
|---|---|---|
| 真空中的光速 | $c$ | 299 792 458 m/s |
| 真空磁导率 | $\mu_0$ | 1.256 637 062 12(19)$\times 10^{-6}$ N/A$^2$ |
| 真空介电常量 | $\varepsilon_0$ | 8.854 187 812 8(13)$\times 10^{-12}$ F/m |
| 引力常量 | $G$ | 6.674 30(15)$\times 10^{-11}$ m$^3$/(kg·s$^2$) |
| 普朗克常量 | $h$ | 6.626 070 15$\times 10^{-34}$ J·s |
| | | 4.135 667 696 $\cdots \times 10^{-15}$ eV·s |
| 约化普朗克常量 | $\hbar$ | 1.054 571 817 $\cdots \times 10^{-34}$ J·s |
| | | 6.582 119 569$\times 10^{-16}$ eV·s |
| 元电荷 | $e$ | 1.602 176 634$\times 10^{-19}$ C |
| 磁通量子 $\left(\dfrac{h}{2e}\right)$ | $\Phi_0$ | 2.067 833 848 $\cdots \times 10^{-15}$ Wb |
| 约瑟夫森常量 $\left(\dfrac{2e}{h}\right)$ | $K_J$ | 483 597.848 4 $\cdots \times 10^9$ Hz/V |
| 电导量子 $\left(\dfrac{2e^2}{h}\right)$ | $G_0$ | 7.748 091 729 $\cdots \times 10^{-5}$ S |
| 玻尔磁子 $\left(\dfrac{e\hbar}{2m_e}\right)$ | $\mu_B$ | 9.274 010 078 3(28)$\times 10^{-24}$ J/T |
| 核磁子 $\left(\dfrac{e\hbar}{2m_p}\right)$ | $\mu_N$ | 5.050 783 746 1(15)$\times 10^{-27}$ J/T |
| 精细结构常数 $\left(\dfrac{e^2}{4\pi\varepsilon_0 \hbar c}\right)$ | $\alpha$ | 7.297 352 569 3(11)$\times 10^{-3}$ |
| 精细结构常数的倒数 | $\alpha^{-1}$ | 137.035 999 084(21) |
| 里德伯常量 $\left(\dfrac{\frac{1}{2}m_e c\alpha^2}{h}\right)$ | $R_\infty$ | 10 973 731.568 160(21) m$^{-1}$ |
| 玻尔半径 $\left(\dfrac{\alpha}{4\pi R_\infty}\right)$ | $a_0$ | 5.291 772 109 03(80)$\times 10^{-11}$ m |
| 电子质量 | $m_e$ | 9.109 383 701 5(28)$\times 10^{-31}$ kg |
| 质子质量 | $m_p$ | 1.672 621 923 69(51)$\times 10^{-27}$ kg |
| 中子质量 | $m_n$ | 1.674 927 498 04(95)$\times 10^{-27}$ kg |
| 电子荷质比 | $-\dfrac{e}{m_e}$ | $-1.758\ 820\ 010\ 76(53)\times 10^{11}$ C/kg |

| 物理量 | 符号 | 数值 |
|---|---|---|
| 质子-电子质量比 | $\dfrac{m_p}{m_e}$ | 1 836.152 673 43(11) |
| 电子磁矩 | $\mu_e$ | $-9.284\ 764\ 704\ 3(28) \times 10^{-24}$ J/T |
| 质子磁矩 | $\mu_p$ | $1.410\ 606\ 797\ 36(60) \times 10^{-26}$ J/T |
| 中子磁矩 | $\mu_n$ | $-9.662\ 365\ 1(23) \times 10^{-27}$ J/T |
| 阿伏伽德罗常量 | $N_A$ | $6.022\ 140\ 76 \times 10^{23}$ mol$^{-1}$ |
| 法拉第常量 | $F$ | 96 485.332 12$\cdots$ C/mol |
| 摩尔气体常量 | $R$ | 8.314 462 618 $\cdots$ J/(mol·K) |
| 玻尔兹曼常量 | $k$ | $1.380\ 649 \times 10^{-23}$ J/K |
| 斯特藩-玻尔兹曼常量 | $\sigma$ | $5.670\ 374\ 419\cdots \times 10^{-8}$ W/(m$^2$·K$^4$) |
| 电子伏 | eV | $1.602\ 176\ 634 \times 10^{-19}$ J |
| 原子质量单位 | u | $1.660\ 539\ 066\ 60(50) \times 10^{-27}$ kg |
| 理想气体的摩尔体积(273.15 K,101.325 kPa) | $V_m$ | $22.413\ 969\ 54\cdots \times 10^{-3}$ m$^3$/mol |
| 洛施密特常量(273.15 K,101.325 kPa) | $n_0$ | $2.686\ 780\ 111\cdots \times 10^{25}$ m$^{-3}$ |

注意:表中数据为国际数据委员会(CODATA)2018 年的国际推荐值.

# 附录 B 国际单位制(SI) 简介

附表 B-1 基本单位、辅助单位和部分导出单位

| 物理量名称 | 单位 | | |
|---|---|---|---|
| | 中文 | 英文 | 符号 |
| 一、基本单位 | | | |
| 长度 | 米 | meter | m |
| 质量 | 千克(公斤) | kilogram | kg |
| 时间 | 秒 | second | s |
| 电流 | 安[培] | ampere | A |
| 热力学温度 | 开[尔文] | kelvin | K |
| 物质的量 | 摩[尔] | mole | mol |
| 发光强度 | 坎[德拉] | candela | cd |
| 二、辅助单位 | | | |
| [平面]角 | 弧度 | radian | rad |
| 立体角 | 球面度 | steradian | sr |
| 三、具有专门名称的导出单位 | | | |
| 频率 | 赫[兹] | hertz | Hz |
| 力 | 牛[顿] | newton | N |
| 压力、压强、应力 | 帕[斯卡] | pascal | Pa |
| 能[量]、功、热量 | 焦[耳] | joule | J |
| 功率、辐[射能]通量 | 瓦[特] | watt | W |
| 电荷[量] | 库[仑] | coulomb | C |
| 电压、电动势、电位、(电势) | 伏[特] | volt | V |
| 电容 | 法[拉] | farad | F |
| 电阻 | 欧[姆] | ohm | Ω |
| 电导 | 西[门子] | siemens | S |
| 磁通[量] | 韦[伯] | weber | Wb |
| 磁通[量]密度、磁感应强度 | 特[斯拉] | tesla | T |
| 电感 | 亨[利] | henry | H |

| 物理量名称 | 单位 | | |
|---|---|---|---|
| | 中文 | 英文 | 符号 |
| 摄氏温度 | 摄氏度 | degree Celsius | ℃ |
| 光通量 | 流[明] | lumen | lm |
| [光]照度 | 勒[克斯] | lux | lx |
| [放射性]活度 | 贝可[勒尔] | becquerel | Bq |
| 吸收剂量、比授[予]能、比释动能 | 戈[瑞] | gray | Gy |
| 剂量当量 | 希[沃特] | sievert | Sv |

注意：（　）内的名称为它前面的名称的同义语.［　］内的字,在不致引起混淆、误解的情况下,可以省略.

附表 B-2　用于构成十进倍数和分数单位的词头

| 倍数 | 词头名称 | | 词头符号 | 分数 | 词头名称 | | 词头符号 |
|---|---|---|---|---|---|---|---|
| | 中文 | 英文 | | | 中文 | 英文 | |
| $10^{24}$ | 尧[它] | yotta | Y | $10^{-1}$ | 分 | deci | d |
| $10^{21}$ | 泽[它] | zetta | Z | $10^{-2}$ | 厘 | centi | c |
| $10^{18}$ | 艾[可萨] | exa | E | $10^{-3}$ | 毫 | milli | m |
| $10^{15}$ | 拍[它] | peta | P | $10^{-6}$ | 微 | micro | $\mu$ |
| $10^{12}$ | 太[拉] | tera | T | $10^{-9}$ | 纳[诺] | nano | n |
| $10^{9}$ | 吉[咖] | giga | G | $10^{-12}$ | 皮[可] | pico | p |
| $10^{6}$ | 兆 | mega | M | $10^{-15}$ | 飞[母托] | femto | f |
| $10^{3}$ | 千 | kilo | k | $10^{-18}$ | 阿[托] | atto | a |
| $10^{2}$ | 百 | hecto | h | $10^{-21}$ | 仄[普托] | zepto | z |
| $10^{1}$ | 十 | deca | da | $10^{-24}$ | 幺[科托] | yocto | y |

# 参 考 文 献

[1] 陈均钧,陈红雨. 大学物理实验教程[M]. 北京:科学出版社,2009.

[2] 陈群宇. 大学物理实验:基础和综合分册[M]. 北京:电子工业出版社,2003.

[3] 陈晓春,郑泽清,韩学孟. 大学物理实验[M]. 2 版. 北京:中国林业出版社,2008.

[4] 金重. 大学物理实验教程:工科[M]. 天津:南开大学出版社,2000.

[5] 李长江. 物理实验[M]. 北京:化学工业出版社,2002.

[6] 张福学. 传感器电子学[M]. 北京:国防工业出版社,1991.

[7] 郭奕玲. 大学物理中的著名实验[M]. 北京:科学出版社,1994.

[8] 张雄,王黎智,马力,等. 物理实验设计与研究[M]. 北京:科学出版社,2001.

[9] 贾小兵,杨茂田,殷洁,等. 大学物理实验教程[M]. 北京:人民邮电出版社,2003.

[10] 王惠棣,任隆良,谷晋骐,等. 物理实验[M]. 2 版. 天津:天津大学出版社,1997.

[11] 丁慎训,张连芳. 物理实验教程[M]. 2 版. 北京:清华大学出版社,2002.

[12] 吕斯骅,段家忯,张朝晖. 新编基础物理实验[M]. 2 版. 北京:高等教育出版社,2013.

[13] 周殿清. 基础物理实验[M]. 北京:科学出版社,2009.

[14] 李端勇,吴锋. 大学物理实验:基本篇[M]. 3 版. 北京:科学出版社,2012.

[15] 刘仲娥,张维新,宋文洋. 敏感元器件与应用[M]. 青岛:青岛海洋大学出版社,1993.

[16] 吴扬,娄捷,陆申龙. 锑化铟磁阻传感器特性测量及应用研究[J]. 物理实验,2001,
    21(10):46 - 48.

[17] 沈元华,陆申龙. 基础物理实验[M]. 北京:高等教育出版社,2003.

[18] 徐滔滔. 大学物理实验教程[M]. 北京:科学出版社,2008.

[19] 王宏亮. 大学物理实验[M]. 2 版. 北京:机械工业出版社,2014.

[20] 张映辉. 大学物理实验[M]. 2 版. 北京:机械工业出版社,2017.

[21] 王正行. 近代物理学[M]. 2 版. 北京:北京大学出版社,2010.